工业和信息化部"十二五"规划教材

高等学校工程创新型"十二五"规划教材

电子技术工程训练

（修订版）

主编　库锡树　刘菊荣

参编　廖灵志　马路华　蔡立群

邓　斌　关永峰　程江华　张　亮

主审　高吉祥

電子工業出版社

Publishing House of Electronics Industry

北京 · BEIJING

内 容 简 介

本书为工业和信息化部"十二五"规划教材，是为高等院校工程创新型人才培养而编写的基础实践性教材，是与《电子技术实验教程》、《电子系统综合设计》和《电子设计竞赛专题训练——由浅入深》配套使用的"电子工程实践系列丛书"之一。

本书共分7章，第1章介绍电子技术实验室的组成、实验常识、电子产品设计工艺规范和安全用电常识。第2章讲解常用电子元元件的分类、技术参数、识别和选用等。第3章介绍主要电子测量仪器的基本原理及使用方法。第4章探讨常用焊接技术，包括工具、材料、技术和方法。第5章简述常用PCB绘图软件的使用方法和电路板的制作技术。第6章介绍Multisim和Proteus两种常用虚拟电路实验软件的使用方法。第7章给出了一些典型电子产品的安装与调试实训内容，并首次推出了U盘的安装、焊接和调试实训项目。附录详细介绍了常用仪器的操作及使用方法。

本书可作为高等院校电类和非电类专业的本、专科学生的实践教学用书，亦可作为相关职业技术教学的实训教材，还可为从事电子技术的工程技术人员提供参考。

图书在版编目(CIP)数据

电子技术工程训练 / 库锡树等主编. —修订本. —北京：电子工业出版社，2015.5
ISBN 978-7-121-26019-3

Ⅰ.①电… Ⅱ.①库… Ⅲ.①电子技术—高等学校—教材 Ⅳ.①TN

中国版本图书馆CIP数据核字(2015)第096379号

策划编辑：陈晓莉
责任编辑：陈晓莉
印　　刷：北京捷迅佳彩印刷有限公司
装　　订：北京捷迅佳彩印刷有限公司
出版发行：电子工业出版社
　　　　　北京市海淀区万寿路173信箱　　邮编　100036
开　　本：787×1 092　1/16　　印张：17　字数：478千字
版　　次：2011年6月第1版
　　　　　2015年5月第2版
印　　次：2022年9月第8次印刷
定　　价：39.90元

凡所购买电子工业出版社图书有缺损问题，请向购买书店调换。若书店售缺，请与本社发行部联系，联系及邮购电话：(010)88254888。

质量投诉请发邮件至zlts@phei.com.cn，盗版侵权举报请发邮件至dbqq@phei.com.cn。

服务热线：(010)88258888。

前　言

为贯彻落实教育部"卓越工程师教育培养计划"文件精神，适应电子信息技术的快速发展，根据当前教育教学改革发展趋势，针对高等院校电类、非电类专业工程教育和创新人才培养需求，编者总结了过去十几年的实践教学经验，编撰了这套"电子工程实践"系列丛书。丛书共4册，分别是《电子技术工程训练》、《电子技术实验教程》、《电子系统综合设计》和《电子设计竞赛专题训练——由浅入深》。

丛书针对电子技术系列课程特点，按照循序渐进的思想，分类梳理和设计了符合"3性+3型"("3性"，即基础性、系统性、应用性；"3型"，即验证型、综合设计型、创新型)原则的实验项目。丛书涵盖了模拟电子线路、数字电路、单片机与嵌入式系统、EDA技术、DSP系统等原理和技术的实践教学内容。丛书深入浅出地分析和讨论了电子技术实验常识、技术原理、步骤流程、实验条件等实践要素，并把培养学生科学的实验作风、良好的实验习惯、严格的质量意识等工程素养贯穿于丛书之中。丛书还提供大量易于自主学习和实践的素材及实例，为课程实验、实验课程、课程设计、工程实习、电子设计竞赛、创新实践活动等提供有效的教学指导。

第一册《电子技术工程训练》，主要介绍电子元件识别、仪器使用、焊接练习、电路板制作、仿真软件、电子产品的装调等，可作为大一或大二学生的实训教材。

第二册《电子技术实验教程》，主要介绍低频模拟电路、数字电子技术、高频电子线路、单片机、EDA技术等课程实验内容，精选了一些常见或典型的实验项目，可作为大二或大三学生的实验教材。

第三册《电子系统综合设计》，主要介绍电子系统基本设计方法与流程、数模混合电路设计、放大器设计、滤波器设计、接口电路设计等内容，可以培养学生的知识综合运用能力，并提高学生的电子系统设计能力，可作为大三或大四学生的相关实验教材。

第四册《电子设计竞赛专题训练——由浅入深》，该书从历届全国大学生电子设计竞赛试题中精选了一些有代表性的赛题，讨论了赛题的类型、特点、设计要求、系统方案、电路设计、程序设计等内容。同时根据学生的不同能力，制定了不同的训练方案，引导学生按专题类型进行5～8道题目的训练，为参加竞赛做好充分准备。该书既可作为学生参加电子设计竞赛的实用参考书，也可作为大三或大四学生的竞赛培训教材。

本书为第一册，是以电子技术基本技能培养为目标，以元件识别、仪器使用、焊接练习、产品装调为训练内容，适当引入新技术、新元件和新工艺，着力培养学生电子技术基本工程素养。通过训练，使学生掌握与电子技术实验相关的基础知识与实践技能，养成实事求是、严肃认真、缜密细致的科学作风和良好的实验习惯，培养学生的电子产品质量意识与工程规范意识，激发学生的学习热情，提高学习兴趣，培养创新意识，为后续的电子技术系列课程实验、课程设计、工程实习等打下坚实的实践基础。

本书自2011年出版以来被许多学校采用，并受到广大读者的青睐，并入选工业和信息化部"十二五"规划教材。本次修订吸收使用学校教师的建议，在保持原书的框架和风格的基础上，增补了新技术、新工艺、新器件，订正了原书的错误和不足。本书共分7章，第1章介绍电子技术实验室的组成、实验常识、电子产品设计工艺规范和安全用电常识。第2章讲解常用电子元元件的分类、技术参数、识别和选用等。第3章介绍主要电子测量仪器的基本原理及使用方法。第4章探讨常用焊接技术，包括工具、材料、技术和方法。第5章简述常用PCB绘图软件的使用方法和电路板的制作技术。第6章介绍Multisim和Proteus两种常用虚拟电路实验软件的使用方法。第7章给出了一些典型电子产品的安装与调试实训内容，并首次推出了U盘的安装、焊接和调试实训项目。附录详细介绍了常用仪器的操作使用方法。

库锡树教授、刘菊荣高级工程师提出了本书编写思路并撰写大纲，完成本书的策划、统稿、定稿工作。参加本书编写工作的有廖灵志、邓斌（第3、5、6章及附录），马路华、刘恋（第2章），蔡立群、胡名成（第4章），库锡树、刘菊荣（第1、7章）。

全书由高吉祥教授主审。此外，唐朝京、卢启中、关永峰、于红旗、李贵林、程江华、翟庆林、何智勇、丁文霞、陆珉、朱畅等同志参加了本书部分编写和审阅工作，张凤莲、杨筱、张玉梅、张晓雪参与了电路图绘制。同时，本书在编写的过程中得到国防科学技术大学电子科学与工程学院领导的关心与大力支持，得到了电子工业出版社陈晓莉编辑的热情帮助，以及北京理工大学罗伟雄教授的悉心指导，在此一并致以衷心的感谢。

由于编者水平有限，难免会有不妥和错误之处，热诚欢迎读者批评指正，以便进一步改进。

编　者
于长沙国防科技大学
2015年5月

目 录

第1章 绪论…… 1
1.1 电子技术工程训练概述 …… 1
1.1.1 电子技术实验室简介 …… 1
1.1.2 实验的一般程序 …… 3
1.1.3 良好实验素养的养成 …… 4
1.1.4 元器件获取途径 …… 5
1.2 电子产品设计工艺规范 …… 5
1.2.1 电路元器件的老化与筛选…… 6
1.2.2 元器件封装 …… 7
1.2.3 电子装联 …… 7
1.2.4 电子产品的总装 …… 8
1.2.5 电子产品生产工艺的发展…… 9
1.3 安全用电 …… 9
1.3.1 人体触电及触电急救 …… 9
1.3.2 常见触电方式 …… 11
1.3.3 安全保护技术 …… 12
1.3.4 安全预防措施 …… 16
第2章 常用电子元器件 …… 18
2.1 电阻器和电位器…… 18
2.1.1 电阻器 …… 18
2.1.2 电位器 …… 24
2.1.3 特种电阻器 …… 29
2.2 电容器…… 31
2.2.1 固定电容器 …… 31
2.2.2 可变电容器 …… 36
2.3 电感器…… 37
2.3.1 电感线圈 …… 37
2.3.2 变压器 …… 39
2.4 半导体分立元件…… 41
2.4.1 半导体二极管 …… 42
2.4.2 半导体三极管 …… 45
2.5 半导体集成电路…… 49
2.5.1 概述 …… 49
2.5.2 三端固定稳压器 …… 53
2.5.3 三端可调稳压器 …… 53
2.5.4 集成运算放大器 …… 54
2.5.5 数字集成电路 …… 55
2.6 贴片元件…… 56
2.6.1 贴片元件的分类 …… 56
2.6.2 电阻、电容、电感 …… 57

2.6.3 二极管、三极管、集成电路 …… 58
2.7 继电器…… 59
2.7.1 电磁式继电器和干簧式继电器 …… 60
2.7.2 固态继电器 …… 62
2.8 电声元器件…… 62
2.8.1 扬声器 …… 62
2.8.2 传声器 …… 64
2.9 开关和接插件…… 66
2.9.1 常用开关元器件 …… 66
2.9.2 常用接插件(连接器)…… 68
2.9.3 使用注意事项 …… 75
2.10 传感器 …… 75
2.10.1 温敏元件和温度传感器 …… 75
2.10.2 光敏元器件 …… 76
2.10.3 热释电红外传感器…… 77
2.10.4 霍尔集成传感器…… 78
2.10.5 压阻式压力传感器…… 78
2.10.6 应变式力传感器…… 78
2.10.7 接近开关 …… 78
2.10.8 光电开关 …… 79
2.11 石英晶体谐振器和陶瓷谐振元件 …… 80
2.11.1 石英晶体谐振器…… 80
2.11.2 陶瓷谐振元件 …… 82
2.12 其他元件…… 84
2.12.1 散热元件 …… 84
2.12.2 小型密封蓄电池…… 84
2.12.3 电磁阀 …… 85
2.12.4 AC/DC 电源模块和 DC/DC 电源模块 …… 85
2.13 实验练习——常用电子元件的识别 …… 85
第 3 章 常用电子仪器 …… 88
3.1 万用表…… 88
3.1.1 万用表功能结构及原理简介 …… 88
3.1.2 万用表的分类与比较 …… 90
3.1.3 万用表的使用 …… 91
3.2 直流稳压电源…… 93
3.2.1 直流稳压电源功能结构及原理简介…… 93
3.2.2 直流稳压电源基本性能参数介绍 …… 94
3.2.3 直流稳压电源的使用…… 94
3.3 函数信号发生器…… 95
3.3.1 函数信号发生器功能结构及原理简介…… 95
3.3.2 函数信号发生器的分类及性能参数简介 …… 96
3.3.3 函数信号发生器的使用 …… 97
3.4 示波器…… 98
3.4.1 示波器的功能结构及原理简介 …… 98
3.4.2 示波器的分类及性能简介…… 100
3.4.3 示波器的使用 …… 100
3.5 常用实验线缆简介 …… 102

3.6 实验——常用电子仪器的使用 …… 103
第4章 焊接与调试技术 …… 105
4.1 常用工具 …… 105
4.1.1 焊接工具 …… 105
4.1.2 钳口工具 …… 108
4.1.3 紧固工具 …… 109
4.1.4 其他工具 …… 109
4.2 焊接材料 …… 111
4.2.1 焊料 …… 111
4.2.2 焊剂 …… 113
4.3 锡焊机理 …… 114
4.4 插装元器件的手工焊接技术 …… 115
4.4.1 焊接准备工作 …… 115
4.4.2 焊接方法 …… 115
4.4.3 导线焊接 …… 117
4.4.4 拆焊方法 …… 119
4.4.5 焊点质量检查 …… 120
4.5 检测与调试 …… 122
4.6 贴片元器件的手工焊接技术 …… 124
4.6.1 焊接工具 …… 124
4.6.2 焊接方法 …… 125
4.6.3 拆焊方法 …… 125
4.7 自动焊接技术简介 …… 126
4.7.1 自动焊接技术 …… 126
4.7.2 接触焊接(无锡焊接) …… 128
4.7.3 焊接新技术 …… 130
4.8 焊接实验 …… 134
第5章 制板技术 …… 135
5.1 电路板简介 …… 135
5.1.1 电路板的种类 …… 135
5.1.2 电路板的基材 …… 135
5.2 制板技术简介 …… 137
5.2.1 手工制板技术 …… 137
5.2.2 工业制板技术 …… 142
5.2.3 制板要求 …… 144
5.3 PCB绘图软件的使用 …… 145
5.3.1 PCB绘图软件发展历程简介 …… 145
5.3.2 常用制板软件简介 …… 146
5.3.3 Protel 99 SE介绍 …… 147
5.3.4 Protel 99 SE常用快捷键简介 …… 158
5.3.5 手工制板参数设定经验 …… 161
5.4 实验——制板训练 …… 161
第6章 仿真软件应用 …… 163
6.1 Multisim 10电路仿真快速入门 …… 163
6.1.1 Multisim 10的基本操作 …… 163
6.1.2 虚拟仪器的使用 …… 169
6.1.3 Multisim 10仿真实例 …… 175

6.2 Proteus 7 电路仿真快速入门 …… 179
6.2.1 Proteus 7 基本操作简介 …… 180
6.2.2 虚拟仪器的使用 …… 185
6.2.3 Proteus 7 仿真实例 …… 188
第7章 电子技术工程训练题选 …… 190
7.1 U 盘套件安装与调试 …… 190
7.1.1 实训的目的与要求 …… 190
7.1.2 产品性能指标 …… 191
7.1.3 实验原理 …… 191
7.1.4 实验器材 …… 191
7.1.5 实验内容与步骤 …… 192
7.2 调幅收音机的安装与调试(分立 AM) …… 198
7.2.1 实验目的与要求 …… 198
7.2.2 产品性能指标 …… 199
7.2.3 收音机原理 …… 199
7.2.4 实验器材 …… 204
7.2.5 实验内容及步骤 …… 204
7.3 调频收音机的安装与调试(集成 FM) …… 207
7.3.1 实验目的与要求 …… 207
7.3.2 产品性能指标 …… 207
7.3.3 实验原理 …… 208
7.3.4 实验器材 …… 209
7.3.5 实验内容及步骤 …… 209
7.4 数字万用表的安装与调试 …… 214
7.4.1 实验目的与要求 …… 214
7.4.2 产品性能指标 …… 215
7.4.3 实验原理 …… 215
7.4.4 实验器材 …… 215
7.4.5 实验内容及步骤 …… 217
7.5 其他电子产品的制作 …… 220
7.5.1 循环灯电路 …… 220
7.5.2 声光控延时开关 …… 222
7.5.3 耳聋助听器 …… 224
7.5.4 温升报警器 …… 226
7.5.5 快速充电器 …… 227
7.5.6 MP3 的制作 …… 229
附录 常用仪器的操作及使用 …… 235
一、万用表 …… 235
二、直流稳压电源 …… 239
三、函数信号发生器 …… 244
四、示波器 …… 251
五、交流毫伏表 …… 259
六、多功能计数器 …… 260
七、LCR 数字电桥 …… 261
参考文献 …… 264

第1章 绪 论

通过本章的学习，使学生了解电子技术工程训练的目的、任务，电子技术实验室的组成及功能，电子技术实验的一般程序及良好的实验习惯，熟悉电子产品设计的工艺规范及安全用电等知识，为模拟电子技术、数字电子技术、课程设计等课程实验奠定良好的基础。

1.1 电子技术工程训练概述

电子技术工程训练是一门独立性、先导性、实践性很强的实践课程，它的任务是使学生掌握与电子技术实验相关的基础知识，训练电子技术实践基本技能，提高对实验现象、数据的分析和解决问题的能力，培养电子产品质量意识及工程规范意识，激发学生的学习热情和积极性，养成实事求是、严肃认真、缜密细致的科学作风和良好的实验习惯，为后续的模拟电子技术、数字电子技术课程实验或实验课程、电子设计竞赛等实践活动，以及将来从事工程技术工作打下坚实的实践基础。

该课程除了介绍必要的电子技术实验基本知识和基本方法外，主要以电子技术实践基本技能训练为主。学生通过实践操作和练习，了解电子技术实验基本要求、安全用电基本常识以及印制电路板设计和制作技术，熟悉常用电子测量仪器的使用操作方法，掌握常用电子元器件的识别检测方法以及电子元器件的焊接技术，最后学生通过自主组装、焊接及调试一套电子产品，了解电子产品的设计制作流程，提高动手实践能力，培养基本工程素质。

1.1.1 电子技术实验室简介

为了有效地开设电子电气课程实验，工科类高校一般建有电工电子实验中心，或分别建有电子技术实验室和电工实验室。无论是电子技术实验室还是电工电子实验中心一般包含模拟电路实验室、数字电路实验室、单片机（嵌入式）实验室、电子工艺实训室、创新实验室、高频电子线路（通信电子线路）实验室、EDA 实验室等。由于部分实验室具有共用性，因此可将其合并。例如，模拟电路实验室和数字电路实验室，单片机实验室与 EDA 实验室等。

1. 模拟电路实验室

本实验室主要为“电子技术基础”、“模拟电子技术”、“低频电子线路”等课程的实验服务。其开设的实验项目主要有单管放大器、场效应管放大电路、负反馈放大器、运算放大器、功率放大器、稳压电源等，培养学生对模拟电路的分析、理解、设计与应用能力。为达到良好的实验效果，这些实验项目一般为一人一组独立完成。每个实验工位主要包括直流稳压电源、示波器、低频信号发生器、毫伏表、三用表、模拟电路实验箱或面包板等设备，以及电阻、电容、三极管和运算放大器等常用的电子元器件。部分实验室还配备了晶体管特性图示仪、多媒体实验教学系统和电子线路虚拟仿真软件，如 Multisim、Proteus、PSpice 等。

2. 数字电路实验室

本实验室主要为“数字电子技术基础”、“电子技术基础”、“数字电路与逻辑设计”等课程实验服务。开设集成门电路逻辑功能测试、组合逻辑电路设计、触发器参数测试及应用、中规模计数器设计及应用、脉冲产生与整形电路、硬件描述语言、频率计的设计与调试、综合设计等实验项目,培养学生对数字电路的分析、理解、设计与应用能力。这些实验项目一般为一人一组独立完成。每个实验工位主要包括直流稳压电源、示波器、低频信号发生器、三用表、数字电路实验箱或面包板等设备,以及电阻、发光二极管和中规模数字集成芯片等常用的电子元器件。部分实验室还配备了多媒体实验教学系统和电子线路虚拟仿真软件,如 Multisim、Proteus、PSpice 等。

3. 单片机实验室

单片机实验室主要为"单片机系统"、"单片机与嵌入式系统"课程实验服务。可开设 LED 彩灯、数字时钟、数字秒表、数字频率计、数字电压表等设计项目,此外,还可开设音乐演奏、恒温控制系统、串口通信、电子密码锁、DDS 波形发生器等实验项目,培养学生对单片机知识的理解与应用能力,提高编程与系统设计水平,加强团队协作意识。通常 1~2 人一组完成实验项目。实验室一般配备单片机系统板、单片机下载工具或单片机系统设计实验箱、嵌入式系统实验箱、微型计算机、示波器和信号源等设备。为方便开发,节省时间,提高教学效果,还可配备专门的单片机仿真软件(如 Proteus),在微机上对单片机系统进行设计与仿真。

4. 电子工艺实训室

本实验室主要为"电子技术工程训练"、"电子工艺实习"、"电子实训"等课程服务。开设常用电子元器件识别、仪器使用、焊拆练习、小型电子产品安装调试等实验项目,使学生了解并掌握与电子技术实践相关的基础知识和基本技能,培养学生的动手实践能力、电子产品的质量及工程规范意识、严谨细致的工作作风和良好的工程素养。主要配备了回流焊机、拆焊台、电烙铁、吸锡器、带灯放大镜及焊接辅助材料与工具等。

5. 电子技术创新实验室

电子技术创新实验室主要开展了诸如电子设计竞赛、电子科技苑、挑战杯、创新杯、Altera 杯、物电杯、飞思卡尔智能汽车竞赛、光电设计竞赛和 ADI 创新大赛等课外创新实践活动,培养学生电路设计与调试能力,系统综合设计能力、创新能力及团队协作精神。本实验室除配备基本的直流稳压电源、示波器与信号源外,通常还配备中、高端仪器设备,如大功率稳压电源、四通道宽带数字示波器、DDS 数字合成函数波形发生器、标准信号发生器、频谱分析仪、逻辑分析仪、宽带双通道扫频仪、超高频毫伏表、高精度三用表、数字电桥等。

6. 高频电子线路实验室

本实验室主要为"电子线路"、"射频电子线路"、"通信电子线路"课程实验服务。开设 LC 振荡器、乘积型振幅调制与解调器、混频器、锁相环、频率特性测量、高频小信号放大器、滤波器、频率合成、非线性电路特性测试、发射机、接收机、调频调幅收音机安装等实验项目,培养学生对高频电路的分析、理解、设计与应用能力。这些实验项目一般为一人一组独立完成。每个实验工位主要包括直流稳压电源、宽带示波器、高频信号发生器、低频信号发生器、频率特性测试仪、频率计、三用表和高频毫伏表等。部分实验室还配备了多媒体实验教学系统和电子线路虚拟仿真软件,如 Multisim、Proteus、PSpice 等。

7. EDA 实验室

EDA 实验室主要为"EDA 技术"、"VHDL 语言"、"Verilog 语言"、"电子系统设计"、"微电子技术概论”等课程实验服务。可开设跑马灯、自动报时数字钟、数字秒表、数字频率计、自动售货机、交通灯、音乐演奏、VGA 游戏演示、串口通信等设计性实验项目，培养学生可编程逻辑元器件的应用能力和系统设计能力。通常 2～3 人一组完成实验项目。实验室一般配备 FPGA/CPLD 实验箱、SOPC 综合实验箱、EDA 小系统板、微型计算机、示波器和信号源等设备，同时配备 Xilinx 或 Altera 公司的 FPGA 开发软件。

1.1.2　实验的一般程序

怎样做实验？如何做好实验？这是同学们共同关心的问题，也是必须了解和掌握的问题。无论是什么实验，都必须遵循一定的程序，才能顺利进行实验。

实验的一般程序是：实验预习→实验操作→分析总结→提交实验报告

1. 实验预习

毛泽东同志教导我们，“不打无准备之仗”，预习就是战前准备。学生在每次实验前，必须认真阅读实验教材，做好预习实验报告，避免盲目实验。预习报告的内容一般包括：

(1) 弄清实验的目的、内容、方法及有关的理论知识，知道实验要做什么和怎么做的问题。

(2) 做好实验前的准备工作：

- 对初次实验，要熟悉仪器仪表的使用，看指导书及课件，熟悉实验内容。

  对验证性实验，对照电路原理图，计算出电路各项指标理论值，或估算出其输出结果，并进行误差分析。

  对设计性实验，要先进行电路设计，完成必要的理论计算。

  对创新性实验，要综合学习和分析同类产品或作品的设计的优缺点，提出多种解决方案，通过分析与比较，最后选择一个合理的设计方案。
- 写出实验操作的具体步骤。
- 列出记录数据所需要的表格。
- 写出实验中应注意的问题，以便实验时给自己必要的提示。

(3) 能进行电路仿真的实验项目，就应进行仿真实验。根据电路原理图，选择合理的电路仿真软件，进行仿真分析，直至仿真结果正确为止。大多数情况下，要画出电路原理图和实物引脚接线图。

(4) 认真准备实验课所要讨论的问题，回答思考题，理解和牢记注意事项。

按以上内容独立完成预习报告。

2. 实验操作

在实验过程中，应遵守实验室规章制度，牢记实验课教师反复强调的问题和注意事项，严谨细致地进行实验操作。在实验时要做到：

(1) 检查元器件。检查实验用的元器件、连接线是否齐全，并对其进行检测，判断是否正常。

(2) 熟悉设备。熟悉实验(箱)板中有关元器件的位置、仪器的使用方法，防止不当操作。

(3) 组装电路。按实验电路正确接线，完毕后检查是否正确。

(4) 检查电路。仔细检查电源连接是否正确，地线是否接好，系统是否共地。

(5) 测试电路。检查电路无误后，必须确认电源电压符合所需数值，极性连接无误后才可通电进行实验，实验时要按正确的实验方法和步骤进行，细心观察实验现象，如实准确地记录实验数据或波形。

(6) 电路调试。实验中若出现问题，应先排查问题，检查电路设计正确与否，连线是否有误等！如需要更换元器件时，应先切断电源再进行更换，切忌带电操作。若遇疑难问题时，应检索电子答疑系统，若还解决不了问题时，最后请求教师指导。

(7) 结果分析。对实验结果进行分析，若发现与理论值偏差太大，或结果完全不对，应仔细查找原因并重新测试。

(8) 实验整理。实验结束后，首先切断仪器仪表电源，整理好仪器设备并将其摆放整齐，清理连接线、电源线等，将实验台收拾干净，填写仪器使用登记本。

3. 实验总结——实验报告

实验结束后，需认真撰写实验报告。实验报告是以书面形式对实验结果的全面总结，是对实验人员综合分析能力、文字表达能力和科学作风的基本训练，是培养学生分析现象、总结问题、解决问题能力的重要环节之一。当然，要写好总结报告，其前提是必须成功地完成各项实验。总结报告的质量好坏将体现实验者对实验项目的理解能力、动手能力和综合素质。

(1) 实验总结报告主要内容：

- 将原始实验数据进行整理、分析；
- 进行误差计算，并进行具体分析；
- 对实验中遇到的问题和现象进行具体分析；
- 本次实验结论。

最后把预习报告与总结报告综合成一份完整的实验报告。

(2) 实验报告要求：

- 书写在规定的实验报告纸上；
- 简明扼要，文理通顺，书写工整；
- 图表清楚、规范(作图用尺，数据以表格形式填写，曲线和表格应注明名称、物理量和单位)；
- 实验数据整理，对自己实验所得数据和观察到的现象要实事求是地填写，原始数据的记录要按要求精确到某位有效数字，以表格形式填写，标明单位。实验波形以实际测量为准，与理论波形相对比，并能分析出与理论差距的原因。

(3) 实验报告基本格式：

① 封面

封面应包括实验名称、实验教室、实验者姓名、实验日期等内容。

② 实验预习

预习包括实验目的、实验原理、实验仪器、实验步骤和测量方法(含实验电路、实验步骤、测试数据表等)和思考题等项目。

③ 实验总结

总结的内容有数据分析及实验结论，包括实验图表(元器件标出相应符号及参数)，实验现象分析，实验结论。并写出心得体会或建议。

1.1.3 良好实验素养的养成

对于电子电气专业的学生来说，培养其良好的工程素养远比知识的灌输更重要。大部分学生在进入电子技术实验室前，具有较系统的数理化知识，智力得到了较充分的开发，具有基本的做人做事准则和动手实践的潜力。但少数学生情商较低，学习、生活态度和道德风范受社会不良风气影响较大，诚实守信、认真细致、团结协作、勤于思考、艰苦奋斗、勇于实践、百折不挠、勤俭节约的作风未得到充分发扬，不具备基本的工程素养。这些素养的提高在理论教学中体现得不够充分，但在电子技术实验室里能得到充分表现。开展科学的电子技术实验需要具备紧密的合作精神、良好的操作习惯、规范的操作流程和真实的数据记录，这对于培养一个人科学的态度、诚实的作风、良好的素养十分有利。因此，希望学生在实验过程中严格要求自己，将上述理念始终贯穿于实验教和学的各个环节。

习惯是事业成败的关键因素，人们往往只注重结果，却忽视了良好习惯的养成。如果不良习惯一旦养成，就会伴随人的一生，进而影响其工作和生活质量。因此，在实验中培养良好的工程实践习惯，对电子电气专业的学生来说十分重要。

在电子技术实验中应注意培养学生养成良好的实验习惯，认真做到如下几点：

(1) 重视实验，做好实验预习，按时到实验室做实验。

(2) 严格遵守学生实验守则及实验室规章制度。

(3) 在实验室内应遵守纪律，保持肃静，听从指挥。不高声喧哗、不抽烟、不吃东西、不乱丢纸屑及任意调位、串位。不做与实验无关的任何事情。

(4) 爱护仪器设备，正确使用仪器，不野蛮操作设备，不随意挪动设备，不操作无关设备。

(5) 注意人身和设备安全，切勿带电操作。若发现异常现象，应立即切断电源，分析查找原因，待问题解决后方可再加电操作。

(6) 按要求填写仪器使用登记本。保持实验工位整洁，按规定打扫卫生。

(7) 通过实验预约和门禁系统自主实验者，除应遵守上述规定外，还应自觉承担实验室的管理工作，不得私自将其他无关人员带入实验室。

1.1.4　元器件获取途径

课内实验的元器件由实验室统一配备。学生应按要求使用元器件，使用完后应及时归位，如因使用不当造成元器件损坏，则应照价赔偿。

课外实验需要使用的元器件可采取以下方法获得：

(1) 免费领用。实验室已备好的基本元器件可以免费领用。

(2) 自行购买。直接从当地电子市场购买需要的元器件。

(3) 网上邮购。网上有来自全国的许多卖家销售元器件，学生可上“淘宝网”搜索到需要的元器件后直接网上付款，卖家会通过邮寄将买好的元器件寄出。网购元器件时间较长(一般2～5天不等)，但元器件种类丰富，较易买到合适的元器件。

(4) 教师代购。将需要购买的元器件列好详细的元件清单，包括元件名称、型号、功能、封装、可替代型号等，交实验室老师代购。

(5) 样片申请。登录各大芯片厂商的主页，某些厂商(如美信等)只需按要求填表后就能免费申请到样片。样片一般采用邮寄的方式寄到，元器件免费，邮费自理。

1.2　电子产品设计工艺规范

在电子产品和电子系统的设计研制过程中，质量是电子设计工程师最为关心的问题，它不仅与整机电路的设计有关，而且与生产工艺、生产管理水平紧密相连。电路设计是电子产品实现其电路功能的主要途径，起着举足轻重的作用。然而，当电路设计人员设计的产品不符合国标、国军标或电子行业的相关标准，脱离本单位的生产实践，缺乏可制造性时，产品就失去了实现其质量和可靠性的基本前提。对于电子产品而言，电路设计决定产品的功能，结构设计决定产品的形态，工艺设计决定产品的可制造性。介绍电路设计和结构设计的资料较多，在此不做叙述。电子生产工艺主要包含设计图纸、元器件老化与筛选、元器件封装、焊接、调试、电子装联、总装、整机调试、质检等要素或环节。下面简要介绍电子产品生产工艺中的老化与筛选、元器件封装和电子装联等几个重要概念。

1.2.1 电路元器件的老化与筛选

整机中的电路元器件通常是在长期连续通电的情况下工作。例如车载、航空、舰船中的电子设备，经常工作在高温、潮湿、烟雾、振动冲击的恶劣环境中，为保证其可靠性、稳定性，必须在装配前对元器件进行严格的测试、老化和筛选。

老化、筛选就是对元器件施加外界应力，使早期失效的元器件在安装前暴露、剔除。外界应力可以是电的、温度的、机械的，或者是这几种应力的组合。目前，对电子元器件的老化、筛选尚无统一的标准和方法。不同环境下使用的电子设备对老化、筛选的内容和要求各不相同。下面介绍元器件失效的一般规律和老化筛选的一般方法与原则。

1. 元器件失效的一般规律及相应对策

电路元器件具有一定的使用寿命。随着外界因素的影响和时间的推移，元器件表现为性能下降或失效。

电子元器件的可靠性用失效率表示。利用统计学的手段，能够发现描述电子元器件失效率的数学规律：

$$失效率\,\lambda(t)=\frac{失效数}{运用总数\times运用时间}$$

失效率的常用单位是 Fit（菲特），1Fit＝10^{-9}/h。即一百万个元器件使用一千小时，每发生一个失效，就叫做 1Fit。失效率越低，说明元器件的可靠性越高。

电子元器件的失效率还是时间的函数。统计数字表明，新制造出来的电子元器件，在刚刚投入使用的一段时间内，失效率比较高，这种失效称为早期失效，相应的这段时间叫做早期失效期。电子元器件的早期失效，是由于在设计和生产制造时选用的原材料或工艺措施方面的缺陷而引起的，它是隐藏在元器件内部的一种潜在故障，在开始使用后会迅速恶化而暴露出来。元器件的早期失效是十分有害的，但又是不可避免的。人们还发现，在经过早期失效期以后，电子元器件将进入正常使用阶段，其失效率会显著地迅速降低，这个阶段叫做偶然失效期。在偶然失效期内，电子元器件的失效率很低，而且在极长的时间内几乎没有变化，可以认为它是一个很小的常数。在经过长时间的使用之后，元器件可能会逐渐老化，失效率又开始增高，直至寿命结束，这个阶段叫做老化失效期。电子元器件典型的失效率函数曲线如图所示。从图 1-2-1 中可以清楚地看出，在早期失效期、偶然失效期、老化失效期内，电子元器件的失效率是大不一样的，其变化的规律就像一个浴盆的剖面，所以这条曲线常被称为“浴盆曲线”。

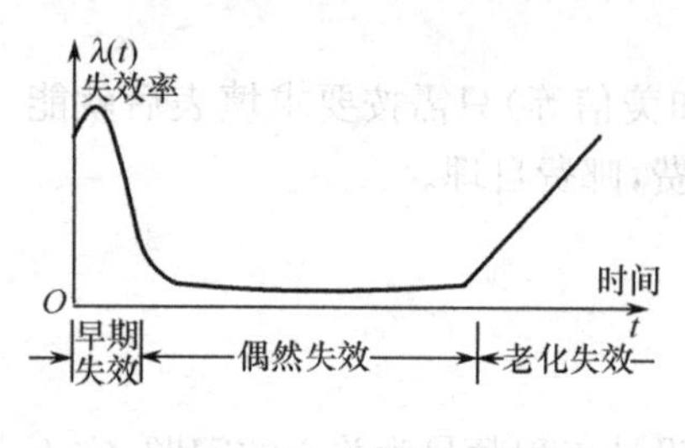

图 1-2-1 失效率函数曲线

2. 老化的原则和方法

老化筛选的作用就是外加应力，将早期失效的元器件的潜在故障加速暴露筛选掉。外加应力的大小原则上不能超出元器件的极限参数。例如对三极管来说，外加电压不能超过BVceo值，外加温度不能超过结温，以免破坏元器件性能。但外加应力也不能太小，否则达不到老化、筛选的目的。老化、筛选的方法，根据元器件和整机使用条件而定。常见的方法有：高低温存储老化、电老化和功率老化三种。

3. 电路元器件的选择

在工程技术中，完成某一方面功能，需要用到各种各样的电路元器件，这就要考虑电路元器件的选择问题。电路元器件选择的基本原则就是实用性和经济性。随着电子技术的飞速发展，当代电子元件不仅门类多、品种全，且新产品不断涌现。现在的电子市场不仅有国内产品，同时也有大量的国外产品。在电路设计中，要完成某一方面功能，可能有多种元器件能够胜任，到底选用哪一种，要根据实际情况进行权衡。这就要求电路设计者熟悉、掌握不同系列的电子元器件，善于查阅元器件手册，把握实用性和经济性的原则。

1.2.2 元器件封装

元器件封装工艺近些年发展迅速。自电子封装问世后的约40年中，先后经历过三次重大的技术转变。第一次发生在20世纪70年代中期，由以DIP为代表的针脚插入型转变为以QFP为代表，由周边引出I/O端子为其主要特征的表面贴装型(SMT)；第二次发生在90年代初期，其标志是球栅阵列端子BGA型封装的出现；第三次发生在2000年，多芯片系统封装SIP的出现使微电子技术及封装技术进入后SoC和后SMT时代。20世纪90年代中期，由于CSP封装和积层式多层基板的引入，IC产业迈入高密度封装时代。目前的主要特征及发展趋势是：

① BGA封装正向增强型BGA、倒装片积层多层基板BGA、带载BGA等方向进展，以适应多端子、大芯片、薄型封装及高频信号的要求。

② CSP的球栅节距正由1.0mm向0.8mm、0.5mm，封装厚度正向0.5mm的方向进展，以适应超小型封装的要求。

③ 采用两芯片重叠，三芯片重叠，或多芯片叠装构成存储器模块等方式，以提高封装密度。

④ WLP(wafer level package)的采用，将半导体技术与高密度封装技术有机地结合在一起。其特征是，在硅圆片状态下，在芯片表面再布线，并由树脂绝缘保护，构成球形凸点之后，再切片。由此可以获得与芯片尺寸大小一致的CSP封装，而且可以省略集成电路制造中的后续工序，它作为高密度封装形式而引起广泛重视。

1.2.3 电子装联

电子装联(electronic assembly)，简称“电装”，指的是在电子电气产品形成中采用的装配和电连接的工艺过程。电装工艺的含义是为电子电气产品的装配和电连接而设计、制定的需要共同遵守的标准与规定。

电子装联，多指在电的效应和环境介质中点与点之间的连接关系。电子装联技术，绝不单纯的局限于印制电路板组装件，它包含了更多的内涵。从某种程度上讲，常规印制电路板组装件(即板级电路的 THT、SMT、多层复合贴装 MPT 等)的装联相对而言较易掌握,因为板级电路的制造与设计有相对先进的装联设备和设计软件作技术支撑。但对于作为构成电子设备的其他要素也很重要,例如,整机或单元模块;高、低频传输线;高频、超高频、微波电路印制电路板组装件;板级电路、整机或单元模块的 EMC 和可靠性设计等,这些问题目前还没有有效的解决办法。

2001 年,出现了"电气互联技术"这一新概念,是对电子装联概念的拓展和延伸。在电子装备中,电气互联技术是指:"在电、磁、光、静电、温度等效应和环境介质中任何两点(或多点)之间的电气连通技术;即在电磁介质环境中,采用布局布线、接插互联等方法,将电子、光电子元器件、基板、导线、连接器等零部件制成工程实体的制造技术"。

由此可见,在现代电子产品的设计与生产过程中,电气互联技术对保证整机功能和指标起到了重要作用。电气互联的可靠性决定了电子设备的可靠性,电气互联技术是现代电子设备设计与制造的关键技术。

先进电气互联技术是一项系统工程,它涉及产品从论证、设计、研制到生产的各个环节。电路设计与该技术相辅相成,该技术为电路设计提供可靠的技术保障,同时该技术又要求电路设计更规范、更标准、更先进。没有先进电气互联技术的保障,电路设计不管多么先进也无法实现其功能技术指标。同样,没有先进、规范的电路设计,该技术就失去了发挥作用的平台。

掌握了先进电气互联技术的电装工艺师,应在产品方案论证的初始阶段就参加进去,并参与到产品的总体设计、研制、开发、生产的全过程中去,这是保证现代电子装备和产品质量的关键。

电气互联的主要标准有:①国标(GB),②国军标(GJB),③部标(SJ 或 SJ/T),④航天部标准(QJ),⑤航空部标准(HB),⑥企业技术标准。

1.2.4 电子产品的总装

电子产品的生产与发展和电子装配工艺的发展密切相关,任何电子设备,从原材料进厂到成品出厂,要经过千百道工序的生产过程。电子产品的总装是电子产品生产过程中的一个重要的工艺环节,是把半成品装配成合格产品的过程。其内容包括将各零部件、整件(如各机电元件、印制电路板、底座、面板及元器件)按照设计要求安装在不同位置上,组合成一个整体,再用导线将元部件之间进行电气连接,完成一个具有一定功能的完整的机器,以便进行整机调整和测试。

总装包括机械和电气两大部分的工作。电子产品总装的顺序是:先轻后重、先小后大、先铆后装、先装后焊、先里后外、先平后高,上道工序不得影响下道工序。电子整机装配工艺过程可分为装配准备、电子装联、总装、调试、检验、包装、入库或出厂几个环节。总装中每一个阶段的工作完成后都应进行检验,分段把好质量关,从而提高产品的一次通过率。

对整机结构的基本要求:结构紧凑,布局合理,能保证产品技术指标的实现;操作方便,便于维修;工艺性能良好,适合大批量生产或自动化生产;造型美观大方。

电子整机总装完成后,按配套的工艺和技术文件的要求进行质量检查。检查工作应始终坚持自检、互检、专职检验的"三检"原则。其程序是:先自检,再互检,最后由专职检验人员检验。通常,整机质量的检查包括外观检查、装联的正确性检查、安全性检查、绝缘电阻的检查和绝缘强度的检查等。

1.2.5　电子产品生产工艺的发展

电子产品生产工艺发展日新月异。例如传统电子装联十分关注的印制电路板(PCB)的概念可以说已经过时了。1999年日本印制电路工业会(JPCA)将几十年称谓的“印制电路板”(printed circuit board,PCB),改称为“电子基板”(electric substrate)。新定义的电子基板,按其结构可分为普通基板、印制电路板、模块基板等几大类。其中PCB在原有双面板、多层板的基础上,近年来又出现积层多层板。模块基板是指新兴发展起来的可以搭载在PCB之上,以BGA、CSP、TAB、MCM、SIP为代表的封装基板(package substrate,简称PKG基板)。从“印制电路板”到“电子基板”这一定义、概念上的改变,反映出印制电路板产业正在市场、产品结构上发生巨大转变,其中封装基板已被提到突出地位。

又如电气互联技术的发展趋势更加明显。美国从战略发展的角度考虑,大力发展电气互联技术,推动多芯片组装和立体组装技术的研发和应用。美国新一代战斗机F-22的研制过程中,大量采用立体组装技术,使战斗机的通信导航敌我识别系统(CNI)分散在三个设备中,实现了综合化的ICNIA技术。当前,电气互联的3D叠层立体组装时代已经来临。其代表性的技术是SIP(system in a package)封装,与第一代封装技术相比,封装效率提高60%～80%,体积减小1000倍,性能提高10倍,成本降低90%,可靠性增加10倍。

1.3　安全用电

安全用电是每一个公民应具备的基本常识,是电类和非电类大学生应具备的基本素养,是动手实践的基本前提。本节主要介绍安全用电知识,包括人体触电、触电急救、常见触电方式、安全保护技术和安全预防措施。电给人类带来了光明和便利,人们的办公、生产、生活都离不开电,但若使用不当或违章用电,也会给人类造成灾难。因此,掌握安全用电的基本知识是非常必要的。

1.3.1　人体触电及触电急救

1. 人体触电

当人体接触带电体时,会有一定的电流通过人体,可能对人体造成伤害。伤害分为两种,电击和电伤。

电击是指电流通过人体内部,造成人体内部组织破坏,影响心脏、呼吸系统和神经系统,如果触电者不能迅速摆脱带电体,最后可能会造成死亡事故。触电死亡事故中大多数是由电击伤害造成的,所以电击的危险性极大,应积极预防。

电伤也叫电灼,是指电流通过人体外部,造成体表上的伤害,如电弧烧伤、电烙伤、皮肤金属化等。电伤给人体带来的伤害,轻者有皮肤之痛,重者甚至会造成失明、截肢,更严重时会造成死亡。

人体触电的伤害程度与通过人体的电流强度、电流种类、触电时间的长短、电流通过人体的途径和人体状况有着极大的关系。

① 电流种类:电流种类不同对人体的危害也有所不同,交流电在40～100Hz对人体危害最大。我们日常生活中使用的工频市电50Hz正是在这个危险范围内,工频电流对人体的伤害最严重。随着电流频率的提高,对人体的伤害程度会下降,当频率超过20kHz时,对人体危

害就很小了,医院用于理疗的一些仪器采用的就是这个频段。

② 电流强度:电流是触电伤害的直接因素。通过人体的电流越大,对人体的伤害也越大。按照人体对电流的生理反应强弱和电流对人体的伤害程度,可将电流大致分为感知电流、摆脱电流和致命电流三级。

感知电流是指人体有触电感觉但无有害生理反应的通过人体的最小电流值。摆脱电流是指人体接触后能自主摆脱电源而无病理性危害的最大电流。致命电流是指能引起心室颤动而造成生命危险的最小电流。这几种电流的数值与触电者的性别、年龄以及触电时间等因素有关。如成年男性的平均感知电流为 1mA,摆脱电流为 10 mA,致命电流为 50 mA(且通过时间超过 1s)。我国针对电子设备实施的最新安全强制性标准为 GB8898—2001《音频、视频及类似电子设备安全要求》。标准规定接触电流不应超过交流限值 0.7mA(峰值)和直流限值 2.0mA。

③ 电流作用时间:电流对人体的伤害与作用的时间密切相关。电流通过人体的时间越长,对人体的伤害程度越重。一般用触电电流与触电持续时间的乘积(称为电击能量)来表示电流对人体的危害程度。若电击能量超过 50 mA · s 时,人就有生命危险。

④ 电流途径:人触电时,电流通过人体的脑、心、肺等重要部位时,就会产生严重后果,甚至危及生命,这是由于触电会使神经系统麻痹而造成心脏停跳,呼吸停止。例如,电流从一只手经胸部到另一只手,或由手经胸部流到脚,这类情况是最危险的。但如果电流不经过上述的部位,除了电击强度较大时可造成内部烧伤外,一般不会危及生命。

⑤ 人体电阻:人体是具有一定阻值的导电体,人体的阻值是不确定的,人体电阻越大,则触电伤害程度就会越轻。人体还是一个非线性电阻,随着电压升高,电阻值减小。

人体电阻包括皮肤电阻和体内电阻。体内电阻存在较小的容性分量,大部分可认为是阻性的,与接触表面积关系不大,基本不受外界条件影响,其值约为 500Ω。皮肤电阻容性分量较大,随外界条件不同有较大范围的变化。一般干燥的皮肤,电阻值可达 100kΩ 以上,但随着皮肤的潮湿度加大,电阻逐渐减小,可小到 1kΩ 以下。我们平常所说的安全电压 36V,就是对人体皮肤干燥时而言的。倘若用湿手接触 36V 的安全电压,同样会受到电击,此时的安全电压就不安全了。

2. 触电急救

一旦发生触电事故,千万不要惊慌失措,有效的急救在于迅速处理,并抢救得法。触电者能否获救,取决于能否使触电者迅速脱离带电体和对触电者实施正确的急救方法。

(1) 脱离电源

触电急救的第一步是必须用最快的速度使触电者脱离带电体。有效脱离带电体的方法是:

① 切断电源,即拉闸或拔出电源插头。

② 在一时找不到或来不及找电源的情况下,可用干燥的木棍、竹竿或其他绝缘物移开带电体。

③ 用绝缘钳剪断电源线,并注意用单手操作,防止自身触电。剪断的电源线要用黑胶布包好,避免二次触电。

必须注意:当触电者未脱离带电体之前切不可用手接触触电者,以免抢救者自身触电。抢救的关键是一要快,二要不使自己触电,一两秒的迟缓都可能造成不可挽救的后果。

(2) 现场抢救

触电急救的第二步是在触电者脱离带电体后，立即进行现场救护。人触电后，往往会出现神经麻痹、呼吸困难、血压升高、昏迷、痉挛，甚至呼吸中断、心脏停跳、昏迷不醒等状况。如果没有观察到明显的致命伤，就不能轻率地认定触电者已经死亡，救护者切勿放弃抢救，而应果断地以最快的速度和正确的方法就地施行抢救，多数触电者是可以抢救过来的。有的触电者经过四、五个小时的抢救才起死回生，脱离险境。

触电者脱离带电体后，应先检查触电者的触电程度。如果触电者神志清醒，应让其充分休息，尽量少移动，若已失去知觉，就应马上用看、听、试的方法检查伤员呼吸、心跳的情况。

(3) 触电急救方法

人体生命的维持，主要靠心脏跳动而产生血循环，通过呼吸而形成氧气与废气的交换。

若心跳停止超过 4 分钟，易造成永久性损伤，甚至死亡。因此，急救必须及时和迅速。心跳、呼吸骤停的急救，简称心肺复苏，通常采用口对口呼吸和人工胸外挤压方法。

1.3.2 常见触电方式

人体触电，主要与供电方式相关，在日常生活中广泛使用的主要有两种供电方式，一种是三相四线制低压供电系统，主要用在家电、照明和动力用电，另外一种是三相三线制低压供电系统，主要用在工厂动力用电。因此，常见的主要触电方式有单相触电和双相触电。

1. 单相触电

在我们常用的 380/220V 供电系统中，当人体的某一部位接触到某一相线或带电设备外壳时，一相电流通过人体流入大地，人体则承受相电压，这种触电形式称单相触电，单相触电又分为中性点接地和中性点不接地两种触电类型。如图 1-3-1 和图 1-3-2 所示。

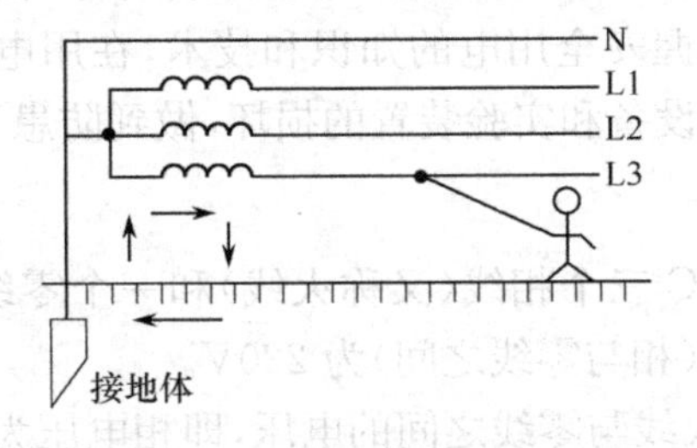

图 1-3-1 中性点接地单相触电

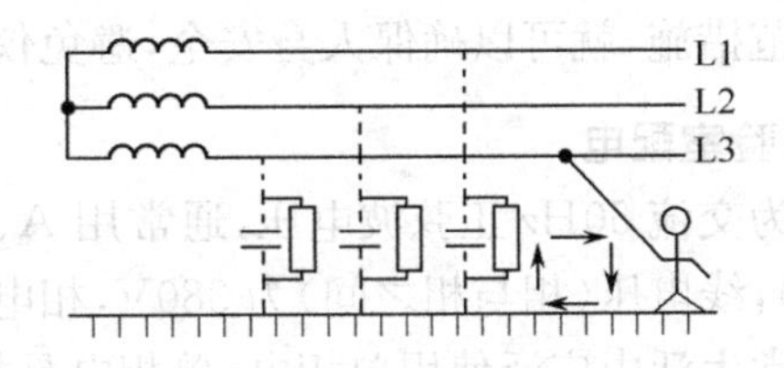

图 1-3-2 中性点不接地单相触电

由图 1-3-1 可知，中性点接地的单相触电，触电时电流经相线通过人体、大地、中性点接地体、中性点形成闭合回路。通过人体的电流取决于 220V 的相电压和回路上的总电阻，总电阻即人体电阻与接地体电阻之和，接地体电阻，一般小于 4Ω，比人体电阻小得多，通常忽略不计，那么主要取决于人体电阻。人体电阻值越小，通过的电流越大，危害则越大。

由图 1-3-2 可知，中性点不接地的单相触电，触电时电流经相线、人体、大地、线路对地的绝缘电阻(空气)和分布电容、中性点分别形成另外两根相线构成两条回路，如果线路绝缘性能良好，空气阻抗、容抗很大，通过人体的电流较小，危险就小，反之则危险就大。

2. 双相触电

当人体同时接触电网的两根相线，电流从一根相线通过人体流入另一根相线从而发生触电，称为双相触电，如图 1-3-3 所示。这种触电人体承受的是线电压，380V 的线电压直接加到人体上，通过人体的电流则比单相触电更大，而且一般保护措施都不起作用，即使穿上绝缘鞋或站在绝缘台上也起不到保护作用，因而危险更大。故双相触电比单相触电更危险，触电后果更严重。

3. 跨步电压引起触电

在故障设备附近，例如电线断落在地上，落地点的电位就是导线本身所带电位，接地时电流就会从落地点流入地中，并在接地点周围产生电压降，在接地点附近，当人走进这一区域时，将因跨步电压而使人触电。由于两脚间的电位不同，就会形成跨步电压，即电流由一只脚经人体到另一只脚再到大地而形成回路，这种触电事故叫跨步电压触电，如图 1-3-4 所示。线路电压越高，离落地点越近，两脚距离越大，跨步电压就越大，反之则越小。

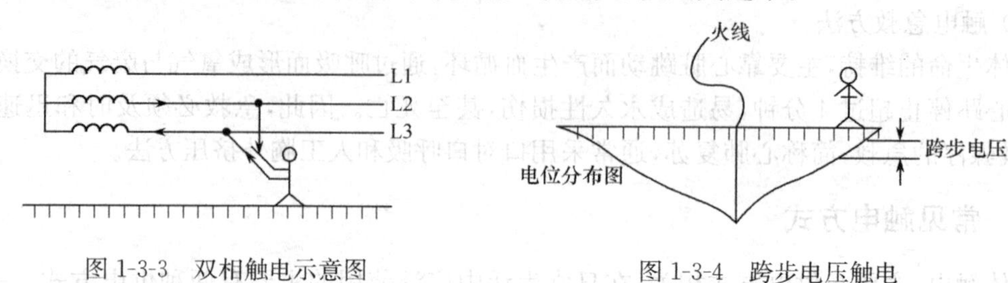

图 1-3-3　双相触电示意图　　图 1-3-4　跨步电压触电

4. 间接触电

间接触电是指电气设备断开电源，但由于设备中高压大容量电容的存在而导致在接触设备某些部分时发生的触电。这类触电有一定的危险，容易被忽视，因此要特别注意。

1.3.3　安全保护技术

安全用电包括供电系统的安全，用电设备的安全及人身安全。在实验操作中，安全要放在第一位，只要在思想上充分重视安全用电问题，掌握安全用电的知识和技术，在用电实践中采取正确防范措施，就可以确保人身安全，避免仪器设备和实验装置的损坏，做到防患于未然。

1. 实验室配电

市电为交流 50Hz 正弦波电压，通常用 A、B、C 三个相线（又称火线）和一个零线供电（三相四线制），线电压（相与相之间）为 380V，相电压（相与零线之间）为 220V。

在日常生活中广泛使用单相电，单相电是指火线与零线之间的电压，即相电压为 220V。

一般也加有保护地线，称为单相三线制，即一相线、一零线和一地线，例如我们常使用的三孔插线座，左零右火中间地。

在实验室根据需要可按三相五线制配电，也可按单相三线制配电。

在实验室里一般常见的较高电压有：

- 实验室墙壁电源配电盘上配有三相供电电源 380V/50Hz；
- 局部专用三相供电系统（如电机）；
- 墙壁上专用四芯插座（三相供电），提供大功率电器（如空调）供电；
- 墙壁上部分电源插座、实验桌电源插座，一般安装的是单相电源 220V/50Hz；
- 有时因仪器的电源部分与外壳的绝缘性能不好，造成仪器外壳带电（称为漏电），甚至超过安全电压值。

2. 用电安全技术

为防止触电事故的发生，需要采取相应的保护措施。在低压配电系统中，采用两种保护，当低压配电系统变压器中性点不接地时（三相三线制）采用保护接地的措施，当低压配电系统变压器中性点接地时(现在普遍采用的三相四线制),采用保护接零的措施。

(1) 保护接地

在中性点不接地的低压供电系统中(三相三线制),如果电气设备由于故障而外壳带电,当人体接触到外壳时,就有电流流过人体入地,并经线路与大地之间的分布电容构成回路,则会发生中性点不接地单相触电,如图 1-3-5 所示,为避免这种情况发生,确保人身安全,一般采用保护接地的措施。

保护接地,就是将电气设备的金属外壳与大地连接起来(是真正的接大地,不同于电子线路中接公共参考电位零点的接地)。一般用钢管或角铁等金属作接地体,并保证接地电阻小于4Ω。设备接地后将会起到保护作用。保护接地如图 1-3-6 所示。

在采取保护接地后,如果电器外壳漏电,当人接触外壳时,由于人体电阻与接地电阻并联,而人体电阻远大于接地电阻,大部分电流经接地电阻流入大地,通过人体的电流很小,保护了人身安全。由此可看出,接地电阻越小,保护越好,这是为什么在接地保护中总要强调接地电阻要小的缘故。

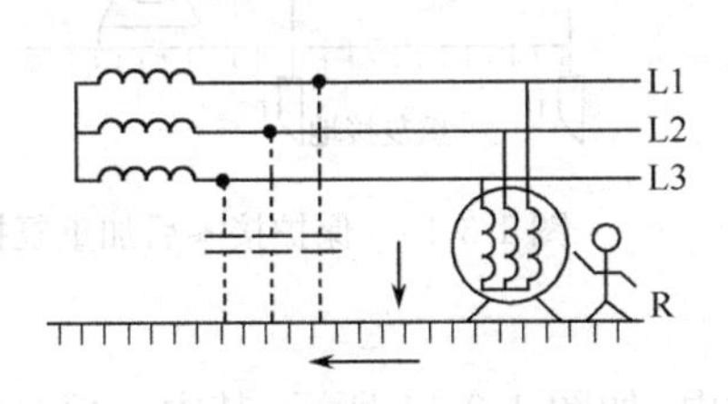

图 1-3-5 中性点不接地单相触电

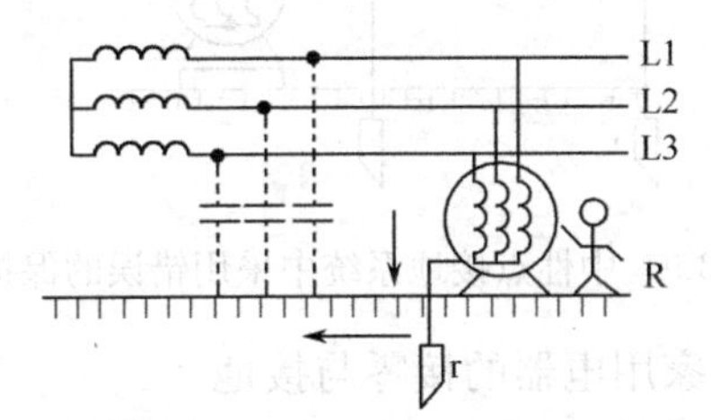

图 1-3-6 保护接地示意图

(2) 保护接零

在中性点接地的低压供电系统中(三相四线制),如果电气设备由于故障而外壳带电,当人体接触到外壳时,电流经相线通过人体、大地、中性点接地体、中性点形成闭合回路,即中性点接地的单相触电,如图 1-3-7 所示。

对该系统来说,采用外壳接地已不足以保证安全,而应采用保护接零,即将电气设备的金属外壳与零线相接。当某一相线绝缘损坏与外壳接触时,该相与零线就形成单相短路。短路时产生的电流很大,足以使线路上的保护装置(熔断器或过流开关)断开,切断故障设备的电源,这时金属外壳不带电,起到保护作用,因而可防止触电危险,如图 1-3-8 所示。

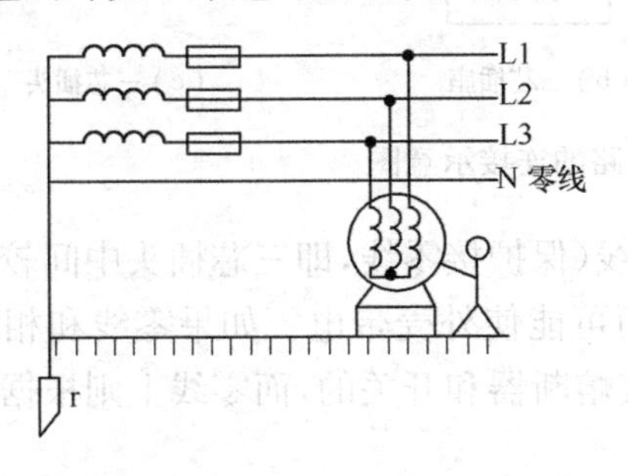

图 1-3-7 中性点接地单相触电

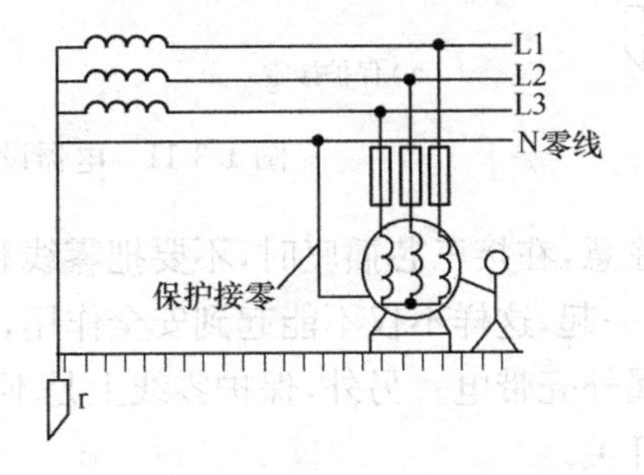

图 1-3-8 保护接零示意图

在中性点接地的三相四线制系统中,使用电气设备时必须采用保护接零,而不能采用保护接地,如果采用保护接地,即设备的金属外壳接地,一旦发生漏电或某一相线碰上金属设备外壳(碰壳)时,通过短路相线保险丝上的电流并不很大,保险丝如果不动作,设备的金属外壳将

出现一定的电压，那么对地的电压为

$$U=\frac{220}{r+r}\times r=110\text{V}$$

金属设备的外壳不仅带有110V危险的电压，零线上对地的电压也为110V，也就是接在这个线路上的所有正确采用保护接零的其他设备的金属外壳全都带有110V的电压，这是非常危险的，如图1-3-9所示。

采用保护接零时，电源中性线(零线)不允许断开，如果中线断开，则保护失效。所以在电源中线上不允许安装开关和熔断器(包括保险丝)。在实际应用中，用户端常将电源中线再重复接地，防止中线断线，重复接地电阻一般小于10Ω，如图1-3-10所示。

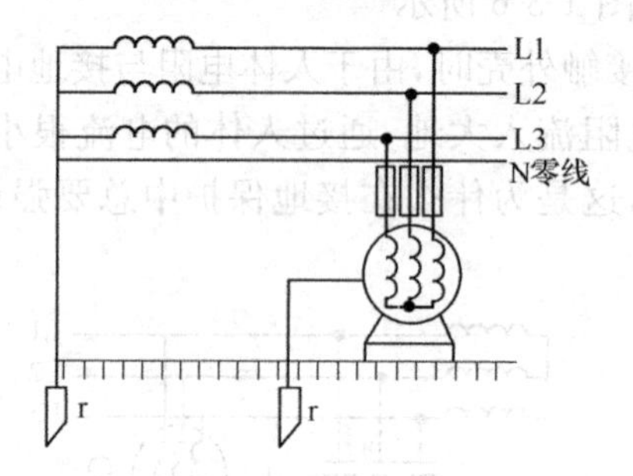

图1-3-9　中性点接地系统中采用错误的保护接地

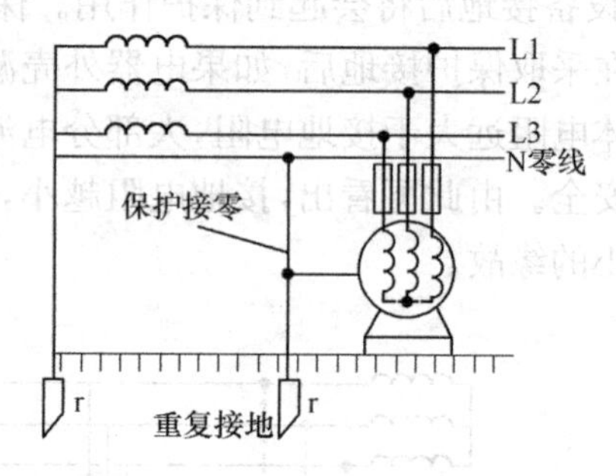

图1-3-10　保护接零后加重复接地

(3) 家用电器的接零与接地

电子仪器、家用电器一般都采用单相220V供电，如图1-3-11所示，其中一根是相线，一根是零线。为了保证人身安全，电器外壳要接一根保护零线。一般家用的设备多采用三芯插头和三芯插座，如图1-3-11(b)、(c)所示，其中E接外壳(保护接零)，L接相线，N接零线。

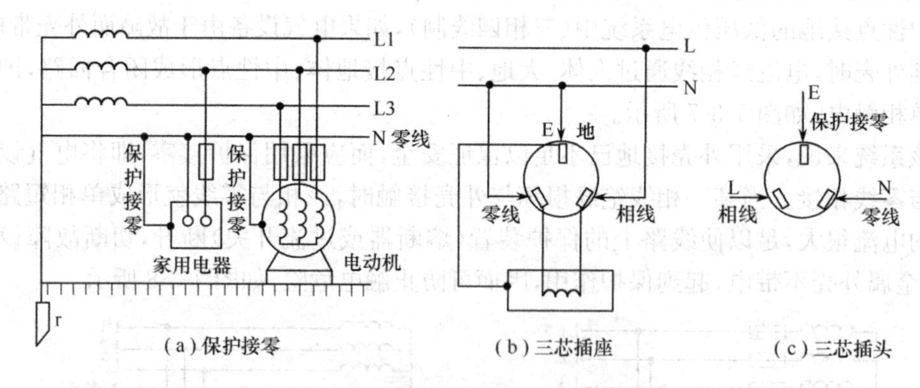

图1-3-11　电器设备电路的连接示意图

应该注意，在接三芯插座时，不要把零线和地线(保护接零线，即三芯插头中间较粗较长的插脚)接在一起，这样不仅不能起到安全作用，反而可能使外壳带电。如果零线和相线接反时也会使金属外壳带电。另外，保护零线上是不能接熔断器和开关的，而零线上则根据需要可接熔断器和开关。

(4) 漏电保护开关

漏电保护开关是电气安全装置，也叫触电保护开关，是一种切断型保护安全技术，它比保护接地或保护接零更灵敏，更有效。

漏电保护开关的种类很多，按动作方式可分为电压动作型和电流动作型；按动作机构分，有开关式和继电器式；按极数和线数分，有单极二线、二极、二极三线等。按动作灵敏度可分为高灵敏度（漏电动作电流在30mA以下）、中灵敏度（30～1000mA）、低灵敏度（1000mA以上）。

漏电保护开关的特点是在检测与判断到触电或漏电故障时，能自动切断故障电路。漏电保护开关主要有电压型和电流型两种，其工作原理有共同性，即都可把它看作是一种灵敏继电器，即由检测器来控制开关的通断。对电压型而言，检测用电器对地电压；对电流型则检测漏电流。超过安全值即控制动作切断电源。

由于电压型漏电保护开关安装较复杂，目前发展较快、使用广泛的是电流型保护开关。它不仅能防止人触电而且能防止漏电造成火灾，既可单独使用也可以保护接地、保护接零共同使用，而且安装方便。

(5) 使用安全电压

安全电压是指人体不戴任何防护设备时，触及带电体不受电击或电伤。

根据人体的最小电阻800～1000Ω和工频致命电流30～50mA，可以知道人体触电时的危险电压为24～50V。国家标准制定了安全电压系列，称为安全电压等级或额定值，这些额定值指的是交流有效值，分别为：42V、36V、24V、12V、6V等几种。

安全电压数值的选择与电气设备的环境有关，比如在潮湿、有腐蚀性或有导电尘埃的地面和狭窄的工作场所通常采用12V或6V的安全电压。凡是暴露的带电设备和移动的电气用具等都必须使用安全电压。

(6) 绝缘保护

绝缘保护是防止触电的有效措施，它是用绝缘体把可能形成的触电回路隔开，以防止触电事故的发生，常见的有外壳绝缘、场地绝缘和变压器隔离等。

① 外壳绝缘：将电气设备的外壳罩上防护罩，如电动工具和家用电器，有的还把塑料外壳作为第二绝缘体，可以有效地防止人体触电。

② 场地绝缘：用绝缘体铺在人体站立的地方，可以使人体与大地隔离，预防单相触电的发生。常用的绝缘用具有绝缘台、绝缘地毯、绝缘胶鞋等。

③ 变压器隔离：在用电器回路与供电电网之间加一个变压器，利用原、副绕组之间的绝缘作用，使用电器对地就不会有电压，人体即使接触到电器的带电部位也不会触电，这种变压器就是隔离变压器。

3. 零线、地线及电路地线的区别

在实验中，常遇到各种地线，使用中要注意它们的区别，否则可能导致实验失败，甚至带来人身事故。

- 零线：在交流电中也称中性线或工作零线，与A、B、C三相电分别组成220V交流电压，一般不能用做地线。
- 地线：就是保护零线，为了防止机壳带电造成触电事故，给人身造成伤害，保证人身的安全，仪器上都设有地线，即三芯插头中间最粗最长的一头。
- 电路地线：在电子技术系列课程里，我们常说的地线是指电路的地线。它是电路的参考点，包括交流地线和直流地线、模拟地线和数字地线。

实践证明，采用用电安全技术可以有效预防电气事故。因此，我们需要了解并正确运用这些技术，不断提高安全用电水平。

1.3.4 安全预防措施

安全用电的有效措施是"安全用电，预防为主"。要树立"安全第一"的思想，严格遵守用电基本操作规程，采取各种必要的安全措施。

1. 人身安全预防措施

必须时刻牢记"安全第一，预防为主"的原则，做好安全预防措施。

(1) 安全意识

进入实验室，必须牢固树立安全用电观念，并始终贯穿于实验过程中。侥幸心理万万不可有，任何制度，任何措施，都是由人来贯彻执行的，忽视安全是最危险的隐患。

(2) 安全措施

实验室的基本安全预防措施如下：

① 对正常情况下带电的部分，一定要加绝缘防护，并且置于人不容易碰到的地方。例如输电线、配电盘、电源板等。

② 所有金属外壳的用电器及配电装置都应该装设保护接地或保护接零。对目前大多数工作生活用电系统而言是保护接零。

③ 在所有使用市电场所装设漏电保护器。

④ 随时检查所有电器插头、电线，发现破损老化及时更换。

⑤ 手持电动工具尽量使用安全电压工作。我国规定常用安全电压为36V或24V，特别危险场所用12V。使用符合安全要求的低压电器(包括电线、电源插座、开关、电动工具、仪器仪表等)。

⑥ 工作室工作台上有便于操作的电源开关。

⑦ 从事电力电子技术工作时，工作台上应设置隔离变压器。

(3) 安全操作

为了避免触电事故的发生，在实验室应遵守以下安全操作：

① 在接线、拆线、检查电路时必须切断电源，严禁带电操作。

② 实验时必须集中精力，同组同学应相互配合，接通电源开关前须通知实验合作者，以防止发生触电事故。

③ 接通电源后，人体严禁直接接触电路中未绝缘的金属导线或连接点等带电部分。在进行高压或具有一定危险的实验时，应有两人以上合作。

④ 不要湿手插、拔电源，开、关仪器设备。

⑤ 遇到较大体积的电容器先进行放电，再进行检查。

⑥ 触及电路的任何金属部分之前都应进行安全测试。

⑦ 在通电情况下不要触及发热电子元器件(如变压器、功率元器件、电阻、散热片等)，以免烫伤。

(4) 焊接时安全操作

在电子元件焊接过程中，除了注意用电安全外，还要防止机械损伤和烫伤，安全操作如下：

① 用剪线钳剪断小导线(如去掉焊好的过长元器件引线)时，应用手指捏住引线被剪部分，防止飞溅。

② 用螺丝刀拧紧螺钉时，另一只手不要握在螺丝刀刀口方向。

③ 烙铁断电后，不能立即用手触摸，以免烫伤。

④ 烙铁头上多余的焊锡不能乱甩。

2. 设备安全预防措施

在实验操作中，经常使用一些电子仪器，因此，除了特别注意人身安全外，不能忽视设备的安全，尽量避免实验室仪器设备的损坏。

(1) 仪器设备安全检查

① 各种仪器设备，应建立定期检查制度，如发现故障应及时处理。

② 仪器设备应具有良好的接地保护线。仪器设备的电源线应具有良好的绝缘保护，芯线不得外露。

③ 使用各种仪器设备时，应严格遵守规章制度，不能将三芯插头擅自改为二芯插头，也不能将导线直接插入插座内用电。

④ 设备通电前应先核对该设备的额定电压、额定功率、频率等，检查环境电源是否符合要求。

(2) 仪器设备使用安全操作

为了很好地完成实验任务，确保学生实验时的人身及设备安全，必须严格遵守下列安全操作规则：

① 实验前应首先了解各种仪器、仪表和设备的规格、性能及使用方法，并严格按照使用说明规定的操作方法及额定值来使用，严禁随意乱接乱用。

② 实验中扳(旋)动仪器设备的开关(或旋钮)时力量要适中，切忌用力过大，造成开关(或旋钮)的损坏。

③ 实验中，设备及电路刚接通电源时，要随时注意它们的工作情况。如发现有过量程、过热、冒烟、火花、焦臭味或噼啪声等异常现象时，应立即切断电源，在故障未排除前不能再次接通电源。

④ 各种负载的增加或减少，电路参数的调节均应缓慢进行，不能操之过急，酿成事故。

⑤ 各种仪器设备的地线应正确连接，以防干扰。要求与大地相接的应妥善接地，不允许接地的严禁接地，以免引起短路，造成不必要的事故。

⑥ 搬动仪器设备时，应轻拿轻放。不准擅自拆卸仪器设备。

⑦ 仪器设备使用完毕，应将面板上的各开关和旋钮调至合适的安全位置。

⑧ 如遇突然断电情况，应及时关闭电器设备的电源。

(3) 设备异常情况的处理

① 如遇到异常情况，应迅速切断电源，拔下电源插头，对设备进行检测。

② 如遇到烧断熔断器的情况，决不允许更换不合规格的熔断器，一定要查清原因再换上同规格熔断器。

③ 及时记录异常现象及部位，方便检修。

④ 如遇到有触电感觉但未造成触电事故的情况，往往是绝缘受损造成的，必须及时检修。

第2章　常用电子元器件

任何电子系统都是由功能不同的电子元器件组成的。对于初学者，应掌握电子元器件的分类、性能、特点、环境适应性及其在电路中的作用，了解元器件的使用、安装和拆卸方法。本章首先介绍了电阻器、电位器、电容器、电感器、半导体分立元件、半导体集成电路的识别、符号、外形、分类、参数和选用等；简介了贴片元件、继电器、电声元器件、接插件、传感器等元器件，并对近年来消费电子行业中常见的弱电接插件进行了介绍。

2.1　电阻器和电位器

2.1.1　电阻器

电阻器是限制电流的元件，它是由电阻率较大的材料制成。在电路中起限流、分压、分流、耦合、阻抗匹配、负载等作用。电阻器一般用符号R表示，电阻值的单位为欧姆，简称欧(Ω)，常用的单位还有千欧(kΩ)和兆欧(MΩ)。1MΩ＝1000kΩ；1kΩ＝1000Ω。

1. 电阻器的分类和符号

电阻器一般可分为固定电阻器、可变电阻器和特种电阻器三大类。固定电阻器的阻值固定且不可调节；可变电阻器的电阻阻值在一定范围内可调节，可变电阻器分为滑线式变阻器和电位器，其中电位器应用广泛；特种电阻器是指那些具有特殊性能的电阻器，如光敏电阻器和热敏电阻器，它们的电阻阻值随外界光线、温度变化而改变。

通常情况下，电阻器均指固定电阻器，简称电阻，其外形如图2-1-1所示。

(a)外形　　(b)符号

图2-1-1　常用电阻器外形及符号

电阻器按电阻体材料、结构形状、引出线及用途等可分成多个种类，如图2-1-2所示。

电阻的种类虽多，但常用的主要有RT型碳膜电阻、RJ型金属膜电阻、RX型线绕电阻和片状电阻等。

(1) 碳膜电阻器

碳膜电阻是用结晶碳沉积在瓷棒或瓷管上制成。特点是高频特性及稳定性较好，呈现较小的负温度系数，脉冲负载稳定，但不适宜在湿度高(相对湿度＞80%)、温度低(温度＜－40℃)的环境下工作。

(2) 金属膜电阻器

金属膜电阻器的电阻膜是通过真空蒸发等方法，使合金粉沉积在瓷基体上制成的，刻槽和改变金属膜厚度可以精确地控制电阻阻值。金属膜电阻器的外形和结构与碳膜电阻器相似，但其特性更为优越。主要特点是耐热性能好(额定工作温度70℃，最高可达155℃)，精度高

(可达±0.5%～0.05%),但脉冲负载稳定性较差。

(3) 线绕电阻

线绕电阻是用电阻率较大的镍铬合金,锰铜合金线在陶瓷骨架上缠绕而成。特点是阻值精度高,噪声小,耐高温,额定功率大。但线绕电阻的分布电容、电感较大,不宜用在高频电路中。

(4) 片状电阻

片状(贴片)电阻有厚膜片状电阻和薄膜片状电阻两种类型。主要特点是尺寸小,可靠性高,高频特性好,易于实现自动化大规模生产。

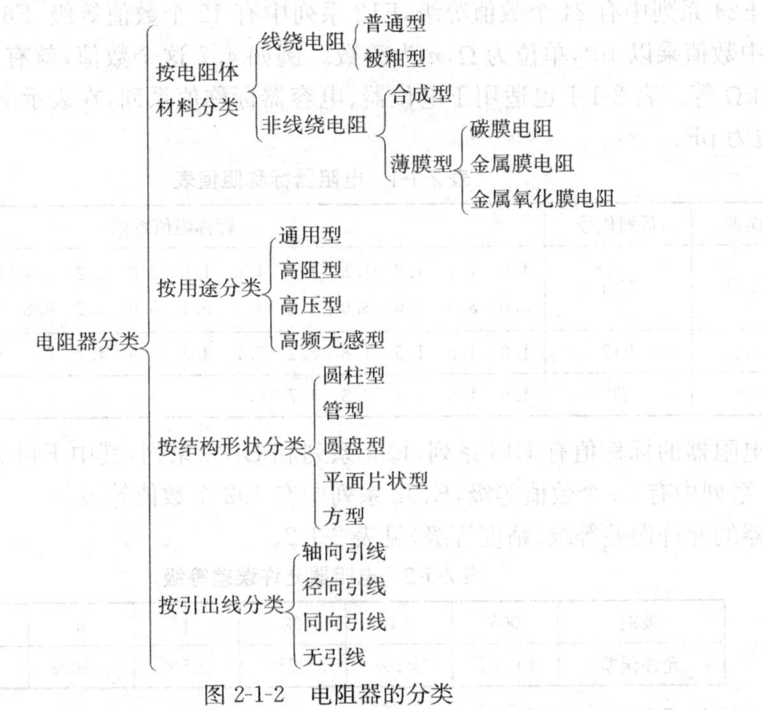

图 2-1-2　电阻器的分类

2. 电阻的主要技术参数

(1) 额定功率

额定功率是指在正常条件下,电阻器长时间工作而不损坏或阻值不发生显著变化时,所允许消耗的最大功率。当超过额定功率时,电阻器的阻值将发生变化,甚至烧毁电阻器。对于同一类电阻器,额定功率的大小取决于它的几何尺寸和表面面积。选用电阻器时,一般选其额定功率比它在电路中消耗的功率高1～2倍的电阻。

额定功率分19个等级,常用的有1/8W,1/4W,1/2W,2W,5W……表示电阻器额定功率的通用符号如图2-1-3所示。

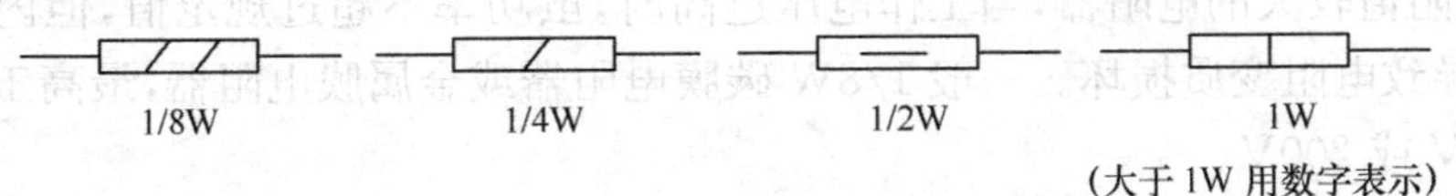

图 2-1-3　电阻器额定功率的通用符号

对于额定功率较大的电阻器,一般都将额定功率直接印在电阻器的表面上,而额定功率较小的电阻器,因为体积较小,并没有标出功率参数,实际使用中可根据电阻器的尺寸大小估计其功率大小，如果电路中对电阻器的功率没有特别要求，一般选用1/8W电阻。

(2) 标称电阻和允许误差

标志在电阻器上的阻值称为标称阻值。但电阻的实际阻值往往与标称阻值不完全相符，存在一定的误差。

$$\delta=\frac{R-R_R}{R_R}\times 100\%$$

式中，δ 为允许误差；R 为实际阻值；R_R 为标称阻值。

普通电阻器标称阻值系列见表2-1-1。

表中E24系列中有24个数值等级，E12系列中有12个数值等级，E6系列中有6个数值等级。表中数值乘以10^n，单位为Ω，n为整数。例如4.7这个数值，就有0.47Ω、4.7Ω、47Ω、470Ω、4.7kΩ等。表2-1-1也适用于电位器、电容器标称值系列，在表示电容器容量标称值系列时，单位为pF。

表2-1-1 电阻器标称阻值表

允许误差	系列代号	标称阻值系列
±5%	E24	1.0 1.1 1.2 1.3 1.5 1.6 1.8 2.0 2.2 2.4 2.7 3.0 3.3 3.6 3.9 4.3 4.7 5.1 5.6 6.2 6.8 7.5 8.2 9.1
±10%	E12	1.0 1.2 1.5 1.8 2.2 2.7 3.3 3.9 4.7 5.6 6.8 8.2
±20%	E6	1.0 1.5 2.2 3.3 4.7 6.8

精密电阻器的标称值有E48系列、E96系列和E192系列，其中E48系列中有48个数值等级，E96系列中有96个数值等级，E192系列中有192个数值等级。

电阻器的允许误差等级(精度等级)见表2-1-2。

表2-1-2 电阻器允许误差等级

级别	005	01	02	Ⅰ	Ⅱ	Ⅲ
允许误差	±0.5%	±1%	±2%	±5%	±10%	±20%

市场上销售成品电阻的精度大都为Ⅰ、Ⅱ级，Ⅲ级的很少采用。005、01、02精度等级的电阻器，仅供精密仪器或特殊电子设备使用，它们的标称阻值属于E48、E96、E192系列。除表2-1-2中规定的精度等级外，精密电阻器的允许误差可分为：±2%、±1%、±0.5%、±0.2%、±0.1%、±0.05%、±0.02%，以及±0.01%等。

实际使用电阻器应选择接近计算值的一个标称阻值，一般的电路对精度没有要求，选Ⅰ、Ⅱ级的允许误差就可满足要求。若有精度要求，则可根据需要从规定的高精度系列中选取。

(3) 最高工作电压

最高工作电压是电阻器、电位器最大电流密度、电阻体击穿及其结构等因素所规定的工作电压限度。对阻值较大的电阻器，当工作电压过高时，虽功率不超过规定值，但内部会发生电弧火花放电，导致电阻变质损坏。一般1/8W碳膜电阻器或金属膜电阻器，最高工作电压分别不能超过150V或200V。

3. 电阻器阻值识别

电阻器的阻值主要采用直标法和色标法进行标注。

(1) 直标法

电阻值用数字和文字符号直接标出。如图2-1-4所示，电阻器阻值，允许误差和额定功率可直接读出。

片状(贴片)电阻的阻值通常用三位数字表示,如图 2-1-5 所示。

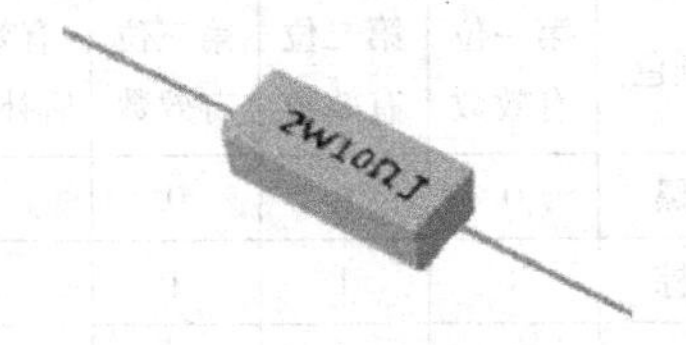

图 2-1-4　电阻器阻值标示

图 2-1-5　片状电阻阻值标示

前两位数字表示阻值的有效数,第三位表示有效数字后"0"的个数。如 100 表示 10Ω,102 表示 1kΩ。当阻值小于 10Ω 时,以"R"表示,将 R 看作小数点,如 8R1 表示 8.1Ω。阻值为 0Ω 的电阻器是一种用于代替连接导线的"桥接元件",称为桥接器。

(2) 色标法

用标在电阻体上不同颜色的色环作为标称阻值和允许误差的标记。

普通精度的电阻用 4 条色环标志,如图 2-1-6 所示。第一色环(与端部距离最近)、第二色环代表阻值的第一、二位有效数字,第三色环表示第一、二位数之后"0"的个数,第四色环代表阻值的允许误差。各色环颜色与数值对照表见表 2-1-3。

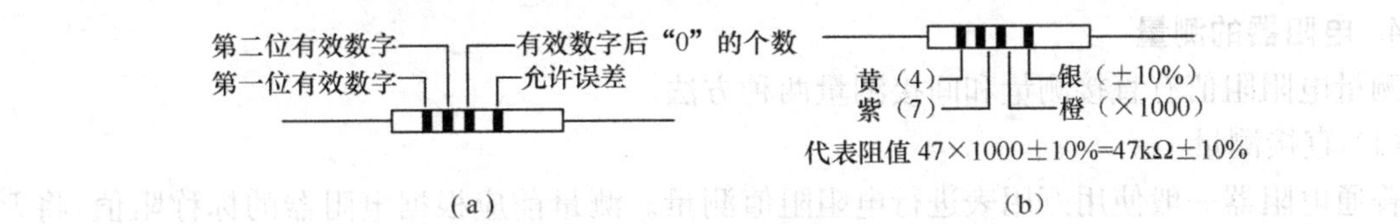

图 2-1-6　4 色环电阻器表示法及举例

表 2-1-3　普通精度电阻器颜色与数值对照表

色环 颜色	第一色环 第一位数字	第二色环 第二位数字	第三色环 有效数字后补 0 个数	第四色环 误差
黑	—	0	10^0	—
棕	1	1	10^1	—
红	2	2	10^2	—
橙	3	3	10^3	—
黄	4	4	10^4	—
绿	5	5	10^5	—
蓝	6	6	10^6	—
紫	7	7	—	—
灰	8	8	—	—
白	9	9	—	—
金	—	—	10^{-1}	±5%
银	—	—	10^{-2}	±10%

精密电阻器用 5 色环标志,如图 2-1-7 和表 2-1-4 所示。第一、二、三色环代表阻值的第

一、二、三位有效数字,第四色环表示有效数字之后“0”的个数,第五色环代表阻值的允许误差。

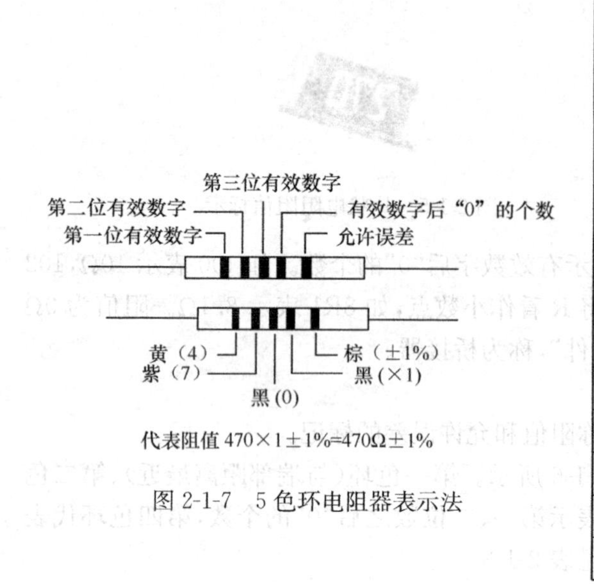

图 2-1-7　5 色环电阻器表示法

表 2-1-4　精密电阻器色环颜色与数值对照表

颜色	第一位有效数	第二位有效数	第三位有效数	有效数字后补 0 个数	允许误差
黑	0	0	0	10^0	
棕	1	1	1	10^1	±1%
红	2	2	2	10^2	±2%
橙	3	3	3	10^3	
黄	4	4	4	10^4	
绿	5	5	5	10^5	±0.5%
蓝	6	6	6	10^6	±0.25%
紫	7	7	7	10^7	±0.1%
灰	8	8	8	10^8	
白	9	9	9	10^9	
金	—	—		10^{-1}	
银	—	—		10^{-2}	

4. 电阻器的测量

测量电阻阻值有直接测量和间接测量两种方法。

(1) 直接测量

普通电阻器一般使用万用表进行电阻阻值测量。测量前应根据电阻器的标称阻值,将万用表的功能选择开关旋转到适当量程的电阻挡,然后一只手拿万用表的两个表笔,另一只手捏住电阻器的中间,用两支表笔接触电阻器的两个引出线,即可用万用表测得电阻值。对于体积较小的电阻器,可将电阻器放在绝缘物体上,用表笔直接测量。

当测量精度要求高时,应采用数字欧姆表、数字电桥等专用仪器进行电阻阻值的测量。

注意:测量电阻时,不能用双手同时接触电阻两个引脚端,否则测量出的电阻值为被测电阻与人体电阻的并联值。

(2) 间接测量

通过测量电阻上的电压压降(V)和流过电阻的电流(I),根据欧姆定律 $R=V/I$,间接测量电阻器的阻值。

5. 电阻器的正确选用

(1) 电阻器类型的选取

电阻器类型的选取应根据不同的用途及场合来进行。一般的家用电器和普通的电子设备可选用通用型电阻器。我国生产的通用电阻器种类很多,其中包括通用型碳膜电阻器、金属膜电阻器、金属氧化膜电阻器、金属玻璃釉电阻器、线绕电阻器、有机实心电阻器及无机实心电阻器等。通用型电阻器不仅种类多、规格齐全、阻值范围宽、成本低、价格便宜、而且货源充足。军用电子设备及特殊场合使用的电阻器,应选用精密型电阻器和其他特殊电阻器,以保证电路的性能指标及工作的稳定性。

电阻器类型的选取应注意以下几个方面:

① 在高增益放大电路中,应选用噪声电动势小的电阻器,如金属膜电阻器、碳膜电阻器和

线绕电阻器。

② 针对电路的工作频率选用不同类型的电阻器。线绕电阻器的分布参数较大，即使采用无感绕制的线绕电阻器，其分布参数也比非线绕电阻器大得多，因而线绕电阻不适合在高频电路中工作。在低于50kHz的电路中，由于电阻器的分布参数对电路工作影响不大，可选用线绕电阻器。

在高频电路中的电阻器，要求其分布参数越小越好。所以，在高达数百兆赫的高频电路中应选用碳膜电阻器、金属膜电阻器和金属氧化膜电阻器。在超高频电路中，应选用超高频碳膜电阻器。

③ 金属膜电阻器稳定性好，额定工作温度高（+70℃），高频特性好，噪声电动势小，在高频电路中应优先选用。对于电阻值大于1MΩ的碳膜电阻器，由于其稳定性差，应用金属膜电阻器代换。

④ 薄膜电阻器不适宜在湿度高（相对湿度大于80%）、温度低（<−40℃）的环境下工作。在这种环境条件下工作的电路，应选用实心电阻器或玻璃釉电阻器。

⑤ 对于要求耐热性较好和过负荷能力较强的低阻值电阻器，应选用氧化膜电阻器。

⑥ 对于要求耐高压及高阻值的电阻器，应选用合成膜电阻器或玻璃釉电阻器。

⑦ 对于要求耗散功率大、阻值不高、工作频率不高，而精度要求较高的电阻器，应选用线绕电阻器。

⑧ 同一类型的电阻器，在阻值相同时，功率越大，则高频特性越差。

⑨ 应针对电路稳定性的要求，选用不同温度特性的电阻器。电阻器的温度系数越大，它的阻值随温度变化越显著；温度系数越小，其阻值随温度变化越小。有的电路对电阻器的阻值变化要求不严格，阻值变化对电路没什么影响。例如，在去耦电路中，即使选用电阻器的阻值随温度有较大的变化，对电路工作影响并不大。有的电路对电阻器温度稳定性要求较高，要求电路中工作的电阻器阻值变化很小才行。例如，在直流放大器的电路中，为了减小放大器的零漂移，就要选用温度系数小的电阻器。

实心电阻器的温度系数较大，不适合选用在稳定性要求较高的电路中。碳膜电阻器、金属膜电阻器、金属氧化膜电阻器，以及玻璃釉电阻器等的温度系数较小，很适合选用在稳定性要求较高的电路中。有的线绕电阻器的温度系数很小，可达1×10^{-6}/℃，它的阻值最为稳定。

⑩ 由于制作电阻器的材料和工艺方法不同，相同电阻值和功率的电阻器，它们的体积不一样。金属膜电阻器的体积较小，适用于电子元器件需要紧凑安装的场合。当有的电路的电子元器件安装位置较宽松时，可选用体积较大的碳膜电阻器，这样较为经济。

⑪ 有些电路工作的场合，不仅温度和湿度较高，而且有酸碱腐蚀的影响。此时应选用耐高温、抗潮湿性好、耐酸碱性强的金属氧化膜电阻器和金属玻璃釉电阻器。

（2）正确选择电阻器的阻值及允许偏差

电阻器的阻值应根据设计计算值，优先选用标准阻值系列的电阻器。这样既方便组织生产管理，又可降低成本。对于一般的电子设备，选用Ⅰ、Ⅱ级精度的允许偏差就可以了。若需要高精度的电阻器时，则可根据实际需要从规定的高精度系列中选取。在某些场合，可以采取电阻器的串、并联方式来满足阻值及允许误差的要求。

（3）额定功率的选择

电路中所要选用的电阻器的功率大小，都要经过计算得出具体的数据，然后选用额定功率比计算功率大一些的电阻器才行。在实际应用中，选用功率型电阻器的额定功率应比实际要求功率高 1～2 倍，否则无法保证电路正常安全工作。

在大功率电路中，应选用线绕电阻器。在某些场合，为满足功率的要求，可将电阻器串、并联使用。对于在脉冲状态下工作的电阻器，额定功率应选大于脉冲平均的功率。

(4) 电阻器使用注意事项

① 为提高电阻器的稳定性，电阻器使用前应进行人工老化处理。常用的老化处理方法是给电阻器两端加一直流电压，使电阻器承受的功率为额定功率的 1.5 倍，处理时间为 5 分钟，处理后测量电阻值。

② 电阻器在使用前，应对电阻器的阻值及外观进行检查，将不合格的电阻器剔除掉，以防电路存在隐患。

③ 电阻器安装前应先对引线挂锡，以确保焊接的牢固性。电阻器安装时，电阻器的引线不要从根部打弯，以防折断。较大功率的电阻器应采用支架或螺钉固定，以防松动造成短路。电阻器焊接时动作要快，不要使电阻器长期受热，以防引起阻值变化。电阻器安装时，应将标记向上或向外，以便于检查及维修。

④ 电阻器的功率大于 10W 时，应保证有散热的空间。

⑤ 存放和使用电阻器时，应保证电阻器外表漆膜的完整，以免降低它们的防潮性能。

⑥ 当电阻器损坏而当时又无合适的电阻器可换时，应遵守下列原则：

a. 用阻值较小的电阻器串联，代替大阻值的电阻器，或用阻值较大的电阻器并联代替小阻值的电阻器。

b. 小功率电阻器代替大功率电阻器时，可采用串联或并联的方法。当串、并联的小功率电阻器的阻值不相等时，应计算它们各自分担的功率，使总功率大于原电阻器的额定功率。

c. 代用的电阻器应遵循“就高不就低、就大不就小”的原则，即用质量高的电阻器代替原质量低的电阻器，用大功率的电阻器代替小功率的电阻器。

⑦ 当需要测量电路中的电阻器的阻值时，应在切断电源的条件下断开电阻器一端进行阻值的测量。否则，电路中其他元件的并联阻值会造成误判。

2.1.2 电位器

电位器是一种连续可调的电阻器，它所用的电阻材料与相应的固定电阻器相同，其主要技术参数与相应的电阻器类似。

1. 电位器的型号命名法

国产电位器的第 1 位字母 W 代表电位器，第 2 位字母代表电阻体材料见表 2-1-5，后面的数字或字母则分别表示结构、大小、输出特性等。

表 2-1-5 电位器型号中第 1、2 位字母代表的意义

第 1、2 位	意义	第 1、2 位	意义
WT	碳膜电位器	WS	有机实心电位器
WH	合成碳膜电位器	WI	玻璃釉膜电位器
WN	无机实心电位器	WJ	金属膜电位器
WX	线绕电位器	WY	氧化膜电位器

2. 电位器的分类

随着电子应用技术的不断发展，电位器的种类繁多，且各有特点，如图 2-1-9 所示。按电

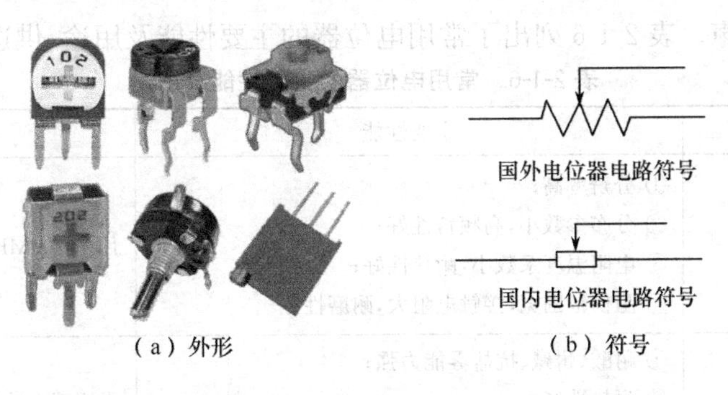

图 2-1-8　电位器的外形和符号

位器电阻体材料分类,可分为薄膜型电位器、合成型电位器及合金型电位器。电位器按结构特点来分类,又可分为单联、多联电位器,带开关电位器,锁紧型及非锁紧型电位器等。电位器按调节方式分类,可分为直滑式电位器和旋转式电位器等。电位器按用途来分类,可分为普通型、精密型、微调型、功率型及专用型等。

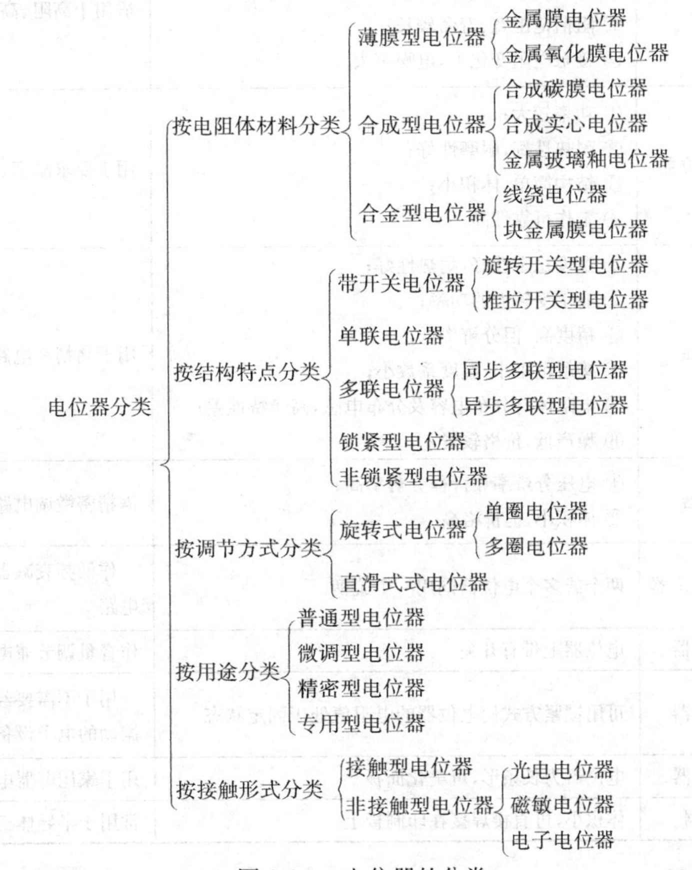

图 2-1-9　电位器的分类

电位器按接触方式分类,可分为接触式电位器和非接触式电位器两大类。接触式电位器包括线绕电位器、块金属电位器、合成碳膜电位器、合成实心电位器、金属玻璃釉电位器、金属膜电位器和金属氧化膜电位器等。非接触式电位器大都由光敏和磁敏元器件及电子元件组成,其中由光敏元器件组成的电位器称之光电电位器;由磁敏元器件组成的电位器称之磁敏电位器;由电子元件组成的电位器称之电子电位器。非接触电位器的最大特点是没有接触电位器所产生的滑动噪声。表2-1-6列出了常用电位器的主要性能及用途，供选择电位器时参考。

表2-1-6 常用电位器的主要性能及用途

序号	电位器类别	主要性能	用途
1	金属膜电位器	① 分辨率高； ② 分布参数小，高频特性好； ③ 电阻温度系数小，耐热性好； ④ 阻值范围宽，接触电阻大，耐磨性差	用于100MHz以下电路
2	金属氧化膜电位器	① 耐酸、耐碱、抗盐雾能力强； ② 耐热性好； ③ 阻值范围窄，长期工作稳定性差	常用于大功率电位器
3	合成碳膜电位器	① 分辨率高，价格便宜； ② 阻值范围宽，但功率不大，一般小于2W	用于一般直流及交流电路
4	金属玻璃釉电位器	① 耐温、耐湿性好； ② 分布参数小，高频特性好； ③ 阻值范围宽、寿命较长； ④ 接触电阻变化大，电噪声大	适用于高阻、高压及射频电路
5	合成实心电位器	① 功率较大； ② 耐热性好，耐磨性好； ③ 结构简单，体积小； ④ 工作可靠性高	用于要求耐磨、耐热等较高级电路
6	线绕电位器	① 温度稳定性好，耐热性好； ② 能承受较大的功率； ③ 精度高，但分辨率低； ④ 接触电阻小，温度系数小； ⑤ 电阻体有分布电容及分布电感，高频特性差； ⑥ 噪声低，价格较贵	用于高精度电路及功率较大的电路
7	多圈电位器	① 电压分辨率和行程分辨率高； ② 体积小，但价格高	需精密微调电路
8	双联及多联电位器	两个或多个电位器同用一个旋柄	作低频衰减器或用于需要同步的电路
9	带开关电位器	电位器上带有开关	作音量调节兼电源开关
10	锁紧式电位器	可用锁紧方式使电位器的电阻值处于固定状态	用于不需要经常调节的电路或常搬动的电子设备
11	直滑式电位器	电位器为长条形，可美化面板	用于家用电器电量调节
12	预调电位器	体积小，可直接焊接在印制板上	常用于半导体三极管工作点的调节

3. 电位器的测量

(1) 电位器标称阻值的测量

电位器测量方法如图2-1-10所示，首先将万用表置欧姆挡，根据电位器的标称阻值（标志在外壳上）的大小选择合适的量程。将万用表的两只表笔接电位器的"1"、"3"两端，测得的阻值即为电位器的总阻值，它应符合标称阻值的规定范围。如果测得的阻值与标称阻值相差很大，表明电位器已损坏，不能再继续使用。

(2) 电位器接触情况的测量

测量方法如图2-1-11所示，将万用表置欧姆挡并且选择合适的测量量程。然后将两只表笔接电位器的“1”、“2”(或“2”、“3”)两端，同时旋动电位器轴柄，此时万用表的读数应随着慢慢变化。当轴柄旋至极端位置时，电位器的阻值应为标称阻值或最小接触电阻。若轴柄在转动时，万用表的读数有跳变或突然变为无穷大，则表明电位器存在接触不良的情况，不能再继续使用。

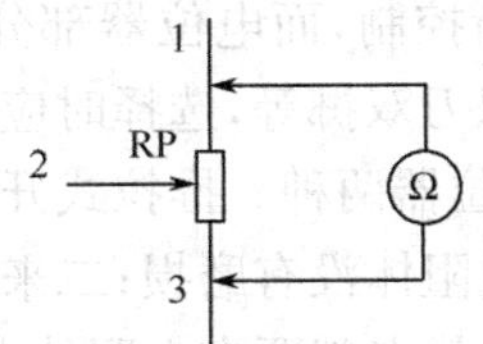

图2-1-10　电位器标称电阻测量

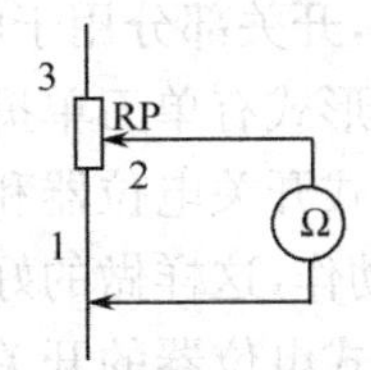

图2-1-11　电位器测量

4. 电位器的选用

(1) 电位器的正确选择

选用电位器时，不仅应根据使用要求来选择不同类型和不同结构形式的电位器，同时还应满足电子设备对电位器的性能及主要参数的要求，所以选择电位器应从多方面考虑才行。选用电位器的基本方法有以下几点：

① 根据使用要求选择电位器的类型。在一般要求不高的电路中，或使用环境较好的场合，应首先选用合成碳膜电位器。合成碳膜电位器具有分辨力高、阻值范围宽、品种型号齐全、价格便宜的特点，可以广泛应用在室内工作的家用电器设备上。比如，半导体收音机用的带开关的音量电位器，可选用合成碳膜电位器；电视机中的电量调节电路可选用直滑式碳膜电位器；其他家用电器中的高负载及微调电位器也可选用合成碳膜电位器。另外合成碳膜电位器的机械寿命长，可以使用在要求耐磨寿命长的电路中，但耐湿性和稳定性差。

如果电路需要精密地调节，而且消耗的功率较大，应选用线绕电位器。另外，线绕电位器的噪声小，对要求噪声低的电路可选用这类电位器。线绕电位器由于分布参数较大，只适用于低频电路，所以在高频电路中不宜选用线绕电位器。

金属玻璃釉电位器的阻值范围宽，可靠性高，高频特性好，耐温、耐湿性好，是工作频率较高的电路和精密电子设备首选的电位器类型。另外，金属玻璃釉微调电位器可在小型电子设备中使用。

② 应根据用途选择阻值变化特性。电位器的阻值变化特性，应根据用途来选择。比如，音量控制的电位器应首选指数式电位器，在无指数式电位器的情况下可用直线式电位器代替，但不能选用对数式电位器，否则将会使音量调节范围变小；作分压用的电位器应选用直线式电位器；作音调控制的电位器应选用对数式电位器。

③ 根据电路的要求选择电位器的参数。电位器的参数主要有标称阻值、额定功率、最高工作电压、线性精度以及机械寿命等，它们是选用电位器的依据。当根据使用要求选择好电位器的类型后，就要根据电路的要求选择电位器的技术及性能参数。

不同电位器的机械寿命也不相同，一般合成碳膜电位器的机械寿命最长，可高达20万周，而玻璃釉电位器的机械寿命仅为100～200周。选用电位器时，应根据电路对耐磨性的不同要求，选用不同机械寿命参量的电位器。

④ 注意对结构的要求。选用电位器时，要注意电位器尺寸的大小、轴柄的长短及轴端式样，以及轴上位置是否需要锁紧开关、单联还是多联、单圈还是多圈等对结构上的具体要求。

对于需要经常调节的电位器，应选择轴端铣成平面的电位器，以便安装旋钮。对于不需要经常调节的电位器，可选择轴端有沟槽的电位器，以便螺丝刀调整后不再转动，以保持工作状态的相对稳定性。对于要求准确并一经调好不再变动的电位器，应选择带锁紧装置的电位器。

带开关的电位器，开关部分用于电路电源的通断控制，而电位器部分用于对电量的调节。带开关电位器的开关形式有单刀单掷、单刀双掷和双刀双掷等，选择时应根据需要来确定。带开关的电位器分推拉式开关电位器和旋转式开关电位器两种。推拉式开关电位器在开关动作时，其动触点不参加动作，这样做的好处是：一来对电阻体没有磨损；二来也不会改变已装好的电位器的位置。旋转式电位器的开关每动作一次，动触点就要在电阻体上滑行一次，因此磨损大，会影响电位器的使用寿命。

单联电位器用于对单电量的调节。在收录机、CD 唱机及其他立体声音响设备中用于调节两个声道的音量和音调的电位器应选择双联电位器。

在精密电子设备、自动控制装置及计算机伺服控制等电路中，应全用多圈电位器。

在设计电子设备时，为了美化整机面板的布置或节省电位器在面板上所占的面积，一般应选用直滑式电位器。

（2）使用电位器应注意的事项

① 使用前应先对电位器的质量进行检查。电位器的轴柄应转动灵活、松紧适当，无机械杂声。用万用表检查标称电阻值，应符合要求。用万用表测量电位器固定端与滑动端接线片间的电阻值，在缓慢旋转电位器旋柄轴时，表针应平稳转动、无跳跃现象。

② 由于电位器的一些零件是用聚碳酸酯等合成树脂制成的，所以不要在含有氨、胺、碱溶液和芳香族碳氢化合物、酮类、卤化碳氢化合物等化学物品浓度大的环境中使用，以延长电位器的使用寿命。

③ 对于有接地焊片的电位器，其焊片必须接地，以防外界干扰。

④ 电位器不要超负载使用，要在额定值内使用。当电位器作变阻器调节电流使用时，允许功耗应与动触点接触电刷的行程成比例地减少，以保证流过的电流不超过电位器允许的额定值，防止电位器由于局部过载而失效。为防止电位器阻值调整接近零时的电流超过允许的最大值，最好串接一个限流电阻，以避免电位器过流而损坏。

⑤ 电流流过高阻值电位器时产生的电压降，不得超过电位器所允许的最大工作电压。

⑥ 为防止电位器的接点、导电层变质或烧毁，小阻值电位器的工作电流不得超过接点允许的最大电流。

⑦ 电位器在安装时必须牢固可靠，紧固的螺母应用足够的力矩拧紧到位，以防长期使用过程中发生松动变位，与其他元件相碰而引发电路故障。

⑧ 各种微调电位器可直接在印制电路板上安装，但应注意相邻元件的排列，既保证电位器调节方便，又不影响相邻元件。

⑨ 非密封的电位器最容易出现噪声大的故障，这主要是由于油污及磨损造成的。此时千万不能用涂润滑油的方法来解决这一问题，涂润滑油反而会加重内部灰尘和导电微粒的聚集。正确的处理方法是，用醮有无水酒精的棉球轻拭电阻片上的污垢，并清除接触电刷与引出簧片上的油渍。

⑩ 电位器严重损坏时需要更换新电位器，这时最好选用型号和阻值与原电位器相同的电位器，还应注意电位器的轴长及轴端形状应与原旋钮相匹配。如果万一找不到原型号、原阻值的电位器，可用相似阻值和型号的电位器代换。代换的电位器阻值允许增值变化20%～30%，代换电位器的额定功率一般不得小于原电位器的额定功率。除此之外，代换的电位器还应满足电路及使用中的要求。

2.1.3　特种电阻器

1. 熔断电阻器

（1）熔断电阻器的性能特点

熔断电阻器俗称保险电阻，是一种兼具电阻和保险丝双重功能的元件，不过其电阻值通常较小，仅有数欧至零点几欧。保险电阻在正常情况下，具有普通电阻器的电气特性；一旦电路发生失调，电源变化或者某种元器件失效等故障时，熔断电阻器过负荷，就会在规定的时间内熔断开路，从而起到保护元器件的作用。熔断电阻器外形大多数为灰色，用色环或数字表示阻值，其额定功率由电阻的外形尺寸大小决定，有的直接标注在电阻上。

（2）熔断电阻器应用

熔断电阻器在正常情况下，作为普通电阻器使用，因此熔断电阻器的电路符号与普通电阻一样。选用哪一种熔断电阻器，取决于消耗功率、电路异常电流、熔断时间等因素。一般情况下，应考虑功率大小和阻值大小。如果阻值过大或功率太大都不能起到保护作用。选择额定功率时，应根据 $P=I^2R$ 计算耗散功率。选择阻值时，根据电路中的工作电压和工作电流，用公式 $R=V/I$ 来计算。

熔断电阻器在焊接时的动作要快，不要使电阻器长时间受热，以免引起阻值变化。

2. 水泥电阻

习惯上将陶瓷绝缘功率型线绕电阻称为水泥电阻，其外形有立式和卧式两类。水泥电阻按功率可分为2W、3W、5W、7W、8W、10W、15W、20W、30W、40W等规格。水泥电阻广泛应用在计算机、电视机、仪器、仪表中，它具有以下特点：

① 采用陶瓷、矿质材料包封，散热好、功率大。

② 采用工业高频电陶瓷外壳，具有良好的绝缘性能，绝缘电阻达100MΩ。

③ 电阻丝被严密封装于陶瓷电阻体内部，具有良好的阻燃、防爆特性。电阻丝选用康铜、锰铜、镍铬等合金材料，具有较好的稳定性和过负载能力。电阻丝同焊脚引线之间采用压接方式，在负载短路情况下，可迅速在压接处熔断，进行电路保护。

④ 水泥电阻具有多种外形和安装方式，可直接安装在印制电路板上，也可利用金属支架独立安装焊接。

3. 光敏电阻

（1）光敏电阻的性能特点

光敏电阻是根据半导体的光电导效应制成的特殊电阻器，它所用的材料主要有硒、硫化镉、硫化铝、硒化镉、硒化锌、砷化镓、硅等。根据光敏电阻的光谱特性，光敏电阻分为紫外光光敏电阻、红外光光敏电阻，以及可见光光敏电阻。紫外光光敏电阻和红外光光敏电阻主要应用于工业电器以及医疗器械中，可见光光敏电阻主要应用于各种家用电子设备。光敏电阻在使用时，可加直流偏压，也可加交流偏压，它的电流随电压呈现线性变化。光敏电阻在无光照时，其暗阻阻值一般大于 1500kΩ；有光照时，其亮阻阻值为几千欧，两者相差较大。光敏电阻的主要特点是灵敏度高、体积小、重量轻、电性能稳定，可以交直流两用。但是由于其响应速度较慢，因此，影响了它在高频下的使用。

（2）光敏电阻的检测

光敏电阻阻值随入射光强弱变化而发生变化，没有正、负极性。在无光照射时的阻值称为暗阻，在有光照射时的阻值叫亮阻。将光敏电阻置于暗处用一黑纸片遮住光敏电阻的透光窗口，用万用表的两表笔任意接触光敏电阻的两个引脚，此时的电阻值即为暗阻阻值，阻值越大说明光敏电阻性能越好。若此值很小或接近于零，则光敏电阻击穿损坏。将光敏电阻置于亮处，撤除黑纸片或用一光源照射光敏电阻的透光窗口，则光敏电阻的阻值明显减小，此值即为亮阻阻值，此值越小说明光敏电阻性能越好。若此值很大，甚至为无穷大，则说明光敏电阻内部开路损坏。

4. 湿敏电阻

（1）湿敏电阻的性能特点

湿敏电阻是一种阻值随湿度变化而改变的敏感电阻元器件，常用作湿度测量及结露传感器。按阻值随湿度变化特性分，有正系数和负系数两种。正系数湿敏电阻的阻值随湿度增大而增大。负系数湿敏电阻则相反。常用的为负系数湿敏电阻。

ZHC 系列湿敏电阻具有体积小、重量轻、灵敏度高、湿度量程宽、温度系数小、耐高温、使用寿命长等特点。ZHC-1 型湿敏电阻的外壳采用耐高温塑料制成，适用于家用电器（干衣机，加湿器，去湿机，空调机）做湿度测量和控制用。ZHC-2 型湿敏电阻的外壳用铜材制成，可在各种仓库，蔬菜大棚，纺织车间，以及电力开关中做测湿及控湿用。

（2）湿敏电阻的检测

首先在干燥情况下，用万用表测量湿敏电阻的阻值。应符合规定。如果阻值很小或很大或无穷大均为损坏。然后给湿敏电阻加一定的湿度，其阻值应有变化，如果阻值不变，则已损坏，不能再继续使用。

5. 热敏电阻

（1）热敏电阻的分类

热敏电阻是用对温度敏感的半导体材料制成的电阻。按温度系数分为负温度系数热敏电阻（NTC），正温度系数热敏电阻（PTC）和临界温度系数热敏电阻（CTR）。电阻值随温度升高而变小的，称为负温度系数热敏电阻；电阻值随温度升高而增大的，称为正温度系数热敏电阻。

热敏电阻是一种非线性电阻，它的电压、电流、电阻三者的变化不符合欧姆定律，而是符合指数变化关系。

（2）热敏电阻的检测

① 正温度系数热敏电阻的检测：用万用表在室温下（20℃左右）测得的阻值大于 50Ω 或小于 8Ω 时，说明电阻性能不良或已损坏。测量时热敏电阻上的标称电阻与万用表读数不一定相等，这是由于标称阻值是用专用仪器在 25℃的条件下测得的，而万用表测量时有一定的电流通过热敏电阻而产出热量，而且环境温度不一定正好是 25℃。

如果常温下热敏电阻的阻值在正常误差以内，则用一热源（如电烙铁）对电阻进行加温检测，用万用表观察热敏电阻的阻值是否随温度升高而加大，若阻值不变或变化很小，说明电阻性能不良，不能继续使用。

② 负温度系数热敏电阻的检测：其测量方法与普通电阻的测量方法相同，首先在室温下测量标称阻值。然后用电烙铁作为热源对热敏电阻进行加温，热敏电阻的阻值由大向小明显变化，如果阻值不变则表明已损坏。

6. 压敏电阻器

(1) 压敏电阻器的性能特点

压敏电阻器是利用半导体材料的非线性伏安特性而制成的一种电压敏感元件。当压敏电阻的外加电压较低时，流过电阻的电流很小，压敏电阻器呈高阻状态；当外加电压达到或超过压敏电压时，压敏电阻的阻值急剧减小并迅速导通，其工作电流会增加几个数量级，从而有效地保护了电路中的其他元件不会因过压而损坏。

(2) 压敏电阻器的主要参数

压敏电阻器在电路中通常并接在被保护电路的输入端，其主要参数是压敏电压，漏电流和通流量。

① 压敏电压 V_{1mA}：通过规定电流(一般为 1mA 时)，压敏电阻器两端产生的端电压，又称为标称电压。

② 漏电流：在规定温度和最大直流电压下，流过压敏电阻器的电流。其值越小越好。

③ 通流量：在规定时间之内，允许通过漏电流的最大值。

2.2　电容器

电容器(简称电容)是一种储能元件，它是由两个彼此绝缘的金属电极中间夹一层绝缘体(电介质)构成。电容器在电路中用于耦合、滤波、调谐、旁路、定时等方面。电容器在电路中的文字符号用字母 C 表示，单位是法(F)、毫法(mF)、微法(μF)、纳法(nF)和皮法(pF)。

$$1F=10^3 mF=10^6 \mu F=10^9 nF=10^{12} pF$$

电容器按结构分为固定电容器和可变电容器两大类。

2.2.1　固定电容器

1. 电容器的分类

电容器的种类很多，分类方法也各不相同。如按介质材料分类，可按图 2-2-1 进行分类。如按其是否有极性，可分为无极性电容器和有极性电容器。

(1) 无极性电容器

常见无极性电容器外形和符号如图 2-2-2 所示。

① 云母电容器：以云母片作介质的电容器。其特点是高频性能稳定，损耗小、漏电流小、耐压高(从几百伏到几千伏)，但容量小(从几十皮法到几万皮法)。

② 瓷介质电容器：以高介电常数、低损耗的陶瓷材料为介质，故体积小、损耗小、温度系数小，可工作在超高频范围，但耐压较低(一般为 60～70V)，容量较小(一般为 1～1000pF)。为克服容量小的缺点，现在采用了铁电陶瓷和独石电容。它们的容量分别可达 680pF～0.047μF 和 0.01～几 μF，但其温度系数大、损耗大、容量误差大。

③ 玻璃釉电容：以玻璃釉作介质，它具有瓷介电容的优点，且体积比同容量的瓷介电容小。其容量范围为 4.7pF～4μF。另外，其介电常数在很宽的频率范围内保持不变，还可应用到 125℃高温下。

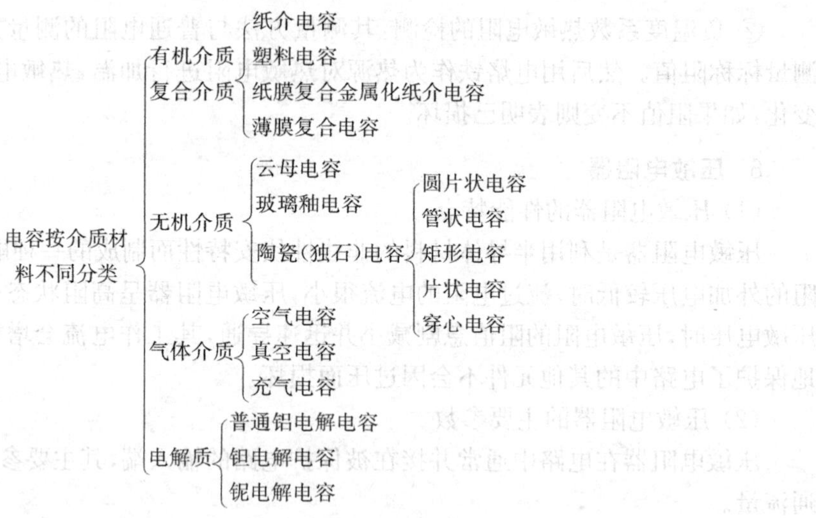

图 2-2-1　固定电容器的分类

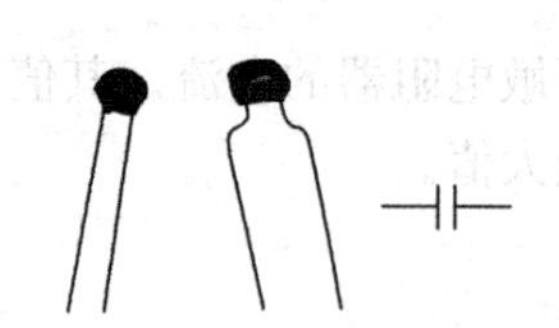

图 2-2-2　无极性电容器外形和符号

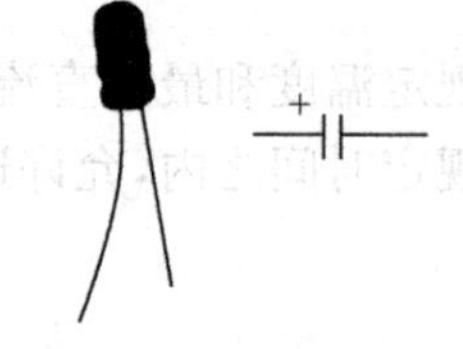

图 2-2-3　有极性电容器外形和符号

④ 纸介电容器:电极用铝箔或锡箔做成,绝缘介质是浸蜡的纸,相叠后卷成圆柱体,外包防潮物质,有时外壳采用密封的铁壳以提高防潮性。大容量的电容器常在铁壳里灌满电容器油或变压器油,以提高耐压强度,被称为油浸纸介电容器。纸介电容器的优点是在一定体积内可以得到较大的电容量,且结构简单、价格低廉。但介质损耗大,稳定性不高,主要用于低频电路的旁路和隔直电容。其容量一般为 100pF～10μF。

新发展的纸介电容器用蒸发的方法使金属附着于纸上作为电极,因此体积大大缩小,称为金属化纸介电容器,其性能与纸介电容器相仿。但它有一个最大特点是被高电压击穿后,有自愈作用,即电压恢复正常后仍能工作。

⑤ 有机薄膜电容器:用聚苯乙烯、聚四氟乙烯或涤纶等有机薄膜代替纸介质,做成的各种电容器。与纸介电容器相比,它的优点是体积小、耐压高、损耗小、绝缘电阻大、稳定性好,但温度系数大。

(2) 有极性电容

电解电容器:以铝、钽、铌、钛等金属氧化膜为介质的电容器。应用最广的是铝电解电容器。它容量大,体积小,耐压高(但耐压越高,体积也越大),一般在 500V 以下,常用于交流旁路和滤波;缺点是容量误差大,且随频率而变动,绝缘电阻低。电解电容有正、负极之分。一般电容器外壳上都标有“+”“−”记号,如无标记则引线长的为“+”端,引线短的为“−”,使用时必须注意不要接反,若接反,电解作用会反向进行,氧化膜很快变薄,漏电流急剧增加,如果所加的直流电压过大,则电容器很快发热,甚至会引起爆炸。

由于铝电解电容具有不少缺点,在要求较高的地方常用钽、铌或钛电容。它们比铝电解电容的漏电流小,体积小,但成本高。

2. 电容器的型号命名法

国产电容器的型号命名法见表 2-2-1。

表 2-2-1　电容器型号命名法

第一部分		第二部分		第三部分		第四部分
字母表示主称		字母表示材料		字母表示特征		字母或数字表示序号
符号	意义	符号	意义	符号	意义	
C	电容器	C	瓷介	T	铁电	包括品种、尺寸代号、温度特性、直流工作电压、标称值、允许误差、标准代号
		I	玻璃釉	W	微调	
		O	玻璃膜	J	金属化	
		Y	云母	X	小型	
		V	云母纸	S	独石	
		Z	纸介质	D	低压	
		J	金属化纸	M	密封	
		B	聚苯乙烯	Y	高压	
		F	聚四氟乙烯	C	穿心式	
		L	涤纶(聚酯)			
		S	聚碳酸酯			
		Q	漆膜			
		H	纸膜复合			
		D	铝电解			
		A	钽电解			
		G	金属电解			
		N	铌电解 E			
		T	钛电解			
		M	压敏			
		E	其他材料电解			

例如:CJX-250-0.33-±10%电容器的命名含义。

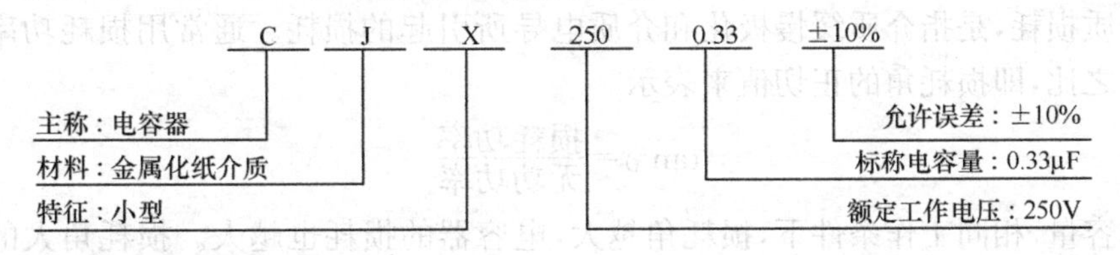

3. 电容器的主要技术参数

(1) 标称容量和允许误差

因不同材料制造的电容器,其标称容量系列也不一样。电容器基本都是按 E_{24}、E_{12}、E_6、E_3 系列进行生产。电容器的标称容量和允许误差一般标在电容体上。标志的方法主要有直标法、文字符号法和色标法三种。

① 直标法:主要用在体积较大的电容上,标注的内容有多有少,一般标称容量、额定电压及允许误差都会标注。当然,也有一些体积太小的电容仅标出容量一项(往往 pF 单位也省略)。

② 文字符号法:文字符号法采用字母或数字或者两者结合的方法来标注电容的主要参数。其中容量有两种标注法:一是用字母和数字相结合。如 10p 表示 10pF,4.7μ 表示 4.7μF,3P3 表示 3.3pF,8n2 表示 8200pF 等,其特点是省略 F,而小数点往往用 p、n、μ、m 代

替。二是用 3 位数字表示，其中第一、二位为有效数字位，表示容值的有效数，第三位为倍率，表示有效数字后零的个数，电容量的单位为 pF。如 203 表示容量为 20×10^3pF＝0.02μF；103 表示容量为 10×10^3pF＝10000pF＝10nF 等。

特别指出的是，片状（贴片）电容一般没有标志，这与片状电阻不一样，需要查电路图或相关资料手册才能知道其容量。

③ 色标法：电容器的色标法原则上与电阻色标法相同，标志的颜色符号与电阻器采用的也相同，色标法表示的电容单位为 pF。有时小型电解电容器的工作电压也采用色标：6.3V 用棕色，10V 用红色，16V 用灰色。而且标志在正极引线根部。

实际电容量与标称容量之间允许的最大偏差范围称为允许误差。误差一般分为 4 级：0 级±2%，Ⅰ级±5%，Ⅱ级±10%，Ⅲ级±20%。精密电容器允许误差较小，而电解电容器的误差较大。

（2）额定电压

额定电压（也称作耐压），是指在允许的环境温度范围内，电容上可连续长期施加的最大电压有效值，电容的额定电压通常是指直流工作电压。

电解电容器的直流工作电压值，是指在＋85℃条件下能长期正常工作的电压值。如果电容器用于交流电路中，则所加的交流电压的最大值（峰值）不能超过额定直流工作电压。

电容器常用的额定电压有 6.3V、10V、16V、25V、63V、100V、160V、250V、400V、630V、1000V、1600V、2500V、10000V、15000V、25000V 和 40000V 17 种。

（3）绝缘电阻

绝缘电阻是加在其上的直流电压与通过它的漏电流的比值。绝缘电阻一般应在 5000MΩ 以上，优质电容器可达 TΩ（10^{12}Ω 称为太欧）级。

（4）介质损耗

理想的电容器应没有能量损耗。但实际上电容器在电场的作用下，总有一部分电能转换成为热能，所损耗的能量称为电容器损耗，它包括金属极板的损耗和介质损耗两部分。小功率电容器主要是介质损耗。

所谓介质损耗，是指介质缓慢极化和介质电导所引起的损耗。通常用损耗功率和电容器的无功功率之比，即损耗角的正切值来表示

$$\tan\delta=\frac{\text{损耗功率}}{\text{无功功率}}$$

在相同容量，相同工作条件下，损耗角越大，电容器的损耗也越大。损耗角大的电容不适于高频情况下工作。

（5）温度系数

温度的变化会引起电容容量微小变化，常用温度系数来表示这种变化的程度。温度系数是指在一定温度范围内，温度每变化 1℃，电容量的相对变化值。电容器的温度系数主要与电容器介质材料的温度特性及电容器的结构有关，国家标准规定用字母代号或标志颜色表示电容器的温度系数组别。

4. 电容器的测量

电容器的容值使用 Q 表（谐振法）和电容电桥来测量一般情况下，对电容量精度无特殊要求，可以用数字万用表测量但此法测量的容值误差较大。下面以 VC890D 数字万用表为例，说明电容量的测量方法。

① 首先将数字万用表的红表笔插入“com”插座，黑表笔插入“macx”。

② 然后将万用表的量程开关根据电容器的标称容量转至相应的电容量程上，红表笔接触电容的“＋”极，黑表笔接触电容的“－”极，万用表的读数为电容容量。

测量中应注意：

① 如果不知道被测电容的标称容量，应将量程开关转到最高的挡位，然后根据显示值转换到相应的挡位上。

② 如果万用表显示“1”，表明已超过量程范围，应将量程开关转至较高的挡位上。

③ 大电容挡测量严重漏电或已被击穿的电容时，将显示一些数值且不稳定。

④ 测量电容容量之前，必须对电容充分地放电。

5. 电容器的选用

(1) 应根据电路要求选择电容器的类型。对于要求不高的低频电路和直流电路，一般可选用纸介电容器，也可选用低频瓷介电容器。在高频电路中，当电气性能要求较高时，可选用云母电容器、高频瓷介电容器或穿心瓷介电容器。在要求较高的中频及低频电路中，可选用塑料薄膜电容器。在电源滤波、去耦电路中，一般可选用铝电解电容器。对于要求可靠性高、稳定性高的电路中，应选用云母电容器、漆膜电容器或钽电解电容器。对于高压电路，应选用高压瓷介电容器或其他类型的高压电容器。对于调谐电路，应选用可变电容器及微调电容器。

(2) 合理确定电容器的电容量及允许偏差。在低频耦合及去耦电路中，一般对电容器的电容量要求不太严格，只要按计算值选取稍大一些的电容量便可以了。在定时电路、振荡回路及音调控制等电路中，对电容器的电容量较为严格，因此选取电容量的标称值应尽量与计算的电容值相一致或尽量接近，应尽量选精度高的电容器。在一些特殊的电路中，往往对电容器的电容量要求非常精确，此时应选用允许偏差在±0.1%～±0.5%范围内的高精度电容器。

(3) 选用电容器的工作电压应符合电路要求。一般情况下，选用电容器的额定电压应是实际工作电压的1.2～1.3倍。对于工作环境温度较高或稳定性较差的电路，选用电容器的额定电压应考虑降额使用，需留有更大余量。

若电容器所在电路中的工作电压高于电容器的额定电压，电容器极易发生击穿现象，使整个电路无法正常工作。

电容器的额定电压一般是指直流电压，若要用于交流电路，应根据电容器的特性及规格选用；若要用于脉动电路，则应按交、直流分量总和不得超过电容器的额定电压来选用。

(4) 优先选用绝缘电阻大、介质损耗小、漏电流小的电容器。

(5) 应根据电容器工作环境选择电容器。电容器的性能参数与使用环境的条件密切相关，因此在选用电容器时应注意：

① 在高温条件下使用的电容器应选用工作温度高的电容器。

② 在潮湿环境中工作的电路，应选用抗湿性好的密封电容器。

③ 在低温条件下使用的电容器，应选用耐寒的电容器，这对电解电容器来说尤为重要，因为普通的电解电容在低温条件下会使电解液结冰而失效。

(6) 选用电容器时应考虑安装现场的要求。

电容器的外形有很多种，选用时应根据实际情况来选择电容器的形状及引脚尺寸。例如，作为高频旁路用的电容器最好选用穿心式电容器，这样不但便于安装，又可兼做接线柱使用。

(7) 电容器的使用方法及注意事项:

① 在电容器使用之前,应对电容的质量进行检查,以防不符合要求的电容器装入电路。

② 在设计元件安装时,应使电容器远离热源,否则会使电容器温度过高而过早老化。在安装小容量电容器及高频回路的电容器时,应采用支架将电容器托起,以减少分布电容对电路的影响。

③ 将电解电容装入电路时,一定要注意它的极性不可接反,否则会造成漏电流大幅度的上升,使电容器很快发热而损坏。

④ 焊接电容器的时间不易太长,因为过长时间的焊接温度会通过电极引脚传到电容器的内部介质上,从而使介质的性能发生变化。

⑤ 电解电容器经长期储存后需要使用时,不可直接加上额定电压,否则会有爆炸的危险。正确的使用方法是:先加较小的工作电压,再逐渐升高电压直到额定电压并在此电压下保持一个不太长的时间,然后再投入使用。

⑥ 在电路中安装电容器时,应使电容器的标志安装在易于观察的位置,以便核对和维修。

⑦ 电容器并联使用时,其总的电容量等于各容量的总和,但应注意电容器并联后的工作电压不能超过其中最低的额定电压。

⑧ 电容器的串联可以增加耐压。如果两只容量相同的电容器串联,其总耐压可以增加一倍;如果两只容量不等的电容器串联,电容量小的电容器所承受的电压要高于容量大的电容器。

⑨ 有极性的电解电容器不允许在负压下使用,若超过此规定时,应选用无极性的电解电容器或将两个同样规格电容器的负极相连,两个正极分别接在电路中,此时实际的电容量为两个电容器串联后的等效电容量。

⑩ 当电解电容器在较宽频带内作滤波或旁路使用时,为了改变高频特性,可为电解电容器并联一只小容量的电容器,它可以起到旁路电解电容器的作用。

⑪ 在500MHz以上的高频电路中,应采用无引线的电容器。若采用有引线的电容器,其引出线应越短越好。

⑫ 几只大容量电容器串联做滤波或旁路使用时,电容器的漏电流会影响电压的分配,有可能会导致某个电容器的击穿。此时可在每只电容器的两端并联一阻值小于电容器绝缘电阻的电阻器,以确保每只电容器分压均匀。电阻器的阻值一般在100kΩ～1MΩ。

2.2.2 可变电容器

1. 可变电容器的分类

可变电容器是指其容量可在一定范围内改变的电容器,按其容量的变化范围分为可变电容器和微调电容器(又称半可变电容器)。常用可变电容器外形和符号如图2-2-4所示。

(a) 空气双联

(b) 密封双联

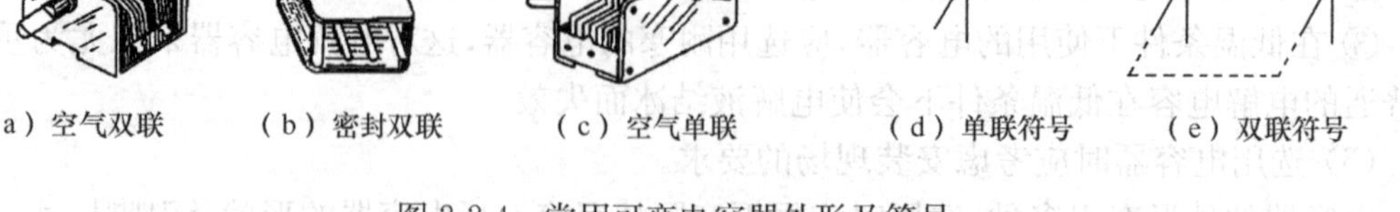

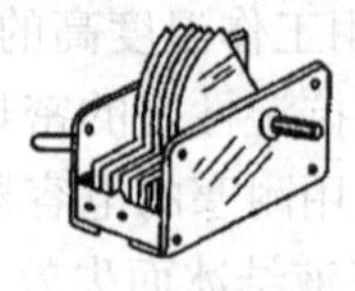
(c) 空气单联

(d) 单联符号

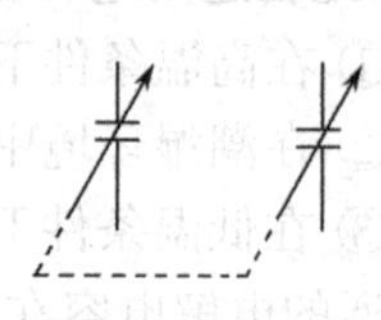
(e) 双联符号

图2-2-4 常用可变电容器外形及符号

2. 常用可变电容器

(1) 单联可变电容器

单联可变电容器由一组动片和一组定片以及转轴等组成，当转动转轴时，改变了动片和定片的相对位置，即可调整电容量。在电路图中，单联电容器符号旁要求标上容量 7～270pF，这表示当转动转轴时，容量可以在 7～270pF 变化。

(2) 双联可变电容器

双联可变电容器由两组动片和两组定片以及转轴组成。当转动转轴时，两组动片同步转动(转动角度相同)。如果两连电容最大电容量相同，称等容双联，容量值用最大容量乘以 2 表示，如 2×270pF，2×360pF 等。如果两联容量不相同，则称差容双联，两联最大容量用分数表示，如 60/127pF，250/290pF 等。

(3) 微调电容器

半可变电容器(微调电容器)：电容器容量可在小范围内变化，其可变容量为十几至几十皮法，最高达一百皮法(以陶瓷为介质时)，适用于整机调整后电容量不需经常改变的场合。常以空气、云母或陶瓷为介质。其外形和电路符号如图 2-2-5 所示。

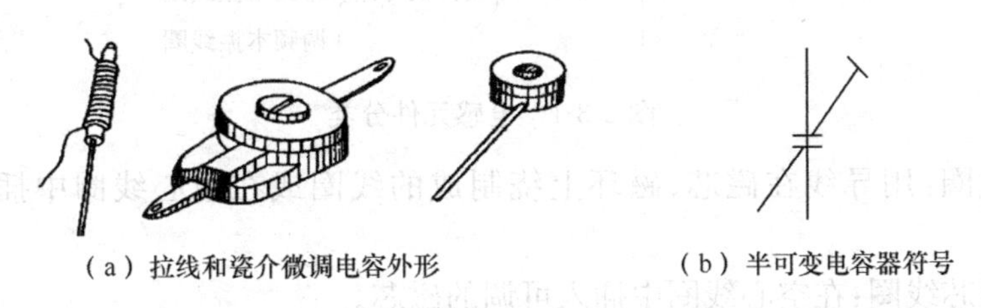

(a) 拉线和瓷介微调电容外形　　(b) 半可变电容器符号

图 2-2-5　半可变电容器外形及符号

2.3 电感器

电感器按工作原理不同可分为电感线圈和变压器两大类。

2.3.1 电感线圈

1. 电感线圈的分类

电感线圈又称电感元件，其分类如图 2-3-1 所示。

电感器一般由线圈构成。为了增加电感量 L，提高品质因数 Q 和减小体积，通常在线圈中加入软磁性材料的磁芯。根据电感器的电感量是否可调，电感器分为固定、可变和微调电感器。

可变电感器的电感量可利用磁芯在线圈内移动而在较大的范围内调节。它与固定电容器配合应用于谐振电路中起调谐作用。微调电感器可以满足整机调试的需要和补偿电感器生产中的分散性，一次调好后，一般不再变动。

除此之外，还有一些小型电感器，如色码电感器、平面电感器和集成电感器，可满足电子设备小型化的需要。

(1) 空心线圈：用导线绕制在纸筒、胶木筒、塑料筒上组成线圈或绕制后脱胎而成的线圈，线圈中间不加介质材料。

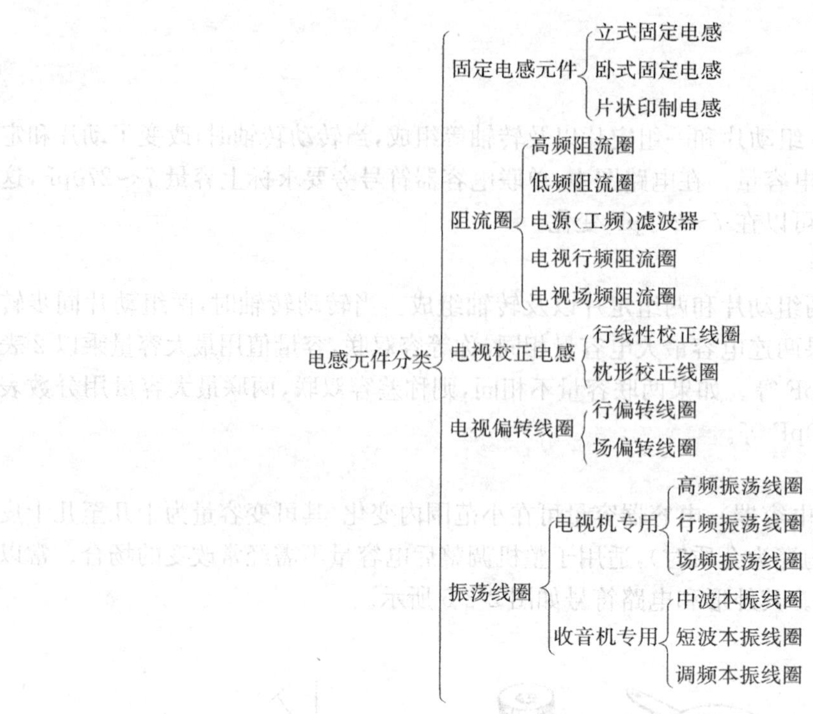

图 2-3-1　电感元件分类

(2) 磁芯线圈:用导线在磁芯、磁环上绕制成的线圈或在空心线圈中插入磁芯组成的线圈。

(3) 可调磁芯线圈:在空心线圈中插入可调的磁芯。

(4) 铁芯线圈:在空心线圈中插入硅钢片组成铁芯线圈。

2. 电感器的主要参数

(1) 电感量:电感量是指电感器通过变化电流时产生感应电动势的能力。其大小与磁导率 μ、线圈单位长度中匝数 n 以及体积 V 有关。当线圈的长度远大于直径时,电感量为

$$L=\mu n^2 V$$

电感量的常用单位为 H(亨利)、mH(毫亨)、μH(微亨)。

$$1\text{H}=10^3\text{mH}=10^6\mu\text{H}$$

电感器的符号如图 2-3-2 所示。

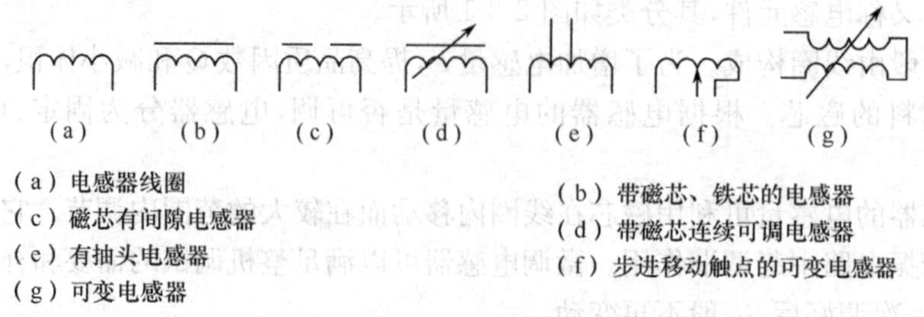

图 2-3-2　电感器的符号

(2) 品质因数

品质因数 Q 反映电感器传输能量的本领。Q 值越大,传输能量的本领越大,即损耗越小,一般要求 $Q=50\sim300$。

$$Q=\frac{\omega L}{R}$$

式中：ω 为工作角频率，L 为线圈电感量，R 为线圈电阻。

(3) 额定电流

额定电流主要对高频电感器和大功率调谐电感器而言。通过电感器的电流超过额定值时，电感器将发热，严重时会烧坏。

(4) 电感线圈的标志方法

为了便于生产和使用，常将小型固定电感线圈的主要参数标志在电感线圈的外壳上，标志的方法有直标法和色标法两种。

① 直标法：直标法指的是，在小型电感线圈的外壳上直接用文字标出电感线圈的电感量、允许偏差和最大直流工作电流等主要参数。其中最大工作电流常用字母标志，见表 2-3-1。

表 2-3-1　小型固定电感线圈的工作电流与标志字母

标志字母	A	B	C	D	E
最大工作电流（mA）	50	150	300	700	1600

② 色标法：色标法指的是，在电感线圈的外壳上涂有不同颜色的色环，用来表明其参数，如图 2-3-3 所示。第一条色环表示电感量的第一位有效数字；第二条色环表示电感量的第二位有效数字；第三条色环表示十进倍数；第四条色环表示允许偏差。数字与色环颜色所对应的关系与电阻器色环标志法相同。所标志的电感量单位为 μH。

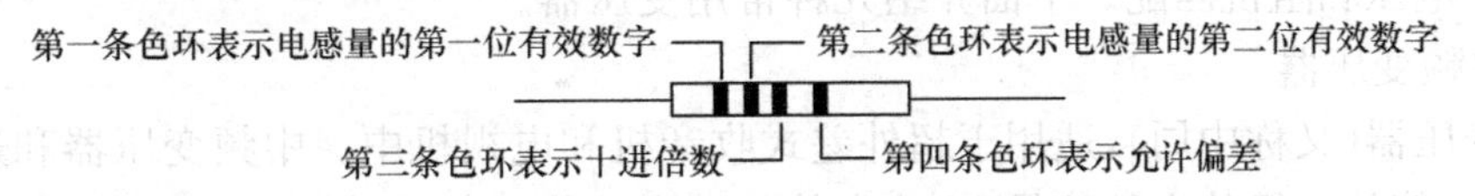

图 2-3-3　电感线圈的色环标志法

3. 电感器的测量

测量电感的方法与测量电容的方法相似，也可以用电桥法、谐振回路法测量。常用测量电感的电桥有海氏电桥和麦克斯韦电桥。这里不做详细介绍。

4. 电感器的选用

① 在选电感时，首先应明确其使用频率范围。铁芯线圈只能用于低频；一般铁氧体线圈、空心线圈可用于高频。其次要弄清线圈的电感量。

② 线圈是磁感应元件，它对周围的电感性元件有影响。安装时一定要注意电感性元件之间的相互位置，一般应使相互靠近的电感线圈的轴线互相垂直，必要时可在电感性元件上加屏蔽罩。

2.3.2　变压器

将两个线圈靠近放在一起，当一个线圈中的电流变化时，穿过另一线圈的磁通会发生相应的变化，从而使该线圈中出现感应电势，变压器就是根据互感应原理制成的。变压器在电路中主要用作交流电压变换和阻抗变换，即通过变压器将电路电压或阻抗升高或降低。

1. 变压器的型号命名

(1) 晶体管调幅收音机的中频变压器型号由以下三部分组成。

第一部分：主称用字母表示（T：中频变压器；L：线圈或振荡线圈；F：调幅；S：短波）；第二部分：尺寸，用数字表示；第三部分：序号，用数字表示。

（2）低频变压器：

第一部分为主称，用字母表示，见表 2-3-2。

表 2-3-2　变压器型号中主称字母的含义

字母	含义	字母	含义
DB	电源变压器	HB	灯丝变压器
RB	音频输入变压器	SB 或 ZB	音频（定阻式）输送变压器
CB	音频输出变压器	B 或 EB	音频（定压或自耦式）输送变压器
GB	高压变压器		

第二部分为功率，用数字表示。计算单位用 VA 或 W 标志；但 RB 型变压器除外；

第三部分为序号，用数字表示。

例如：DB-60-2 表示为 60W（VA）电源变压器。

2. 变压器的分类

变压器按使用的工作频率可分为：高频变压器、中频变压器、低频变压器、脉冲变压器。高频变压器一般在收音机和电视机中作阻抗变换器，如收音机中的天线线圈等。中频变压器在收音机和电视机中用于中频放大器中。低频变压器又分为音频变压器和电源变压器，在电路中用于变换电压和阻抗匹配。下面介绍几种常用变压器。

（1）中频变压器

中频变压器（又称中周），适用于超外差式收音机和电视机中。中频变压器和适当容量的电容器配合，能从前级传来的信号中，选出某一频率的信号传送给下一级，所以中频变压器具有选频和耦合作用。它的外形如图 2-3-4 所示。

图 2-3-4　几种常见的变压器外形

（2）音频变压器

应用于音频电路中的变压器统称音频变压器，主要用于传输音频信号和使前后级放大电路阻抗匹配。按其在电路中的用途可分为级间变压器和输出变压器。

级间变压器使用在两级放大之间作为耦合元件，将前级信号传送到后一级，并做相应的阻抗变换。

输出变压器的作用是把音频放大器的输出功率做阻抗变换，传输给扬声器或其他负载，并隔离直流成分。它的外形如图 2-3-4 所示。

（3）小型电源变压器

电源变压器在电路中起电压变换作用，常用于仪器、仪表的电源电路，用于将输入的 220V 交流市电变换为低压交流电。它的外形如图 2-3-4 所示。

2.4　半导体分立元件

半导体二极管和三极管是组成分立元件电子电路的核心元器件。二极管具有单向导电性，可用于整流、检波、稳压、混频电路中。三极管对信号具有放大和开关作用。它们的管壳上都印有规格和型号。国内半导体元器件型号命名法见表 2-4-1。国外半导体元器件命名法见表 2-4-2。

表 2-4-1　国内半导体元器件型号命名法

第一部分		第二部分		第三部分		第四部分	第五部分
用数字表示元器件的电极数		用字母表示元器件的材料和极性		用字母表示元器件的类别		用数字表示元器件的序号	用字母表示规格号
符号	意义	符号	意义	符号	意义	符号	意义
2	二极管	A	N 型锗材料	P	普通管	反映了极限参数、直流参数和交流参数等的差别	反映了承受反向击穿电压的程度。如规格号为 A、B、C、D……其中 A 承受的反向击穿电压最低，B 次之……
		B	P 型锗材料	V	微波管		
		C	N 型硅材料	W	稳压管		
		D	P 型硅材料	C	参量管		
3	三极管	A	PNP 型锗材料	Z	整流管		
		B	NPN 型锗材料	L	整流堆		
		C	PNP 型硅材料	S	隧道管		
		D	NPN 型硅材料	N	阻尼管		
		E	化合物材料	U	光电元器件		
				K	开关管		
				X	低频小功率管 $(f_a<3\text{MHz}\ P_c<1\text{W})$		
				G	高频小功率管 $(f_a\geqslant 3\text{MHz}\ P_c<1\text{W})$		
				D	低频大功率管 $(f_a<3\text{MHz}\ P_c<1\text{W})$		
				A	高频大功率管 $(f_a\geqslant 3\text{MHz}\ P_c>1\text{W})$		
				T	半导体闸流管（可控整流器）		
				Y	体效应元器件		
				B	雪崩管		
				J	阶跃恢复管		
				CS	场效应元器件		
				BT	半导体特殊元器件		
				FH	复合管		
				PIN	PIN 管		
				JG	激光元器件		

表 2-4-2　国外半导体元器件型号命名法

生产地＼型号部分	一	二	三	四	五
日本	0 光电管 光电二极管 1 二极管 2 三极管	S	A　PNP 高频 B　PNP 低频 C　NPN 高频 D　NPN 低频 F　P 型闸选 PNPN 开关管 G　N 型闸选 NPNP 开关管 H　专用管	两位以上数字表示序号	用 A、B、C 表对原型号的改进
美国	JAN 或 J：表示军用品 无：表示非军用品	1 二极管 2 三极管 3 三个 PN 结元器件 Nn 个 PN 结元器件	N	多位数字表示序号	
欧洲	A 锗材料 B 硅材料 C 砷化镓 D 锑化铟 R 复合材料如霍尔元件和光电池	A　检波，开关，混频二极管 B　变容二极管 C　低频小功率三极管 D　低频大功率三极管 E　隧道二极管 F　高频小功率三极管 G　复合元器件及其他元器件 H　磁敏二极管 K　开放磁路霍尔元件 L　高频大功率三极管 M　封闭磁路霍尔元件 P　光敏元器件 Q　发光元器件 R　小功率晶闸管 S　小功率开关管 T　大功率晶闸管 V　大功率开关管 X　倍增二极管 Y　整流二极管 Z　稳压二极管	3 位数字表示通用元器件的序号 一个字母 2 位数字表示专用元器件的序号	用 ABCDE 表示同一型号的半导体元器件按某一参数进行分挡的标志	

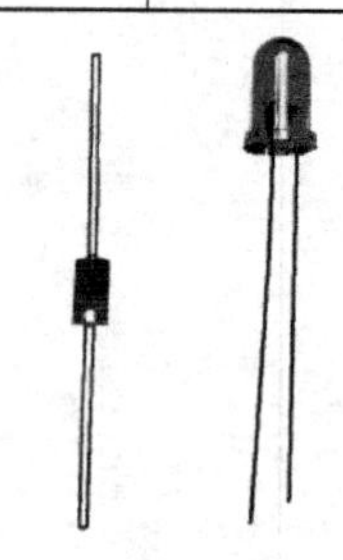

图 2-4-1　常见二极管外形图

2.4.1　半导体二极管

1. 半导体二极管的分类

半导体二极管是将一个 PN 结加上相应的电极引线和密封壳做成的半导体元器件，其主要特性是单向导电。

半导体二极管种类很多，按材料分有锗、硅、砷化镓二极管等；按结构分有点接触和面接触二极管等；按用途分有检波、整流、开关、稳压、发光、光电、变容二极管等。常见二极管外形如图 2-4-1 所示。

2. 主要技术参数

不同用途的二极管，其参数要求也不相同。

(1) 整流、检波二极管

① 最大整流电流：二极管连续工作时，允许正向通过的最大平均电流。如果电路电流大于此值，可使二极管温度超过额定值(锗管80℃，硅管150℃)而损坏。

② 最大反向电压：工作中能承受的最大反向电压值。如果实际反向工作电压的峰值电压超过此值，二极管反向电流将剧增而使整流特性变坏，甚至烧毁二极管。

③ 最大反向电流：在电路中二极管处于截止状态时，仍然会有反向电流通过二极管，反向电流受反向电压的影响。二极管的最大反向电流越小，二极管的质量越好。

④ 击穿电压：加在二极管两端的反向电压增大，反向电流也随之增大。使反向电流击穿二极管PN结的反向电压，即为击穿电压。

(2) 稳压二极管

稳压二极管利用二极管反向击穿时，两端电压基本不变的原理。主要参数有：最大工作电流，最大耗散功率，动态电阻和稳定电流等。

(3) 发光二极管

主要参数：最大反向电流，正向工作电压，反向耐压和发光强度等。

3. 常用二极管

(1) 整流、检波二极管

整流和检波并没有实质上的差别，原理都是利用PN结的单向导电性，不同的仅是应用的场合和要求，整流一般是对低频率的市电来说；而检波一般是对高频率的小信号来说。

整流二极管的作用是将交流电变成脉动直流即整流，它一般选用硅材料面接触型二极管，特点是工作频率低，允许通过的正向电流大，反向击穿电压高，允许的工作温度高。

检波二极管的作用是把原来调制在高频无线电电波中的低频信号取出来。检波也称为解调。检波一般是对高频小信号而言，通常选用锗材料点接触型二极管。

半导体二极管外形和电路符号如图2-4-2所示。

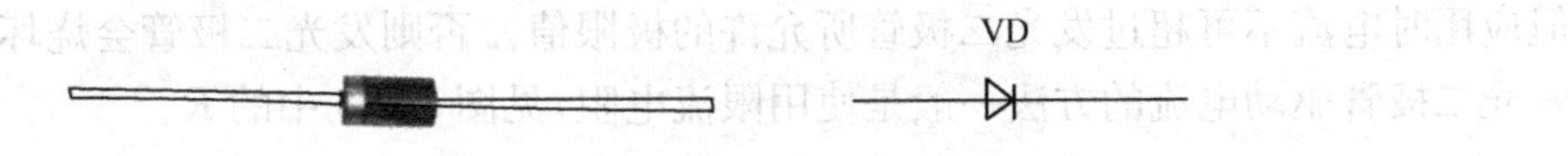

图2-4-2　半导体二极管外形图与电路符号

(2) 全桥和硅堆

在二极管整流电路中，桥式整流电路使用较多，把4只整流二极管按桥式全波整流电路的形式连接并封装，就构成了全桥。它的内部电路和在电路中的符号如图2-4-3所示。

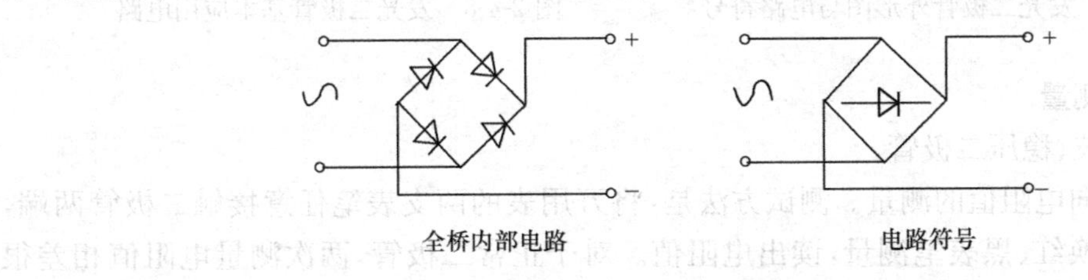

图2-4-3　全桥内部电路

硅堆又称为硅柱，它是一种硅高频高压整流二极管，工作电压在几千至几万伏之间，常用于雷达及其他电子仪器中做高频高压整流。它的内部结构由若干个硅高频二极管串联起来组合而成，如图 2-4-4 所示，其反向峰值电压取决于二极管的个数及每个二极管的反向峰值电压。

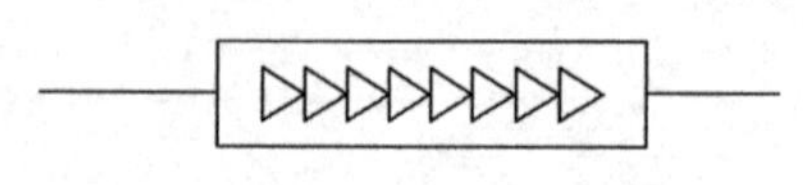

图 2-4-4　硅堆原理图

(3) 稳压二极管

稳压管一般用硅材料制成，具有一般二极管的单向导电特性。其稳压原理：二极管加正向电压时，二极管导通，有较大的正向电流。二极管加反向电压时则截止，只有很小的反向电流。当反向电压大到一定程度，反向电流突然增大，这时二极管进入了击穿区，进入此区后反向电流在较大范围内变化时，二极管的两端的反向电压保持基本不变。当反向电流增加到一定数值后，二极管就会因彻底击穿而毁坏。普通二极管是不允许使用在击穿区的，而稳压二极管正是利用反向击穿后，在一定反向电流范围内反向电压不随反向电流变化这一特性进行稳压的，图 2-4-5 表示稳压管特性曲线。稳压管在电路中的符号如图 2-4-6 所示。

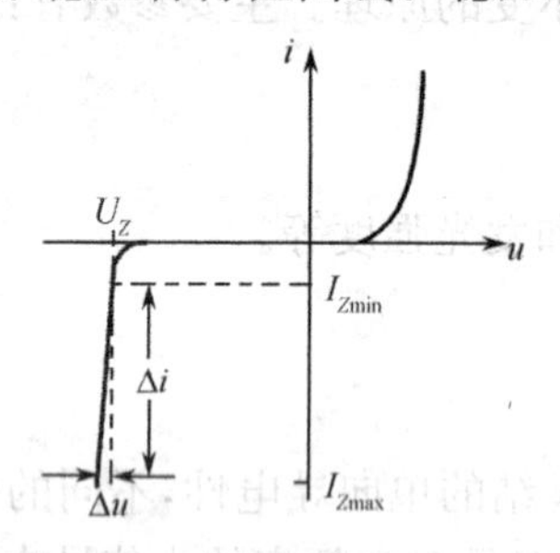

图 2-4-5　稳压管特性曲线

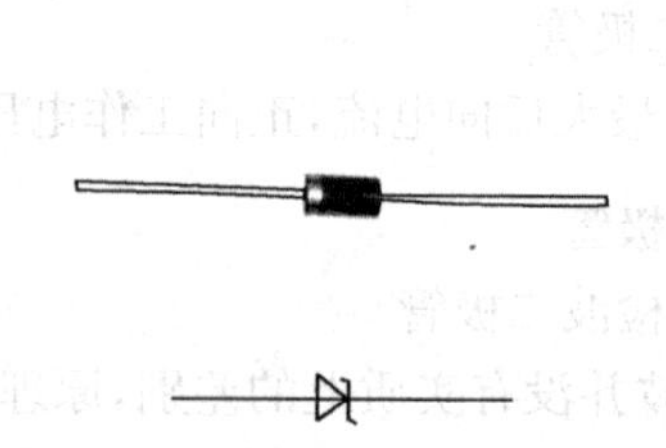

图 2-4-6　稳压管的外形图和电路符号

(4) 发光二极管

发光二极管是采用磷化镓或者磷砷化镓等半导体材料制成。发光二极管和普通二极管一样也是由 PN 结构成，也具有单向导电性，发光二极管的电路符号如图 2-4-7 所示。发光二极管为正向电流驱动元器件，用交流、直流和脉冲电流均可驱动，其发光亮度与驱动电流成正比。但应用时电流不可超过发光二极管所允许的极限值。否则发光二极管会烧坏。在电路中限制发光二极管驱动电流的方法一般是使用限流电阻，见图 2-4-8 中的 R。

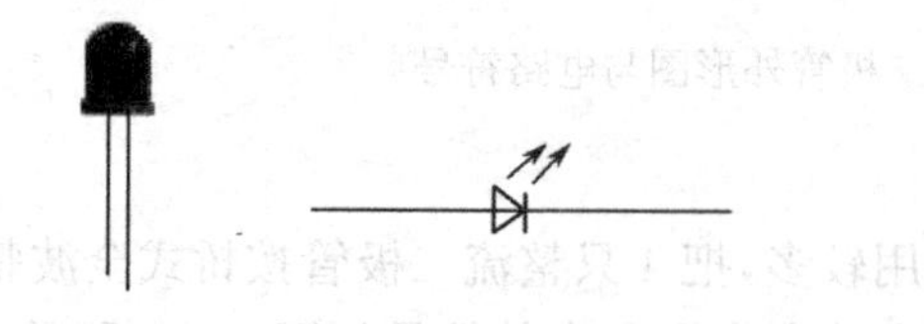

图 2-4-7　发光二极管外形图与电路符号

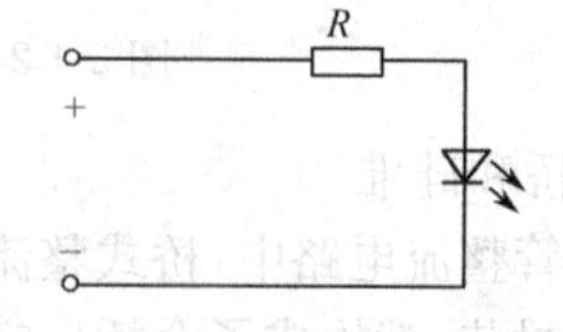

图 2-4-8　发光二极管基本应用电路

4. 二极管的测量

(1) 整流、检波、稳压二极管

二极管正、反向电阻值的测量。测试方法是：将万用表的两支表笔任意接触二极管两端，读出电阻值；再交换红、黑表笔测量，读出电阻值。对于正常二极管，两次测量电阻值相差很大，阻值大的称为反向电阻，阻值小的称为正向电阻。通常硅二极管的正向电阻为数百至数千欧，反向电阻 1MΩ 以上；锗二极管正向电阻为 100～1000Ω，反向电阻则大于 100kΩ。如果实测反向电阻很小，说明二极管已经击穿；如果正、反向电阻均为无穷大，表明二极管已经断路；如果正、反向电阻相差不大或者有一个阻值偏离正常值，说明二极管性能不良。

二极管正向导通压降测量。将数字万用表拨至二极管挡，此时红表笔带正电，黑表笔带负电，用两个表笔分别接触二极管的两个电极，若显示值在1V以下(硅二极管0.550～0.700V，锗二极管0.150～0.300V)，说明管子处于正向导通状态，红表笔接的是正极，黑表笔接的是负极。若显示溢出符号“1”，证明管子处于反向截止状态，黑表笔接的是正极，红表笔接的是负极。为进一步确定二极管的质量好坏，应交换表笔，若两次测试均显示“000”，证明管子已击穿短路。两次都显示溢出符号“1”，证明管子内部开路。

(2) 发光二极管

发光二极管除低压型外，其正向导通电压大于1.5V。一种测试方法是用内装9V或者9V以上电池的万用表测量发光二极管的正、反向电阻，判断方法与普通二极管相似。另一种方法是用图2-4-9所示电路测量。调节电位器，可使发光二极管点亮，通过电流表可测得发光二极管的工作电流。

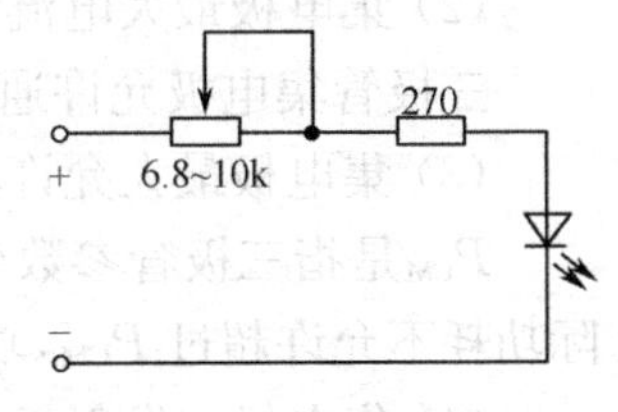

图2-4-9　发光二极管工作电流测量

用数字万用表的二极管挡也可测试发光二极管。例如测试BT204型发光二极管，万用表红表笔接发光二极管正极，黑表笔接负极，则发光二极管稍微发光，同时万用表显示1.526V(典型值为1.7V)。

2.4.2　半导体三极管

1. 三极管的分类

半导体三极管简称三极管，按材料分有硅三极管和锗三极管；按PN结组合分有NPN三极管和PNP三极管；按工作频率分有高频管和低频管；按功率分有大功率管、中功率管、小功率管。三极管结构如图2-4-10所示，三极管的两个PN结分别称作发射结和集电结。发射结

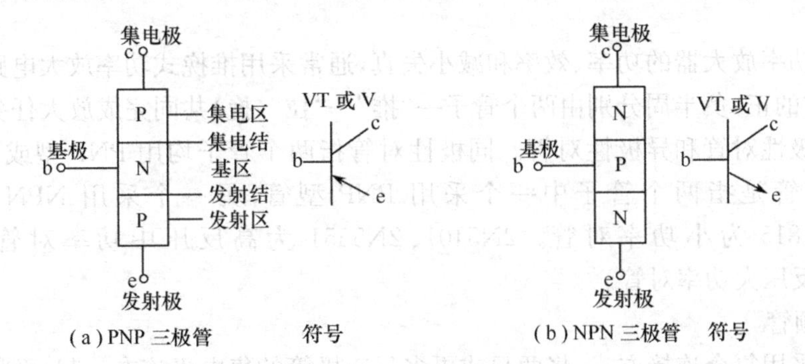

图2-4-10　三极管的内部结构

和集电结之间为基区。三个电极分别是发射极(e极)、基极(b极)和集电极(c极)。PNP管和NPN管，它们在电路符号上的区别是发射极箭头方向不同，常用三极管外型如图2-4-11所示。

图2-4-11　常用三极管外形图

2. 三极管的主要参数

(1) 电流放大系数β和h_{FE}

三极管的电流放大系数分直流电流放大系数和交流电流放大系数。直流电流放大系数是指在直流状态下(无变化信号

输入)，三极管的集电极电流 I_c和基极电流 I_b之比，在共射状态下，用 h_{FE}(或β)表示，即

$$h_{FE}=\frac{I_c}{I_b}$$

交流电流放大系数表示三极管对交流(变化)信号的电流放大能力，用β表示，β等于集电极电流的变化量 ΔI_c与基极电流的变化量 ΔI_b之比，即

$$\beta=\frac{\Delta I_c}{\Delta I_b}$$

(2) 集电极最大电流 I_{CM}

三极管集电极允许通过的最大电流。一般应用时 I_c不能超过 I_{CM}。

(3) 集电极最大允许功率 P_{CM}

P_{CM}是指三极管参数变化不超出规定允许值时的最大集电极耗散功率。实际电路中，实际功耗不允许超过 P_{CM}，功耗过大是三极管烧坏的主要原因。

(4) 集电极—发射极击穿电压 BU_{CEO}

BU_{CEO}是指三极管基极开路时，允许加在集电极和发射结之间的最高电压。

3. 常用三极管

(1) 大功率三极管

通常把集电极最大允许耗散功率 P_{CM}在 1W 以上的三极管称为大功率三极管。大功率三极管不仅体积较大，而且各电极引出线做成短而粗，且集电极引出线与金属外壳相连，把外壳作为集电极的“热”引出端，有利于管芯的散热。对于锗大功率管，其壳温度不能超过 55℃，对硅管来讲壳温不宜超过 80℃。大功率管单靠外壳散热是远远不够的，主要靠外加的散热器来散发热量。如果大功率管不带散热器。则它的耗散功率将大为降低。例如硅低频大功率管 3DD102，外加散热器时，其最大耗散功率是 50W，不带散热器时，耗散功率仅仅是 3W。

(2) 对管

为了提高功率放大器的功率、效率和减小失真，通常采用推挽式功率放大电路。即一个完整的正弦波，它的正，负半周分别由两个管子一“推”一“拉”(挽)共同完成放大任务。

对管有同极性对管和异极性对管。同极性对管指两个管子均用 PNP 型或 NPN 型三极管。异极性对管是指两个管子中一个采用 PNP 型管，另一个采用 NPN 型管。例如 2SA1015、2SC1815 为小功率对管。2N5401、2N5551 为高反压中功率对管。2SA1301、2SC3280 为高反压大功率对管。

(3) 达林顿管

达林顿管采用复合连接方式，将两只或更多只三极管的集电极连在一起，而将第一只三极管的发射极直接耦合到第二只三极管的基极，依次级联而成，最后引出 E，B，C 三个电极。图 2-4-12 是由两只 NPN 型或 PNP 型三极管构成的达林顿管的电路，其放大系数

$$h_{FE}\approx h_{FE1}\cdot h_{FE2}$$

h_{FE1}为 VT_1 电流放大系数，h_{FE2}为 VT_2 电流放大系数。

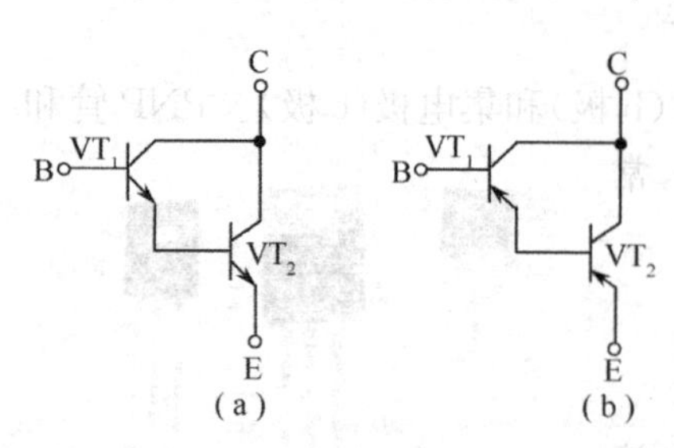

图 2-4-12　达林顿管的基本电路

达林顿管具有增益高，开关速度快，能简化设计电路的优点。达林顿管分两类：一类是普通型，内部无保

护电路，中小功率（2W以下）的达林顿管大多属于此类；另一类带保护电路，大功率达林顿管属此类。

（4）场效应管

场效应管（FET）是一种电压控制的半导体元器件，它有三个电极，分别是源极（S极），栅极（G极），漏极（D极），如表2-4-3所示。场效应管分为两大类：一类为结型场效应管（J-FET）；另一类为绝缘栅场效应管，也叫金属-氧化物-半导体绝缘栅场效应管，简称MOS场效应管。场效应管根据其沟道所采用的半导体材料不同，又可分为N型沟道和P型沟道两种。所谓沟道，就是电流通道。MOS场效应管有耗尽型和增强型之分。当$U_{GS}=0$时，源漏间存在导电沟道的，称为耗尽型。如果必须$|U_{GS}|>0$时才存在导电沟道的，则称为增强型场效应管。场效应管具有很高的输入阻抗，一般在数百兆欧以上，而场效应管的电流则受垂直于电流通路的电场大小的控制。场效应管常用于放大电路，以及源极跟随器对电路阻抗进行变换。

表2-4-3　场效应管电路符号

N沟道 J-FET	P沟道 J-FET	P沟道 增强型MOS	N沟道 增强型MOS	P沟道 耗尽型MOS	N沟道 耗尽型MOS
D G S	D G S	D G S	D G S	D G S	D G S

（5）晶闸管

晶闸管（原名可控硅）是一种“以小控大”的功率（电流）型元器件，它可用于整流、无触点开关、逆变、调光、调速等电路。

晶闸管有单向晶闸管、双向晶闸管和可关断晶闸管，其封装形式较多的是螺旋式、平板式、塑封式三种，常见晶闸管外形，如图2-4-13所示。

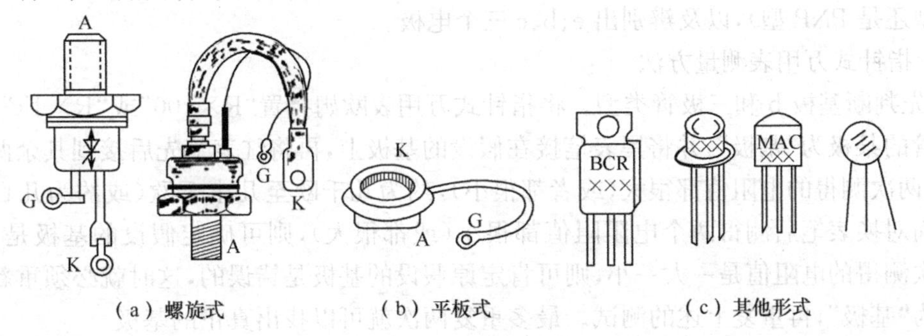

（a）螺旋式　（b）平板式　（c）其他形式

图2-4-13　常见晶闸管外形

单向晶闸管常称晶闸管，它有三个电极：阳极A、阴极K、控制极（门极）G。单向晶闸管的阳极A，阴极K之间加正向电压，控制极G加正触发电压，晶闸管导通，此时去掉控制极G的电压，晶闸管仍然维持导通状态，只有在阳极A、阴极K之间加负电压或阳极A、阴极K之间导通电流小于维持电流情况下，晶闸管才不导通。

双向晶闸管也有三个电极：电极T1，电极T2，控制极（门极）G。与单向晶闸管相比它没有反向击穿电压问题。因此在电路中不必考虑过压保护。它的控制极G加正、负触发电压时，都可以使双向晶闸管触发导通。它主要用于交流调压电路、防爆开关、温度控制等。

可关断晶闸管与普通晶闸管不同点在于，当晶闸管正向导通以后，在控制极上加负电压可使晶闸管关断，它主要用于高压直流开关、高压脉冲发生器、过电流保护等电路。

国产单向晶闸管的型号主要有 3CTXXX 和 KPXXX，如 3CT101-107、3CT021-064、KP20 等。双向晶闸管型号主要有 3CTSXX 和 KSXX，如 3CTS1、3CTS3、KS5、KS20 等。国外晶闸管型号很多，大都是按各公司自己的命名方式定型号，如单向晶闸管 SF0R1、CS2AM、SF5 等。双向晶闸管 BTA06、BCR6AM、MAC97A6 等。

4. 三极管引脚识别和测量

三极管引脚排列位置依其品种、型号及功能不同而异。图 2-4-14 是常用三极管的引脚排列图。图中(a)～(d)是大多数常用金属圆壳封装中小功率三极管的引脚排列，其中(b)、(d)管子有 4 个电极，其中一个为屏蔽接地 S(或称 D 极，通常与管壳相通)；(g)～(j)为塑封管三个引脚排列。常见的大功率管的外形如图 2-4-14(e)、(f)所示。

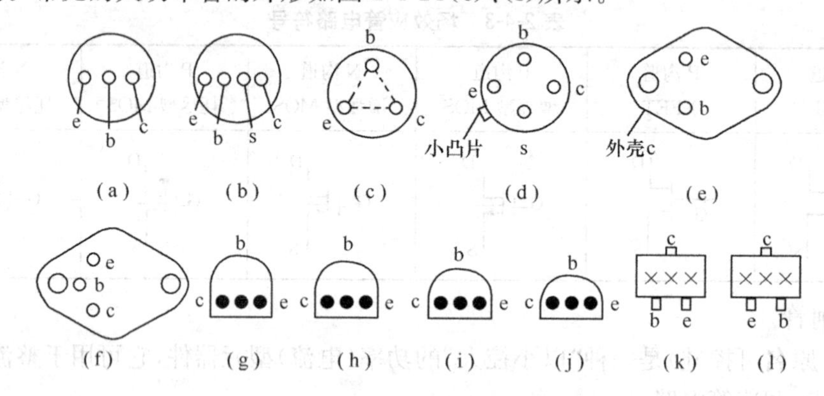

图 2-4-14　常用三极管的引脚排列图

当一个三极管没有任何标记时，我们可以用万用表来初步确定该三极管的好坏及其类型(NPN 型还是 PNP 型)，以及辨别出 e、b、c 三个电极。

(1) 指针式万用表测量方法

① 先判断基极 b 和三极管类型。将指针式万用表欧姆挡置"R×100"或"R×1k"处，先假设三极管的某极为"基极"，并将黑表笔接在假设的基极上，再将红表笔先后接到其余两个电极上，如果两次测得的电阻值都很大(或者都很小)，约为几千欧至几十千欧(或约为几百欧至几千欧)，而对换表笔后测得两个电阻阻值都很小(或都很大)，则可确定假设的基极是正确的。如果两次测得的电阻值是一大一小，则可肯定原假设的基极是错误的，这时就必须重新假设另一电极为"基极"，再重复上述的测试。最多重复两次就可以找出真正的基极。

当基极确定后，将黑表笔接基极，红表笔分别接其他两极。此时，若测得的电阻值都很小，则该三极管为 NPN 型管；反之，则为 PNP 型管。

② 再判断集电极 c 和发射极 e。以 NPN 型管为例，把黑表笔接到假设的集电极 c 上，红表笔接到假设的发射极 e 上，并且用手捏住 b 和 c 极(不能使 b、c 直接接触)，通过人体，相当于在 b、c 之间接入偏置电阻。读出表头所示 c、e 间的电阻值，然后将红、黑两表笔反接重测。若第一次电阻值比第二次小，说明原假设成立，黑表笔所接为三极管集电极 c，红表笔所接为三极管发射极 e。

(2) 数字式万用表测量方法

由于数字式万用表欧姆挡的测试电流很小，不适合检测三极管，因此使用二极管挡和

h_{FE}挡。

① 判定基极：将数字万用表拨至二极管挡，红表笔固定接三极管的某个电极，黑表笔依次接触另外两个电极，如果两次显示值基本相等（都在1V以下或都显示溢出符号"1"），就证明红表笔所接的是基极。如果两次显示值中有一次在1V以下，另一次溢出，证明红表笔接的不是基极，应改换其他电极重新测量。

② 鉴别NPN管与PNP管：在确定基极之后，用万用表红表笔接基极，黑表笔依次接触其他两个电极。如果都显示0.550～0.700V，属于NPN型三极管；如果两次测量都显示溢出符号"1"，则管子属于PNP型。

③ 判定集电极和发射极，测$h_{FE}(\beta)$值。判定集电极和发射极，需要使用万用表的h_{FE}挡。假设被测三极管为NPN型，把三极管基极插入万用表NPN插孔的b孔，其余两个电极分别插入c孔和e孔中，测出的h_{FE}为几十至几百，则c孔上插的是集电极，e孔上插的是发射极。如果测出的h_{FE}值只有几至十几，证明三极管的集电极，发射极插反了，这时c孔插的是发射极，e孔插的是集电极。

2.5　半导体集成电路

2.5.1　概述

集成电路就是在一块极小的硅单晶片上，制作二极管、三极管及电阻、电容等元件，并连接成能完成特定功能的电子线路。集成电路在体积、耗电、寿命、可靠性及电性能指标方面，远远优于分立元件组成的电路，常见半导体集成电路的外形如图2-5-1所示。

图2-5-1　常见集成电路的外形

1. 集成电路的分类

集成电路的分类方法很多，一般可从以下几个方面划分。

(1) 按集成度分类

集成度就是单位面积内所包含的元件数。按集成度的高低不同，可分为小规模(SSI)、中规模(MSI)、大规模(LSI)和超大规模(VLSI)集成电路，如图2-5-2所示。对于模拟集成电路，一般认为集成50个元器件以下为小规模集成电路，集成50～100个元器件为中规模集成电路，集成100个以上元器件为大规模集成电路；对于数字集成电路，集成1～10个等效门或10～100个元件为小规模集成电路，集成10～100个等效门或100～1000个元件为中规模集成

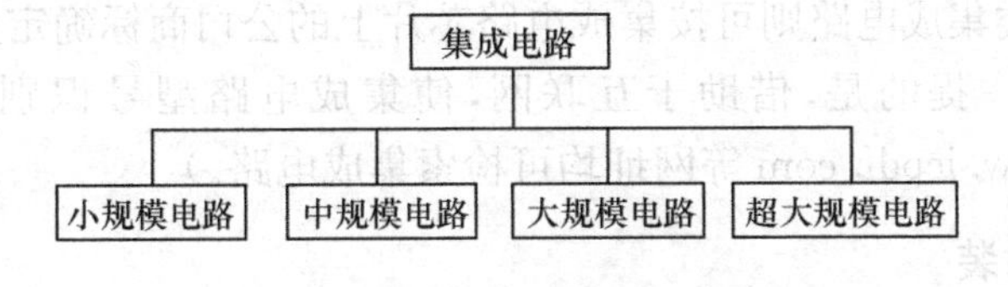

图2-5-2　集成电路按集成度分类

电路，集成 $10^2 \sim 10^4$ 个等效门或 $10^3 \sim 10^5$ 个元件为大规模集成电路，集成 10^4 以上个等效门或 10^5 以上元件为超大规模集成电路。

（2）按制作工艺分类

按制作工艺可分为半导体集成电路，膜集成电路和混合集成电路，如图 2-5-3 所示。半导体集成电路包括双极型和 MOS 电路。双极型集成电路是指其内部有电子和空穴两种载流子参与导电。而 MOS 电路则只有电子（NMOS）或空穴（PMOS）一种载流子参与导电。CMOS 电路则是将 NMOS 电路与 PMOS 电路并联使用连接成互补形式集成电路。

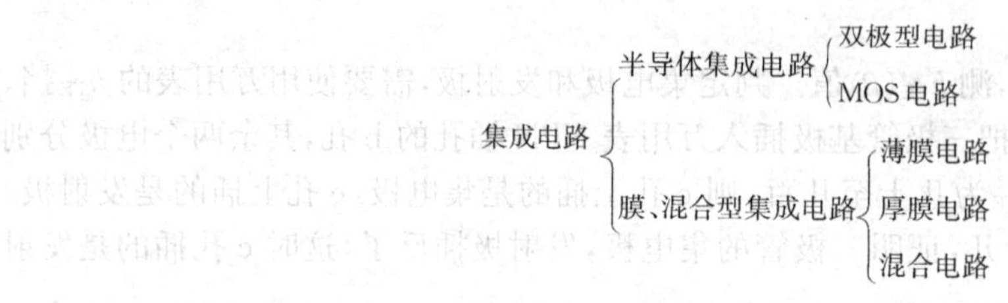

图 2-5-3　集成电路按制作工艺分类

（3）按使用功能分类

按使用功能半导体集成电路可分为如图 2-5-4 所示的各类电路。

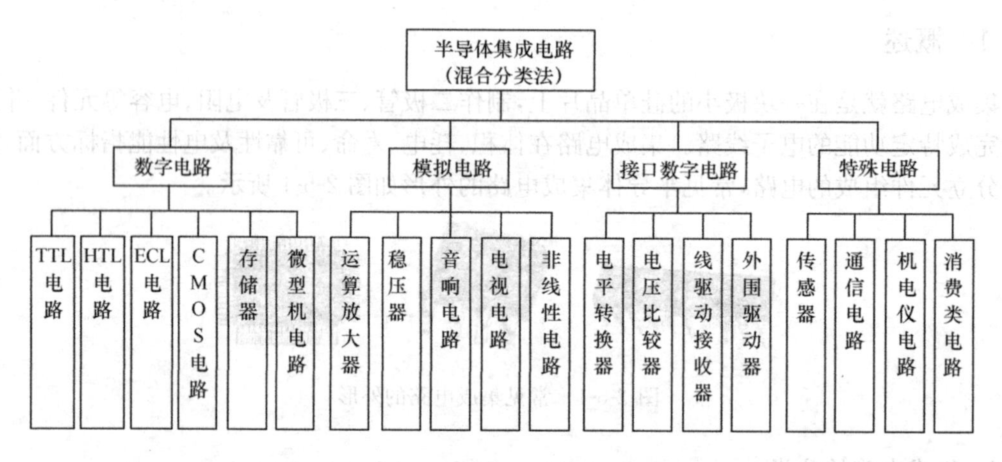

图 2-5-4　半导体集成电路的分类

2. 集成电路的型号命名

集成电路的品种型号众多，至今国际上对集成电路型号的命名尚无统一标准。国产集成电路的命名方法按国家标准，每个型号由五部分组成，见表 2-5-1。

国外集成电路由各厂商或公司按各自的一套命名方法生产。一般情况下，型号的开始字母为公司名称缩写或公司产品代号，如美国摩托罗拉公司产品型号开始字母为 mc，知道了产品的生产公司，按相应的集成电路手册查找即可。此外，有的集成电路型号开始字母并不是公司名称缩写，对于此类集成电路则可按集成电路芯片上的公司商标确定生产厂商，然后再查找相应的手册。（值得一提的是，借助于互联网，使集成电路型号识别变得相对容易，例如 www.21IC.com，www.icpdf.com 等网址均可检索集成电路。）

3. 集成电路的封装

封装就是元器件外观和引脚的排列方式。

表 2-5-1　集成电路的型号命名法

第零部分		第一部分		第二部分	第三部分		第四部分	
用字母表示元器件符合国家标准		用字母表示元器件的类型		用阿拉伯数字和字母表示元器件系列品种	用字母表示元器件的工作温度范围		用字母表示元器件的封装	
符号	意义	符号	意义		符号	意义	符号	意义
C	中国制造	T	TTL 电路	TTL 分为:	C	0～70℃	F	多层陶瓷扁平封装
		H	HTL 电路	54/74×××	G	−25～70℃	B	塑料扁平封装
		E	ECL 电路	54/74H×××	L	−25～85℃	H	黑瓷扁平封装
		C	CMOS	54/74L×××	E	−40～85℃	D	多层陶瓷双列直插封装
		M	存储器	54/74S×××	R	−55～125℃	J	黑瓷双列直插封装
		μ	微型机电器	54/74LS×××	M	−55～125℃	P	黑瓷双列直插封装
		F	线性放大器	54/74AS×××	⋮		S	塑料封装
		W	稳压器	54/74ALS×××			T	塑料封装
		D	音响电视电路	54/74F×××			K	金属圆壳封装
		B	非线性电路	CMOS 为:			C	金属菱形封装
		J	接口电路	4000 系列			E	陶瓷芯片载体封装
		AD	A/D 转换器	54/74HC×××			G	塑料芯片载体封装
		DA	D/A 转换器	54/74HCT×××			⋮	网格针栅阵列封装
		SC	通信专用电路	⋮			SOIC	小引线封装
		SS	敏感电路				PCC	塑料芯片载体封装
		SW	钟表电路				LCC	陶瓷芯片载体封装
		SJ	机电仪电路					
		SF	复印机电路					
		⋮						

为简化说明，这里所述封装，为 PCB 板元件封装，因为我们通常是在 PCB 板这样一个平面上进行元器件的布局和走线的。在 PCB 板图中的元器件封装是实际元器件的几何模型，没有包含元件高度的信息，而只有顶视图。

(1) SIPXX 为单列直插式封装，后缀 XX 表示引脚数，如图 2-5-5 所示。

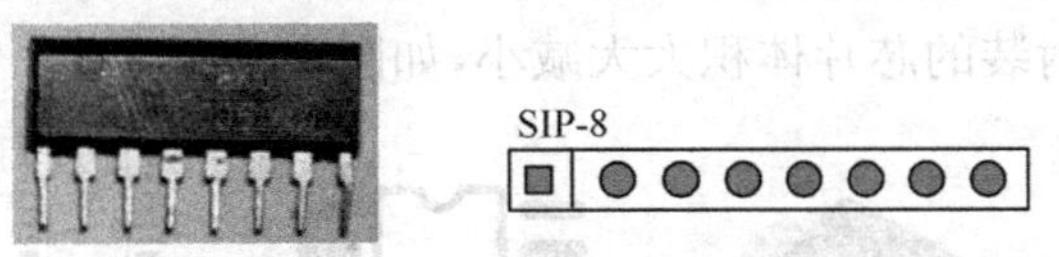

图 2-5-5　单列直插式芯片外形和封装

(2) DIP 封装：DIPXX 为双列直插式封装，这是一种传统封装，也是最常见的集成电路封装形式，如图2-5-6所示，标准 DIP 封装的引脚间距是 100mil(2.54mm)，边缘间距 50mil(1.27mm)。

(3) PLCC 封装：PLCCXX 为无引出脚芯片封装，这种封装是贴片式安装，如图 2-5-7 所示。这种封装的芯片引出脚在芯片底部向内弯曲，紧贴于芯片体。焊接时要采用回流焊工艺，否则很难可靠地焊接到 PCB 上。因此，很多原来只提供 PLCC 封装的芯片，现在都同时提供 QUAD 封装或者 PGA 封装。

图 2-5-6　双列直插式芯片外形和封装图　　　　图 2-5-7　PLCC 外形和封装图

(4) PGA 封装:PGA 为引脚栅格阵列。这是一种传统的封装形式,其引脚从芯片底部垂直引出,且整齐地分布于芯片四周,如图 2-5-8 所示。实际上,对于 PLCC 和 QUAD 两种封装,都可以通过 PGA 引脚的插座来固定在板上。

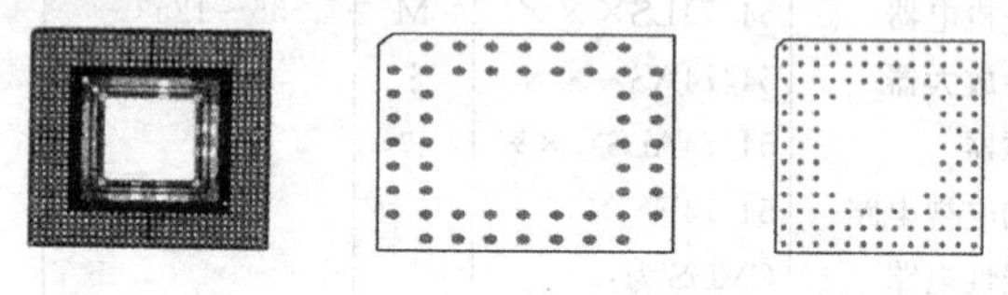

图 2-5-8　PGA 外形和封装图

(5) QUAD 封装:QUAD 为方形贴片式封装,这种封装和 PLCC 封装类似,但其引脚没有向内弯曲,而是向外伸展,与 PLCC 封装相比较,所占面积稍大,但焊接要容易得多,QUAD 是个大家族,包括 QFP 系列,如 TOFP、PQFP、SQFP 和 CQFP 等。这种封装和 PLCC 很相似,如图 2-5-9 所示。

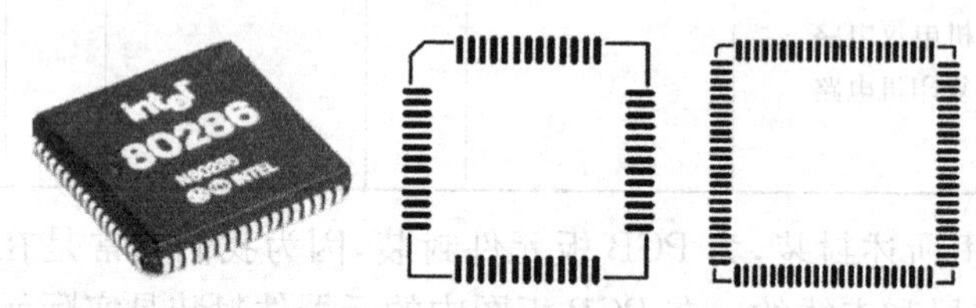

图 2-5-9　QFP 外形和封装图

(6) SOP 封装:SOP 为小贴片封装,几乎每一种 DIP 封装的芯片均有对应的 SOP 封装。与 DIP 封装相比,SOP 封装的芯片体积大大减小,如图 2-5-10 所示。

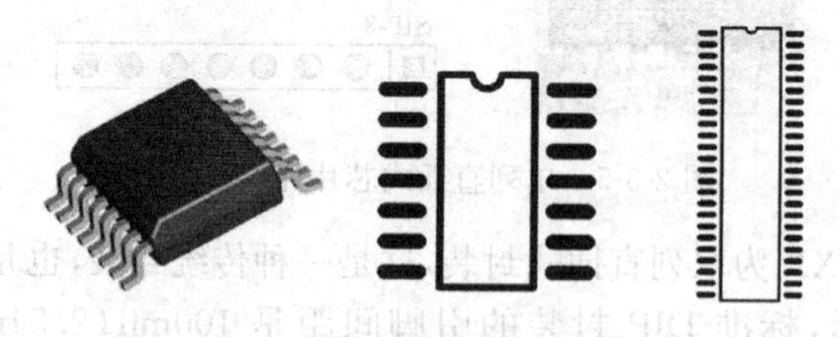

图 2-5-10　SOP 外形和封装图

SOP 封装是 SO 封装大家族中的一员,这个家族中有 SOP、SOL、SOJ 和 TSOP,严格地说,MO 系列也应算是这个家族的一员,这些系列之间主要的不同在于芯片尺寸和引脚间距的不同。

SO 系列封装和 QUAD 系列封装不同之处在于,QUAD 系列的引脚是分布在芯片的 4 个边上的,而 SO 系列的芯片引脚分布在芯片两侧。

(7) SPGA 封装：SPGA 为错列引脚栅格阵列，和 PGA 封装类似。与 PGA 封装相比，其引脚排列方式错开排列。

(8) BGA 封装：BGA 为球形栅格阵列。和 PGA 封装类似，其区别是这种封装中的引脚只是一个焊锡球，焊接时溶化在焊盘上。

4. 使用注意事项

① 焊接前注意性能检测。集成电路焊接前，最好进行性能检测，对新设计的电路或新购买的集成电路尤其必要。

② 安装、拆卸应小心仔细。中、大规模集成电路的引脚多达几十个，并且彼此之间间距小，机械强度差。所以，安装与拆卸时应小心仔细，以免造成损坏。

③ 通电时要慎重。集成电路焊接完毕，应仔细检查各引脚焊接顺序是否正确，各引脚有无虚焊及互联现象，一切正常后方可通电。初次通电时一手按住电源开关，眼睛注意电路，一旦出现冒烟、打火、响声等异常现象时，应立即切断电源。当无异常现象时，方可对电路进行调试。

④ 注意工作温度。集成电路内部包含几十、几百个 PN 结，它对工作温度很敏感。集成电路的各项指标，一般是在室温 25℃情况下测出的，环境温度过高或过低，都不利于其正常工作。

2.5.2　三端固定稳压器

三端固定稳压器就是集成稳压电路的引出脚只有三条，其输出电压固定而不能调整。集成稳压电路内部设置了过流、过热保护电路。比较常见的三端固定稳压电路是正电压输出 78XX 系列和负电压输出 79XX 系列，其型号中的 78 或 79 后面的数字代表三端集成稳压电路的输出电压数值。例如：7806 表示输出电压为正 6V；7924 表示输出电压为负 24V。

78XX 系列集成电路的输出电压大致有 8 种：7805、7806、7809、7810、7812、7815、7818、7824。按其最大输出电流可分为 78LXX、78MXX、78XX 三个系列。78LXX 系列的最大输出电流为 100mA；78MXX 系列最大输出电流为 500mA；78XX 系列最大输出电压为 1.5A。78XX 系列常见的封装为 TO-220 塑料封装，如图 2-5-11 所示。

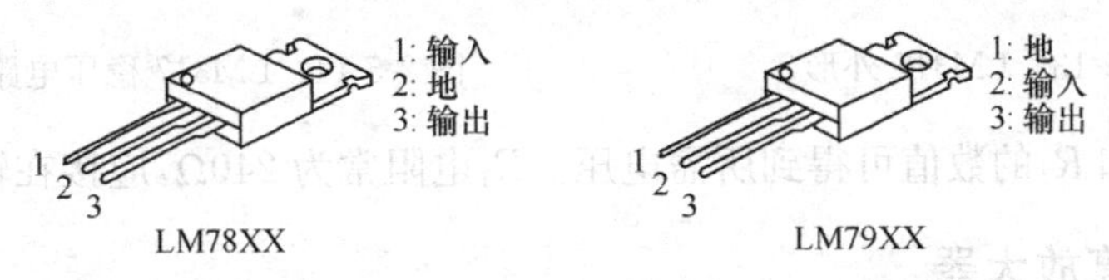

图 2-5-11　TO-220 封装的 78XX 系列和 79XX 系列

79XX 系列，除了输出电压为负，引出脚排列不同以外，其命名方法、外形等均与 78XX 系列相同。

用三端集成稳压电路组成的稳压电路，具有外围元件少，电路简单，使用安全，可靠等优点。如图 2-5-12 所示的稳压电源电路。

2.5.3　三端可调稳压器

LM117、LM217、LM317 是输出 1.2～37V 电压的可调集成稳压器，其外围电路仅用两只电阻便可以调整输出电压，其电压调整率和电流调整率都优于常见的固定稳压器。LM 系列

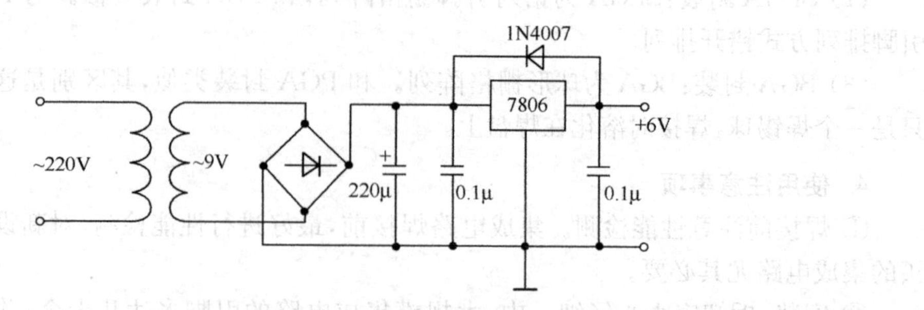

图 2-5-12　集成电路组成的稳压电源电路

内部具有过载保护和限流保护功能，使用中不易损坏。图 2-5-13 为 LM317 的常见外形。表 2-5-2 为 LM117 系列不同型号的输出功率。

表 2-5-2　LM117 系列输出功率

型号	输出功率	负载电流	型号	输出功率	负载电流
LM117	20W	1.5A	LM317T	1.5W	1.5A
LM217/LM317	2W	0.5A	LM317M	7.5W	0.5A

图 2-5-14 为 LM317 构成的基本电源电路，可输出 1.2 ～25V 电压。

$$U_{\text{out}}=U_{\text{REF}}\left(1+\frac{R_2}{R_1}\right)+I_{\text{ADJ}}R_2$$

其中，$U_{\text{REF}}=1.25\text{V}$；$I_{\text{ADJ}}$ 为 50～100μA。

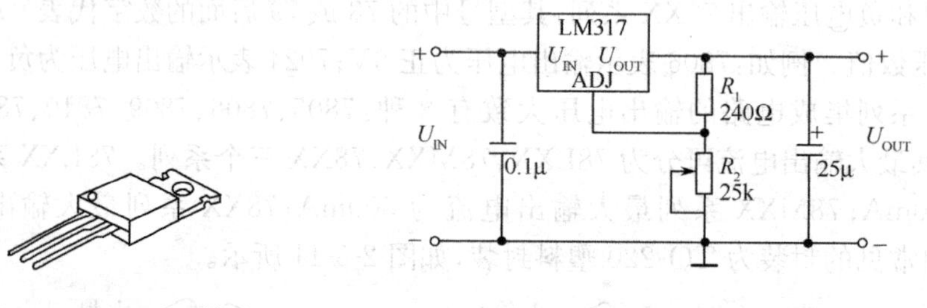

图 2-5-13　LM317 外形　　　　图 2-5-14　LM317 稳压电路

适当选取 R_1 和 R_2 的数值可得到所需电压。R_1 电阻常为 240Ω，应接在输出端引脚处。

2.5.4　集成运算放大器

(1) 电路结构与符号

集成运算放大器(简称运算放大器)是由多级基本放大电路直接耦合而成的高增益放大器。运算放大器通常由输入级、中间放大器、低阻输出级和偏置电路组成，其结构图如图 2-5-15所示。

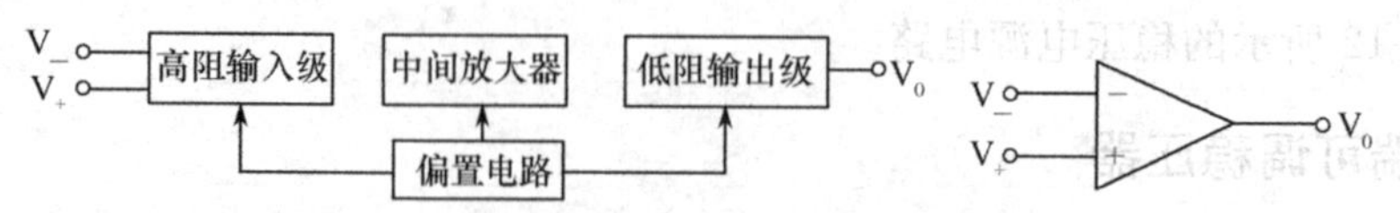

图 2-5-15　运算放大器的结构框图和符号

V_-为反相端，V_+为同相端。

一个完整的运算放大器，电路除内部电路外还有外围电路。运算放大器特性取决于外围电路中反馈网络的参数。例如图2-5-16所示的反相比例运算电路。

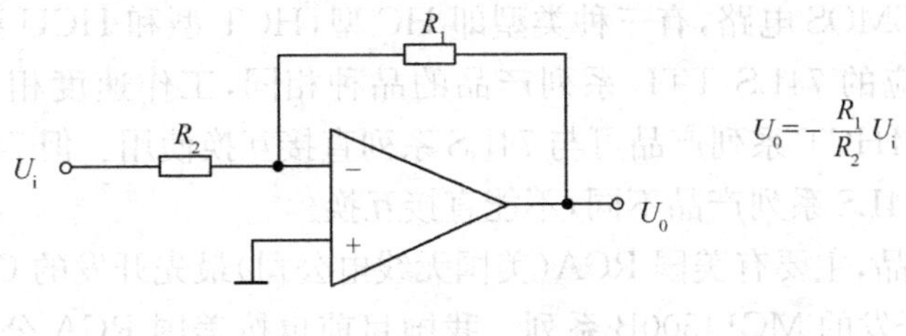

图2-5-16　反相比例运算电路

（2）运算放大器的分类

集成运算放大器可根据性能的不同，划分为通用型和专用型两大类，如图2-5-17所示。

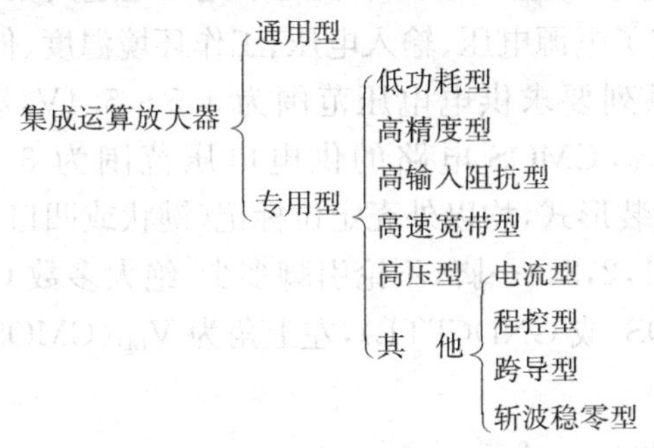

图2-5-17　集成运算放大器分类

通用型运算放大器的直流特性好，性能上能适应许多领域应用中的需要。专用型运算放大器包含的类型较多，它们某些性能指标特别突出，可满足某些特殊应用需要。当运算放大器与外部电路组成各种功能电路时，从系统角度看，无需关心复杂的运算放大器内部电路，而是着重研究其外部特性。

（3）运算放大器的选用原则

如果无特殊要求，一般情况下选用通用型运算放大器，这类元器件直流性能好，种类齐全，选择余地大。通用运算放大器中，有单运算放大器、双运算放大器和四运算放大器，如果一个电路中包含两个以上的运算放大器，则可选择双运算放大器和四运算放大器。

如果系统对运算放大器有特殊要求，则应该选择专用型运算放大器。例如低功耗运算放大器，高输入阻抗运算放大器等。

近年来，MOS运算放大器得到很大的发展，它不仅集成度高，而且同时兼具高精度、高速、高输入阻抗等优点。

2.5.5　数字集成电路

（1）型号

TTL电路主要有54/74系列产品，其中54系列为军用产品，其工作环境温度为－55～＋125℃；74系列为民用产品，其工作温度范围为0～75℃。

CMOS电路主要有CD4000B系列和74HC00B系列产品。

① 74系列TTL数字集成电路系国际上通用的标准电路，其类型主要有：标准型TTL、低

功耗型 TTL(L-TTL)、肖特基型 TTL(S-TTL)、低功耗肖特基型 TTL(LS-TTL)、先进肖特基型 TTL(AS-TTL)、先进低功耗肖特基型 TTL(ALS-TTL),以及高速型 TTL(F-TTL)。

以上七类产品的逻辑功能和引脚完全相同,如图 2-5-18 所示。

② 74HC 系列 CMOS 电路,有三种类型即 HC 型,HCT 型和 HCU 型。它们的逻辑功能和外引线排列与相应的 74LS TTL 系列产品的品种相同,工作速度相当,而功耗大大低于 74LS 产品,其中的 74HCT 系列产品可与 74LS 系列直接互换使用。但 74HC 和 74HCU 系列产品的工作电平和 74LS 系列产品不同,不能直接互换。

③ 4000 系列产品,主要有美国 RCA(美国无线电公司)最先开发的 CD4000B 系列产品和美国摩托罗拉公司开发的 MC14500B 系列。我国目前也按美国 RCA 公司标准生产 4000 系列,其品种代号和国际上的一致。

(2) 使用注意事项

CMOS 电路和 TTL 电路,最基本的要求就是不允许超过其极限参数使用,极限参数在技术手册中可以查到,它规定了电源电压、输入电压、工作环境温度、储存温度及焊接温度等应用参数,如 TTL 电路中 54 系列要求供电电压范围为 4.5～5.4V,即 5V±10%;74 系列要求 4.75～5.25V,即 5V±5%,CMOS 电路的供电电压范围为 3～18V。电路的引脚可按图 2-5-19辨别,无论何种封装形式,均以外壳定位标记(键状或凹口)为准,在顶视图左侧,从左下角起逆时针方向依次为 1,2,3,4…脚,不论引脚多少,绝大多数 CMOS 和 TTL 芯片的右下角引脚为供电脚 V_{SS}(CMOS)或 GND(TTL),左上角为 V_{DD}(CMOS)或 V_{CC}(TTL),使用时电源切忌接反。

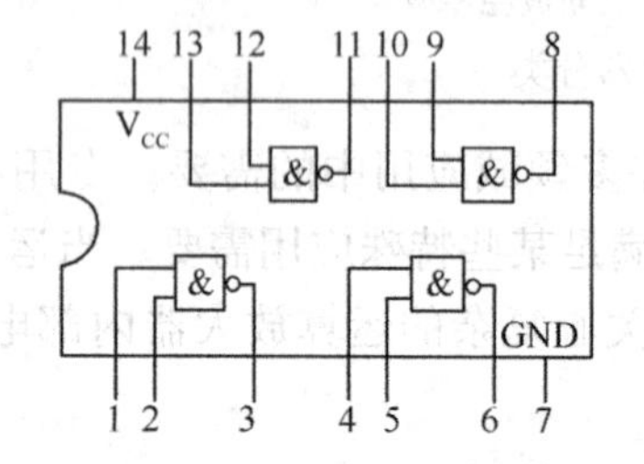

图 2-5-18　二输入端四与非门 74LS00

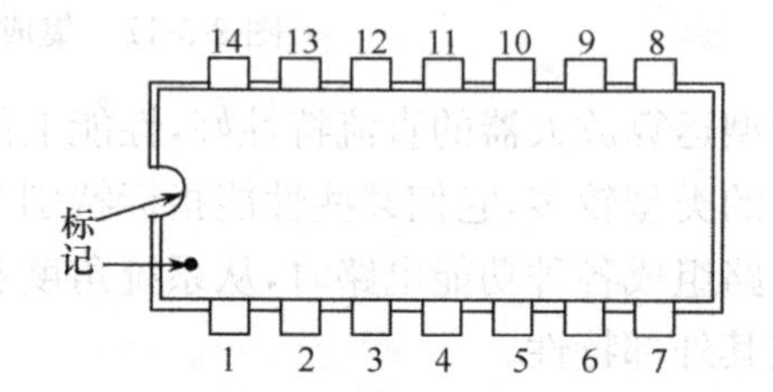

图 2-5-19　CMOS 和 TTL 电路引脚排列

2.6　贴片元件

贴片(片状)元器件(SMC 和 SMD)是无引线或短引线的微小型元器件,它适合于在没有通孔的印刷版(PCB 板)上安装,是表面组装技术(SMT)的专用元器件。贴片元器件具有以下优点:尺寸小,重量轻,安装密度高;可靠性高,抗震性好;高频特性好,减小了引线分布特性影响,降低了寄生元器件电容和电感,增强了抗电磁干扰和射频干扰能力;易于实现自动化。组装时无需在 PCB 板上钻孔,无剪线、打弯等工序,易形成大规模生产。

2.6.1　贴片元件的分类

贴片元器件按其形状可分为矩形、圆柱形和异形三类。按功能可分为贴片无源元件、贴片有源元件和机电元件三类,见表 2-6-1。贴片机电元件包括:贴片开关、连接器、继电器和薄型微电机等,多数贴片机电元件属异形结构。

表 2-6-1 贴片元器件的分类

种类		矩形	圆柱形
片状无源元件	片状电阻器	厚膜/薄膜电阻器、热敏电阻器	碳膜/金属膜电阻器
	片状电容器	陶瓷独石电容器、薄膜电容器、云母电容器、微调电容器、铝电解电容器、钽电解电容器	陶瓷电容器、固体钽电解电容器
	片状电位器	电位器、微调电位器	
	片状电感器	绕线电感器、叠层电感器、可变电感器	绕线电感器
	片状敏感元件	压敏电阻器、热敏电阻器	
	片状复合元件	电阻网络、滤波器、谐振器、陶瓷电容网络	
片状有源器件	小型封装二极管	塑封稳压、整流、开关、齐纳、容变二极管	玻封稳压、整流、开关、齐纳、变容二极管
	小型封装晶体管	塑封 PNP、NPN 晶体管,塑封场效应管	
	小型集成电路	扁平封装、芯片载体	
	裸芯片	带形载体、倒装芯片	

2.6.2 电阻、电容、电感

1. 矩形贴片电阻

矩形贴片电阻如图 2-6-1 所示,它有厚膜贴片电阻和薄膜贴片电阻两种类型。贴片电阻尚无统一命名规则,各生产厂商自成系统。美国电子工业协会(EIA)的命名规则为:

RC3216	K	103	F
代号	特性	阻值	允许偏差

图 2-6-1 矩形贴片电阻外形图

代号中的 RC 表示矩形贴片电阻,数字 3216 表示电阻的尺寸(封装代码)。例如:3216 表示 3.2mm×1.6mm,其对应的英制为 1206,表示 0.12 英寸×0.06 英寸。表 2-6-2 为常见的规格尺寸。

表 2-6-2 矩形电阻和电容的封装代码及其尺寸

英制代码(in)	公制代码(mm)	长度(mm)	宽度(mm)	厚度(mm)	额定功率(电阻)(W)
0402	1005	1.0	0.5	0.5	1/16
0603	1603	1.55	0.8	0.4	1/16～1/10
0805	2012	2.0	1.25	0.5	1/8
1206	3216	3.1	1.55	0.55	1/8～1/4
1210	3225	3.2	2.6	0.55	1/4
2010	5025	5.0	2.5	0.55	1/2
2512	6432	6.3	3.15	0.55	1

2. 圆柱形固定电阻

该类电阻是通孔电阻去掉引线演变而来,可分为碳膜和金属膜两大类。电阻的额定功耗有 1/10W、1/8W 和 1/4W 三种,其标志采用常见的色环标志法。与矩形片状电阻相比,圆柱形固定电阻的高频特性差,但噪声和三次谐波失真较小。因此,多用在音响设备中。

3. 片状电位器(可调电阻)

片状电位器包括片状的、圆柱形的或其他无引线扁平结构的各类电位器。主要采用玻璃釉作为电阻体材料,其特点如下:体积小,重量轻,高频特性好,使用频率可超过100MHz;阻值范围宽,10Ω~2MΩ;温度系数小;额定功率一般有1/20W、1/10W、1/8W、1/5W、1/4W和1/2W6种。

4. 矩形贴片陶瓷电容

如图2-6-2所示,贴片电容有矩形和圆柱形两种,其中矩形贴片电容应用最多,占各种贴片电容的80%以上。常见贴片电容的封装代码及尺寸见表2-6-2。

图2-6-2 贴片电容外形图

贴片电容容量表示法与贴片电阻相似,前两位数字表示有效数,第三位表示有效数后零的个数,单位为pF,如151表示150pF。但贴片电容容量没有标志在电容体上,贴装时应注意。

电压耐压有低压和高压两种。低压为200V以下,一般分50V和100V两档。中高压一般有200V、300V、500V、1000V。

5. 贴片固体钽电解电容

贴片电解电容分铝电解电容和钽电解电容。铝电解电容外形和参数与普通直插铝电解电容相近,仅引脚形式变化。钽电解电容体积小,价格贵,响应速度快。

额定电压为4~50V,容量标称系列值与直插电容类似,最高容量330μF。标志直接打印在元件上,有横标端为正极,容量表示法与矩形贴片电容相同,如107表示10×10^7pF。

6. 矩形贴片电感

电感外形类似矩形贴片电阻,电感内部采用薄片型印刷式导线,呈螺旋状,根据需要可将其叠在一起。其规格见表2-6-3。

表2-6-3 电感规格

英制(in)	公制(mm)	电感量	电流
1206	3216	0.05~33μH	50mA
1210	3225	1.5~330μH	50mA

电感量有nH和μH两种表示法,分别用N或R表示小数点。例如:4N7表示4.7nH,4R7表示4.7μH;10N表示10nH,而10μH则用100来表示。

7. 线圈电感

线圈电感是一种小型通用电感,常用于DC/DC变换器中,电感量是由铁氧体线圈的导磁率和线圈的圈数决定。由于线圈的导线极细,所以在使用中应注意电流的大小。此外,铁氧体芯对机械振动非常敏感,所以应避免电感遭到震动。

2.6.3 二极管、三极管、集成电路

1. 贴片二极管

贴片二极管分圆柱形无引线二极管和塑封矩形二极管。圆柱形无引线二极管是由普通二极管去掉引线发展而来。常见的贴片矩形二极管为SOT-23封装的复合二极管,其外形和结构如图2-6-3所示。贴片二极管与对应的普通二极管相比参数变化不大。

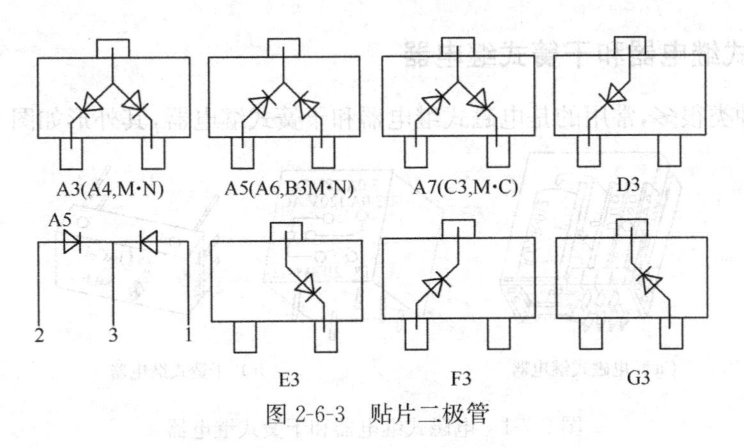

图 2-6-3　贴片二极管

2. 贴片三极管

贴片三极管外形,结构如图 2-6-4 所示。常用封装为 SOT-23,SOT-89,TO-252。贴片功率三极管的功率为 1～1.5W,最大可达 2W,其集电极有两个引脚。焊接时可接任意一脚。小功率三极管功率一般为 100～200mW,电流为 100～200mA。

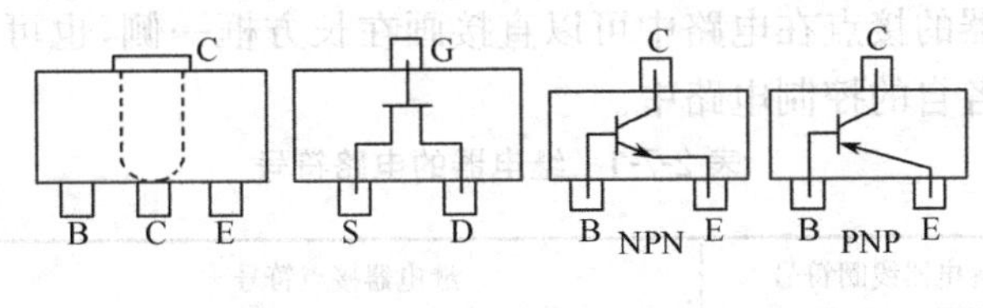

图 2-6-4　贴片三极管

3. 贴片小型集成电路

贴片集成电路的封装通常为 SOP、QUAD、PLCC、MO 等。SOP 是 DIP(双列直插式)的变形,如图 2-6-5 所示。引脚一般有翼形和钩形两种,引脚数多在 28 脚以内,最高不超过 56 脚,引脚间距有 1.27mm、1.0mm 和 0.7mm。SOP 应用十分普遍,大多数逻辑电路和线性电路均采用它,但其额定功率小,一般在 1W 以内,厚度一般为 2～3mm。与双列直插形式相比,面积小,重量减轻 1/5 左右。

电阻网络也常用 SOP 封装,具有高密度和便于屏蔽的特点,一般有独立型和并列型。

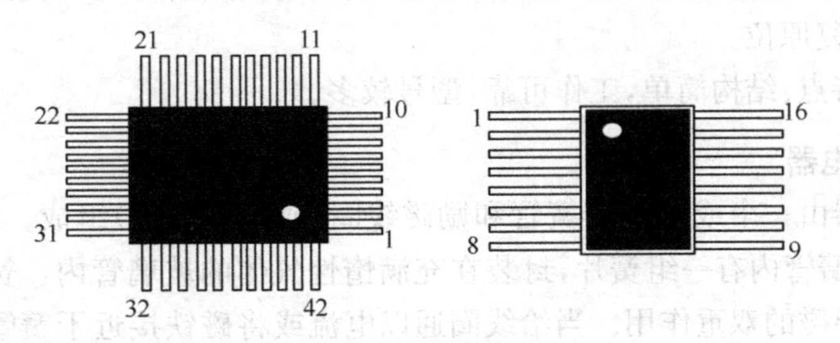

图 2-6-5　集成电路 SOP 封装

2.7　继电器

继电器是自动控制电路中常用的一种元件。实际上它是用较小的电流控制较大电流的一种自动开关,在电路中起着自动控制、自动调节、安全保护等作用。

2.7.1 电磁式继电器和干簧式继电器

继电器的种类很多，常用的是电磁式继电器和干簧式继电器，其外形如图 2-7-1 所示。

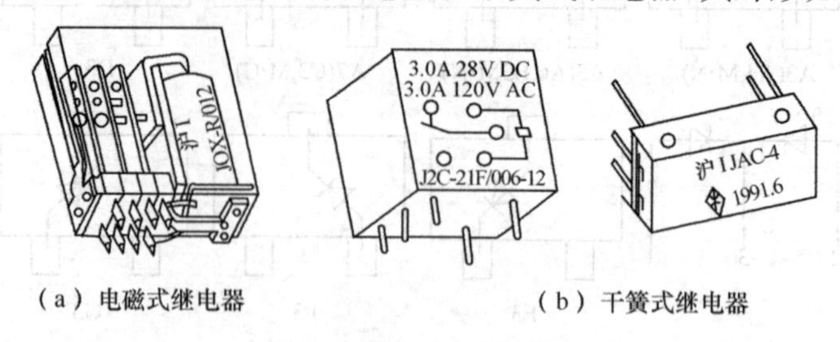

（a）电磁式继电器　　（b）干簧式继电器

图 2-7-1　电磁式继电器和干簧式继电器

1. 电磁式继电器

电磁式继电器一般由一个线圈，一组或多组带接点的簧片组成。在电路图中，继电器只要画出它的线圈和有关接点组就可以了，继电器的电路符号见表 2-7-1。继电器的线圈用一个长方框符号表示。继电器的接点在电路中可以直接画在长方框一侧，也可以按电路连接的需要把各个接点分别画在各自的控制电路中。

表 2-7-1　继电器的电路符号

继电器线圈符号	继电器接点符号	
KR	Kr-1	常开接点
	Kr-2	常闭接点
	Kr-3	切换接点

继电器的工作过程很简单。在继电器线圈两端加上一定的电压，线圈中就会流过一定的电流，产生电磁吸力，使继电器的常开接点接通（或常闭接点断开）。当切断继电器线圈电流时，继电器接点恢复原位。

电磁继电器特点：结构简单，工作可靠，型号较多。

2. 干簧式继电器

干簧式继电器由一个或多个干簧管和励磁线圈（或永久磁铁）组成。它的工作过程如图 2-7-2 所示。在干簧管内有一组簧片，封装在充满惰性气体的玻璃管内。簧片既导磁又导电，起着电路开关和导磁的双重作用。当给线圈通以电流或将磁铁接近干簧管时，两个簧片的端部形成极性相反的磁极而相对吸引；当吸引力大于簧片的反力时，两个簧片接触，即常开触点闭合。当线圈中的电流减小或磁铁远离时，使两个簧片间的吸引力小于簧片的反力，则簧片返回到初始位置即常开触点断开。

干簧继电器的特点：触点与大气隔绝，通断速度快，一般通断的动作时间仅有 1～3ms，比一般的电磁式继电器要快 5～10 倍；体积小，重量轻。缺点是开关容量小，接点易产生抖动及接点接触电阻大。

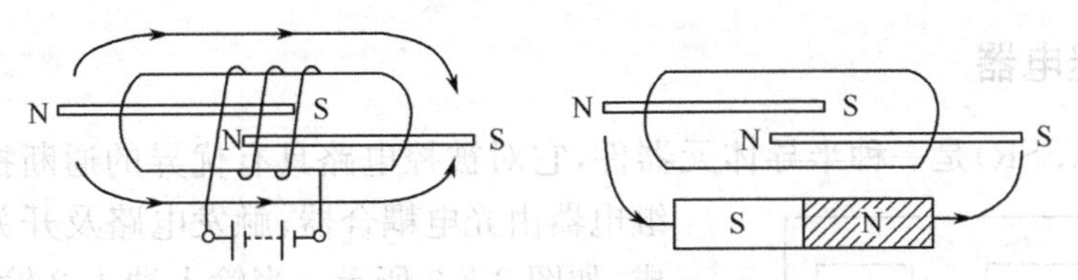

图 2-7-2　干簧式继电器工作过程

3. 主要技术参数

各种继电器的参数在继电器生产厂的产品手册或产品说明书中有详尽说明。在继电器的许多参数中，一般只需要弄清其中的主要电气参数就可以了。现以 JZC-21F 型超小型中功率继电器为例作具体说明。

(1) 线圈电源和功率

它指继电器线圈使用的是直流电还是交流电，以及线圈消耗的额定电功率。JZC-21F 型继电器，它的线圈电源为直流，线圈消耗的额定功率为 0.36W。

(2) 额定工作电压或额定工作电流

这是指继电器正常工作时线圈需要的电压或电流值。一种型号的继电器的构造大体是相同的，为了使一种型号的继电器能适应不同的电路，它有多种额定工作电压或额定工作电流以供选用，并用规格号加以区别。如型号为"JZC-21F/006-1Z"的继电器，其中"006"即为规格号，表示额定工作电压为 6V。如"JZC-21F/048-1Z"的继电器，其中"048"是规格号，表示额定工作电压为 48V。

(3) 线圈电阻

它指线圈的电阻值。有时，手册中只给出某型号继电器的额定工作电压和线圈电阻，这时可根据欧姆定律求出额定工作电流。例如"JZC-21F/006-1Z"继电器的电阻为 100Ω，额定工作电压为 6V，则额定工作电流 $I=U/R=6\text{V}/100\Omega=60\text{mA}$。同样，根据线圈电阻和额定工作电流也可以求出线圈的额定工作电压。

(4) 吸合电压或电流

它指继电器能够产生吸合动作的最小电压或电流。如果只给继电器的线圈加上吸合电压，这时的吸合动作是不可靠的。一般吸合电压为额定工作电压的 75%左右，如 JZC-21F/009-1Z 的吸合电压为 6.75V。

(5) 释放电压或电流

继电器线圈两端的电压减小到一定数值时，继电器就从吸合状态转换到释放状态。释放电压或电流是指产生释放动作的最大电压或电流。释放电压比吸合电压小得多。如 JQX-4/012型的继电器，额定工作电压为 12V，吸合电压为 9V，释放电压为 2.2V。

(6) 接点负荷

它是指接点的负载能力。正像一个人能肩负的担子是有限的，超过了限度就难以胜任一样。继电器的接点在切换时能承受的电压和电流值也有一定的数值，有时也称为接点容量。例如 JQX-10 型的继电器的接点负荷是 28V(DC)×10A 或 220V(AC)×5A。它表示这种继电器的接点在工作时的电压和电流值不应超过该值，否则会影响甚至损坏接点。一般同一型号的继电器的接点负荷值都是相同的。

继电器接点的吸合、释放时间、继电器的使用环境、安装形式、绝缘强度、接点寿命等其他参数，在正规设计时需要考虑，而一般使用时不必考虑它。

2.7.2 固态继电器

固态继电器(SSR)是一种半导体元器件,它对被控电路具有优异的通断控制能力。固态继电器由光电耦合器,触发电路及开关元件三部分组成,如图2-7-3所示。当输入端1、2输入控制信号时,接在3、4输出端的负载电源接通;当输入控制信号取消时,则输出端又断开负载电源。

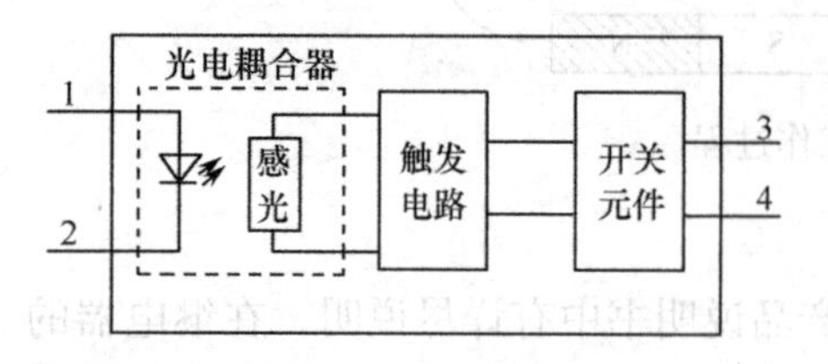

图2-7-3 固态继电器内部组成图

固态继电器的特点:驱动功率小,可由TTL、CMOS等数字电路直接驱动,如图2-7-4和图2-7-5所示;绝缘性能好,输入输出间的隔离耐压可达2.5kV以上;输入输出间采用光电耦合器隔离,具有良好的抗干扰性能;无可动的接触部件,无噪声,寿命长,在通断瞬间不产生火花。

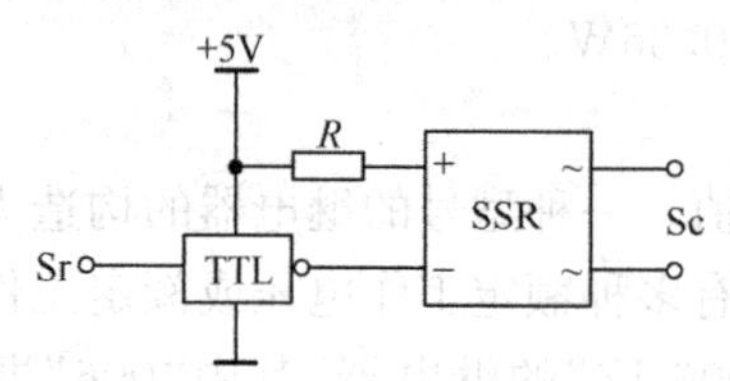

图2-7-4 TTL集成电路驱动

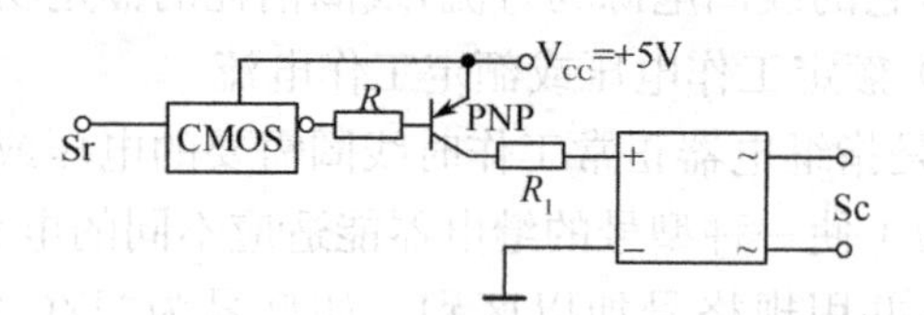

图2-7-5 CMOS集成电路驱动

2.8 电声元器件

电声元器件是将电信号转换成声音信号或将声音信号转换成电信号的换能元件。常见的扬声器及耳机是将电信号转换成声音信号的电声元件,而传声器(话筒)则是将声音信号转换为电信号的电声元件。

2.8.1 扬声器

1. 扬声器的型号与分类

国产扬声器的型号由四部分组成:

第一部分:主称,用字母表示,见表2-8-1(YZ代表扬声器组);

第二部分:形式,字母表示,见表2-8-1;

第三部分:标称功率;

第四部分:序号。

例如:一个扬声器的型号为YD15-25,它表示是一个电动式扬声器,标称功率为15W,产品序号25。扬声器在电路中用图2-8-1所示符号表示,一般用B或BL表示。

表2-8-1 扬声器的符号名称表

符号	名称	符号	名称
Y	扬声器	R	静电,电容式
C	电磁式	H	号筒式
D	电动,动圈式	T	椭圆式
Y	压电式	G	高频

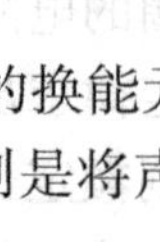

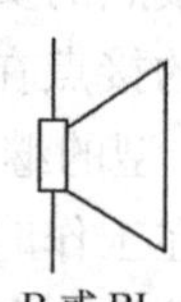

图2-8-1 扬声器的电路符号

扬声器的种类很多，按电—声换能方式不同，分为电动式、压电式、电磁式、气动式等；按结构不同，分为号筒式、纸盆式、平板式、组合式等多种；按形状不同，分为圆形、椭圆形等；按工作频段不同分为高音扬声器、中音扬声器、低音扬声器、全频带扬声器等。

不同结构的扬声器，有不同的用途。在广场扩音时，一般使用电动号筒式扬声器；在收音机、电视机中，多使用电动纸盆式扬声器。下面介绍几种常用扬声器。

(1) 普通纸盆电动扬声器

扬声器的结构如图 2-8-2 所示。当音频电流通过音圈时，音圈产生随音频电流而变化的磁场，变化的磁场与永久磁铁发生相吸或相斥作用，导致音圈产生机械振动，并且带动纸盆振动，从而发出声音。纸盆扬声器的特点是频响特性好。根据需要，既可做成低频扬声器或高频扬声器，也可做成全频带扬声器。

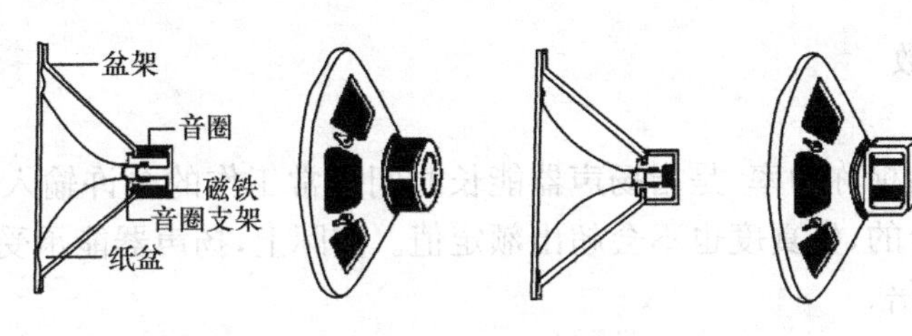

图 2-8-2　普通纸盆电动扬声器

(2) 双纸盆电动扬声器

它是将高、低音扬声器做在一起的双纸盆扬声器，外形如图 2-8-3 所示，由于大、小纸盆形成一个整体一起发声，因此频响宽，效果好。

(3) 双频带同轴电动扬声器

纸盆式扬声器很难在极宽的频率范围内具有平坦的频响曲线。如果把频率范围不同的扬声器组合在一起，则可明显改善频率响应。双频带同轴电动扬声器就是把两个扬声器组合在一起，两只扬声器各有各自的音圈，每只扬声器只重放整个频带的一部分。为防止高频扬声器过载，信号源通常经过分频滤波网络，它的特点是频响范围宽，但结构复杂，价格高，一般使用在较高级的音响上。

(4) 号筒式扬声器

号筒式扬声器外形如图 2-8-4 所示。特点是功率大，效率高，方向性强，缺点是频带较窄。

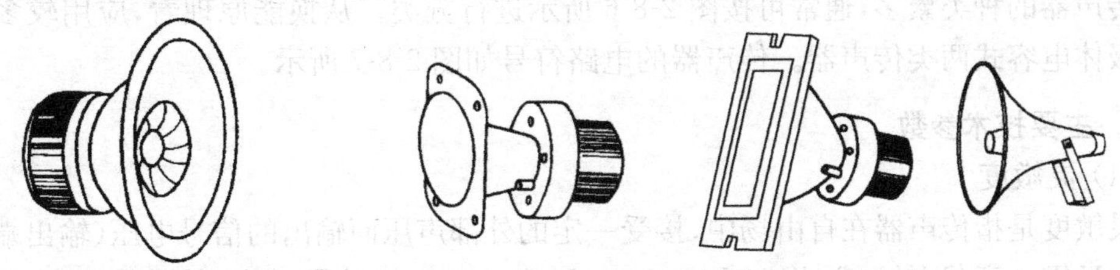

图 2-8-3　双纸盆扬声器　　　　图 2-8-4　号筒式扬声器

(5) 电磁式扬声器(舌簧式扬声器)

图 2-8-5 所示为电磁式扬声器。它的工作原理是：当音频电流使磁铁的磁场发生变化时，对软件材料制成的舌簧产生吸斥作用，由于舌簧是与纸盆直接连接在一起的，舌簧的动作带动纸盆振动，从而发出声音。它的特点是制造简单，成本较低，阻抗高，灵敏度高，一般不需线间

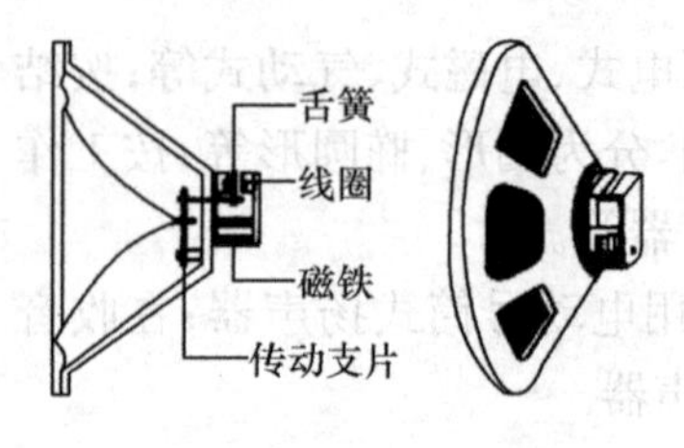

图 2-8-5　电磁式扬声器

变压器。但它的频响较差，失真大，音质差，额定功率小。电流过大时，往往舌簧被吸住，使声音沙哑。

(6) 压电陶瓷扬声器

压电陶瓷扬声器主要由压电陶瓷片和纸盆组成。压电陶瓷片的主要电特性是具有压电效应，就是在压电片上加上电压，压电片会变形产生机械振动，反过来给压电片加上机械压力，它又会产生出电压来，这种现象就叫“压电效应”。

利用压电陶瓷片的压电效应，可以制成压电陶瓷扬声器和各种蜂鸣器。压电陶瓷扬声器加上音频电流时，即会使压电陶瓷产生机械变形，产生与音频电压相应的振动，推动相连的纸盆发声。压电陶瓷扬声器的特点是结构简单，灵敏度高，成本低。但频响差(约为 250～3500Hz)，额定功率小。

2. 主要技术参数

(1) 额定功率

额定功率又称为标称功率，是指扬声器能长时间正常工作的允许输入功率。扬声器在额定功率下工作是安全的，失真度也不会超出额定值。实际上，扬声器能承受的最大功率通常为额定功率的 1.5～2 倍。

(2) 额定阻抗

额定阻抗又称标称阻抗。它是指扬声器的交流阻抗值。通常，口径小于 90mm 的扬声器的额定阻抗是用 1000Hz 的测试信号测出的。大于 90mm 的扬声器的额定阻抗是用 400Hz 测试信号测出的。选用扬声器，其额定阻抗一般应与音频功率放大器的输出阻抗匹配。

(3) 频率响应

频率响应又称有效频率范围，是指扬声器重放音频的有效工作频率范围，扬声器的频率响应范围越宽越好。不同扬声器具有不同的频率范围，一般口径较大的扬声器，低频响应较好，而口径较小的扬声器则高频响应较好。

2.8.2　传声器

传声器俗称话筒，其作用与扬声器相反，它是将声音信号转换为电信号的电声元件。

1. 传声器的分类和符号

传声器的种类繁多，通常可按图 2-8-6 所示进行分类。从换能原理看，应用较多的是圈式和驻极体电容式两类传声器。传声器的电路符号如图 2-8-7 所示。

2. 主要技术参数

(1) 灵敏度

灵敏度是指传声器在自由场中，接受一定的外部声压而输出的信号电压(输出端开路)，单位为 mV/Pa(毫伏/帕)或 dB(0dB＝100mV/Pa)。一般动圈式传声器的灵敏度为 0.6～5mV/Pa。

(2) 响应频率

响应频率指传声器在自由场中灵敏度级和频率间的关系。频率响应好，则音质也好。普通传声器的频率响应多在 100～1000Hz，质量较优的为 40～15000Hz，更好的可达 20～20000Hz 以上。

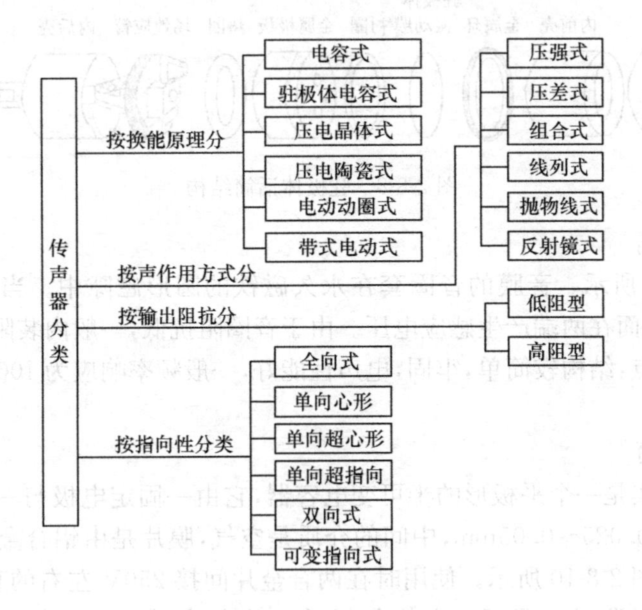

图 2-8-6　传声器分类

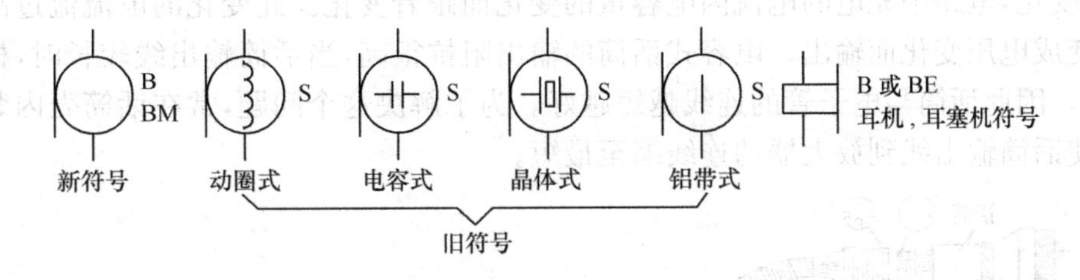

图 2-8-7　传声器的电路符号

(3) 输出阻抗

输出阻抗通常是在1kHz频率下测量的传声器输出阻抗。输出阻抗小于2kΩ的称为低阻抗传声器，大于2kΩ(大部分在10kΩ以上)的称为高阻抗传声器。

(4) 指向性

指向性指传声器灵敏度随声波入射方向而变化的特性。指向性主要有三种：

① 全向性。全向性传声器对来自四周的声波都有基本相同的灵敏度。

② 单向性。单向性传声器的正面灵敏度明显高于背面。

③ 双向性。传声器前、后两面灵敏度一样，两侧面灵敏度较低。

(5) 固有噪声

固有噪声是在没有外界声音、风流、振动及电磁场等干扰的环境下测得的传声器输出电压有效值。一般传声器的固有噪声很小，为μV级电压。

3. 常用话筒

(1) 驻极体话筒

驻极体话筒结构如图2-8-8所示。当驻极体膜片遇到声波振动时，引起电容(振动膜与金属极板之间)两端的电场发生变化，从而产生随声波变化而变化的交变电压。

驻极体话筒的特点：体积小，结构简单，电声性能好，耐震动，价格低。

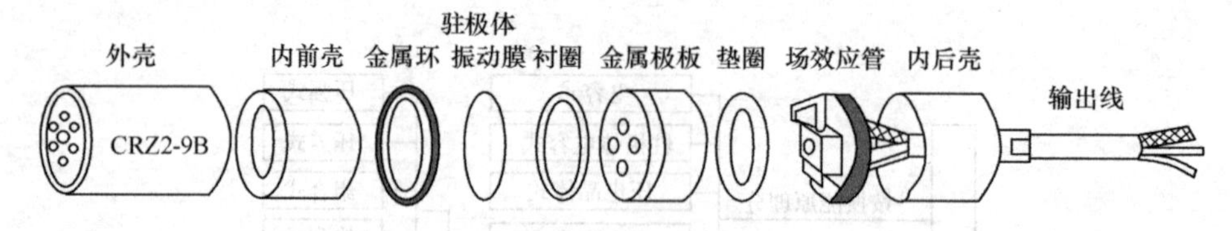

图 2-8-8　驻极体话筒结构

（2）动圈式话筒

结构如图 2-8-9 所示。音膜的音圈套在永久磁铁的圆形磁隙中。当音膜遇到声波振动时，音圈切割磁力线而在两端产生感应电压。由于音圈阻抗低，一般内装阻抗变压器。

动圈式话筒特点：结构较简单，牢固，电声性能好，一般频率响应为 100～10000Hz，是一种耐用的话筒。

（3）电容式话筒

电容式话筒其实是一个平板形的半可变电容器，它由一固定电极与一膜片组成。极板与膜片的距离通常是 0.025～0.05mm，中间的介质是空气，膜片是由铝合金或不锈钢制成。电容式话筒的结构如图 2-8-10 所示。使用时在两合金片间接 250V 左右的直流高压，并串入一个高阻值的电阻。平常，电容器呈充电状态；当声波传来时，膜片因受力而振动，使两片间的电容量发生变化，电路中充电的电流因电容量的变化而跟着变化。此变化的电流流过高阻值的电阻时，变成电压变化而输出。电容式话筒的输出阻抗很高，当话筒输出线较长时，极易捡拾外界噪声。因此话筒与电子管的连线越短越好。为了解决这个问题，常在话筒壳内装置一个放大器，使话筒输出线到放大器的连线缩至最短。

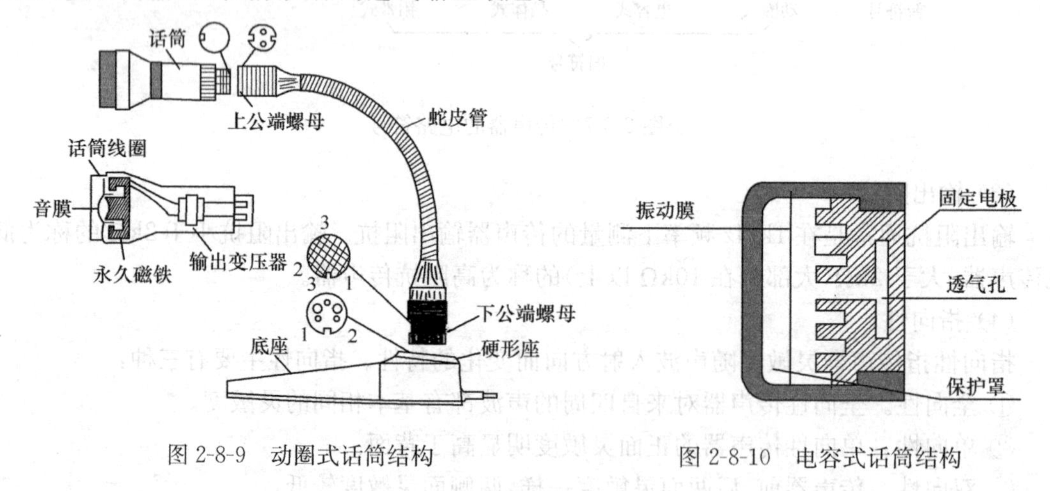

图 2-8-9　动圈式话筒结构　　图 2-8-10　电容式话筒结构

2.9　开关和接插件

2.9.1　常用开关元器件

开关是电子设备中用来接通、断开和转换电路的机电元件。开关种类繁多，分类方式也各不相同。按驱动方式的不同，可分为手动和检测两大类；按应用场合不同，可分为电源开关、控制开关、转换开关和行程开关等；按机械动作的方式不同，可分为旋转式开关、按动式开关、拨动式开关等。我们常用的开关有按钮开关、钮子开关、船型开关、波段开关、键盘开关、拨动开关、拨码开关、薄膜按键开关、琴键开关等，如图 2-9-1 至图 2-9-10 所示。

（1）按钮开关

按钮开关分为大、小型，形状有圆柱形、正方形和长方形。其结构主要有簧片式、组合式、带指示灯和不带指示灯等几种。此类开关常用于控制电子设备中的交流接触器。

图 2-9-1　按钮开关

图 2-9-2　钮子开关

图 2-9-3　船型开关

（2）钮子开关

钮子开关有大、中、小和超小型多种，触点形式有单刀、双刀和三刀等。钮子开关体积小，操作方便，是电子设备中常用的开关，工作电流从 0.5A 到 5A 不等。

（3）船型开关

船型开关也称波形开关，其结构与钮子开关相同，只是把钮柄换成船型。船型开关常用作电子设备的电源开关。

（4）波段开关

波段开关有旋转式、拨动式和按键式三种。每种形式的波段开关又可分为若干种规格的刀和位。在开关结构中，可直接移位或间接移位的导体称为刀，固定的导体称为位。波段开关有多少个刀，就可以同时接通多少个点；有多少个位，就可以转换多少个电路。

（5）键盘开关

键盘开关多用于遥控器、计算器中数字信号的快速通断。其接触形式有簧片式、导电橡胶式和电容式多种。

（6）拨动开关

拨动开关是水平滑动换位式开关，采用切入式咬合接触。常用于计算机、收录机等电子产品中。

（7）拨码开关

拨码开关常用的有单刀十位，二刀二位和 8421 码拨码开关三种。常用于有数字预置功能的电路中。

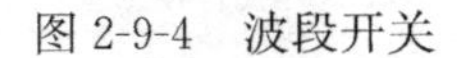

图 2-9-4　波段开关

图 2-9-5　键盘开关

图 2-9-6　拨动开关

图 2-9-7　拨码开关

（8）薄膜按键开关

薄膜按键开关简称薄膜开关，和传统的机械开关相比，具有结构简单、外形美观，密闭性好、保新性强、性能稳定、寿命长等优点，广泛应用于各种微电脑控制的电子设备中。

图 2-9-8　薄膜按键开关

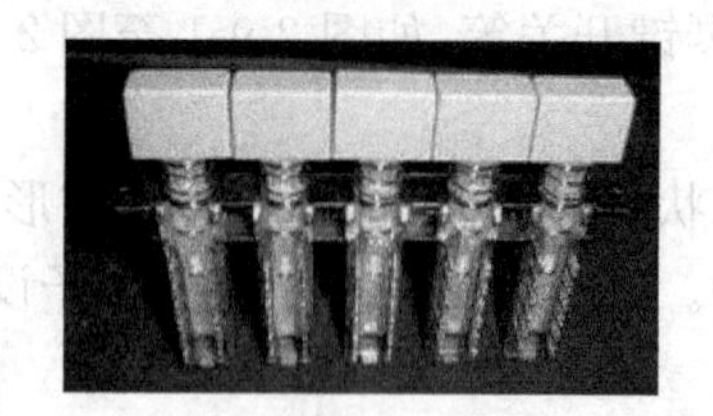

图 2-9-9　琴键开关

图 2-9-10　自锁开关

2.9.2　常用接插件(连接器)

接插件又称连接器或插头插座，泛指连接器、插头、插塞、接线保险丝座、电子管座等各种电子元件间的连接单元，现代电子设备中，为了便于组装、更换、维修，在分立元器件或集成电路与印制电路板之间，在设备的主机和各部件之间，多采用各类接插件进行简便的插拔式电气连接。因此，要求接插件接触可靠、导电性能好、机械强度高、有一定的电流容量、插拔力适当、能够达到一定的插拔寿命。接插件一般分为插头和插座两部分。

目前接插件(连接器)有一万多种形式，可以适用于各种用途，通过它使仪器仪表、电脑、周边设备、电讯、通讯器材、录放映机、电视、游戏机、音箱、电话、计算器、车辆、太空以及军用等工业产品的产量和品质都有很大提高，并相对降低了成本，特别是使分解与维修更加方便。

接插件的种类繁多，可根据它的工作频率、外形结构和应用场合来分类。按频率可分为低频、高频接插件；按其外形特征可分为圆形、矩形、扁平排线接插件；按应用场合可分为印制电路板连接器、集成块插头插座，耳机、耳塞插头插座，电源插头插座等。相同类型的接插件其插头和插座各自成套，不能与其他类型接插件互换使用。

1. 圆形连接器

圆形接插件也称航空插头插座，外形如图 2-9-11 所示。它有一个标准的螺旋锁紧机构，接触点数目从两个到上百个。用于不需要经常插拔的电路板或整机设备间的电气连接。螺纹连接在恶劣的环境下有一定的可靠性以及最好的质量强度比，所以圆形连接器一直被广泛应用于电路之间、电缆之间以及电缆与面板之间。

图 2-9-11　圆形连接器外形(航空插头插座)

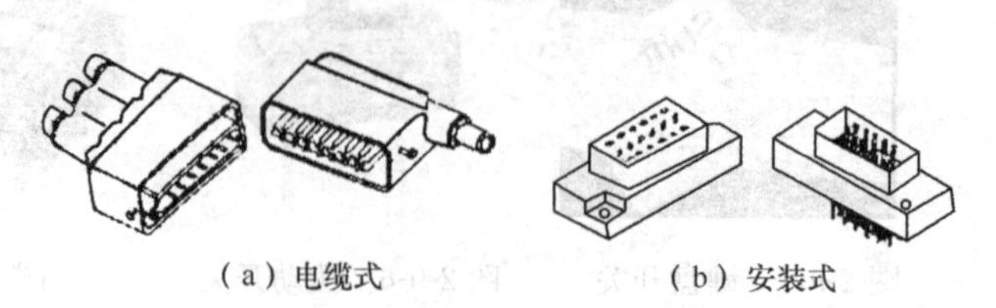

(a) 电缆式　　(b) 安装式

图 2-9-12　矩形连接器外形

2. 矩形连接器

矩形连接器外形如图 2-9-12 所示，矩形排列能充分利用空间位置，广泛应用于机内互连。当带有外壳锁紧装置时，可用于机外电缆和面板之间的连接。

3. 带状扁平排线接插件

带状扁平排线接插件是由几十根以聚氯乙烯为绝缘层的导线并排粘合在一起的。它占用空间小，轻巧柔韧，布线方便，不易混淆。带状电缆的插头是电缆两端的连接器，它与电缆的连接不用焊接，而是靠压力使连接端上的刀口刺破电缆的绝缘层实现电气连接。其工艺简单可靠，电缆的插座部分直接焊接在印制电路板上。带状扁平排线接插件常用于低电压、小电流的场合，适用于微弱信号的连接，多用于计算机及外部设备。外形如图 2-9-13 所示。

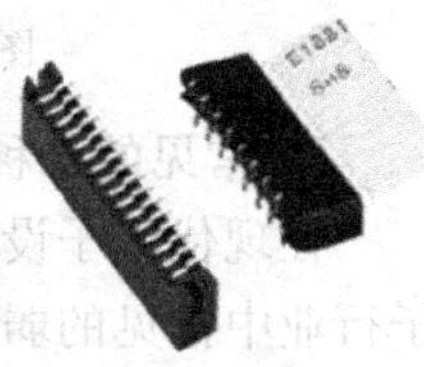

图 2-9-13　带状扁平排线连接器外形

4. 印制板连接器

为了便于印制板电路的更换、维修，印制电路板之间或印制电路板与其他部件之间的互连经常采用此接插件。按其结构形式分为簧片式和针孔式。簧片式插座的基体用高强度酚醛塑料压制而成，孔内有弹性金属片，这种结构比较简单，使用方便。针孔式可分为单排、双排两种，插座可以直接装焊在印制板上，引线数目可从两根到一百根不等，常用在小型仪器中印制电路板的对外连接。印制板连接器外形如图 2-9-14 所示。

5. 集成电路插座

集成电路插座按其所插入的集成电路封装形式可分为扁平式和双列直插式两种。按集成电路的引脚数目一般可分为 8P、14P、16P、20P、24P、40P 等。其外形如图 2-9-15 所示。

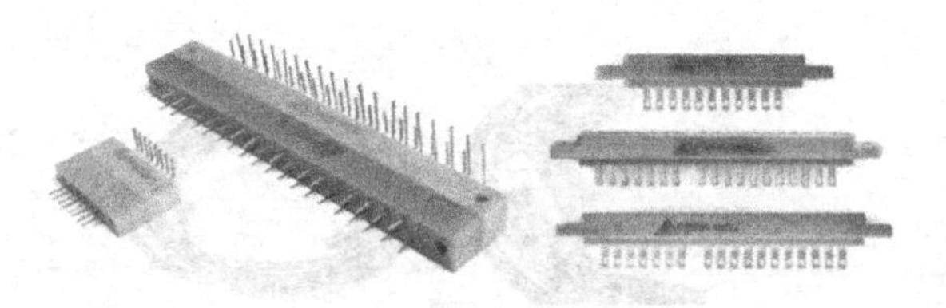

图 2-9-14　印制板连接器外形

图 2-9-15　常见集成电路插座外形

6. 耳机、耳塞插头插座、电源插头插座

常见电源插头插座；耳机、耳塞插头插座如图 2-9-16 和图 2-9-17 所示。

图 2-9-16　常用连接器的外形：单线插头和插座

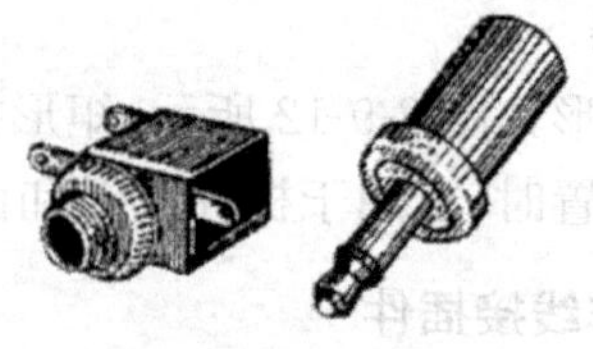
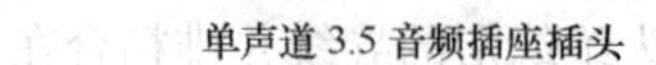

单声道3.5音频插座插头　　双声道音频插头插座

图 2-9-17　常用连接器的外形：耳机、电源用插头和插座、插塞和插口

7. 常见的几种音视频接口

在现代电子设备中，经常接触到各种音视频接口接插件，下面简单列举一些近年来消费电子行业中常见的弱电接插件。

(1) HDMI 接口

HDMI 接口是最新的高清数字音视频接口，收看高清节目，只有在 HDMI 通道下，才能达到最佳的效果，是高清平板电视必须具有的基本接口。其外形如图 2-9-18 所示。

HDMI 是新一代的多媒体接口标准，英文全称是 High-Definition Multimedia Interface，中文意思为高清晰多媒体接口。HDMI 1.3 标准达到了 340MHz 的带宽和 10.2Gbps 速率，满足最新的 1440P/WAXGA 分辨率的要求。HDMI 的产生是为了取代传统的 DVD 碟机、电视及其他视频输出设备的已有接口，统一并简化用户终端接线，并提供更高带宽的数据传输速度和数字化无损传送音视频信号。HDMI 具备在一条数据线上同时传送影音信号的能力，同时无需在信号传送前进行 D/A、A/D 转换，可以保证最高质量的影音信号传送。因此人们也习惯把 HDMI 称为高清一线通。

(2) DVI 接口

DVI(Digital Visual Interface)接口是数字传输的视频接口，可将数字信号不加转换地直接传输到显示器中。DVI 接口具有速度快、画面清晰、支持 HDCP 协议等优点。DVI 接口外形如图 2-9-19 所示。

图 2-9-18　HDMI 接口与 HDMI 连接线

图 2-9-19　DVI 接口与 DVI 转 HDMI 视频连接线

目前常见的 DVI 接口有两种，分别是 DVI-Digital(DVI-D)与 DVI-Integrated(DVI-I)，DVI-D 仅支持数字信号，而 DVI-I 则不仅支持数字信号，还可以支持模拟信号，也就是说 DVI-I的兼容性更强。

DVI-I 插口是兼容数字和模拟接头的，包括 24 个数字插针和 5 个模拟插针的插孔。DVI-D插口是纯数字的接口，只有 24 个数字插针的插孔。因此，DVI-I 的插口可以插 DVI-I 和 DVI-D 接头的线，而 DVI-D 的插口只能接 DVI-D 的纯数字线。如图 2-9-20 所示。

(3) VGA 接口

VGA 接口又称(S-Dub)，外形如图 2-9-21 所示，VGA 接口共有 15 针孔，分成三排，每排 5 个。VGA 接口传输模拟信号，是显卡上应用最为广泛的接口类型，绝大多数的显卡都带有这种接口。VGA 接口就是将模拟信号传输到显示器的接口。迷你音响或者家庭影院拥有 VGA

DVI-I(DVIDigital & Analog)Single Link 单通道 DVI-I

DVI-I(DVIDigital & Analog)Dual Link 双通道 DVI-I

DVI-D(DVIDigital)Single Link 单通道 DVI-D

DVI-D(DVIDigital)Duial Link 双通道 DVI-D

图 2-9-20　常见的 DVI 接口

接口就可以方便和计算机的显示器连接,用计算机的显示器显示图像。

(4) RS-232 接口

RS-232 接口如图 2-9-22 所示,是计算机上的通讯接口之一,用于调制解调器、打印机或者鼠标等外部设备连接。带此接口的电视可以通过这个接口对电视内部的软件进行维护和升级。

图 2-9-21　VGA 接口与 VGA 线

图 2-9-22　RS-232 接口

(5) 色差分量接口

色差分量(Component)接口如图 2-9-23 所示,是目前各种视频输出接口中较好的一种,采用 YPbPr 和 YCbCr 两种标识,前者表示逐行扫描色差输出,后者表示隔行扫描色差输出。色差分量接口一般利用三根信号线分别传送亮色和两路色差信号。

(6) AV 接口

AV 接口实现了音频和视频的分离传输,避免了因音视频混合干扰而导致的图像质量下降。AV 复合视频接口是目前在视听产品中应用得最广泛的接口,属模拟接口,该接口由黄、白、红 3 路 RCA 接头组成,黄色接头传输视频信号,白色接头传输左声道音频信号,红色接头传输右声道音频信号。外形如图 2-9-24 所示。

图 2-9-23　色差分量接口与色差分量线材

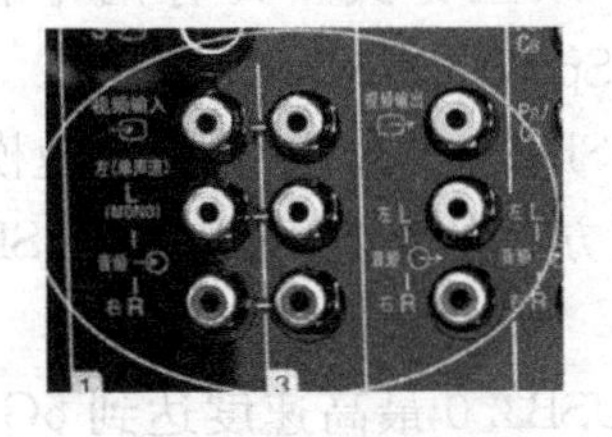

图 2-9-24　AV 输入接口与 AV 线

(7) TV 输入接口

TV 输入接口(又称 RF 射频输入)是接收电视信号的射频接口,将视频和音频信号相混合编码输出,导致信号互相干扰,画质输出质量是所有接口中最差的。其外形如图 2-9-25 所示。

(8) S端子

S端子是AV端子的改革，S端子是一种五芯接口，在信号传输方面不再对色度与亮度混合传输，这样就避免了设备内信号干扰而产生的图像失真，能够有效地提高画质的清晰程度。S端子外形如图2-9-26所示。

图2-9-25 TV输入接口

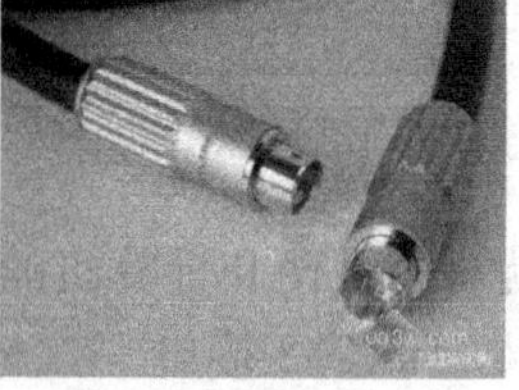

图2-9-26 S端子接口与S端子线

(9) 光纤音频接口

光纤音频接口TosLink，全名Toshiba Link，使用光纤音频接口的电视不通过功放就可以直接将音频连接到音箱上，是目前最先进的音频输出接口。现在几乎所有的数字影音设备都具备这种格式的接头。

(10) USB接口

USB接口如图2-9-27所示，是目前使用较多的多媒体辅助接口，可以连接U盘、移动硬盘等设备。USB采用4线传输，其中两条信号线(平衡传输)，两条电源线。标准USB连接器分为A和B两种，A连接器用于主机，B连接器用于外设。此外，还有用于微型设备的mini USB连接器。

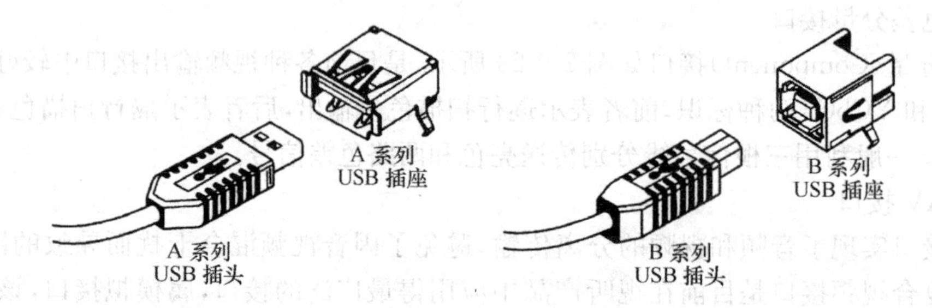

图2-9-27 USB接口插头插座

USB从1.1发展到USB3.0，其传输模式和速度发展如下：

USB1.1：采用平衡半双工方式。具有两个物理传输模式：低速模式(Low Speed)-1.5Mb/s；全速模式(Full Speed)-12Mb/s。

USB2.0：增加兼容USB1.1的高速模式：高速模式(High Speed)-480Mb/s。

USB3.0：增加全双工方式的极速模式，与USB2.0仅仅连接器兼容。极速模式(Super Speed)-5Gb/s。

USB从1.1发展到USB3.0最高速度达到5Gb/s，数据速率可以达到400Mb/s，具有高可靠性、使用方便、节省资源等特点。USB3.0与USB 1.1/2.0并存，USB 1.1/2.0设备能在USB 3.0主机正常工作；但USB 3.0设备在USB 2.0主机上将有可能无法正常工作。

(11) 蓝牙接口

蓝牙接口是一种短距离的无线通讯技术，它能够在10m的半径范围内实现单点对多点的无线数据和声音传输，其数据传输带宽可达1Mbps。通讯介质为频率在2.402GHz到

2.480GHz之间的电磁波。不需要连接线，实现了无线听音乐，无线看电视。

(12) DisplayPort接口

DisplayPort接口可提供的带宽高达10.8Gb/s，允许音频与视频信号共用一条线缆传输，支持多种高质量数字音频。提供了一条功能强大的辅助通道。该辅助通道的传输带宽为1Mbps，最高延迟仅为500μs，可以直接作为语音、视频等低带宽数据的传输通道，也可用于无延迟的游戏控制。实现了对周边设备最大程度的整合、控制。内外接口皆兼容，除实现设备与设备之间的连接外，DisplayPort还可用作设备内部的接口，甚至是芯片与芯片之间的数据接口。外形如图2-9-28所示。

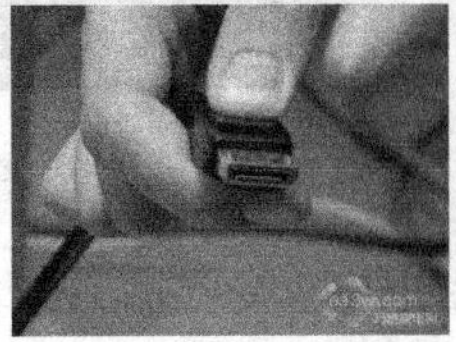
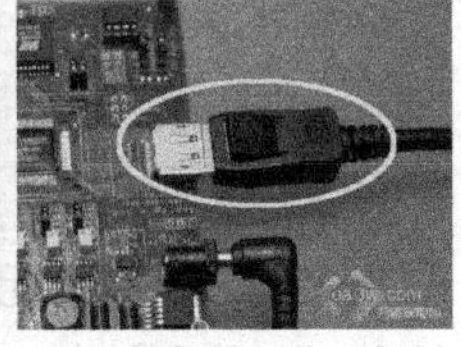

图2-9-28　DisplayPort接口

8. **PC机上一些常用的接口：**

(1)并行接口——IEEE1284

IEEE 1284标准是于1994年确定的并行接口标准。该标准定义了并口的物理特性、电气规范和数据传送模式。并行接口中定义了8条数据线，每次传送一个字节。速度比串行口快，为150kB～ 2Mb/s。其外形如图2-9-29所示。

(2)IDE接口

IDE(Integrated Device Electronics)属于内部接口，又叫ATA接口。是PC用于连接硬盘、光盘驱动器的通用接口，一般PC主板上有两个IDE接口。每个IDE接口可以连接两个IDE外设，最多可以连接4个设备。

(3)SCSI接口

SCSI(Small Computer Standard Interface)如图2-9-30所示，原为小型计算机的标准外设接口，用于连接磁盘机、磁带机等高速外部设备。SCSI主要用于高档服务器系统连接硬盘、光盘驱动器、磁带机等。目前SCSI分两类：即标准SCSI(8位)和Wide SCSI (16位)。分别使用50芯A型电缆和68芯P型电缆及连接器。

图2-9-29　并行接口

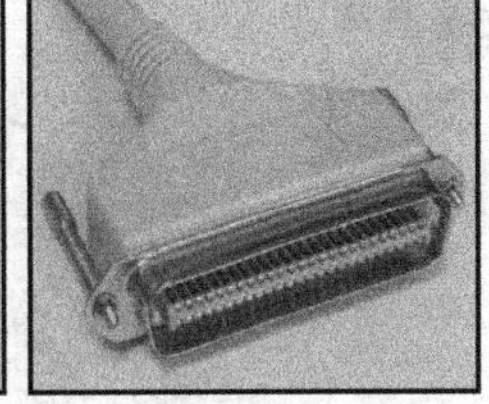

图2-9-30　50线SCSI电缆主机端与外设端

(4)SATA接口

SATA接口如图2-9-31所示，采用高速串行平衡传输技术，并采用屏蔽线传输，提高了抗干扰特性，使得传输速度提高。目前SATA有三个版本，传输速度分别为150、300和600Mb/s。由于SATA电缆很细，而且支持热拔插，通过附加的eSATA规范，接口可以作为高速的外部接口。

(5) 红外接口——IrDA

IrDA(Infrared Data Association)是红外数据协会的简称，IrDA制订了一系列红外数据通讯标准。IrDA实行点对点传输，目前常用的最高版本传输速率为16Mb/s；传输距离为

图 2-9-31　SATA 接口

0.1～1m；和其他无线电磁波传输方式相比，红外线传输有方向性，一般不支持移动；和无线传输相比，安全性好；目前主要应用于笔记本和移动数码产品。

(6) 无线电接口——Wi-Fi

Wi-Fi(Wireless Fidelity) 全称为无线高保真：是一种无线通信协议，标准是 IEEE 802.11b / 802.11g，属于短距离无线通信技术。Wi-Fi 是以太网的一种无线扩展，支持多点接入，电波的覆盖范围可达 100m 左右，在家庭、办公室，小一点的整栋大楼也可使用。

9. 其他连接器及其外形图

常见的连接器外形图如图 2-9-32 所示。

(1) 接线柱：常用于仪器面板的输入、输出接点，种类很多。

(2) 接线端子：常用于大型设备的内部接线。

(a) DIP 封装芯片座

(b) KF8500 2P 接线端子

(c) 接插件 8500

(d) sma 头与座

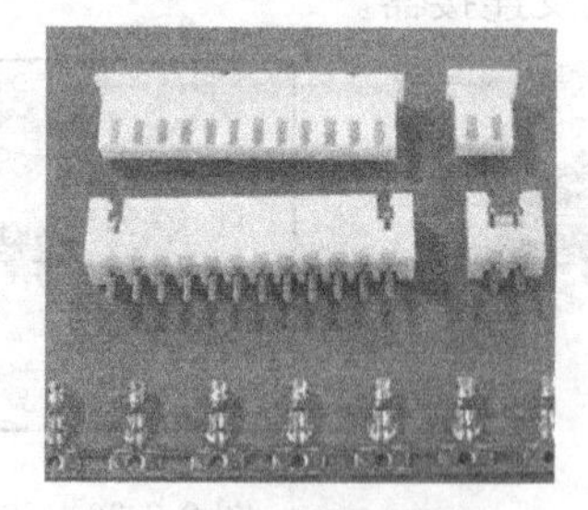

(e) XH2.54 直针头与座

(f) PLCC 插座

(g) 圆孔电源插头插座

(h) 双列直插芯片锁紧座

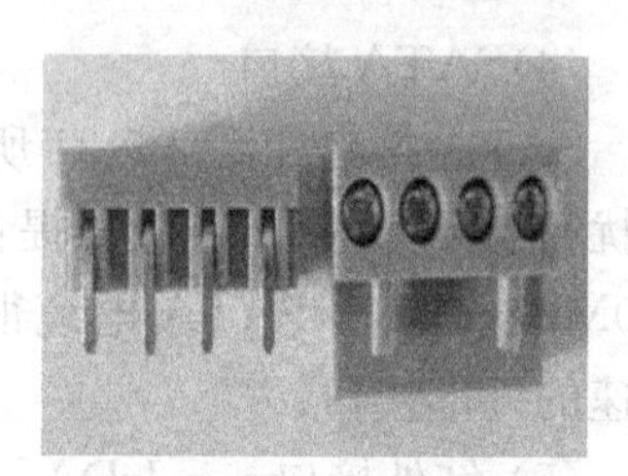

(i) HT508-4P 接线端子

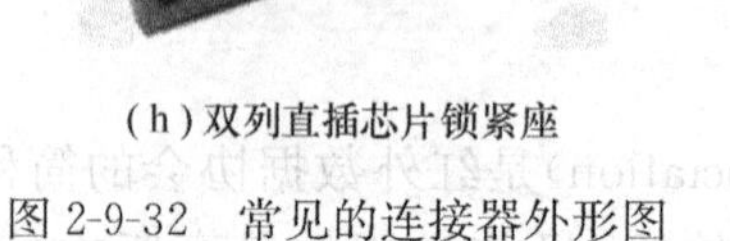

图 2-9-32　常见的连接器外形图

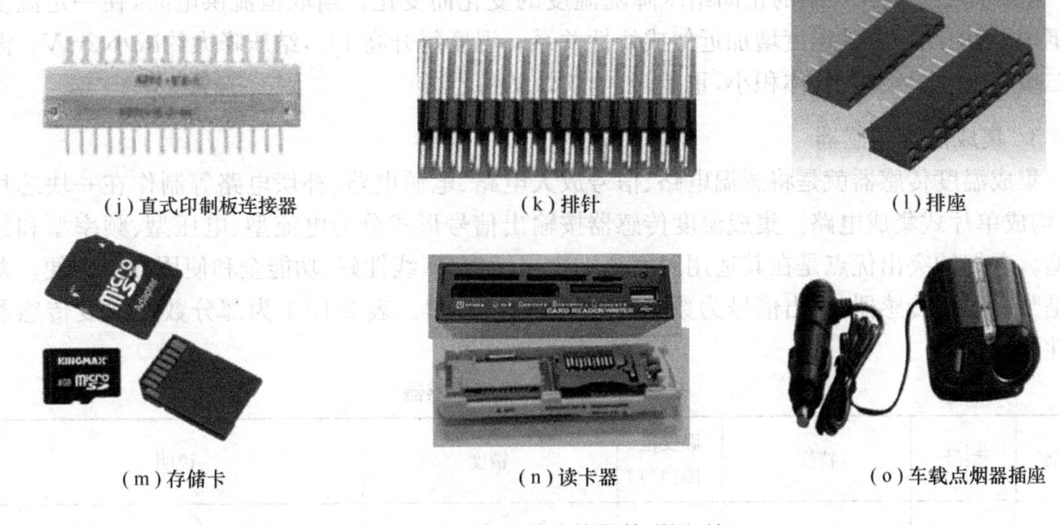

(j) 直式印制板连接器　(k) 排针　(l) 排座

(m) 存储卡　(n) 读卡器　(o) 车载点烟器插座

图 2-9-32　常见的连接器外形图(续)

2.9.3　使用注意事项

选用开关和接插件时应注意以下几个方面的问题：

① 首先应根据使用条件和功能来选择合适类型的开关及接插件。

② 开关、接插件的额定电压、电流要留有一定的余量。

③ 为了接触可靠，开关触点和接插件的线数要留有余量，以便并联使用或备用。

④ 尽量选用带定位的接插件，以免插错而造成故障。

⑤ 触点的接线和焊接可靠，为防止断线和短路，焊接处应加套管保护。

⑥ 要特别注意接触表面的清洁并尽可能避免不必要的插拔，以免不必要的磨损。安装时焊锡、焊剂以及其他油污不应流到接触表面，万一流上后应立即清洁处理或换掉。调查表明，接触表面肮脏是造成接插件故障的主要原因之一。

2.10　传感器

传感器也叫变换器，它是指能够感受被测试的某种量，并能按照一定的规律转换成可用信号输出(一般为电信号)的元器件或装置。

2.10.1　温敏元件和温度传感器

1. 热敏电阻

热敏电阻是用对温度敏感的半导体材料制成的电阻。按温度系数分为负温度系数热敏电阻(NTC)，正温度系数热敏电阻(PTC)和临界温度系数热敏电阻(CTR)。电阻值随温度升高而变小的，称为负温度系数热敏电阻；电阻值随温度升高而增大的，称为正温度系数热敏电阻。

热敏电阻是一种非线性电阻，它的电压、电流、电阻三者的变化不符合欧姆定律，而是符合指数变化关系。

2. 温敏二极管

半导体二极管PN结的正向结压降随温度的变化而变化。当取恒流供电时，在一定温度范围内，正向结压降随温度增加近似成线性关系。温度每升高1℃，结压降大约减小2mV。温敏二极管具有灵敏度高，体积小，重量轻，响应快的特点。

3. 集成温度传感器

集成温度传感器就是将感温电路、信号放大电路、电源电路、补偿电路等制作在一块芯片上，构成单片式集成电路。集成温度传感器按输出信号形式分为电流型、电压型、频率型和数字型。它们的突出优点是在其适用温度范围内灵敏度高、线性好、功能全和使用简单方便。尤其是数字温度传感器，输出信号为数字量，适合微机接口。表2-10-1为部分数字温度传感器的性能特点。

表2-10-1　数字温度传感器

厂家	型号	特性	温度范围(℃)	精度	说明
达拉斯半导体公司	DS1620	9位数字输出温度计IC	−55～125	分辨率为0.5℃	9位串行数字输出，转换时间1s，三线接口，具有非易失性的用户可设置的温度设置点
	DS1621	9位数字温度计与温度控制IC	−55～125	0～70℃为±0.5℃	具有非易失性的用户可设置的温度设置点，可通过两线串行接口读写数据
	DS1820	9位数字输出温度计IC	−55～125	0～70℃为±0.5℃；−40～0℃及70～85℃为±1℃；−55～−40℃及85～125℃为±2℃	9位串行数字量输出，转换时间1s，支持多点温度测量，单线接口
	DS1821	可编程数字温度控制器	−55～125	−40～85℃为±2℃；−55～−40℃及85～125℃为±2℃	元器件具有非易失性的用户可设置的温度设置点
模拟元器件公司	TMP03/04	串行输出数字温度计IC	−40～100	25℃时为±3℃；−25～100℃为±4℃；−40～−25℃为±5℃	输出为脉宽调制方波，方波高低电平周期比例与温度成正比
线性技术公司	LTC1392	10位数字输出温度、电源及电压监控IC	0～70 −40～85	25℃时为±2℃；全范围为±4℃	10位ADC输出代码，线性正比于摄氏度温度
国家半导体公司	LM75	9位数字输出温度传感器与温度监控IC	−55～125	−25～100℃为±2℃；−55～125℃为±3℃	元器件具有用户可编程的温度设置点和迟滞
	LM78	带8位Σ−△ADC的温度传感器	−55～125	25～100℃为±2℃；−55～125℃为±3℃	元器件具有七路多路输入开关，一个温度传感器，输入运算放大器，ISA总线和I^2C接口

2.10.2　光敏元器件

光敏元器件是一种能将光照的变化转换成电信号的元件，用半导体材料制成。

1. 光敏电阻器

光敏电阻器在无光照时，电阻值很大。当有光线照射时，光敏电阻阻值变小。利用电路中电流变化值，就可知照射光线的强弱。

2. 硅光电池

硅光电池是一种能将光能直接转换成电能的半导体元器件。硅光电池可用单晶硅、多晶硅和非晶硅来制造。目前应用最广的是单晶硅光电池。硅光电池的工作原理是光生伏特效应。当光照射在硅光电池的 PN 结区时，P 区和 N 区之间产生电动势。当硅光电池接入负载后，光电流从 P 区经负载流至 N 区，负载中即得到功率输出。

3. 光敏二极管

光敏二极管又称光电二极管，它与普通半导体二极管结构相似，同样具有单向导电性。在光敏二极管管壳上有一个能射入光线的玻璃透镜。光敏二极管工作时，应加反向电压。当有光线照射时，在反向电压作用下，反向饱和漏电流大大增加形成光电流，光电流通过电阻 R_L 时，在电阻两端得到随入射光变化的电压信号。

4. 光敏三极管

光敏三极管与普通三极管一样，是采用半导体制作工艺制成的具有 NPN 或 PNP 结构的半导体管，它在结构上与半导体三极管相似，但它通常只引出集电极和发射极两个电极，少数光敏三极管引出基极电极，用作温度补偿。光敏三极管通常采用透明树脂封装，外形与发光二极管相似。

光敏三极管具有电流放大作用，可以等效为一个光敏二极管和一个三极管的组合。所以光敏三极管比光敏二极管具有更高的灵敏度。光敏三极管的电路符号如图 2-10-1所示。

图 2-10-1 光敏三极管电路符号

2.10.3 热释电红外传感器

某些晶体受热时，在晶体两端将会产生数量相等而极性相反的电荷，这种由于热变化而产生的电极化现象称为热释电效应。能产生热释电效应的晶体称为热释电体，又称为热电元件。热电元件常用材料有单晶($LiTaO_3$等)、压电陶瓷(PZT)及高分子薄膜等(PVFz)。

热释电红外传感器就是利用热电元件的热释电效应探测人体的红外传感器。它由外壳，滤光片，热电元件(PZT)，结型场效应管，电阻及二极管等组成。其中滤光片对于太阳光和荧光灯光的短波波长(约 5μm 以下)，具有较高的反射率，而对 6μm 以上的从人体发出来的红外线热源(10μm)具有较高的穿透性。

HN911 型热释电红外探头模块是一个将热释电红外传感器、放大器信号处理电路、延时电路以及高、低电平输出电路集成于一体的传感元器件。它具有灵敏度高，抗干扰能力强，耐低温及使用方便等特点，主要用来探测人体发射出来的红外线能量，适用于人体移动的探测报警系统。

热释电红外传感器自身的接收灵敏度较低，检测的距离仅为 2m 左右，必须配用优良的光学透镜(如抛物镜、菲涅耳透镜等)，才能达到较高的接收灵敏度，使有效的探测距离达 12～15m。通常热释电红外传感器配用菲涅耳透镜。

2.10.4 霍尔集成传感器

把一块通有电流的金属或半导体薄片垂直的置于磁场中时，薄片两侧由此会产生电位差，此种现象就称为霍尔效应，薄片两侧的电位差称为霍尔电势。

霍尔集成传感器是利用霍尔效应与集成电路技术相结合而制成的一种磁敏传感器。它能感知一切与磁信息有关的物理量，而输出可以实际使用的电信息。霍尔集成电路一般有开关和线性两种类型。

(1) 霍尔开关集成传感器

它是利用集成电路技术在同一硅基片上集成霍尔元件放大电路、整形电路、输出电路等，其基本功能是将磁输入信号转换成开关状态输出，如 SL3020、SL3030、LS3075 等。

(2) 霍尔线性集成传感器

线性型霍尔集成电路的输出电压随外加磁场强度的变化而连续地、线性地变化。它的特点是敏感度高，输出动态范围宽，线性度好。如 SL3051T、SL3051M 等。

2.10.5 压阻式压力传感器

压阻式传感器是利用半导体材料的压阻效应制成的元器件。它采用集成电路工艺技术，在硅片上制造出一定形状的应变元件(如电桥)，当受到压力作用时，压阻效应应变元件的阻值发生变化，使电路输出相应的电信号。

压阻式压力传感器的核心是半导体元器件，随着半导体工艺技术的发展，性能不断提高。它的主要特点为：工作可靠、精度高、体积小，可将温度补偿电路、应变元件、放大电路做在同一芯片上，输出电压 0.5～4.5V；测量压力范围宽，测 10Pa 到 100Pa 压力；可测几十 kHz 的脉动压力。

MPX5100 是一种带有温度补偿功能的压力传感器，其工作电压为 4.75～5.25V，工作压力范围 0～100kPa，输出电压为 0.2～4.5V。

2.10.6 应变式力传感器

应变式力传感器主要由弹性元件、电阻式应变片、支架及接线装置等组成。电阻式应变片粘贴在弹性元件表面上，当弹性元件受力产生应变时，电阻式应变片会感受到该变化而随之产生应变，并引起应变片电阻的变化。通常由 4 个应变片粘贴在弹性元件上并接成电桥电路，可从电桥电路的输出中直接得到应变量的大小，进而得知作用在弹性元件上的力。应变式力传感器主要用来测量荷重及力。它在电子自动秤中应用非常普遍。例如电子轨道衡、电子吊车衡、电子配料秤、商用电子秤及电子皮带秤等。

CL-YB-402 型力传感器和 CL-YB-405 型桥式力传感器具有过载大、精度高的特点，可广泛应用于化工、矿山等部门的汽车衡、轨道衡及电子配料秤中。

2.10.7 接近开关

接近开关是一种能够检测接近它的物体并控制开关通或断的元器件，不同的接近开关具有不同的检出距离，如检出距离为 2mm、10mm 等。接近开关是有源元器件，需要接通电源才能正常工作。接近开关一般有圆柱形和立方形，外壳材质为金属或塑料。常见的接近开关有以下几种。

1. 涡流式接近开关

这种开关有时也叫电感式接近开关。它是利用导电物体在接近这个能产生电磁场的接近开关时,使物体内部产生涡流。这个涡流反作用到接近开关,使开关内部电路的参数发生变化,由此识别出有无导电物体移近,进而控制开关的通或断。这种接近开关所能检测的物体必须是导电体。

2. 电容式接近开关

这种开关的测量头通常是构成电容器的一个极板,而另一个极板是开关的外壳。这个外壳在测量过程中通常是接地或与设备的机壳相连接。当有物体移向接近开关时,不论它是否为导体,由于它的接近,总要使电容的介电常数发生变化,从而使电容量发生变化,使得和测量头相连的电路状态也随之发生变化,由此便可控制开关的接通或断开。这种接近开关检测对象,不限于导体,可以是绝缘的液体或粉状物等。

3. 霍尔接近开关

霍尔元件是一种磁敏传感元件。利用霍尔元件做成的开关,称为霍尔开关。当磁性物体移近霍尔开关时,开关检测面上的霍尔元件因产生霍尔效应使开关内部电路状态发生变化,由此识别出附近有磁性物体存在,进而控制开关的通或断。这种接近开关的检测对象必须是磁性物体。

4. 光电式接近开关

利用光电效应做成的开关叫光电开关。将发光元器件与光电元器件按一定方向装在同一个检测头内,当有反光面(被检测物体)接近时,光电元器件接收到反射后便有信号输出,由此便可“感知”有物体接近。

5. 热释电式接近开关

用能感知温度变化的元件做成的开关叫热释电式接近开关。这种开关是将热释电元器件安装在开关的检测面上,当有与环境温度不同的物体接近时,热释电元器件的输出便发生变化,由此便可检测出有物体接近。

6. 其他形式的接近开关

当观察者或系统与波源的距离发生改变时,接收到的波的频率会发生偏移,这种现象称为多普勒效应。声呐和雷达就是利用这个效应的原理制成的。利用多普勒效应可制成超声波接近开关、微波接近开关等。当有物体移近时,接近开关接收到的反射信号会产生多普勒频移,由此可以识别出有物体接近。

2.10.8 光电开关

光电开关是光电接近开关的简称,属接近开关中的一类。光电开关是通过把光强度的变化转换成电信号的变化来实现控制的。光电开关按结构和工作方式可以分成以下几种。

1. 沟式光电开关

把一个光发射器和一个光接收器面对面地装在一个槽的两侧的是沟式或开槽式光电开关。发光器能发出红外光或可见光,在无阻档情况下光接收器能收到光。但当被检测物从槽中通过时,光被遮挡,光电开关便动作,输出一个开关控制信号,切断或接通负载电流,从而完成一次控制动作。沟式光电开关的检测距离因为受整体结构的限制一般只有几厘米。

2. 对射式光电开关

若把发光器和收光器分离开,就可使检测距离加大。由一个发光器和一个收光器组成的光电开关就称为对射分离式光电开关，简称对射式光电开关。它的检测距离可达几米乃至几十米。使用时把发光器和收光器分别装在检测物通过路径的两侧，检测物通过时阻挡光路，收光器就动作输出一个开关控制信号。

3. 反光板反射式光电开关

把发光器和收光器装入同一个装置内，在它的前方装一块反光板，利用反射原理完成光电控制作用的称为反光板反射式(或反射镜反射式)光电开关。正常情况下，发光器发出的光被反光板反射回来被收光器收到；一旦光路被检测物挡住，收光器收不到光时，光电开关就动作，输出一个开关控制信号。以上三种开关都是在光从有变无或从亮变暗时动作的，因而称为"暗态"接通(Dark ON)。

4. 扩散反射式和聚焦式光电开关

扩散反射式光电开关的检测头里装有一个发光器和一个收光器，但前方没有反光板。正常情况下发光器发出的光，收光器是收不到的；当检测物通过时挡住了光，并把光部分反射回来，收光器就收到光信号，输出一个开关控制信号。它是在光从无变有或从暗变亮时动作的，所以称为"亮态"接通(Light ON)。

在检测头的端面上装一个透镜，使光聚焦在特定距离的某一点上。只有被检测物通过这一点时光电开关才动作。这种光电开关是扩散式的一种变形，称为聚焦式光电开关。它发出的是可见光，常用来识别产品的标志，标志一般为几毫米大小的色点。

5. 光纤式光电开关

把发光器发出的光用光纤引导到检测点，再把检测到的光信号用光纤引导到光接收器就组成光纤式光电开关。按工作方式的不同，光纤式光电开关也可分为对射式、反光板反射式、扩散反射式等多种类型。使用的光纤有玻璃光纤和塑料光纤两种。

光纤式光电开关的优点，一是能检测非常细小、用其他方法很难检测的物体；二是可以在强腐蚀性、高温度等恶劣的环境下工作，使用玻璃光纤还可以在200多度的高温环境下工作。

2.11 石英晶体谐振器和陶瓷谐振元件

2.11.1 石英晶体谐振器

石英晶体谐振器又称为石英晶体，俗称晶振，是一种用于稳定频率和选择频率的电子元件。石英晶体谐振器体积小、重量轻、品质因数(Q值)极高、频率及温度稳定性好。目前已成为构成各种高精度振荡器的核心元件。

1. 压电效应和等效电路

石英晶片之所以能做谐振器是基于它的"压电效应"，从物理学中已知，若在晶片的两个极板间加一电场，会使晶体产生机械变形；反之，若在极板间施加机械力，又会在相应的方向上产生电场，这种现象称为压电效应。如在极板间所加的是交变电压，就会产生机械变形振动，同时机械变形振动又会产生交变电场。一般来说，这种机械振动的振幅是比较小的，但其振动频率则是很稳定的。但当外加交变电压的频率与晶片的固有频率(决定于晶片的尺寸)相等时，机械振动的幅度将急剧增加，这种现象称为"压电谐振"。

石英晶体谐振器的压电谐振现象可以用图 2-11-1 所示的等效电路来模拟，等效电路中的 C_0为切片与金属板构成的静电电容，L 和 C 分别模拟晶体的质量（代表惯性）和弹性，而晶片振动时，因摩擦而造成的损耗用电阻 R 来等效。石英晶体的一个可贵的特点在于它具有很高的质量与弹性的比值（等效于 L/C），因而它的品质因数 Q 高达 $(1\sim50)\times10^4$ 的范围内。图 2-11-1所示为石英晶体的代表符号、等效电路和电抗特性。

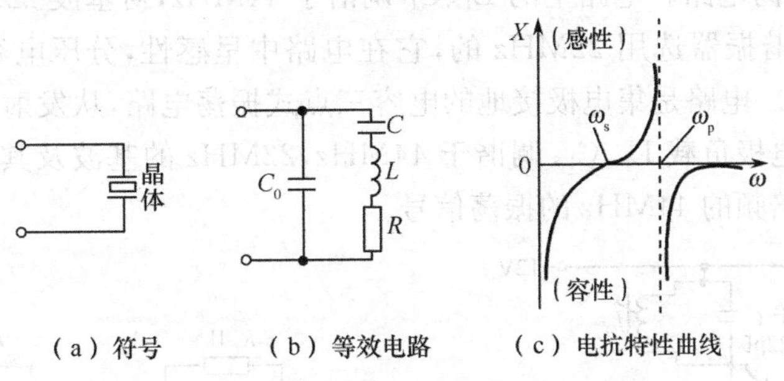

图 2-11-1　石英晶体谐振器

石英晶体具有串联和并联两种谐振现象，构成振荡电路的形式尽管多种多样，但其基本电路只有两类，即并联晶体振荡器和串联晶体振荡器，前者石英晶体是以并联谐振的形式出现，而后者则是以串联谐振的形式出现。

由石英谐振器组成的振荡器，其最大特点是频率稳定度极高，可达 10^{-8}/日～10^{-9}/日，甚至更高。例如，10MHz 的振荡器，一日内的频率变化小于 0.1～0.01Hz，甚至还小于 0.0001Hz。

2. 分类和主要参数

晶振元件按封装外形分有金属壳、玻壳、胶木壳和塑封等几种；按频率稳定度分有普通型和高精度型；按用途分有彩电用、对讲机用、手表用、电台用、录像机用、影碟机用、摄像机用等，其实这主要是工作频率及体积大小上的分类，别的性能差别不大，只要频率和体积符合要求，其中很多晶振元件是可以互换使用的。各种常见晶振元件外形如图 2-11-2 所示。

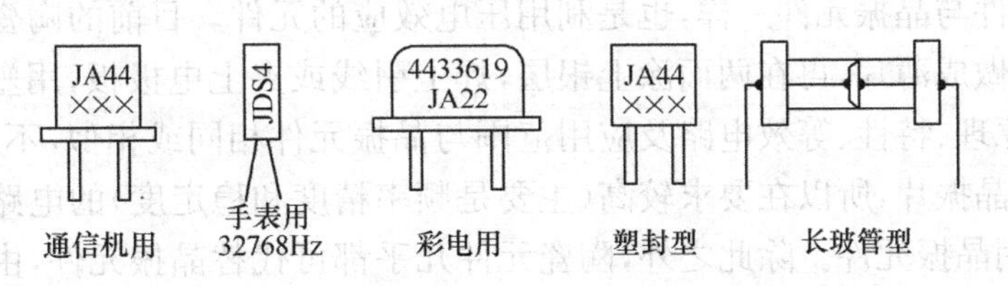

图 2-11-2　常见晶振元件外形

晶振元件的主要参数是标称频率 f_0、负载电容 C_L、激励电平（功率）、工作温度范围和温度频差。晶振元件相当于电感，组成振荡电路时需配接外部电容，此电容即负载电容 C_L。在规定的 C_L下晶振元件的振荡频率即为标称频率 f_0。负载电容 C_L是参与决定振荡频率的，所以设计电路时必须按产品手册规定的 C_L值，才能使振荡频率符合晶振的 f_0。激励电平（功率）是指晶振元件工作时会消耗的有效功率。激励电平应大小适中，过大会使电路频率稳定度变差，甚至“震裂”晶片，过小会使振荡幅度减小和不稳定，甚至不能起振。一般激励电平不应大于额定值，但也不要小于额定值的 50%。温度频差是指在工作温度范围内的工作频率相对于基准温度下工作频率的最大偏离值，该参数实际代表了晶振的频率温度特性。

晶振元件除体积特小的之外，其标称频率都标注在外壳上，故识别及使用都十分方便。

3. 石英晶体谐振器应用电路

(1) 44MHz 石英晶体振荡器

图 2-11-3 所示是一个工作在 44MHz 的石英晶体振荡器电路。为了得到较高的振荡频率，电路采用倍频振荡电路。电路中的 L_1、C_1 调谐于 44MHz，对基波 22MHz 失谐，可以看作是短路。石英晶体谐振器选用 22MHz 的，它在电路中呈感性，分压电容是 C_2 和 C_3。对于 22MHz 的基波而言。电路是集电极接地的电容三点式振荡电路，从发射极可得到 22MHz 的振荡信号。由于集电极负载 L_1、C_1、调谐于 44MHz，22MHz 的基波及其他谐波均被滤掉，从集电极即可得到二倍频的 44MHz 的振荡信号。

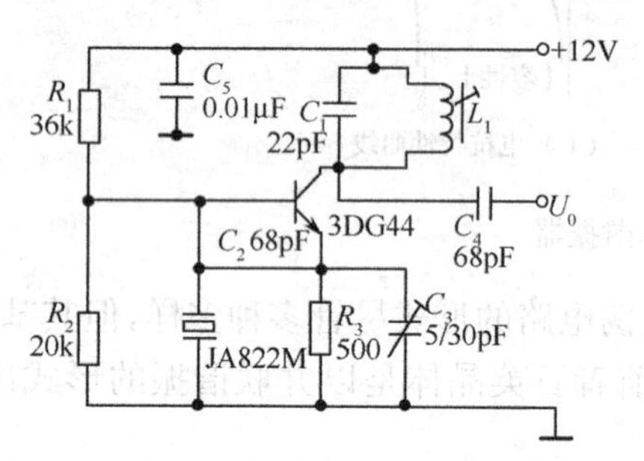

图 2-11-3　44MHz 石英晶体振荡器电路

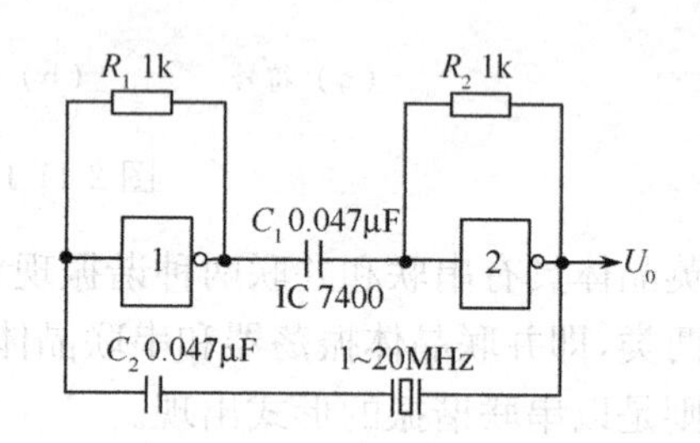

图 2-11-4　1～20MHz 石英晶体振荡器电路

(2) 1～20MHz 石英晶体振荡器

图 2-11-4 所示是将石英晶体谐振器与多谐振荡器中的耦合电容串联构成的石英晶体振荡器电路。该电路的振荡频率取决于石英晶体的谐振频率，与电路中的电阻、电容等元件无关，只要改变石英晶体谐振器，振荡器的振荡频率便可在 1～20MHz 内选择。

2.11.2 陶瓷谐振元件

1. 结构和特性

陶瓷谐振元件与晶振元件一样，也是利用压电效应的元件。目前的陶瓷元件大多采用锆钛酸铅陶瓷材料做成薄片，再在两面涂上银层，焊上引线或夹上电极板，用塑料封装而成。其基本结构、工作原理、特性、等效电路及应用范围与晶振元件相同或相似，不再赘述。当然，陶瓷片的性能不及晶振片，所以在要求较高(主要是频率精度和稳定度)的电路中尚不能采用陶瓷元件，必须使用晶振元件。除此之外，陶瓷元件几乎都可代替晶振元件，由于陶瓷元件价格低廉，所以近年来的应用非常广泛，例如在收音机的中放电路、电视机的伴音通道、扫描电路及各种家电遥控发射器中都可见到它们。

2. 分类和参数

陶瓷元件按功能和用途分类，可分为陶瓷滤波器、陶瓷谐振器和陶瓷陷波器等。按引出端子数分，有 2 端元件、3 端元件、4 端元件和多端元件等。陶瓷元件大都采用塑壳封装形式，少数陶瓷元件也用金属壳封装。如图 2-11-5 所示几种常见陶瓷元件外形。

陶瓷元件的主要参数有标称频率、通带宽度、插入损耗、陷波深度、失真度、鉴频输出电压及谐振阻抗等。对初学者而言，选用及更换陶瓷元件只要注意其功能(或型号)和标称频率即可，其他参数留待以后学习。应该指出，标称频率对不同功能的陶瓷元件来讲，其称呼也可能

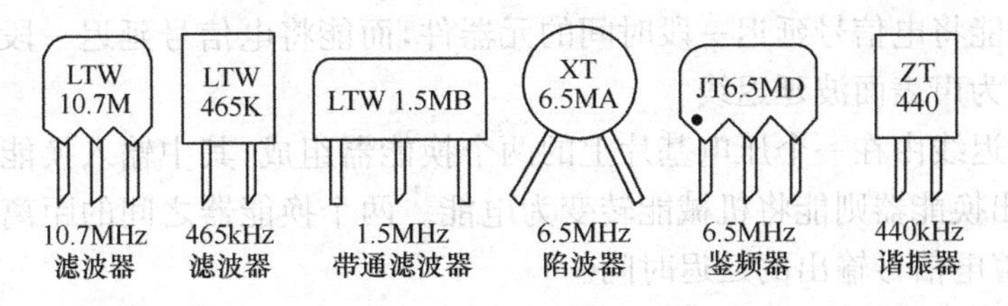

图 2-11-5　常见陶瓷元件外形

不同，如陶瓷滤波器用“中心频率”或“标称中心频率”，陶瓷陷波器用“陷波频率”，陶瓷鉴频器用“频率零点 f_0”，陶瓷谐振器用“谐振频率”等。选用陶瓷元件切不可搞错功能类型或型号，否则会使电路不能正常工作或技术指标达不到要求。

陶瓷蜂鸣片和压电陶瓷扬声器实际也是压电陶瓷谐振元件，只不过它们的主要功能是发出音频声响。

3. 声表面波滤波器

声表面波是指声波在弹性体表面的传播，这个波被称为弹性声表面波。声表面波的传播速度比电磁波的速度约小 10 万倍。声表面波滤波器是采用石英晶体、压电陶瓷等压电材料，利用其压电效应和声表面波传播的物理特性而制成的一种滤波专用元器件，广泛应用于电视机及录像机中频电路中，以取代 LC 中频滤波器，使图像、声音的质量大大提高。

(1) 声表面波滤波器的结构及工作原理

声表面波滤波器的结构如图 2-11-6 所示。它由压电材料制成的基片及烧制在其上面的梳状电极所构成。当给声表面波滤波器输入端输入信号后，在电极间压电材料表面将产生与外加信号频率相同的机械振动波。该振动波以声波速度在压电基片表面传播，当该波传至输出端时，由输出端梳状电极构成的换能器将声能转换成交变电信号输出。

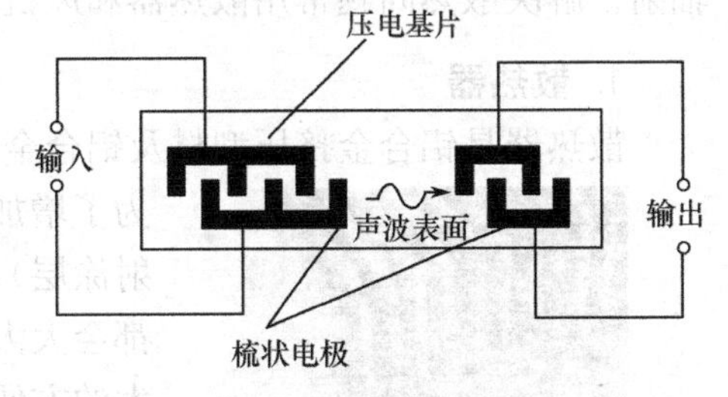

图 2-11-6　声表面波滤波器结构示意图

从上面介绍不难看出，声表面波滤波器是由两个换能器组成的，输入端换能器将电能转换成声能发出声表面波，而输出端换能器则是将接收到的声表面波声能转换成电能输出。声表面波滤波器就是利用压电基片上的这两个换能器来产生声表面波和检出声表面波的，以完成滤波的作用。

(2) 声表面波滤波器的性能特点

声表面波滤波器具有以下特点：

① 选择性好。选择性一般可达 140dB 左右，可确保图像的清晰度。

② 频带宽，动态范围大，且中心频率不受信号强度的影响，能确保图像、彩电、声音的正常传输，不相互干扰。

③ 性能稳定，可靠性高，抗干扰能力强，不易老化。

④ 使用方便，装配时只需插入和焊接即可，无需调节。

⑤ 插入损耗较大，使用时需在前级加宽频带放大器，以补偿插入损耗。

4. 声表面波延迟线

信号在传输过程中，由于多种因素的影响，总会发生不同程度的延迟，对要求统一处理的信号就出现了时间差。为了把这种时间差纠正过来，就需要将早到达的信号延迟一段时间。

信号延迟线就是能将电信号延迟一段时间的元器件,而能将电信号延迟一段时间再输出的声表面波元器件称为声表面波延迟线。

声表面波延迟线由在一个压电基片上的两个换能器组成,其中输入换能器能将电能转变为机械能,而输出换能器则能将机械能转变为电能。两个换能器之间的距离为声表面波传输的路径,它决定着电信号输出的延迟时间。

声表面波延迟线分固定延迟线和多抽头延迟线两种:固定延迟线的延迟时间固定不变,没有调整的余地;多抽头延迟线可利用抽头较灵活地改变输出信号的延迟时间。

有的信号延迟线是以压电陶瓷作为换能器,以玻璃作为介质制成的,一般称为超声延迟线。

2.12 其他元件

2.12.1 散热元件

电子电路工作时产生的热量,会使半导体元器件的伏安特性发生畸变,从而导致电子电路的稳定性、可靠性降低,严重时会造成半导体元器件损坏。热的传播有三种方式:传导,对流和辐射。解决散热问题常用散热器和风机。

1. 散热器

散热器是铝合金挤压型材及铝合金板材加工而成,其规格品种繁多,截面形状各种各样,为了增加散热器的热辐射能力,一般都进行了着色处理(高辐射涂层)。一个有许多叶片的散热器或一个面积较大的散热板都会大大增加散热面积,给热的传导,对流和辐射都会带来很大的方便。使用散热器时,应保证元件与散热器接触良好。如果元件耗散功率大于 50W,则应选用微型风扇进行强制对流冷却。

图 2-12-1 常见散热器外形图

2. 风机

电子设备中使用的风机可分为轴流风机和离心风机两类。使用较多的是轴流风机。

(1) 无刷直流轴流风机

它采用无刷直流电机,与风叶和外壳构成一体,可通过法兰盘与散热器或其他组件实现安装,具有风量大、噪声低、振动小、电磁干扰小、耗电省、效率高、体积小等特点,可应用于电子电路中作通风散热使用。

(2) 工频轴流风机

工频轴流风机采用小型交流电机,与风叶和外壳构成一体,可通过法兰盘与散热器或其他组件实现安装。工频轴流风机具有噪声低,振动小,工作可靠,体积小,安装方便等特点,适用于自动控制装置,医疗设备及各种电子设备,作通风散热之用。

2.12.2 小型密封蓄电池

小型密封蓄电池外形一般为长方体。它由正、负极板群,非游离状态的电解液—硫酸、隔板、电池槽、槽盖等部分组成,具有免维护、不漏液、全密封、高能量及长寿命等特点。

蓄电池是以基本单格蓄电池组合起来而制成一定规格的产品,每一单格蓄电池的额定电压为 2V，如 6V 蓄电池由三个单格组成，12V 蓄电池由 6 个单格组成。因此蓄电池的容量越大，体积也越大，重量也越大。

蓄电池的基本参数为额定容量和额定电压。蓄电池的容量就是蓄电池的蓄电能力，通常以充足电的蓄电池，以一定大小的电流持续放电至规定的终止电压所放出的电量来表示。在数值上，容量等于放电电流和放电时间的乘积，单位是安时(Ah)。

通常额定容量以 20h 功率容量表示。例如 10Ah 蓄电池，表示电池以 10Ah/20h＝0.5A 的电流放电，至每单格平均终止电压为 1.75V 时，可以持续放电 20h。

蓄电池的额定容量与额定电压，制造厂家都会标志在电池槽上，新蓄电池每单格开路电压为 2.15V 左右，蓄电池经 3—5 年使用后，容量会下降 10%～20%。

2.12.3　电磁阀

普通电磁阀由线圈、铁芯、弹簧、阀座、橡胶阀组成，分为常闭型电磁阀和常开型电磁阀，常闭型电磁阀使用较多。电磁阀通电时，电磁力克服弹簧的弹力，将铁芯吸上，电磁阀开启(或关闭)。电磁阀断电时，铁芯在弹簧的弹力作用下弹出，电磁阀关闭(或开启)。

电磁阀通常用于切断油、水、气等物质的流通，配合压力、温度传感器等电气设备实现自动控制。

2.12.4　AC/DC 电源模块和 DC/DC 电源模块

1. AC/DC 电源模块

AC/DC 电源模块是采用微电子技术工艺，把开关电源专用集成电路与微型电子元器件组成一体，能完成 AC/DC 变换功能的微型开关电源，分为单路、双路、三路电压输出，可在电路板上直接焊接，并且不需要另加散热器，具有高效率、高功率密度、输入电压范围宽等特点。通常输入电压为交流 85～265V，输出功率 3～20W。外形如图 2-12-2 所示。

2. DC/DC 电源模块

它能够完成直流到直流的电压变换，分为升压型、降压型和负压型变换器模块。可用于电池供电电路，具有高效率、高可靠等特点，可直接在电路板上焊接，并且无需另加散热器。外形如图 2-12-3 所示。

图 2-12-2　AC/DC 电源模块外形图

图 2-12-3　DC/DC 电源模块外形图

2.13　实验练习——常用电子元件的识别

1. 实验目的

(1) 掌握电阻器、电容器、二极管、三极管的基本特性及其基本测量方法。

(2) 了解常用元器件在电路中的应用。

2. 实验条件

(1) 数字万用表　　(如选用 VC890D 型)
(2) 电阻　　1kΩ、10kΩ
(3) 电位器　　100kΩ
(4) 电容器　　无极性电容,电解电容
(5) 二极管　　IN4148
(6) 三极管　　9012、9013

以上仪表各一台,元件各一只,具体型号以实验室配备为准。

3. 实验内容与步骤

(1) 电阻的测量

读出色环电阻的标称阻值。用万用表测量电阻的阻值。计算实测阻值与标称阻值之间的误差 δ。

$$\delta=\frac{|R-R_{\mathrm{R}}|}{R_{\mathrm{R}}}\times 100\%$$

式中,δ 为误差;R 为电阻的实测阻值;R_{R} 为电阻的标称阻值。

将以上各值填入表 2-13-1 中。

表 2-13-1　电阻的测量

电阻＼数据	标称阻值	实测阻值	误差 δ
电阻 R_1			
电阻 R_2			

(2)电位器的测量

用数字万用表电阻挡测量电位器的标称阻值,并记录下来。$R=$______Ω。

将数字万用表红表笔接电位器一个固定端,黑表笔接滑动端,调节电位器中心抽头,观察电位器阻值变化范围,以及电位器阻值的变化是否均匀、连续。

将红表笔接电位器另一固定端,黑表笔接滑动端,测量方法同上。

(3) 电容的测量

读出电容的标称容值,用数字万用表测量电容的容值。计算实测容值与标称容值的容值误差 δ。

$$\delta=\frac{|C-C_{\mathrm{R}}|}{C_{\mathrm{R}}}\times 100\%$$

式中,δ 为误差;C 为电容的实测容值;C_{R} 为电容的标称容值。

将以上各值填入表 2-13-2 中。

表 2-13-2　电容的测量

电容＼数据	标称阻值	实测阻值	误差 δ
瓷介电容 103			
电解电容			

(4)二极管的测量

用数字万用表的欧姆挡测量二极管的正、反向电阻，判断出二极管的正负极。

用数字万用表的二极管挡测量二极管的正向压降，并判定二极管是硅管还是锗管。

将以上测量值填入表2-13-3中。

表2-13-3　二极管的测量

数据 型号	正向电阻	反向电阻	正向压降	硅管或锗管
1N4148				

(5)三极管的测量

数字式万用表测量方法：

由于数字式万用表欧姆挡的测试电流很小，不适合检测三极管，因此使用二极管挡和h_{FE}挡。

① 判定基极

将数字万用表调至二极管挡，红表笔固定接三极管的某个电极，黑表笔依次接触另外两个电极，如果两次显示值基本相等(都在1V以下或都显示溢出符号"1")，就证明红表笔所接的是基极。如果两次显示值中有一次在1V以下，另一次溢出，证明红表笔接的不是基极，应改换其他电极重新测量。

② 鉴别NPN管与PNP管

在确定基极之后，用万用表红表笔接基极，黑表笔依次接触其他两个电极。如果都显示0.550～0.700V，属于NPN型三极管；如果两次测量都显示溢出符号"1"，则管子属于PNP型。

③ 判定集电极和发射极，测$h_{FE}(\bar{\beta})$值。

判定集电极和发射极，需要使用万用表的h_{FE}挡。假设被测三极管为NPN型，把三极管基极插入万用表NPN插孔的b孔，其余两个电极分别插入c孔和e孔中，测出的h_{FE}为几十至几百，则c孔上插的是集电极，e孔上插的是发射极。如果测出的h_{FE}值只有几至十几，证明三极管的集电极，发射极插反了，这时c孔插的是发射极，e孔插的是集电极。

将以上各测量情况填入表2-13-4中。

表2-13-4　三极管的测量

数据 型号	硅管或锗管	NPN或PNP	直流放大系数 $h_{FE}(\beta)$
9012			
9013			

4. 实验预习要求

(1) 熟悉常用电子元件的名称及作用。

(2) 了解各种常用电子元件的测量方法及使用注意事项。

5. 实验报告要求

(1) 整理实验数据、并对记录的数据进行误差分析等处理。

(2) 实验心得(包括实验中遇到的问题、解决方法及对元件的认识等)。

第3章 常用电子仪器

电子产品和电路都需要经过调试与检测这个环节，需要使用电子测量仪器仪表。常用的电子仪器有稳压电源、万用表、毫伏表、信号源、频率计、示波器等。正确选择和使用仪器仪表是电子技术工程人员必须掌握的基本技能。本章简要介绍这些仪器仪表的原理及使用方法，在附录部分详细介绍了它们的操作方法。

3.1 万用表

3.1.1 万用表功能结构及原理简介

万用表主要包括指针式(图 3-1-1)和数字式(图 3-1-2)两大类，它是检测和修理计量仪器仪表、自动化装置和家用电器中最常用的多用途电子测量仪表。

1. 万用表的功能与结构

万用表通常可以用来测量电阻、电流、电压、电容、二极管、三极管 β 值等参数。不同型号的万用表所具备的测量功能各不一样，一般来说，数字式万用表比传统的指针式万用表所具备的测量功能要多。个别高档的数字式万用表除了上述常用的测量功能外，通常还兼有频率、温度、功率、电感值等高级参数的测量功能。

图 3-1-1 指针式万用表

图 3-1-2 数字式万用表

万用表通常由表头、测量电路、转换装置、数据处理模块(仅数字万用表具有)等部分组成。

指针式万用表的表头是一只直流微安表，它是指针式万用表的核心。它的很多重要性能，如灵敏度、准确度等级、阻尼及指针回零等大都取决于表头的性能。表头的灵敏度是以满刻度时的测量电流来衡量的，此电流又称满偏电流，表头的满偏电流越小，灵敏度就越高。一般指针式万用表表头的灵敏度大多在 10～100μA 范围内。

数字万用表表头则非常简洁，直接使用液晶显示器显示，由表内专用的驱动芯片控制其显示内容。

指针式万用表的测量电路是把被测的电量转化到表头满偏电流以内。测量电路一般包括分流电路、分压电路和整流电路等。分流电路的作用是把被测量的大电流通过分流电阻变成表头所需的微小电流；分压电路的作用是将被测高电压通过分压电阻分压变成表头所需的低压；整流电路则是将被测的交流通过二极管整流变成表头所需的直流。

数字式万用表的测量电路是将被测的模拟量经过 A/D 转换电路转换为数字量，并在万用表的显示屏上显示出来。

指针式万用表和数字式万用表各种参数的测量及量程的选择是靠转换装置来实现的，其主要部件是转换开关。转换开关的好坏直接影响万用表的使用效果，好的转换开关应转动灵活、手感好、旋转定位准确、触点接触可靠等。

数据处理模块为数字式万用表所特有，一般以单片机为核心。其主要作用是将 AD 采集到的电压信号结合当前转换开关选择的功能及量程，将数据进行相应的处理后驱动液晶显示器进行显示。

2. 指针式万用表的工作原理

(1) 直流电流测量

由于表头最大电流 I_{max}有限（通常最大仅为 100 μA），为了能测量较大的电流，一般采用并联电阻分流法，使多余的电流从并联的电阻中流过，而通过表头的电流保持在表头最大电流以内。并联的电阻越小，可测量的电流就越大。转换量程的主要方法就是通过改变转换开关或表笔插孔来改变分流电阻的大小而实现的。图 3-1-3 所示为某型万用表电流挡的原理图。

(2) 交流电流测量

交流电流测量原理与直流电流的测量原理类似。测量交流电流是通过二极管将交流转换为直流后再进行测量的，正半周电流通过二极管和分流电阻后部分流向表头，而负半周电流则直接通过另一只二极管和电阻构成回路，没有电流流经表头。其测量原理如图 3-1-4 所示。

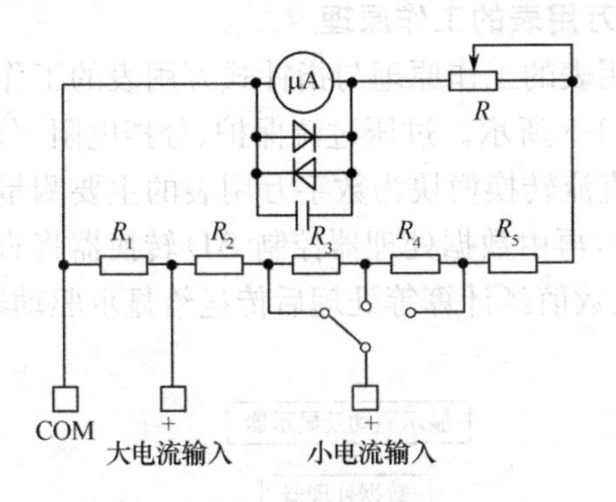

图 3-1-3　万用表电流挡工作原理

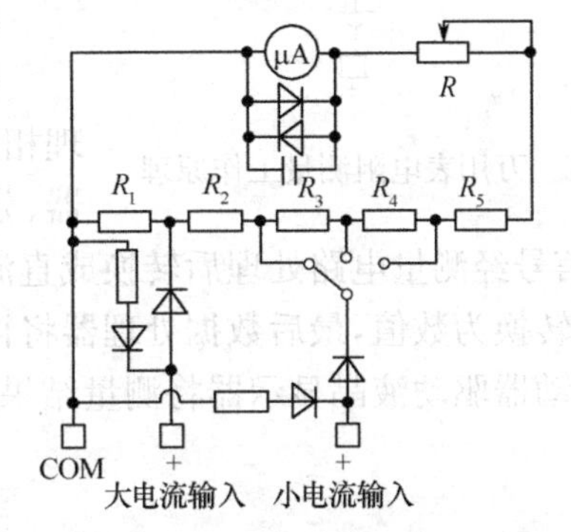

图 3-1-4　万用表交流电流测量工作原理

(3) 直流电压测量

在直流电路中，电流、电阻、电压是密不可分的。既然表头流过电流则指针偏转，且表头自身也有一定的电阻，因此万用表的表头实际上也是一只直流电压表（$U=IR_g$），但它的测量范围很小，一般仅为零点几伏。实际电路中，万用表是通过串联电阻分压来达到扩大量程的目的。如图 3-1-5 所示，电路中所串电阻越大，则可测量的电压就越高，电压挡不同的量程就是通过转换开关获得不同的分压电阻来实现的。

(4) 交流电压测量

交流电压的测量与直流电压测量的原理类似。测量交流电压是通过二极管将交流转换为直流后再进行测量的，正半周电压经二极管整流和电阻分压后部分电压加在表头上，而负半周电压则通过另一只二极管和电阻构成回路，电压没有加载在表头。其测量原理如图 3-1-6 所示。

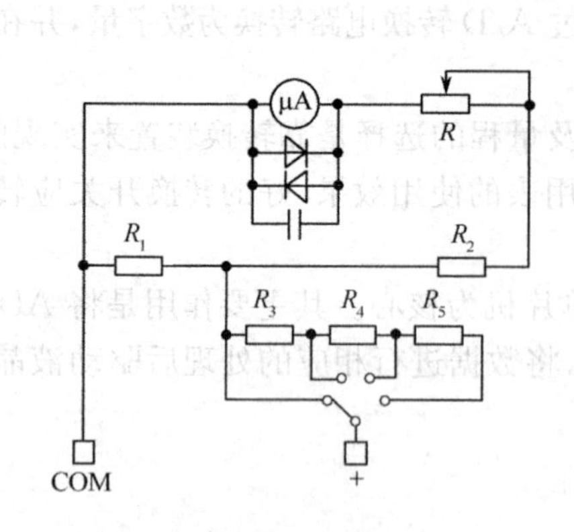

图 3-1-5 万用表直流电压测量工作原理

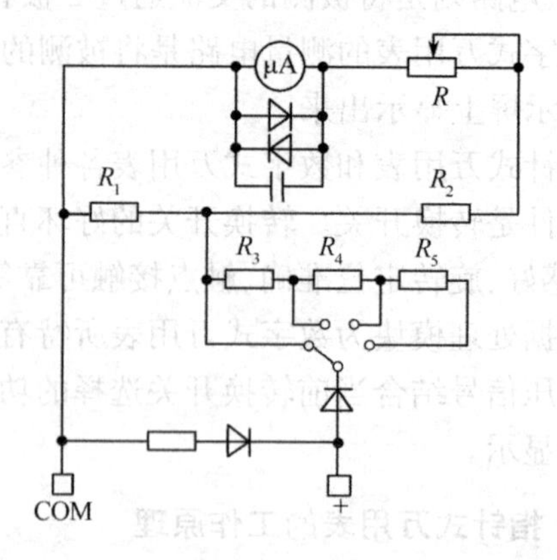

图 3-1-6 万用表交流电压测量工作原理

(5)电阻测量

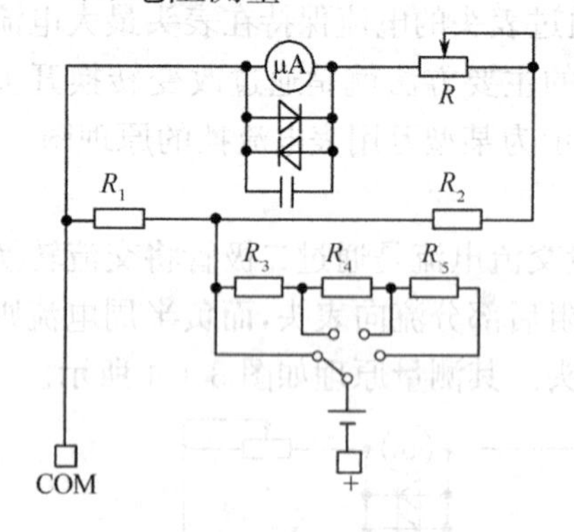

图 3-1-7 万用表电阻测量工作原理

万用表电阻的测量是依据欧姆定律进行的。通过被测电阻的电流及其两端的电压来反映被测电阻的大小，使电路中的电流大小取决于被测电阻的大小，即流经表头的电流大小由被测电阻的大小决定。此电流驱使指针偏转并反映在表盘上，通过欧姆标度尺即可读出被测电阻的阻值。其测量原理如图 3-1-7 所示。

3. 数字式万用表的工作原理

数字式万用表的工作原理与指针式万用表的工作原理相似，如图 3-1-8 所示。过压过流保护、分挡电阻、分流器、分压器、交直流转换模块为数字万用表的主要测量电路，被测信号经测量电路处理后转换成直流电压信号，再由数据处理器控制 AD 转换器将直流电压信号转换为数值，最后数据处理器将得到的电压数值经计算等处理后传送给显示驱动器，由显示驱动器驱动液晶显示器将测量结果显示出来。

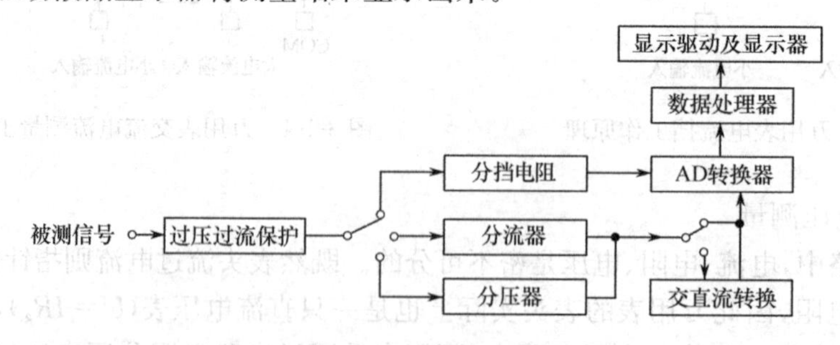

图 3-1-8 数字万用表组成框图

3.1.2 万用表的分类与比较

随着科技的进步，目前市场上万用表的种类与型号也越来越丰富。通常情况下，常见的万用表可以按照其显示方式的不同分为两大类：指针式万用表和数字式万用表。

指针式万用表显示精度较低，在没有数字式万用表的年代，指针式万用表给人类的生产和生活带来了很大的方便。现在，由于数字式万用表体积小、重量轻、功能强、耗电小、测量速度快、准确度高、抗干扰性强，并且价格也在不断下降，数字式万用表在市场的占有率已非常高。目前，许多工厂、研究所、学校等均采用数字式万用表。

当然，数字式万用表在逐渐取代指针式万用表的同时，其自身也在不断的发展。现在的数字式万用表不仅功能越来越强大、体积越来越小、价格越来越低，而且其显示精度、准确度及自动化程度也在不断提升。

从显示精度和准确度来看，目前市场上广为使用的是三位半数字式万用表，其最大显示为±1999，其中最高位固定为符号位，第二位最大只能显示1，相当于半位。而第三、第四、第五位则能显示0～9之间的任意数值。因此，这种显示3位(0～9)有效数值，加上半位，再加上1位符号位的显示精度，我们通常称之为3位半。现在，4位半的数字式万用表也比较常见，但5位半和更高显示精度的数字万用表由于其价格昂贵，极为少见。

近年来，数字式万用表在智能化程度方面也有很大的突破，出现了自动量程切换式数字万用表。该万用表只需选择需要测量的参数类型(如选择电压挡)，在测量过程中，万用表将按照程序规则自动从最高量程挡往低量程切换并测量，自动选择合适的量程将测量的数值测出并显示在LCD液晶屏幕上。虽然这种自动切换量程的万用表使用起来很方便，但它也存在不足之处。表3-1-1对数字式万用表和指针式万用表的基本性能特点做了总结和对比。

表3-1-1　数字式万用表和指针式万用表对比

类型 / 名称	指针式万用表	数字式万用表	
		手动量程切换式万用表	自动量程切换式万用表
显示精度	—	3位半(±1999)、4位半(±19999)、5位半(±199999)	
特点	1. 响应较慢，可显示变化过程 2. 读数不直观 3. 读数误差较大 4. 使用条件要求高 5. 使用前需要机械调零	1. 响应较快，但不能直观的显示测量参数的变化过程 2. 读数直观 3. 测量准确、精度高、灵敏度高 4. 使用方便、操作简单 5. 部分型号具有自动关机功能数据锁存功能	
常用型号	MF-47、500型、MF-10	VC890D、DT9205、DT9205＋	DT-910T

3.1.3　万用表的使用

万用表在电子行业已成为必不可少的基本仪表，对每位从事电子行业的工作者或学习电子专业的学生来说，掌握万用表的基本使用方法便成为了一项必不可少的基本技能。鉴于市场上万用表的种类繁多，并且数字式和指针式万用表各有千秋，因而本书对数字式万用表和指针式万用表的基本使用方法和注意事项都做了简单的介绍。

1. 指针式万用表的使用方法与注意事项

指针式万用表的使用方法的流程如图3-1-9所示。

指针式万用表的使用注意事项如下：

① 如果无法预先估计被测电压或电流的大小，则应先拨至最高量程挡测量一次，再视情况逐渐把量程减小到合适位置。测量完毕，如没有“OFF”挡位，则应将量程开关拨到最高电压挡，如有则直接将挡位拨到“OFF”即可。

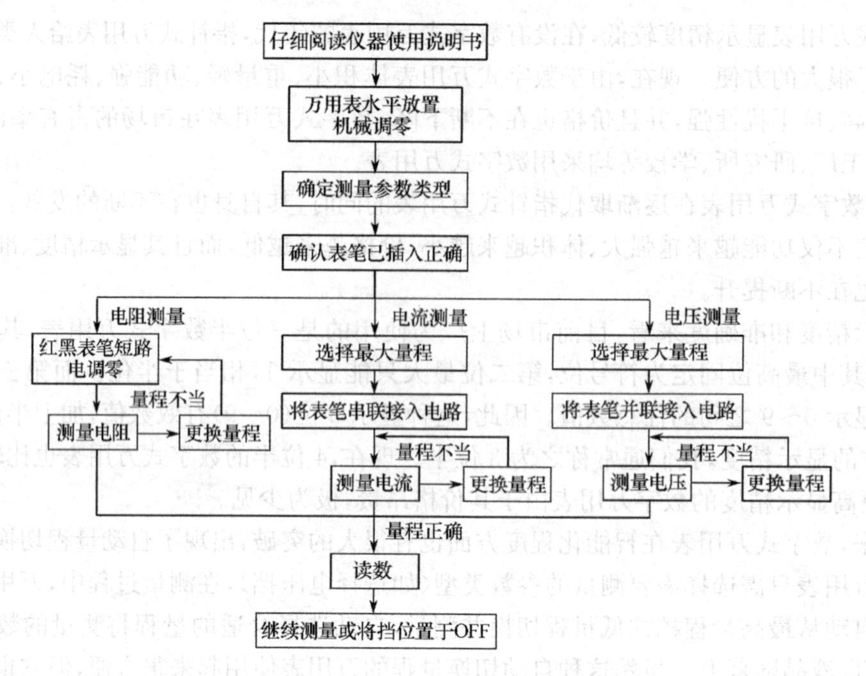

图 3-1-9　指针式万用表使用流程

② 测量电压或电流在满量程时，仪表指针会转到头，这时应选择更高的量程，使指针能指向刻度盘的中心位置为宜。

③ 测量电压时，应将数字万用表与被测电路并联。测电流时应与被测电路串联，测直流量时必须遵循“红接正，黑接负”的原则。

④ 禁止在测量高电压（220V 以上）或大电流（0.5A 以上）时换量程，以防止产生电弧，烧毁开关触点。

⑤ 测量过程中，禁止用手直接接触表笔的金属探针。

⑥ 禁止使用交流电压挡或交流电流挡测量频率超过 400Hz 的交流信号。

⑦ 当电阻挡指针无法调零或测量时，指针无论什么情况都不能满偏，甚至不能偏转时，表明内电池电压过低。此时，请更换新电池。

2. 数字式万用表的使用方法与注意事项

数字式万用表的使用方法流程如图 3-1-10 所示。

数字式万用表的使用注意事项如下：

① 如果无法预先估计被测电压或电流的大小，则应先拨至最高量程挡测量一次，再视情况逐渐把量程减小到合适位置。测量完毕，应将量程开关拨到该量程最高挡位，并关闭电源。

② 满量程时，仪表仅在最高位显示数字“1”，其他位不显示，这时应选择更高的量程。

③ 测量电压时，应将数字万用表与被测电路并联。测量电流时应与被测电路串联，测量直流电流时不必考虑正、负极性。

④ 当误用交流电压挡去测量直流电压，或者误用直流电压挡去测量交流电压时，显示屏将显示“000”，或低位上的数字出现跳动。

⑤ 禁止在测量高电压（220V 以上）或大电流（0.5A 以上）时换量程，以防止产生电弧，烧毁开关触点。

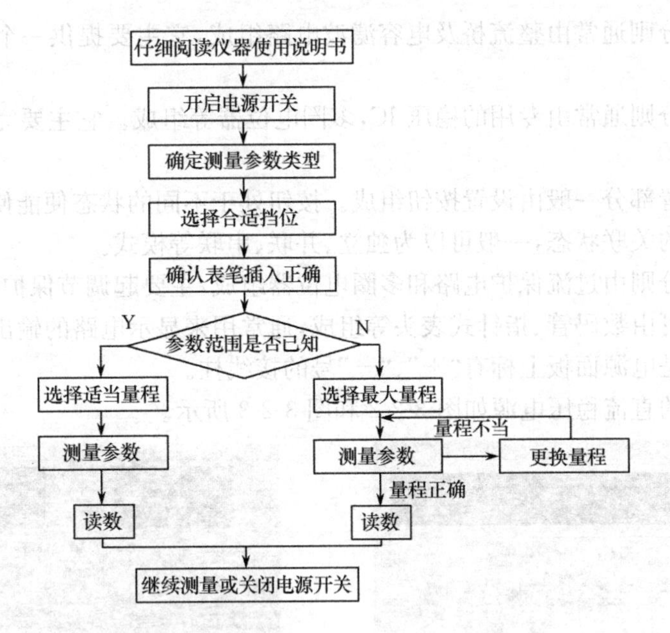

图 3-1-10　数字式万用表使用流程

⑥ 测量过程中，禁止用手直接接触表笔的金属部分。

⑦ 禁止使用交流电压挡或交流电流挡测量频率超过 400Hz 的交流信号。

⑧ 当显示"电瓶符号"、"BATT"或"LOW BAT"时，表示电池电压低于正常工作电压，此时，应考虑更换新电池。

3.2　直流稳压电源

3.2.1　直流稳压电源功能结构及原理简介

电源的应用范围很广，它是电子设备工作的能量之源。离开了电源，所有的电子设备都将无法工作。可见，电源在电子领域的地位与重要性。在产品的研发或实验阶段，同样离不开电源。唯一不同的是，在非成品电子设备中一般都使用专门供电的设备提供电源，而这个设备就是我们实验中常见的直流稳压电源。

直流稳压电源功能较多，带负载能力较强，因此使用起来非常方便。通常直流稳压电源都采用 220V 市电输入，经内部电路转换后可在输出安全电压范围内，电流连续可调、电压连续可调、可设置串并联组合等形式的直流电压信号。

直流稳压电源通常由降压变压部分、整流滤波部分、稳压调压部分、组合模式设置部分、过流保护部分、显示部分、输出部分等组成，如图 3-2-1 所示。

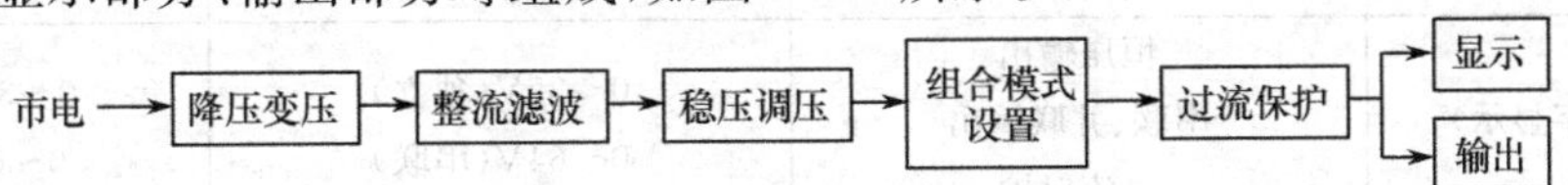

图 3-2-1　可调直流稳压电源组成框图

降压变压部分一般采用工频变压器完成。该部分根据电源功率的不同，其变压器的体积与重量以及绕制变压器的漆包线的粗细都会有所不同。它主要完成将市电 220V 交流电降至合适的电压大小输出。

整流滤波部分则通常由整流桥及电容滤波电路组成，它主要提供一个与输入电压成正比的直流电压。

稳压调压部分则通常由专用的稳压 IC，多圈电位器等组成。它主要完成输出电压大小的调节与稳压功能。

组合模式设置部分一般由设置按钮组成。按钮处于不同的状态便能使两路直流稳压电源的输出处于不同的关联状态，一般可以为独立、并联、串联等模式。

过流保护部分则由过流保护电路和多圈电位器组成，主要起调节保护电流阈值的作用。

显示部分则可由数码管、指针式表头等组成，通常用来显示电路的输出电压及电流大小。

输出部分则是电源面板上标有“+”、“-”号的接线柱。

实验中常用的直流稳压电源如图 3-2-2 和图 3-2-3 所示。

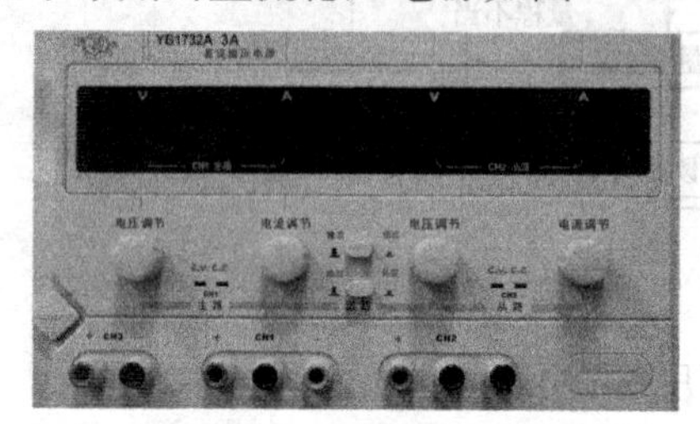

图 3-2-2　数字式直流稳压电源

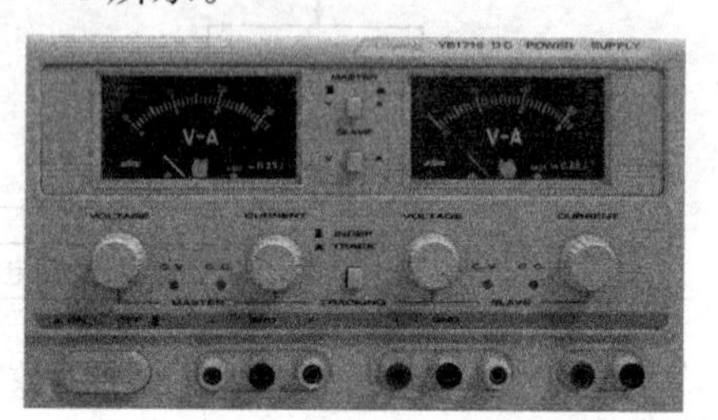

图 3-2-3　指针式直流稳压电源

3.2.2　直流稳压电源基本性能参数介绍

直流稳压电源性能参数主要包括：输出电压范围、输出电流范围及纹波大小和稳压系数等。通常直流稳压电源的纹波电压小（小于 100mV）、稳定度高（±5%），则能满足我们实验和研发的基本需要。目前，市场上生产直流稳压电源的公司较多，型号也多种多样。以下列举了几种常用型号的直流稳压电源，并对其参数和基本功能进行了比较，见表 3-2-1。

表 3-2-1　常用型号直流稳压电源基本功能及参数

型号	基本功能	电压输出范围	电流输出范围
EM1715A（数字显示）	恒压输出 串联输出 过流保护	0～32V（独立） 0～64V（串联） 固定+5V	0～3A（可调） /2A（+5V）
YB1719（指针指示）	恒压输出 串联输出 过流保护	0～32V（独立） 0～64V（串联） 固定+5V	0～3A（可调） /2A（+5V）
YB1732A（数字显示）	恒压输出 串联、并联输出 过流保护	0～32V（独立） 0～64V（串联） 固定+5V	0～3A（串联）/ 0～6A（并联）/ 2A（+5V）
SS2323（数字显示）	恒压输出 串联、并联输出 过流保护	0～32V（独立） 0～64V（串联）	0～3A（串联）/ 0～6A（并联）

3.2.3　直流稳压电源的使用

直流稳压电源种类多、功能全、使用简单。数字显示式直流稳压电源和指针指示式直流稳压电源的使用方法和注意事项大致相同。典型的直流稳压电源详细使用方法见附录。

直流稳压电源的使用方法流程如图 3-2-4 所示。

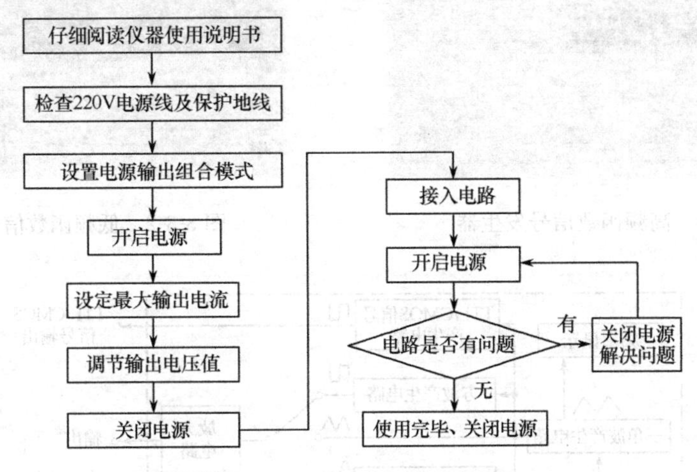

图 3-2-4　直流稳压电源使用方法流程

直流稳压电源的使用注意事项如下：

① 电源开启前，应确保电源有良好的接地保护，以防设备漏电造成触电事故。

② 电源的设置工作（包括模式选择、电压、电流调节等）应在电源未接入电路使用前完成。需要改变设置时应将电源的输出与外电路断开。

③ 连接电源时要正确分辨电源的正、负极性，在电源关闭的情况下，按要求将电源引入外电路。

④ 禁止直接将电源同一路的输出接线柱用导线短接。

⑤ 遇到任何异常情况，应立即关闭电源开关，待问题解决后方可恢复输出。

3.3　函数信号发生器

3.3.1　函数信号发生器功能结构及原理简介

大多数电路都是围绕信号处理进行设计的（如音频功放、滤波器、调幅电路、调频电路等）。而这一类电路在调试时往往需要提供某种或多种固定的或变化的信号作为信源输入。函数信号发生器就是产生正弦波、方波、三角波等各种波形信号供电路调试使用的仪器。

一般来说，函数信号发生器根据其产生波形的频率等级可以分为高频信号发生器（图 3-3-1）和低频信号发生器（图 3-3-2）两大类。这两类信号发生器从本质上讲没有太大的区别，它们的主要区别在于能够产生的信号频率和波形各不相同。

函数信号发生器的主要作用在于产生信号。市面上主流的函数信号发生器主要包括两大类：模拟函数信号发生器和数字频率合成式（DDS）函数信号发生器。两种信号发生器的结构大致相同，主要包括电源、信号产生部分、信号调整部分、信号放大部分、信号参数显示部分、键盘输入部分（仅 DDS 函数信号发生器具有）等几大块，如图 3-3-3 所示为模拟函数信号发生器的组成框图。下文将简单介绍各模块功能及原理。

对于函数信号发生器来说，电源是其比较关键的部分，如果电源设计不好，可能导致仪器产生的波形不正常，甚至导致整个仪器无法正常工作。因此，信号发生器中的电源部分是非常关键的模块之一。

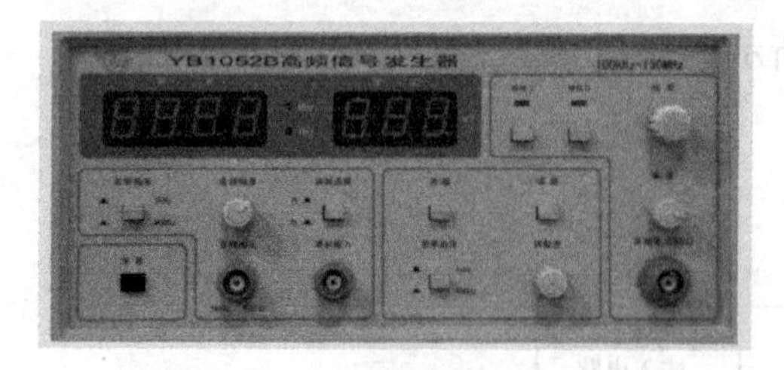

图 3-3-1　高频函数信号发生器

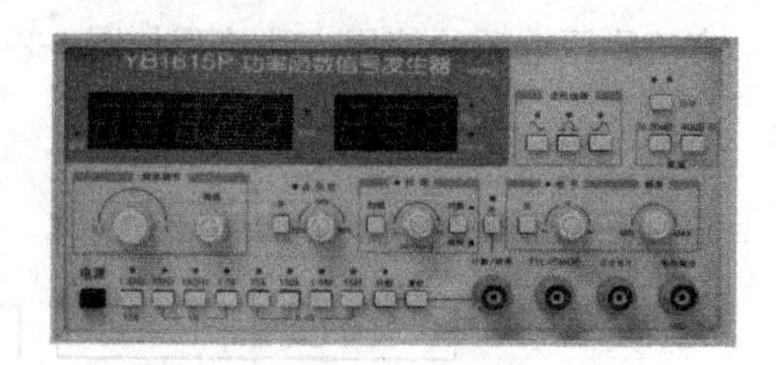

图 3-3-2　低频函数信号发生器

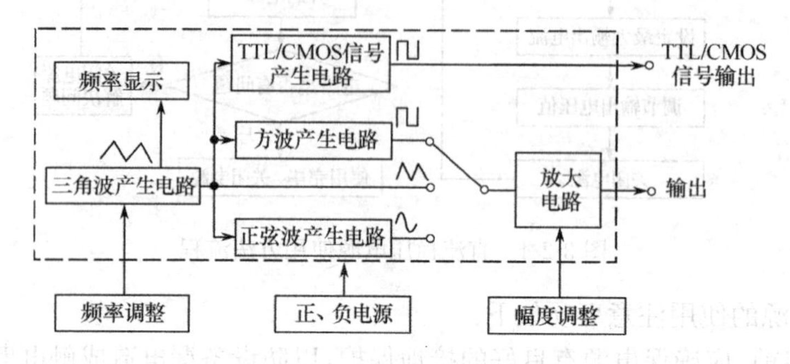

图 3-3-3　模拟函数信号发生器组成框图

信号产生部分主要用来提供输出信号。信号发生器产生信号的失真度是衡量仪器性能的重要因素,因此,信号产生电路的设计可算是信号源的核心,起着举足轻重的作用。目前产生信号的方式主要有两种:一种是采用完全模拟的元器件来实现,我们称之为模拟信号源,另外一种是采用单片机或 FPGA 等,利用 DDS 原理来产生信号,我们则称之为 DDS 信号源。模拟信号源通常是先产生三角波,然后再将三角波通过方波变换、正弦波变换等各种变换电路产生方波、正弦波等。而 DDS 信号源的各种波形都是通过直接查找预先存储在芯片内部的方波、正弦波、三角波等数据表后,送 DA 进行转换后输出的。

信号调整部分主要包括频率的调节和幅度调节两大模块。对于模拟示波器而言,频率和幅度通常采用改变电位器阻值大小而调整。但是,DDS 信号源则通过键盘直接输入设定的参数后,由内部控制器改变波形数据、采样时钟、DA 参考电压等来实现频率和幅度的调整。

放大电路主要是将产生的信号幅度进一步提高,以达到应用的需要。这也是函数信号发生器的重要性能指标。

信号参数显示部分则是将当前输出信号的种类、频率、幅度等参数显示出来。一般来说,模拟示波器均采用数码管显示输出信号的频率,部分设备还具备幅度显示功能。而 DDS 信号发生器则通过液晶显示器显示出输出信号种类、频率、幅度等,非常全面。

信号源中键盘部分和参数显示部分是体现人性化设计的关键部分。一般来说,使用大屏幕显示、键盘直接输入的信号源,其操作简明,显示的参数较全,显示直观,方便查阅,备受消费者的青睐。

3.3.2　函数信号发生器的分类及性能参数简介

函数信号发生器按照产生频率的频段可分为高频函数信号发生器和低频函数信号发生器。按照其工作原理的不同又可分为模拟函数信号发生器和数字频率合成式(DDS)函数信号发生器。

高频函数信号发生器价格高、产生的信号频率高，但波形种类较少，主要为正弦波。它主要满足高频实验的需要。部分高频信号发生器还兼有调频信号、调幅信号、模拟音频信号产生的功能。低频函数信号发生器价格较低，产生的频率也比较低，一般为5MHz以下。但是它产生的信号种类多，信号稳定性较强，主要满足低频电路的需求。部分低频函数信号发生器还兼有测频、幅度衰减、功率输出等功能。两者的性能参数比较见表3-3-1。

表3-3-1　高频信号发生器和低频信号发生器的性能参数对比

信号源种类	频率特点	波形特点	其他功能	价格
低频信号发生器	输出较低，一般在5MHz以内，频率稳定度较高	波形种类较多，一般包含正弦波、方波、三角波等。高端设备还可产生任意波形(DDS信号源)	幅度显示、频率显示、测频、叠加直流分量、单脉冲产生等功能	较低(DDS信号源相对较高)
高频信号发生器	输出频率较高，一般在上百千赫兹至几百兆赫兹之间，频率稳定度相对较低	波形单一，一般为正弦波	频率显示、幅度显示，部分仪器还可产生简单调频波、调幅波及模拟音频信号	较高(DDS高频信号源价格昂贵)

3.3.3　函数信号发生器的使用

函数信号发生器的使用方法流程如图3-3-4所示。

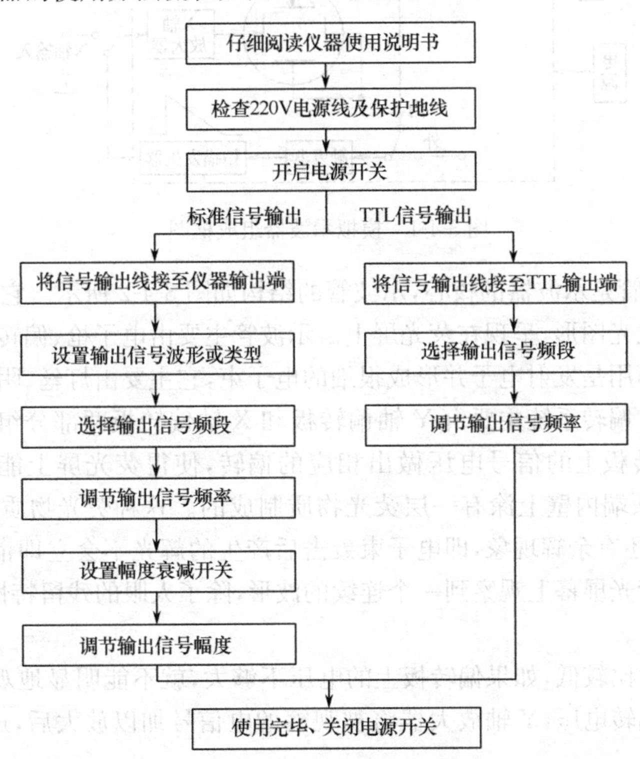

图3-3-4　函数信号发生器的使用方法流程

函数信号发生器的使用注意事项如下。

① 严禁将信号源的输出接口短路。

② 严禁向信号源的输出端口输入交、直流信号。

③ 信号源的旋钮和按键在操作时应轻旋轻按。

④ 信号源使用完毕应及时关闭总电源开关。

3.4 示波器

3.4.1 示波器的功能结构及原理简介

示波器主要是用来实时显示并测量各种波形的周期、频率、幅值等参数的仪器。在整个电子领域,示波器都发挥着重要的作用。

1. 模拟示波器的组成

模拟示波器的工作原理相对比较复杂。它是利用电子示波管的特性,将人眼无法直接观测的交变电信号转换成图像,显示在荧光屏上以便测量的电子测量仪器。它也是观察电路实验现象、分析实验中的问题、测量实验结果必不可少的重要仪器。一般来说,模拟示波器由示波管和电源、触发器、扫描发生器、X 轴放大器、Y 轴放大器、衰减器等组成。其组成框图如图 3-4-1所示。

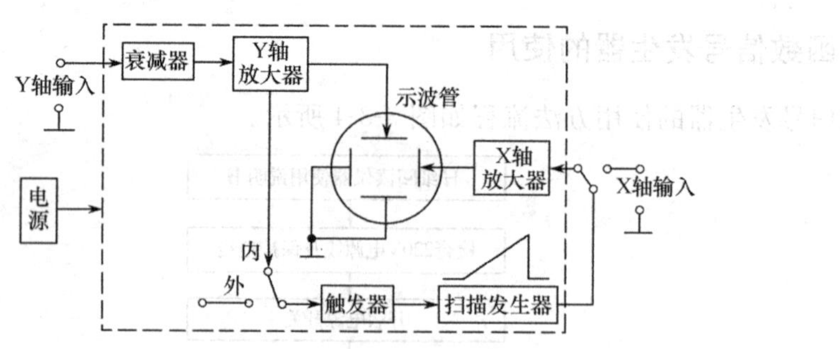

图 3-4-1 模拟示波器组成框图

图 3-4-1 中示波管是示波器的核心,示波管的结构如图 3-4-2 所示。它的作用是把观察到的信号电压转变成发光图形,呈现在荧光屏上。示波管主要由电子枪、偏转系统和荧光屏三部分组成。电子枪的作用是发射电子并形成很细的电子束,它主要由灯丝、阴极、控制栅、第一阳极和第二阳极组成。偏转系统主要由 Y 轴偏转板和 X 轴偏转板两部分组成,它的作用主要是将电子束按照偏转板上的信号电压做出相应的偏转,使得荧光屏上能绘出一定的波形。荧光屏是在示波管顶端内壁上涂有一层荧光物质制成的。这种荧光物质受高能电子束的轰击会产生辉光,而且还有余辉现象,即电子束轰击后产生的辉光不会立即消失,而将延续一段时间。之所以能在荧光屏幕上观察到一个连续的波形,除了人眼的残留特性外,正是利用了荧光屏余辉现象的缘故。

示波管的灵敏度比较低,如果偏转板上的电压不够大,就不能明显地观察到光点的移位。为了保证有足够的偏转电压,Y 轴放大器将被观察的电信号加以放大后,送至示波管的 Y 轴偏转板。

扫描发生器的作用是产生一个周期性的线性锯齿波电压。该扫描电压可以由扫描发生器自动产生,称为自动扫描,也可在触发器来的触发脉冲作用下产生,称为触发扫描。

X 轴放大器的作用是将扫描电压或 X 轴输入信号放大后,送至示波管的 X 轴偏转板。

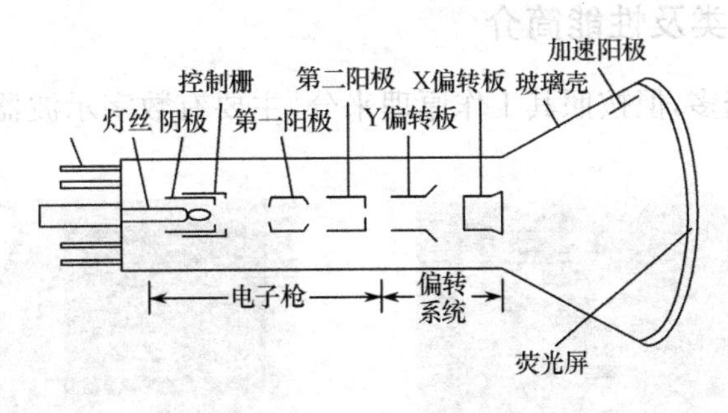

图 3-4-2 示波管的结构

触发器将来自内部(被测信号)或外部的触发信号经过整形,变为波形统一的触发脉冲,用以触发扫描发生器。若触发信号来自内部,称之为内触发;若来自外来信号则称为外触发。

电源的作用是将市电 220V 的交流电压转变为各部分电路工作所需要的直流电压。

2. 模拟示波器的工作原理

示波器显示波形的过程如图 3-4-3 所示。如果仅在示波管 X 轴偏转板加上幅度随时间线性增长的周期性锯齿波电压时,示波管屏面上的光电将反复自左端移动至右端,屏面上就出现一条水平线,称为扫描线或时间基线。如果同时在 Y 轴偏转板上加上被观察的电信号,就可以显示电信号的波形。

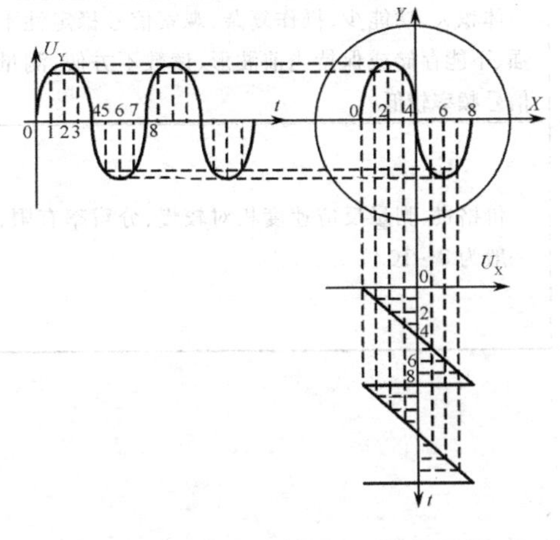

图 3-4-3 显示波形的原理

为了在荧光屏上观察到稳定的波形,必须使锯齿波的周期与被观察信号的周期相等,或成整数倍关系。否则稍有相差,所显示的波形就会向左或向右移动。

以上是模拟示波器的基本工作原理。如果要实现双踪显示,则是利用电子开关将 Y 轴输入的两个不同的被测信号分别显示在荧光屏上。由于人眼的视觉暂留作用,当转换频率高到一定程度后,看到的是两个稳定的、清晰的信号波形。示波器中往往有一个精确稳定的方波信号发生器,供校验示波器用。

3. 数字示波器的工作原理

数字示波器的工作原理较为简单,其组成框图如图 3-4-4 所示。它主要由电源、信号输入处理、AD 采集、信号数据处理、显示、键盘等部分组成。其工作原理如下:示波器的信号输入处理部分对输入信号进行预处理,处理完后送 AD 进行采集。单片机或 FPGA、DSP 等将 AD 采集到的信号数据保存并进行实时处理,最后将处理结果显示在 LCD 液晶屏上。

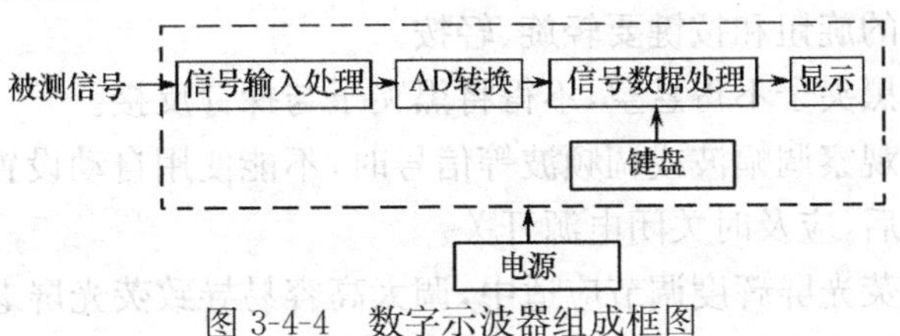

图 3-4-4 数字示波器组成框图

3.4.2 示波器的分类及性能简介

目前示波器种类繁多，但按照其工作原理来分，主要有数字示波器（图 3-4-5）和模拟示波器（图 3-4-6）两大类。

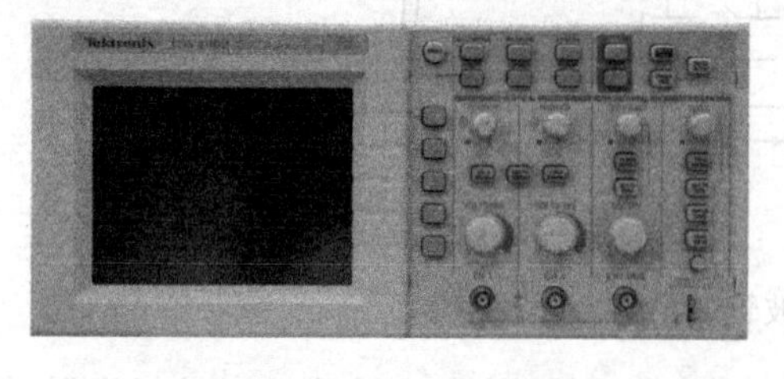

图 3-4-5 数字示波器

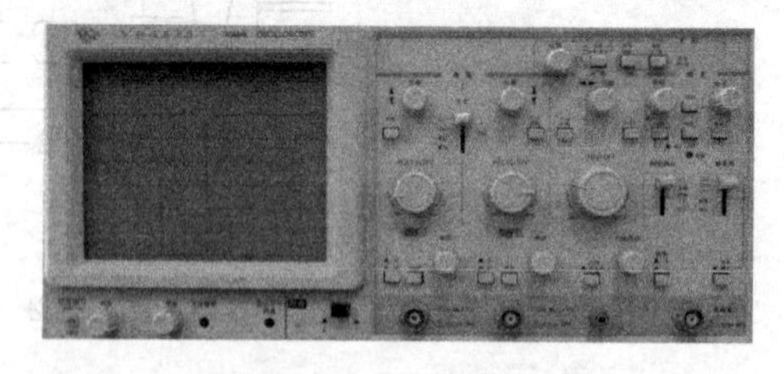

图 3-4-6 模拟示波器

两大类示波器性能参数各不一样。总的来说，模拟示波器价格便宜、反应速度快、显示清晰，而数字示波器则价格较高（尤其是进口数字示波器），但体积小巧、测量方便、功能强大。两者的具体性能对比见表 3-4-1。

表 3-4-1 模拟示波器与数字示波器性能对比

示波器种类	优点	缺点
模拟示波器	价格较低、反应速度快、显示清晰、分辨率高、连续无极限	体积大、功能少、操作复杂、观察信号稳定性不强、不能存储或保持当前波形、读数不方便、测量信号频率较低
数字示波器	体积小、重量轻、显示清晰、功能强、测量方便、读数简单、操作简明、能够存储一段时间内或当前的测量波形、测量信号频率较高，通常可达几十至几百兆，甚至上吉赫兹(GHz)	价格贵、测量反应速度相对较慢、分辨率有限、一般为 8～10 位

3.4.3 示波器的使用

1. 示波器的使用

模拟示波器的使用方法流程如图 3-4-7 所示，数字示波器的使用方法流程如图 3-4-8 所示。

2. 示波器的使用注意事项

① 不得使用硬物刺、划示波器显示屏。

② 输入信号应严格遵循仪器规定的标准，一般来说输入电压范围不得超过 200V。

③ 当通道选择开关需选择接地时，请首先断开外部输入信号。

④ 示波器面板上的旋钮和按键要轻旋、轻按。

⑤ 示波器探头的黑夹子不得悬空，不得将黑夹子与探针反接。

⑥ 用数字示波器观察调幅波或调频波等信号时，不能使用自动设置，必须手动设置。

⑦ 示波器使用完后，应及时关闭电源开关。

⑧ 模拟示波器的荧光屏辉度调节应适中，调太高容易导致荧光屏老化失效。

⑨ 模拟示波器不能在非校准状态下对被测信号的幅度和周期等参数进行读数。

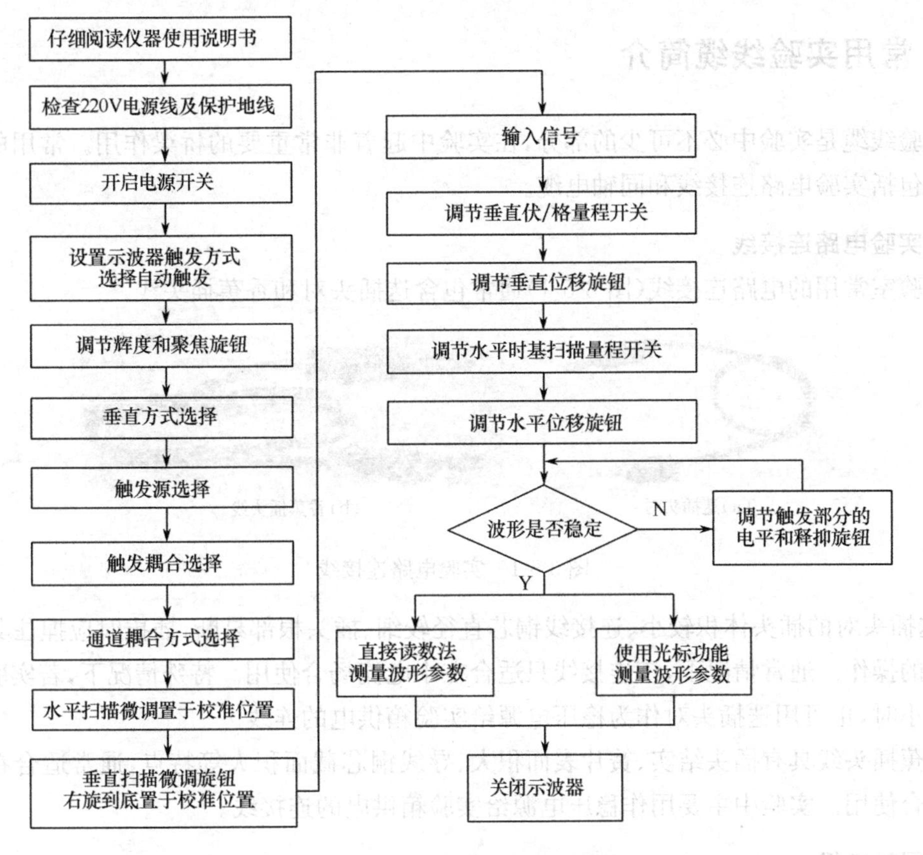

图 3-4-7 模拟示波器的使用方法流程

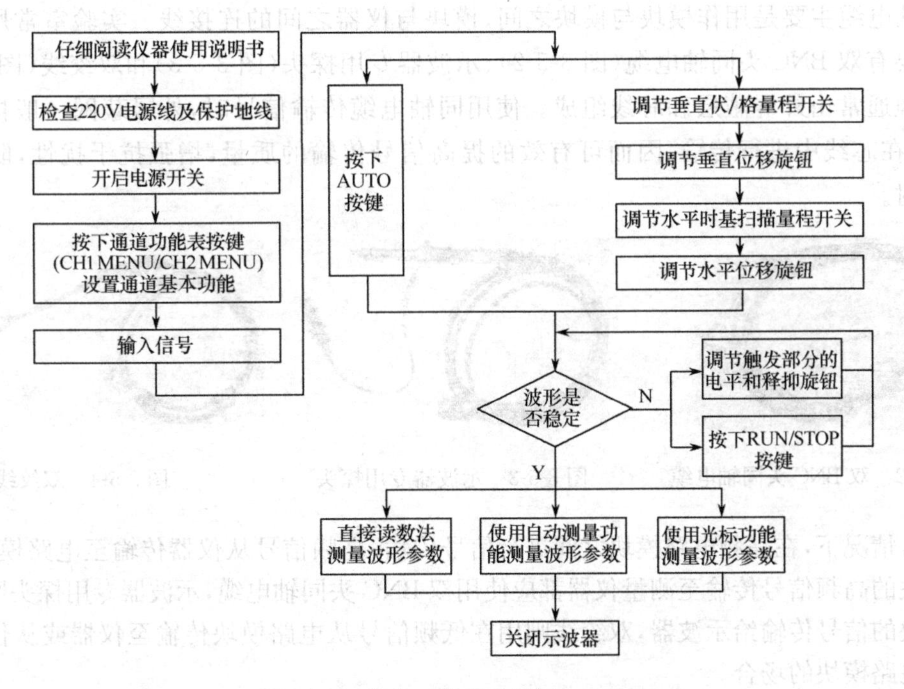

图 3-4-8 数字示波器的使用方法流程

3.5 常用实验线缆简介

实验线缆是实验中必不可少的部分，在实验中起着非常重要的桥梁作用。常用的实验线缆主要包括实验电路连接线和同轴电缆。

1. 实验电路连接线

实验室常用的电路连接线(图 3-5-1)通常包含迭插头对和香蕉插头线。

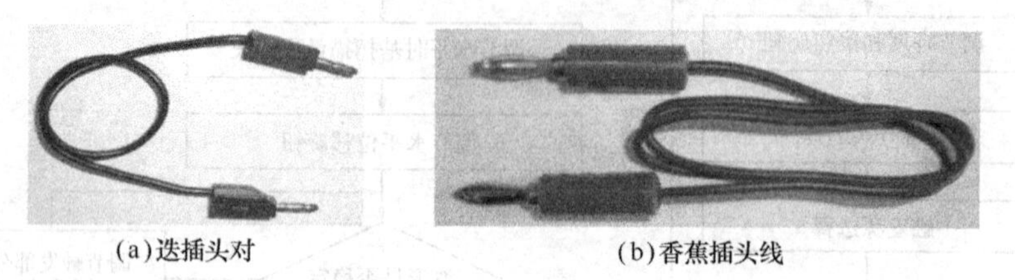

(a)迭插头对　　(b)香蕉插头线

图 3-5-1　实验电路连接线

迭插头对的插头体积较小、连接线铜芯直径较细、插头根部易断，插拔时应捏住其插头部位小心的操作。通常情况下，该连接线只适合在小电流场合使用。特殊情况下，若实验电路总电流较小时，也可用迭插头对作为稳压电源给实验箱供电的连线。

香蕉插头线具有插头结实、簧片表面积大、导线铜芯截面积大等特点，通常适合在低压大电流场合使用。实验中主要用作稳压电源给实验箱供电的连接线。

2. 同轴电缆

同轴电缆主要是用作模块与模块之间、模块与仪器之间的连接线。实验室常用的同轴电缆主要有双 BNC 头同轴电缆(图 3-5-2)、示波器专用探头(图 3-5-3)和双绞线(图 3-5-4)。同轴电缆通常由外屏蔽层和芯线组成。使用同轴电缆传输信号时，外屏蔽网一般接电路的地，信号在芯线中进行传输，因而可有效的提高信号传输的质量，增强抗干扰性，防止信号大量辐射。

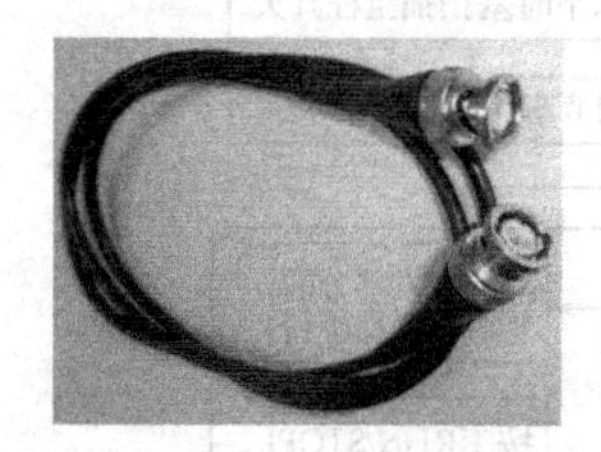

图 3-5-2　双 BNC 头同轴电缆

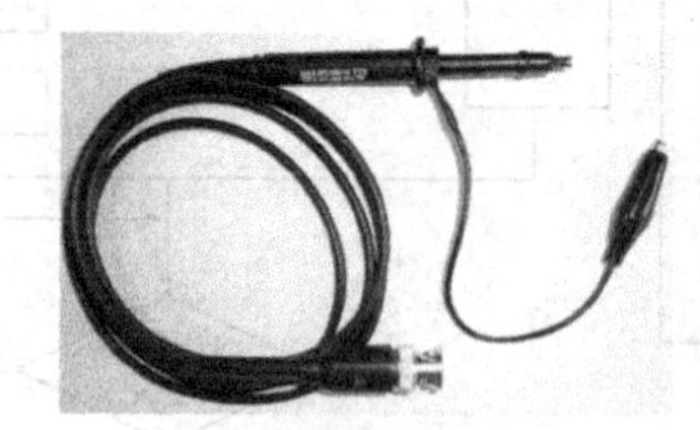

图 3-5-3　示波器专用探头

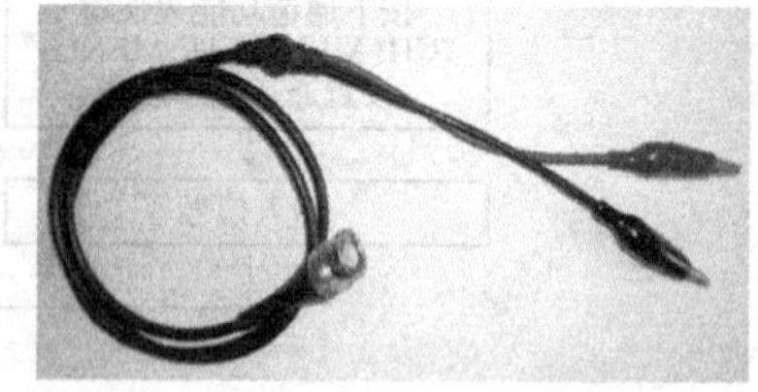

图 3-5-4　双绞线

通常情况下，在高频电路模块之间进行信号传输、高频信号从仪器传输至电路模块，以及电路模块的高频信号传输至测量仪器都应使用双 BNC 头同轴电缆，示波器专用探头则用于将电路模块的信号传输给示波器，双绞线则用在低频信号从电路模块传输至仪器或从仪器输出传输至电路模块的场合。

3.6　实验——常用电子仪器的使用

1. 实验目的

① 熟悉常用电子仪器的操作界面，掌握常用电子仪器的使用方法。

② 掌握几种典型信号的幅值、有效值和周期的测量。

2. 实验仪器

① 通用示波器

② 低频函数发生器

③ 交流毫伏表

④ 直流稳压电源

⑤ LCR 数字电桥

⑥ 万用表

⑦ 电阻、电容、电感 10Ω、100kΩ、0.1 μF、10 μH

以上仪器各一台，元件各一只，具体型号以实验室配备的为准。

3. 实验内容与步骤

① 熟悉示波器、函数信号发生器、交流毫伏表、直流稳压电源、万用表等常用电子仪器面板上各控制件的名称及作用。

② 掌握常用电子仪器的使用方法。

(1) 万用表及直流稳压电源的使用

① 用万用表测量给定的电阻阻值和电容器容值。

② 用万用表二极管挡测量整流二极管的正反向特性及发光二极管的正负引脚。

③ 将两路可调直流稳压电源设为独立稳压输出，调节一路输出电压为 12V，另一路为 5V。并使用万用表直流电压挡进行测量(第一、二、三路都要测量)，将测量结果和仪表显示值填入表 3-6-1 中。

④ 将稳压电源输出按照图 3-6-1 所示的正负电源形式进行连接，输出±12V 直流电压。

⑤ 将两路可调电源串联使用，调节输出稳压值为 40V。

⑥ 将稳压电源输出接为恒流模式，负载电阻为 10～50Ω，调节输出稳定电流为 0.2A，并用万用表直流电流挡进行测量。

表 3-6-1　实验数据(一)

输出接口	表头显示电压值(V)	测量电压值(V)
第一路		
第二路		
第三路		

(2)示波器、函数发生器、交流毫伏表的使用

① 示波器校准信号测试：用示波器显示校准信号的波形，测量该信号电压的峰峰值和周期。并将测量结果与已知的校准信号峰峰值和周期相比较。

② 正弦波测试：用函数信号发生器产生频率为 2KHz(以信号源显示值为准)，有效值为 3V(以毫伏表测量为准)的正弦波信号。再用示波器显示该正弦信号波形，测出其周期、频率、峰峰值和有效值，并用多功能计数器测量该信号的周期和频率。将测试数据填入表 3-6-2。

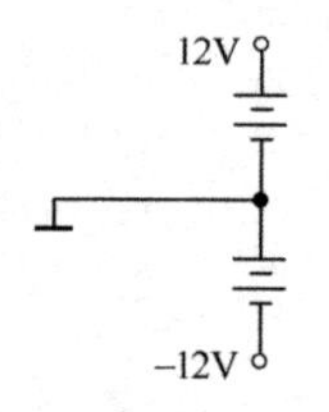

图 3-6-1　正负电源

表 3-6-2　实验数据(二)

仪器	正弦波			
	周期	频率	峰峰值	有效值
函数发生器	—	2kHz	—	—
交流毫伏表	—	—	—	3V
示波器				
多功能计数器			—	—

③ 叠加直流电平的正弦波的测试：使用函数信号发生器产生一个叠加直流电平的正弦波。调节信号源使该波形频率为 1kHz(以信号源显示为准)，峰峰值为 3V，直流分量为 0.5V(以示波器测量为准)，如图 3-6-2 所示。

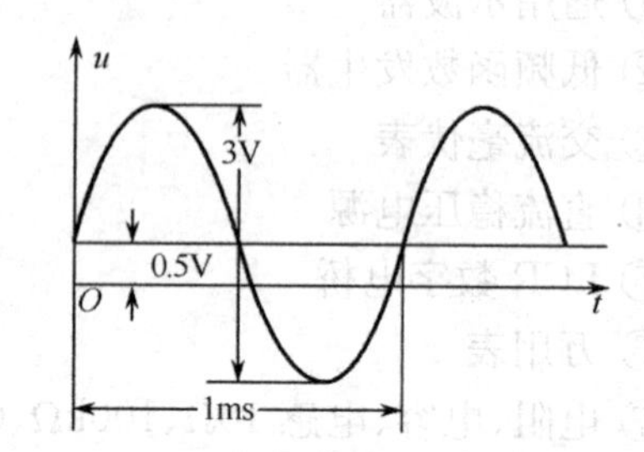

图 3-6-2　叠加直流电平的正弦波

再用万用表(直流电压挡)和交流毫伏表分别测出该信号的直流分量电压值和交流电压有效值，用多功能计数器或示波器测出该信号的频率和周期。数据填入表 3-6-3。

表 3-6-3　实验数据(三)

仪器	直流分量	交流分量			
		峰峰值	有效值	周期	频率
示波器	0.5V	3V			
多功能计数器	—	—	—		
万用表		—	—	—	—
交流毫伏表	—	—		—	—
函数发生器	—	—	—	—	1kHz

(3) 高频信号发生器的使用

① 用高频信号发生器产生 50MHz，有效值为 100mV 的信号，以示波器测量为准。

② 用高频信号发生器产生调幅波信号(调制信号选择 1kHz，载波选择 1MHz)，并用示波器观察调幅信号的波形。

③ 用高频信号发生器产生调频信号(调制信号选择 400Hz，载波选择 1MHz)，并用示波器观察调频信号的波形。

4. 实验预习要求

① 熟悉常用电子仪器面板上各控制件的位置、名称及作用。

② 了解各种常用电子仪器的使用方法及使用注意事项。

5. 实验报告要求

① 整理实验数据、并对记录的数据进行误差分析等处理。观察波形的实验必须绘出波形示意图(绘图必须使用铅笔和直尺)。

② 撰写实验心得(包括实验中遇到的问题、解决方法及对仪器的认识等)。

第 4 章　焊接与调试技术

任何一台电子仪器、仪表或电子产品，都是由各种元器件、电子模块、接插件、线缆连接组装而成的。电路安装工艺包括 PCB 设计制作、元器件焊接、线缆连接和机械安装等环节。其中，焊接是电子制作中的重要环节，也是电子工程技术人员必须掌握的一种基本技能。焊接质量的好坏会直接影响电路的工作性能，因此，必须掌握好焊接技术，提高焊接水平。

焊接是将两个或两个以上的焊件，在外界某种能量(加热或其他的方法)的作用下，借助于各焊件接触部位的原子间的相互结合力，连接成一个不可拆卸的整体的一种加工方法。焊接的材料通常包括金属与金属、金属与非金属、非金属与非金属。

4.1　常用工具

4.1.1　焊接工具

1. 电烙铁

电烙铁是焊接的主要工具，其作用是把电能转换成热能对焊接部位进行加热，同时熔化焊锡，使熔化的焊锡润湿被焊金属形成合金，冷却后被焊元器件通过焊点牢固地连接。

(1) 电烙铁的分类

常用电烙铁分外热式和内热式两种，除此之外还有恒温电烙铁、吸锡电烙铁和气焊烙铁等。

① 外热式电烙铁

外热式电烙铁一般由烙铁头、烙铁芯、外壳、手柄、插头等部分组成，如图 4-1-1 所示。烙铁头安装在烙铁芯内，用热传导性好的以铜为基体的铜合金材料制成。烙铁头有凿式、尖锥形、圆面形和半圆沟形等不同的形状，以适应不同焊接面的需要，且烙铁头的长短可以调整(烙铁头越短，温度就越高)。外热式电烙铁的规格很多，常用的有 25W、45W、75W、100W 等。

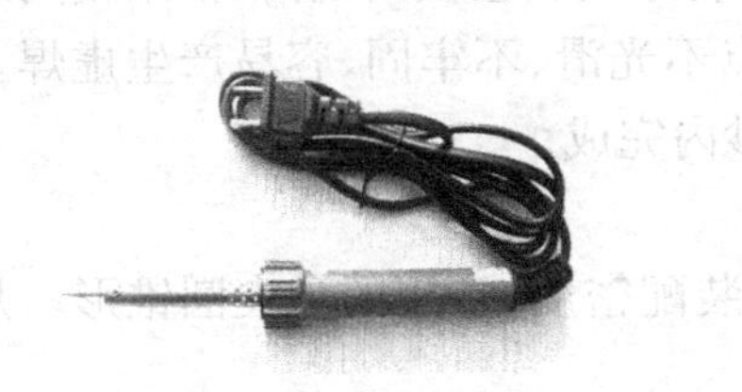

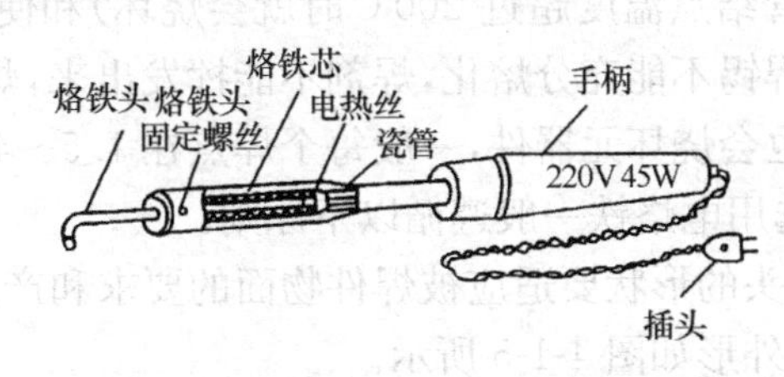

图 4-1-1　外热式电烙铁

② 内热式电烙铁

内热式电烙铁由连接杆、手柄、烙铁芯、烙铁头等组成，如图 4-1-2 所示。烙铁芯安装在烙铁头的里面(发热快，热效率高达 85%以上)，故称为内热式电烙铁。内热式电烙铁具有体积小、重量轻、升温快，热效率高等优点，因而应用广泛。由于其热效率高，20W 的内热式电烙铁大致相当于 25～40W 的外热式电烙铁。常用的内热式电烙铁的工作温度列于下表。

烙铁功率 /W	20	25	45	75	100
端头温度 /℃	350	400	420	440	455

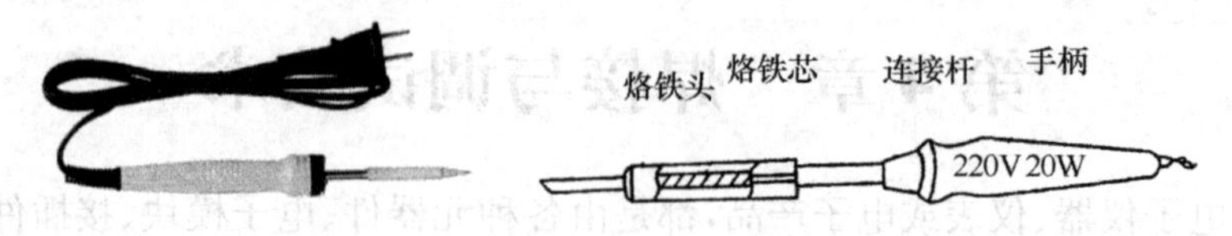

图 4-1-2 内热式电烙铁

③ 恒温电烙铁

恒温电烙铁的烙铁头内装有磁铁式的温度控制器来控制通电时间，实现恒温的目的。在对焊接温度要求不宜过高、焊接时间不宜过长的元器件焊接时，应选用恒温电烙铁。恒温电烙铁如图 4-1-3 所示。

④ 吸锡电烙铁

吸锡电烙铁是将活塞式吸锡器与电烙铁融于一体的拆焊工具，它具有使用方便、灵活、适用范围宽等特点。吸锡电烙铁如图 4-1-4 所示。

图 4-1-3 恒温电烙铁图

图 4-1-4 吸锡电烙铁

⑤ 气焊烙铁

气焊烙铁是一种用液化气、甲烷等可燃气体燃烧加热烙铁头的烙铁。适用于供电不便或无法供给交流电的场合。

(2) 电烙铁的选择

一般来说电烙铁的功率越大，热量越大，烙铁头的温度越高。焊接集成电路、印制电路板、CMOS 电路一般选用 20W 内热式电烙铁。如果使用的烙铁功率过大，容易烫坏元器件(一般二、三极管结点温度超过 200℃时就会烧坏)和使印制导线从基板上脱落；如果使用的烙铁功率太小，焊锡不能充分熔化，焊剂不能挥发出来，焊点不光滑、不牢固，容易产生虚焊。焊接时间过长，也会烧坏元器件，一般每个焊点在 1.5～4 秒内完成。

① 选用电烙铁一般遵循以下原则：

烙铁头的形状要适应被焊件物面的要求和产品装配密度，常用的是尖圆锥形。几种常见烙铁头的外形如图 4-1-5 所示。

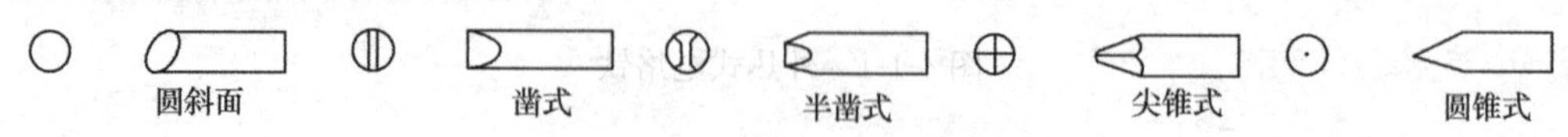

图 4-1-5 常用烙铁外形铁头

烙铁头的顶端温度要与焊料的熔点相适应，一般要比焊料熔点高 30～80℃（不包括在烙铁头接触焊接点时下降的温度）。

电烙铁热容量要恰当。烙铁头的温度恢复时间要与被焊件物面的要求相适应。温度恢复时间是指在焊接周期内，烙铁顶端温度因热量散失而降低后，再恢复到最高温度所需时间。它与电烙铁功率、热容量以及烙铁头的形状、长短有关。

可以根据个人习惯及使用体会选用烙铁头，并随焊接对象变化，每把烙铁可配几个铁头，对焊接条件变化很大的工作来说复合型烙铁头能适应大多数情况。

② 选择电烙铁的功率原则如下：

焊接集成电路、晶体管及其他受热易损坏的元器件时，应考虑选用 20W 内热式或 25W 外热式电烙铁；焊接较粗导线及同轴电缆时，应考虑选用 50W 内热式或 45～75W 外热式电烙铁；焊接较大元器件时，如金属底盘接地焊片，应选 100W 以上的电烙铁。

(3) 电烙铁的握法

电烙铁的握法分为三种。如图 4-1-6 所示。

反握法——是用五指把电烙铁的手柄握在掌内，如图 4-1-6(a)所示。此法动作稳定，长时间操作不易疲劳，适用于大功率电烙铁，焊接散热量大的被焊件。

正握法——此法适用中等功率电烙铁，带弯形烙铁头的电烙铁一般也用此方法，如图 4-1-6(b)所示。

握笔法——用握笔的方法握住电烙铁，如图 4-1-6(c)所示。此法适用于小功率电烙铁，焊接散热量小的被焊件，如焊接收音机、电视机的印制电路板及其维修等。

(4) 电烙铁使用时的注意事项

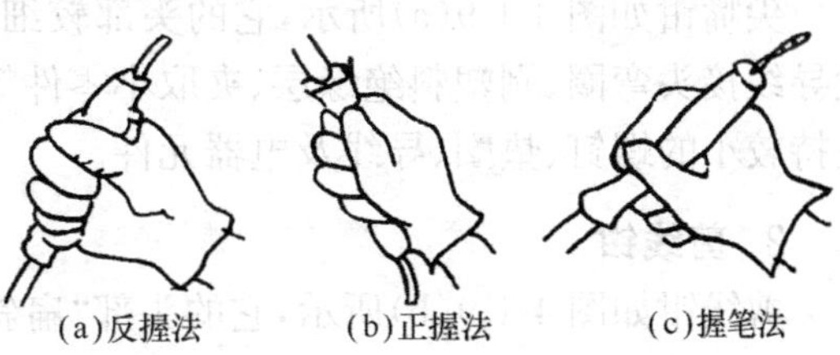

图 4-1-6　电烙铁握持方法

使用前，应认真检查烙铁电源插头、电源线有无损坏，并检查烙铁头是否松动。新烙铁使用前，应先用细砂纸将烙铁头打光亮，通电烧热，再用烙铁头刃面接触含松香的焊锡丝，使烙铁头上均匀地镀上一层薄锡，这样做便于焊接和防止烙铁头表面氧化；旧的烙铁头如严重氧化而发黑，可以用钢锉去除表层氧化物，使其露出金属光泽后，重新镀锡，才能使用。

注意：*对于表面镀有合金层的烙铁头，不能采用上述方法，可以用湿的棉布等去掉烙铁头表面的氧化物。*

电烙铁使用中，不能用力敲击，要防止烙铁头跌落。烙铁头上焊锡过多时，可用湿布擦掉，不可乱甩，以免伤到皮肤和眼睛及烫伤他人。

电烙铁通电后温度高达 250℃以上，不用时应放在烙铁架上，注意烙铁头不要触碰到导线或其他元器件，以免烫伤导线，造成漏电等事故。如果较长时间不用应切断电源，防止高温“烧死”烙铁头(被氧化)。另外，要防止电烙铁烫坏其他元器件，尤其是电源线，若其绝缘层被烙铁烧坏而不注意便容易引发安全事故。

电烙铁使用结束后，应及时切断电源，拔下电源插头。冷却后，再将电烙铁收回工具箱。对于吸锡电烙铁，在使用后要马上压挤活塞清理内部的残留物，以免堵塞。

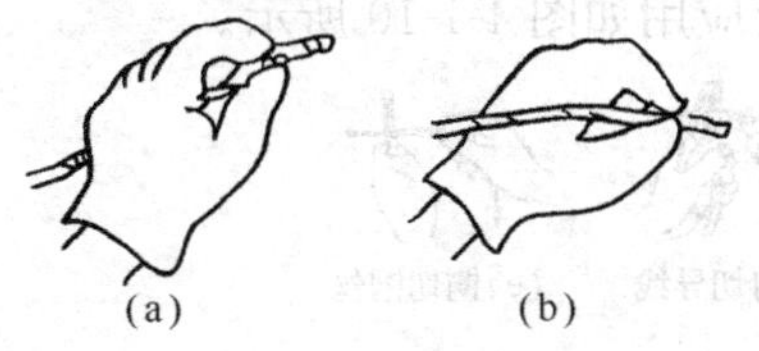

图 4-1-7　焊锡丝的拿法

(5) 焊锡丝的拿法

焊锡丝的拿法有两种，如图 4-1-7 所示。连续焊接时应将焊锡丝抓在左手中，焊接时用左手拇指和食指捏住送向烙铁头，如图 4-1-7(a)所示；断续焊接时，焊锡丝也是用左手拇指和食指送往烙铁头，但焊锡丝不在手掌之中，如图4-1-7(b)所示。

在焊接时，焊接者的鼻子与焊接电烙铁的距离不应少于20cm，通常以30cm为宜，减少焊接者对有害气体的吸入，以免焊剂加热时挥发出来的化学物质对人体造成伤害。

2. 吸锡器

吸锡器在拆除元件时十分有用，它能将熔化的焊锡全部吸掉，如果是拆除引脚较少的元件，可直接使用烙铁将焊点熔化后将元件取出。吸锡器外形图如图4-1-8所示。

具体使用方法是：胶柄手动吸锡器的里面有一个弹簧，使用时先将吸锡器末端的滑动杆压入，直至听到“咔”声，则表明吸锡器已被固定。吸锡器固定好后，一手拿烙铁将焊锡熔化，另一手迅速将吸锡器对在焊点上，按下吸锡器上的按钮即可将锡吸掉。若一次未吸干净，可重复上述步骤。吸锡器在使用一段时间后必须进行清理，否则内部活动的部分或头部会被焊锡卡住。清理的方法是：先将吸锡器的头部拆下来，再分别清理干净。

图4-1-8　吸锡器

4.1.2　钳口工具

1. 尖嘴钳

尖嘴钳如图4-1-9(a)所示，它的头部较细，主要用来剪切线径较细的单股与多股线、给单股导线接头弯圈、剥塑料绝缘层、夹取小零件等。其特点是适用于在狭小的工作空间操作，能夹持较小的螺钉、垫圈、导线及电器元件。

2. 剪线钳

剪线钳如图4-1-9(b)所示，它的头部“扁斜”，因此又叫斜口钳。它的刀口较锋利，主要用来剪切导线、电缆及元件多余的引脚等，还可以用来剥导线的绝缘层等。它的柄部有铁柄、管柄、绝缘柄之分，绝缘柄耐压值通常是1000V。

3. 剥线钳

剥线钳如图4-1-9(c)所示，它是用来剥落小直径导线绝缘层的专用工具。它的钳口部分设有几个刃口，用以剥落不同线径的导线绝缘层。其柄部是绝缘的，耐压值通常为500V。使用方法是：将待剥皮的线头置于钳头的刃口中，用手将两钳柄捏住，绝缘皮便与芯线脱开，再顺着导线的方向将脱开的绝缘皮剥掉即可。

(a)尖嘴钳　(b)剪线钳　(c)剥线钳

图4-1-9

4. 钢丝钳

钢丝钳是一种夹持或折断金属薄片，切断金属丝的工具。电工用钢丝钳的柄部套有绝缘套管（耐压500V），其规格用钢丝钳全长的毫米数表示，常用的有150mm、175mm、200mm等。钢丝钳的构造及应用如图4-1-10所示。

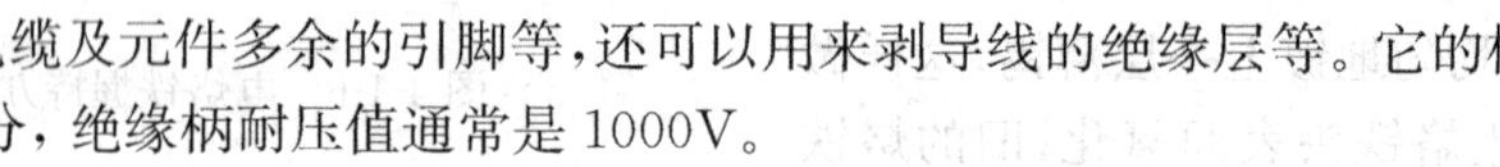

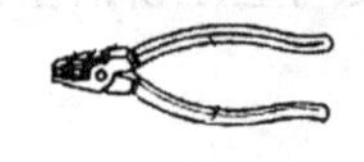

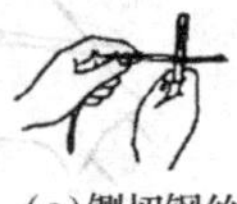

(a)构造　(b)弯绞导线　(c)紧固螺母　(d)剪切导线　(e)铡切钢丝

图4-1-10　钢丝钳的构造及应用

4.1.3　紧固工具

1. 螺丝刀

螺丝刀也称起子，是最常用的电工工具，它由刀头和柄组成。刀头形状有一字形和十字形两种，分别用于旋动头部为横槽或十字形槽的螺钉，如图 4-1-11 所示。螺丝刀的规格是指金属杆的长度，规格有 75mm、100mm、125mm 和 150mm 几种。使用时，手紧握柄，用力顶住，使刀紧压在螺钉上，通常以顺时针的方向旋转为紧固，逆时针为松开。穿心柄式螺丝刀，可在尾部敲击，但禁止用于带电的场合。

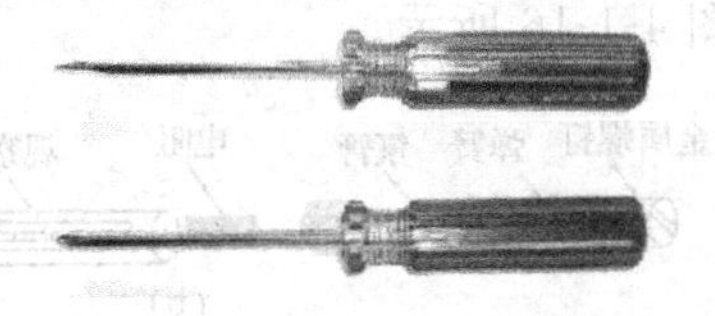

图 4-1-11　螺丝刀　　　　图 4-1-12　内六角扳手

2. 扳手

① 内六角扳手：用于装拆内六角螺钉。常用于某些机电产品的拆装，如图 4-1-12 所示。

② 活络扳手：活络扳手又叫活扳手，是一种旋紧或拧松有角螺丝钉或螺母的工具。电工常用的有 200mm、250mm 和 300mm 三种，使用时应根据螺母的大小选配。

扳动小螺母时，因需要不断地转动蜗轮，调节扳口的大小，所以手应握在靠近呆扳唇处，并用大拇指调节蜗轮，以适应螺母的大小。

活络扳手的扳口夹持螺母时，呆扳唇在上，活扳唇在下。切记活扳手不可反过来使用。活扳手的构造及使用如图 4-1-13 所示。

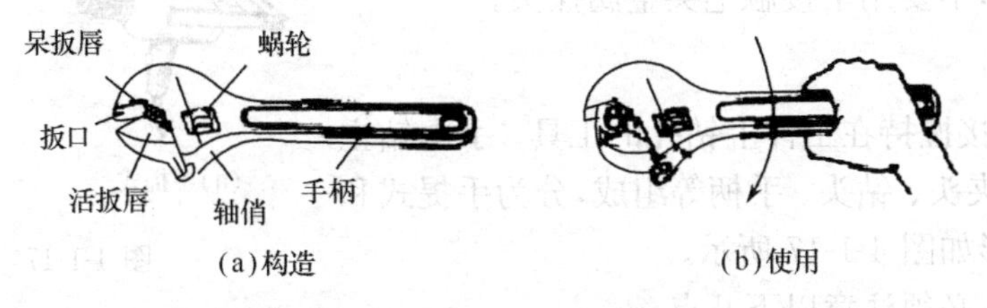

(a)构造　　(b)使用

图 4-1-13　活扳手的构造及使用

4.1.4　其他工具

1. 电工刀

在安装维修中用于切削导线的绝缘层、电缆绝缘皮、木槽板等，规格有大号、小号之分。大号刀片长 112mm；小号刀片长 88mm。有的电工刀上带有锯片和锥子，可用来锯小木片和锥孔，如图 4-1-14 所示。电工刀没有绝缘保护，禁止带电作业。使用电工刀，应避免切割坚硬的材料，以保护刀口。刀口用钝后，可用油石打磨。如果刀刃部分损坏较重，可用砂轮磨，但须防止退火。

2. 镊子

实验室常用的镊子有两种：一种是修理钟表用的不锈钢镊子。这种镊子头部细尖，可以用来夹住细小的元器件或导线、引脚等，还可以伸入零件内部进行装配和焊接，如图 4-1-15 所示。另一种是医用镊子，头部圆滑，内侧带有锯齿状横槽，使被夹件不易滑动。这种镊子可用于帮助元件引脚弯曲成形，焊接时可用于夹住元器件引脚帮助固定与散热等。

图 4-1-14　电工刀

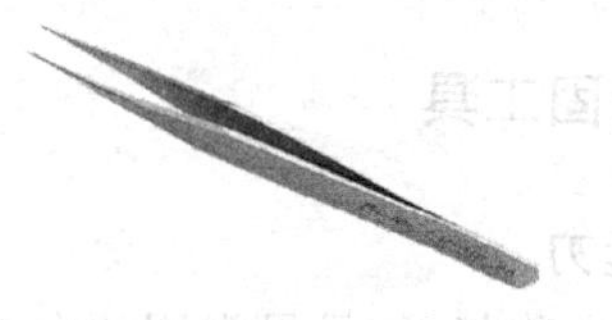

图 4-1-15　镊子

3. 测电笔

测电笔又叫电压指示器，是用来检查导线和电气设备是否带电的工具。检测电压范围一般为 60～500 V，常做成钢笔式或改锥式，如图 4-1-16 所示。

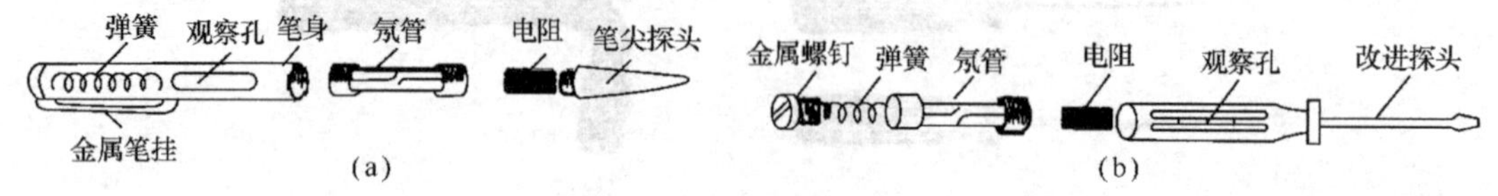

图 4-1-16　测电笔

它主要由工作触头、降压电阻、氖泡、弹簧等部件组成。这种验电器是利用电流通过验电器、人体、大地形成回路，其漏电电流使氖泡起辉发光而工作的。只要带电体与大地之间电位差超过一定数值(36V 以下)，验电器就会发出辉光，低于这个数值就不发光，从而来判断低压电气设备是否带有非安全电压。

在使用前，首先应检查一下验电笔的完好性，各组成部分是否缺少，氖泡是否损坏。然后在有电的地方验证一下，只有确认验电笔完好后，才可进行验电。在使用时，一定要手握笔帽端金属挂钩或尾部螺丝，笔尖金属探头接触带电设备，湿手不要去验电，不要用手接触笔尖金属探头。

4. 手电钻

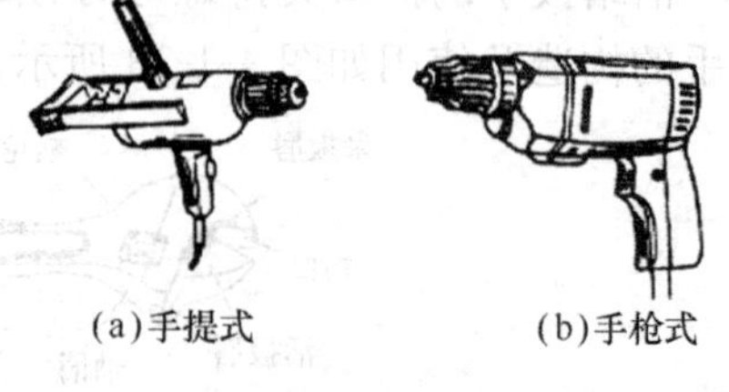

图 4-1-17　手电钻

手电钻是直接握持在工件上钻孔的工具。手电钻主要由电动机、钻夹头、钻头、手柄等组成，分为手提式和手枪式两种，外形如图 4-1-17 所示。

使用电钻时，必须注意以下几点：

① 目前常用电钻的使用电压为 220V，保证电气安全性能极为重要，在使用前，必须检查电气绝缘是否良好，导线有无破损等。

② 根据所钻孔的大小，合理选择钻头尺寸，钻头装夹要合理、可靠。

③ 钻孔时，不要用力过猛，当转速较低时，应放松压力，以防电钻过热或堵转。

④ 被钻孔的构件应固定可靠，以防随钻头一并旋转，造成构件的飞甩。

5. 电子热熔胶枪

热熔胶枪是一种将固化熔胶棒熔化至半液体状的流体并在一定的压力作用下将胶液灌注到工位的工具，如图 4-1-18 所示。

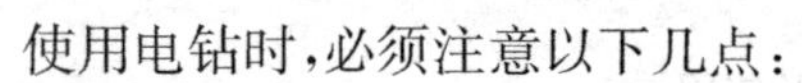

图 4-1-18　热熔胶枪

热熔胶枪的使用：将胶棒插入热熔胶枪尾部进料口，接通电源后连续扣动扳机，胶棒在加热腔中溶化后，从枪口喷流到胶接部位，自然冷却后胶体固化形成胶接。热熔胶不仅可用于电子产品各种接头的粘接固定，还可用于某些部件的灌封及其他需要固定、连接的场合。

6. 热风枪

图 4-1-19　热风枪

热风枪是一种贴片元件和贴片集成电路的拆焊、焊接工具。热风枪主要由气泵、线性电路板、气流稳定器、外壳、手柄等组件组成，如图 4-1-19 所示。

(1) 热风枪的使用方法

① 将热风枪电源插头插入电源插座，打开热风枪电源开关。

② 在热风枪喷头前 10cm 处放置一纸条，调节热风枪风速开关，当热风枪的风速在 1～8 挡变化时，观察热风枪的风力情况。

③ 根据需拆焊元器件的性质选择热风枪的风力大小。

(2) 注意事项

① 在焊接和拆卸时要特别注意通路孔，应避免印制电路与通路孔错开。

② 更换元件时，应避免焊接温度过高。有些金属氧化物互补型半导体(CMOS)对静电或高压特别敏感而易受损。这种损伤可能是潜在的，在数周或数月后才会表现出来。在拆卸这类元件时，必须放在接地的台子上，接地最有效的办法是使用者戴上导电的手套，不要穿尼龙衣服等易带静电的服装。

4.2　焊接材料

焊接材料包括焊料(俗称焊锡)和焊剂(又叫助焊剂)。掌握焊料和焊剂的性质、成分、作用及如何选用等知识是电子线路安装技术中的重要内容之一，对保证焊接质量具有决定性影响。

4.2.1　焊料

焊料是一种易熔金属，它能使元器件引线与印制电路板的连接点连接在一起。目前主要使用锡铅焊料，也称焊锡。锡(Sn)是一种质地柔软、延展性大的银白色金属，熔点为 232℃，在常温下化学性能稳定，不易氧化，不失金属光泽，抗大气腐蚀能力强。铅(Pb)是一种较软的浅青白色金属，熔点为 327℃ 。高纯度的铅耐大气腐蚀能力强，化学稳定性好，但对人体有害。锡中加入一定比例的铅和少量其他金属可制成熔点低、流动性好、对元件和导线的附着力强、机械强度高、导电性好、不易氧化、抗腐蚀性好、焊点光亮美观的焊料，也就是我们所称的焊锡。焊锡是应用最广的一种焊料，在实际焊接中通常要和松香等配合使用。

1. 焊锡的特点

① 熔点低。焊接温度过高，不仅会影响元器件的性能，也对焊接的工作环境要求更高。而熔点较低的焊锡就更利于焊接的进行。

② 抗腐蚀能力强。锡和铅的化学稳定性好，因此锡铅合金的抗腐蚀性能强，这样就能保证电子设备在高温、低温、潮湿等恶劣环境下可靠地工作。

③ 凝固快。焊接冷却时，焊点上的熔融焊料凝固速度快，有利于焊点的形成，也便于焊接操作。

④ 成本低。锡铅焊料的价格比其他焊料的要低，有利于降低电子产品的成本。

⑤ 导电性好。锡铅焊料具有良好的导电性。

另外，在锡铅焊料中还含有一定量熔点较低的金属，如锌、锑、铜、铋、铁、镍等。不同的杂质对焊接的影响也有所不同，见表 4-2-1。

表 4-2-1　锡铅焊料中的杂质及其影响

杂质成分		有利影响	不利影响
锑	Sb	可增加强度	降低焊料的流动性，使焊料变硬
铜	Cu	连接强度增加，可防止烙铁头铜材的熔融	熔点变高，流动性变差，可焊性下降，易产生桥接和拉尖
锌	Zn		熔入 0.005% 就使焊点光泽低，焊料的铺展性和润湿性差，易氧化
铝	Al		与锌相同，焊接能力差，流动性差，产生氧化和腐蚀，焊点出现麻点
镉	Cd		焊料熔点下降，流动性变差，焊料晶粒变大而失去光泽
铁	Fe	可用于需要磁性材料作业场合	熔点增高，难以焊接，使焊料带有磁性，因而不能用于测量仪表
铋	Bi	可作为低熔点焊料的主要成分	熔点降低，力学性能变脆，冷却时产生龟裂
砷	As	可使焊料流动性增加；液态时可增加耐氧化性	含量较少就会使焊料流动性增加，表面变黑，硬度和脆性增加，外观变坏
磷	P	含少量就可使流动性增加	增加流动性，对铜产生腐蚀作用
银	Ag	可改善焊料的性质，焊接性能、焊接强度都有提高，熔点降低	
金	Au		使焊料表面失去光泽，材质变脆

2. 焊锡的选用

焊锡按含锡量的多少可分为 15 种，按含锡量和杂质的化学成分分为 S、A 和 B 三个等级。

图 4-2-1　焊锡丝

手工焊接常用管状焊锡丝，一般采用有松香芯的焊锡丝。这种焊锡丝将焊锡制成管状，如图 4-2-1 所示，其轴向心内是优质松香添加一定的活化剂组成的。它的特点是熔点较低，而且内含松香助焊剂，使用极为方便。焊锡丝直径有 0.5mm、0.8mm、0.9mm、1.0mm、1.2mm、1.5mm、2.0mm、2.3mm、2.5mm、3.0mm、4.0mm、5.0mm，还有扁带状、球状、饼状等形状的成形焊锡。表 4-2-2 是常用锡铅焊料的成分及其主要性能和用途。

表 4-2-2　常用锡铅焊料的成分及用途

名称	牌号	主要成分			杂质少于(%)	熔点/℃	抗拉强度	用途
		锡	锑	铅				
10 焊锡	HlSnPb10	89～91	≤0.15	余量	0.1	220	4.3	焊食品器皿及医药卫生方面物品
39 焊锡	HlSnPb39	59～61	≤0.8			183	47	焊电子、电气制品
50 焊锡	HlSnPb50	49～51				210	3.8	焊散热器、计算机、黄铜制件
58-2 焊锡	HlSnPb58-2	39～41	1.5～2			235		焊工业及物理仪表等
68-2 焊锡	HlSnPb68-2	29～31				256	3.3	焊电缆护套、铅管
80-2 焊锡	HlSnPb80-2	17～19				277	2.8	焊油壶、容器、散热器
90-6 焊锡	HlSnPb90-6	3～4	5～6		0.6	265	5.9	焊黄铜和铜
73-2 焊锡	HlSnPb73-2	24～26	1.5～2				2.8	焊铅管
45 焊锡	HlSnPb45	53～57				200	—	—

注：锡铅焊料的牌号由焊料两字汉语拼音第一个字母 Hl 及锡铅元素 SnPb，再加上铅的百分比含量组成。如成分为 Sn61%，Pb39% 的锡铅焊料表示为 HlSnPb39，称为锡铅料 39。

对于成分为 Sn61.9%、Pb38.1% 的锡铅合金，我们称为共晶焊锡。共晶焊锡具有熔点低(183℃)、凝固快、流动性好及机械强度高等优点。所以，在电子产品的焊接中，都采用这种配比的焊锡。

4.2.2　焊剂

在焊接过程中，由于金属在加热的情况下会产生一层薄氧化膜，这将阻碍焊锡的浸润，影响焊接点合金的形成，容易出现虚焊、假焊等现象。焊剂是用来增加润湿，帮助和加速焊接的进程，故焊剂又称助焊剂。使用助焊剂，可以帮助清除金属表面的氧化物，利于焊接，又可保护烙铁头。

1. 助焊剂的作用

① 去氧化物。助焊剂可以溶解并去除金属焊件表面的氧化物和其他杂质，使熔融的焊料直接与焊件相互接触。

② 改善润湿。助焊剂可以增加熔融焊料与焊件表面的活性，降低焊锡表面的张力，有助于焊锡的润湿。

③ 形成保护膜。在焊接过程中，助焊剂能形成保护膜，包围在金属表面，使金属与空气隔绝，防止焊锡在加热过程中被氧化。

2. 助焊剂的分类

对助焊剂的分类，国内外都有一定的理论和实践依据。按性质可以将焊剂分为无机焊剂、有机焊剂和树脂焊剂三类。

（1）无机焊剂

无机焊剂的主要成分是氯化铵、氯化锌等的混合物，熔点约在 180℃以下。其具有化学作用强，助焊性能好，活性强，但腐蚀性大等特点。因为无机焊剂腐蚀性强，所以在焊接中一般不提倡使用，只是在一些特殊的场合使用，而且在使用后，也必须将焊接部位清洗干净。常用的有焊油、焊膏等。

（2）有机焊剂

有机焊剂由有机酸、有机类卤化物以及各种胺盐、树脂合成物组成。其化学作用缓和，有较好的助焊性能，腐蚀性小。但这种焊剂仍有一定的腐蚀性，且残渣不易清洗干净。因此，有机焊剂一般不单独使用，而是作为活性剂与松香一起使用。有机焊剂包括松香焊剂、盐酸苯胺焊剂，以及不同配方的有机焊剂等。

（3）树脂焊剂

树脂焊剂的主要成分是松香，如图 4-2-2 所示，松香在加热的条件下具有去除被焊金属表面氧化物的能力，同时在焊接后能形成一层薄膜覆盖在焊点表面，保护焊点不被氧化腐蚀。松香具有无腐蚀性、无污染、绝缘性能好等特点，但其活性较差，可通过适当加入活性剂来提高活性。另外，松香的化学稳定性较差，在空气中易氧化和吸潮，残留不易清洗，在实际应用中可用改性松香代替。

图 4-2-2　松香

一般在电子产品生产中，以松香为主要成分的树脂焊剂最为常见，已成为专用型号的助焊剂。当然，在选用助焊剂时，可根据不同的焊接对象合理选用，常用的焊剂是松香或松香水（将松香溶于酒精中）。焊接较大元件或导线时，可采用焊膏焊油，但焊膏焊油具有一定的腐蚀性，不可用于焊接电子元器件和电路板，焊接完毕应将焊接处残留的焊膏焊油等擦拭干净。元器件引脚镀锡时应选用松香或松香水作助焊剂。印制电路板上已涂有松香溶液的，元器件焊入时不必再用助焊剂。

4.3 锡焊机理

锡焊过程实际上是焊料、焊剂、焊件在焊接加热的作用下，相互间所发生的物理—化学过程。在焊接过程中，熔融焊料在被焊金属表面形成焊点的过程可分为三个阶段：润湿阶段、扩散阶段和合金层生成阶段。

1. 润湿阶段

在焊点形成过程中，熔融焊料在被焊件的金属表面充分铺展，这一过程即为润湿过程。

焊接质量的好坏关键取决于润湿的程度，熔融的焊料与焊件的接触角称为润湿角，用 θ 表示，如图 4-3-1 所示。润湿角 θ 的大小可以衡量熔融焊料对被焊金属表面的润湿程度。

当 $\theta<90°$时，焊点润湿；

当 $\theta>90°$时，焊点不润湿；

当 $\theta\to 0°$时，焊点完全润湿；

当 $\theta\to 180°$时，焊点完全不润湿。

一般来说，θ 在 20°～30°之间时，认为焊点为良好润湿。

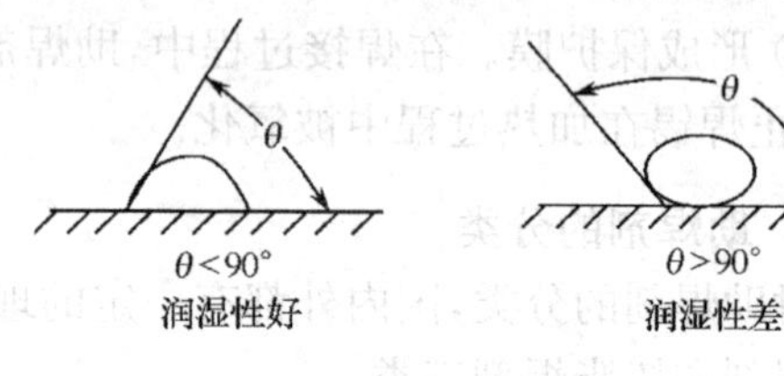

图 4-3-1 润湿角 θ

2. 扩散阶段

在焊接过程中，焊点发生润湿现象的同时还伴随着扩散现象，从而可以形成合金层。因晶格中金属原子进行着热运动，当温度足够高时，某些原子就会由原来的位置转移到其他的晶格，这一现象叫扩散。

在焊接过程中，扩散速度和扩散量受温度和时间的影响。扩散形成的合金层的成分和厚度取决于基板焊件与焊料间的金属性质、焊剂的物理和化学性质及焊接工艺条件等。合金层是锡焊中极其重要的结构层，若焊点中没有合金层或合金量太少，将会出现虚焊、假焊现象。

3. 合金生成阶段

在润湿的同时，还发生液体焊料和固态焊件金属之间的原子扩散，从而在焊料和焊件的交界处形成一层金属化合物，即合金层。合金层使不同的金属材料牢固地连接在一起。合金层的成分和厚度取决于焊件、焊料的金属性质，焊剂的物理化学性质，焊接的温度、时间等因素。因此，焊接的好坏很大程度上取决于合金层的质量。

焊接结束后，焊接处截面结构如图 4-3-2 所示（即焊点的结构），主要包括母材层（如印制板的铜箔，元器件的引线）、合金层、焊料层和表面层（氧化层或焊剂层）。

实验证明，理想的焊接如图 4-3-3 所示，在结构上必须具有一层比较严格的合金层。否则，将会出现虚焊、假焊现象，如图 4-3-4 所示。

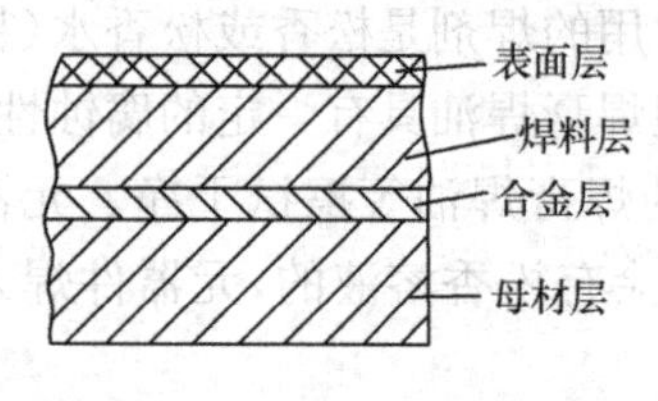

图 4-3-2 焊接截面结构

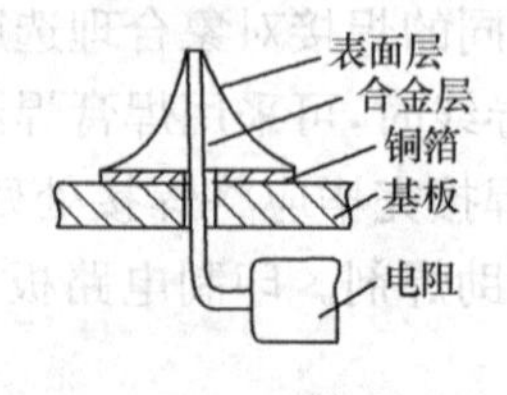

图 4-3-3 正常焊接

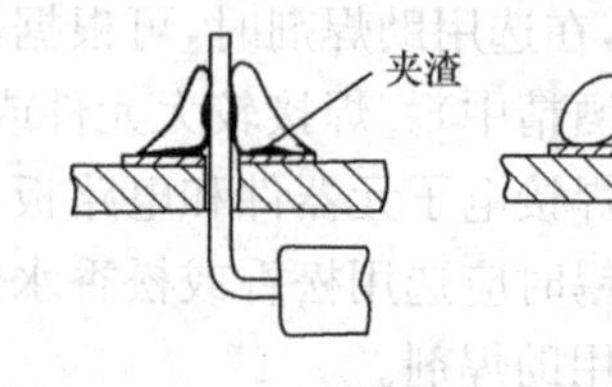

图 4-3-4 虚焊

4.4　插装元器件的手工焊接技术

4.4.1　焊接准备工作

在焊接电路板前，做好充分的准备工作是非常有必要的。

首先，要熟悉所焊印制电路板的装配图，把每个元件检测一遍，看是否合格(包括型号、数值、耐压值和极性等)，不符合要求的要及时更换。把每只元件的引脚用砂纸或小刀处理干净，露出金属光泽，涂上助焊剂进行上锡。然后按电路板的设计要求将元件引脚成型，如图 4-4-1 所示。

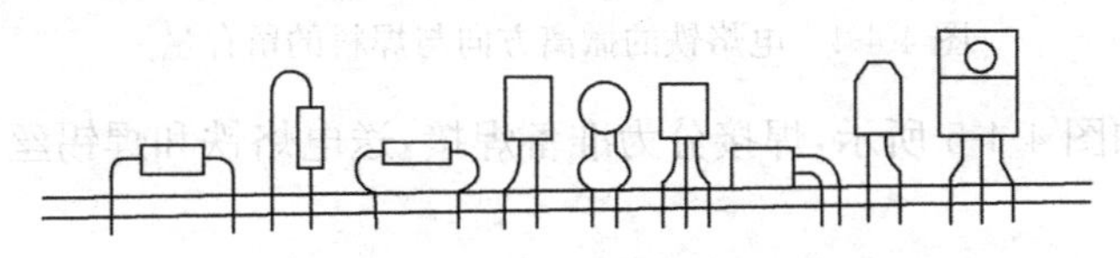

图 4-4-1　元件引脚成型例图

其次，根据安装图进行元器件的安装。元器件的安装方式有立式、卧式两种，如图 4-4-2 所示。立式安装元器件所占面积小，一般用于元器件排列密集的情况。卧式安装机械稳定性好、排列整齐、元器件跨距大，一般用于有足够空间的情况。

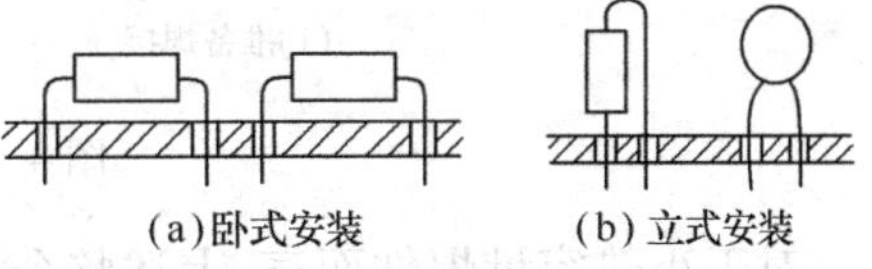

图 4-4-2　元器件的安装方式

元件安装顺序应根据电路的实际情况灵活操作，一般来说，应遵循由低到高，由大到小的原则。元件安装要求排列整齐美观，型号数值朝外，便于检查。

4.4.2　焊接方法

1. 手工焊接操作步骤

焊接操作方法分三工序法和五工序法两种。

(1) 五工序法如图 4-4-3 所示，具体步骤如下。

① 准备施焊：右手拿烙铁(烙铁头应保持干净，并上锡)，处于随时可施焊状态；

② 加热焊件：应注意加热整个焊接体，元器件的引线和焊盘都要均匀受热；

③ 送入焊锡丝：加热焊件达到一定温度后，焊锡丝从烙铁对面接触焊件，注意不是直接接触电烙铁头；

④ 移开焊锡丝：当焊锡丝熔化一定量后，立即移开焊锡丝；

⑤ 移开电烙铁头：焊锡浸润焊盘或焊件的施焊部位后，移开烙铁。

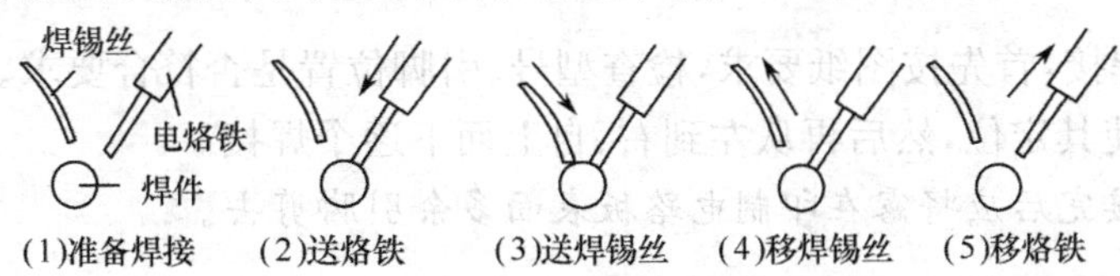

图 4-4-3　焊接操作五工序法

注意：烙铁头的撤离方法。烙铁头的主要作用是加热被焊件和熔化焊锡，而合理掌握烙铁头撤离时的方向和角度，可以控制好合适的焊料量，也是保证焊接质量的重点。

为了控制烙铁头只带走少量焊料，并使焊点圆滑，烙铁头应顺着元件腿的方向撤离。若烙铁头沿垂直方向向上撤离，则易造成焊点拉尖；若烙铁头沿水平方向撤离，则易带走大部分焊料。所以，掌握烙铁头的撤离方向，才能控制焊料量，使焊点的焊料量符合要求，从而保证焊接质量。电烙铁的撤离方向与焊料的留存量如图 4-4-4 所示。

图 4-4-4　电烙铁的撤离方向与焊料的留存量

(2) 三工序法如图 4-4-5 所示，焊接分为准备焊接，送电烙铁和焊锡丝，以及移开烙铁和焊锡丝三个工序进行。

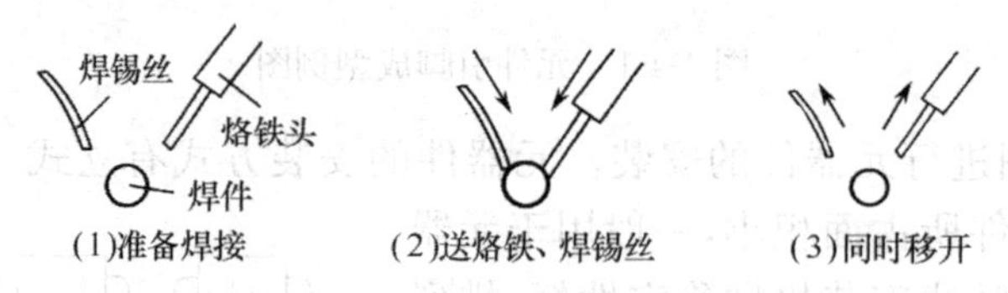

图 4-4-5　焊接操作三工序法

对于小热容量焊件而言，上述整个过程不过 2～4 秒时间，一般采用三工序法操作。而在实际的焊接操作中，可能由于烙铁功率、焊点热容量等因素具有差别，应实际掌握焊接火候，绝无定章可循，应该具体情况具体对待，通过不断的实践、用心体会，使得动作协调熟练。

2. 焊接要求

① 电阻器焊接：将电阻器准确装入规定位置，要求标记向上，文字方向一致，装完同一种规格后再装另一种规格，尽量使电阻器的高低一致。

② 电容器焊接：将电容器装入规定位置，并注意有极性电容器的“+”与“-”极不能接错，电容器上的标记方向要易看可见。先装玻璃釉电容器、有机介质电容器、瓷介电容器，最后装电解电容器。

③ 二极管的焊接：二极管焊接要注意以下几点：第一，注意正负极性，不能装错；第二，型号标记要易看可见；第三，焊接立式二极管时，对最短引脚焊接时间不能超过 2 秒。

④ 三极管焊接：注意 e、b、c 三引脚位置插接正确，焊接时间尽可能短，焊接时用镊子夹住引脚，以利于散热。焊接大功率三极管时，若需加装散热片，应使接触面平整、打磨光滑后再紧固。

⑤ 集成电路焊接：首先按图纸要求，检查型号、引脚位置是否符合要求。焊接时应先焊对角线的两只引脚，使其定位，然后再从左到右、自上而下逐个焊接。

注意：元件焊接完后应将露在印制电路板表面多余引脚剪去。

3. 焊接注意事项

(1) 保持焊接处和焊接物的清洁

焊接前的清洁工作是保证焊接质量的关键，初学者往往不重视这一点，怕浪费时间。未清洁的焊接面由于有氧化物，对焊锡吸附力小，导电性也差，强行焊接效果不好，容易出现虚焊、假焊、脱焊、不易上锡等情况。焊接时间过长易烫坏元件或绝缘层，所以清洁焊接面和焊接物是十分重要的，不可忽视。

(2) 采用正确的加热方法

适当的温度对形成良好的焊点是必不可少的。加热时间不足温度过低，会造成焊料不能充分浸润焊件，形成夹渣（松香）、虚焊。过量加热，可能会造成元器件损坏，还可能引起以下不良后果：

① 焊点外观变差。如果焊锡已浸润焊件还继续加热，会造成溶态焊锡过热，出现焊点表面粗糙、失去光泽，焊点发白。

② 焊接时所加松香焊剂在温度较高时容易分解碳化（一般松香 210℃开始分解），失去助焊剂作用，而且还会夹到焊点中造成焊接缺陷。如果发现松香已加热到发黑，肯定是加热时间过长所致。

③ 印制板上的铜箔是采用黏合剂固定在基板上的。过多的受热会破坏黏合剂，导致印制板上铜箔的剥落。

因此，准确掌握焊接温度和时间是优质焊接的关键。

(3) 确保焊点上的焊锡量适中

焊锡用的多少应根据焊点面的大小和导线粗细而定。过量的焊锡增加了焊接时间，在高密度的电路中，过量的锡很容易造成不易察觉的短路，堆焊也容易造成虚焊。焊锡过少则会导致虚焊。

(4) 正确撤离烙铁头

烙铁头撤离要及时，而且撤离时的角度和方向对焊点形成有一定关系。烙铁撤离时不要侧拉，以免形成毛刺。

(5) 避免焊锡凝固前焊件移动

用镊子夹住焊件时，一定要等焊锡凝固后再移去镊子。焊接凝固过程是结晶过程，根据结晶理论，在结晶期受到外力（焊件移动）作用会改变结晶条件，形成大粒结晶，焊锡迅速凝固，造成所谓“冷焊”。外观现象是表面光泽呈豆渣状，焊点内部结构疏松，容易有气隙和裂缝，造成焊点强度降低，导电性能差。因此，在焊锡凝固前，一定要保持焊件静止。

4.4.3　导线焊接

1. 常用连接导线

电子装配中常用导线有三类，如图 4-4-6 所示。

①单股导线：即绝缘层内只有一根导线，俗称“硬线”，容易成形固定，常用于固定位置连接。漆包线也属此范围，只不过它的绝缘层不是塑胶，而是绝缘漆。

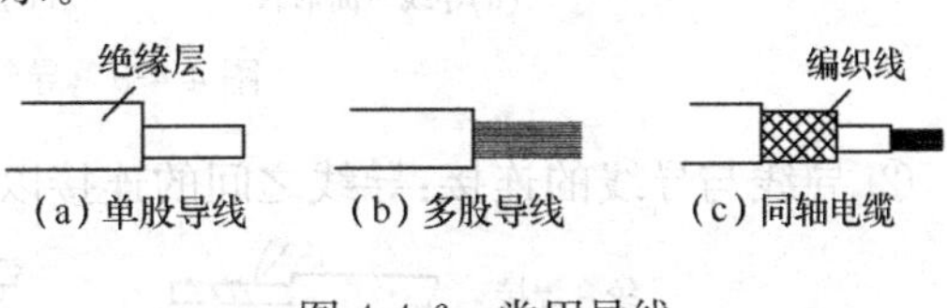

图 4-4-6　常用导线

② 多股导线：绝缘层内有 4～7 根甚至更多的导线，俗称“软线”，使用广泛。

③ 同轴电缆：同轴电缆具有四层结构，最外层是绝缘层、接着是金属网层、第三层是绝缘体和最内部的金属导线。同轴电缆在信号的传输中应用很广。

2. 导线焊前处理

(1)剥绝缘层

导线焊接前要除去末端绝缘层,剥除绝缘层可用普通工具或专用工具。手工焊接一般可用剥线钳。但要注意不应伤及导线,否则将影响接头质量。对多股导线,剥除绝缘层时注意将线芯拧成螺旋状,一般采用边拽边拧的方法,如图 4-4-7 所示。

(2)预焊

导线焊接,预焊是关键的步骤。尤其是多股导线,如果不经预焊的处理,焊接质量是很难保证的。

导线的预焊又称为"挂锡",方法同元器件引线预焊一样,但应该注意,导线预焊时要边上锡边旋转,旋转方向与拧合方向一致。多股导线挂锡要注意"烛心效应",即焊锡浸入绝缘层内,造成软线变硬,容易导致接头故障,如图 4-4-8 所示。

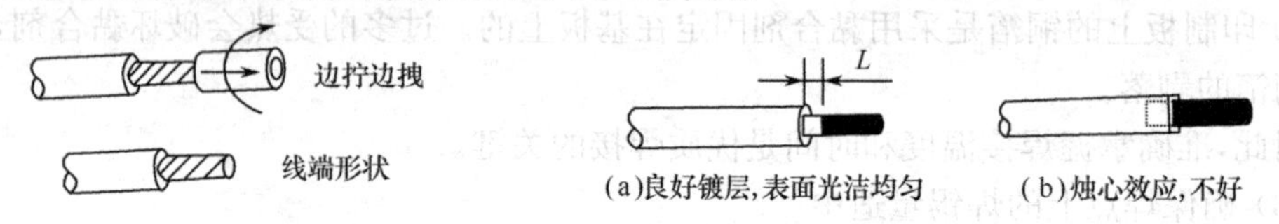

图 4-4-7 多股导线剥线技巧 图 4-4-8 导线挂锡

(3)导线焊接及末端处理

① 导线同接线端子的连接有三种基本形式:

绕焊——把经过上锡的导线端头在接线端子上缠一圈,用钳子拉紧缠牢后进行焊接,如图 4-4-9(b)所示。注意导线一定要紧贴端子表面,绝缘层不要接触端子,一般绝缘层与端子间距离 $L=1\sim3$mm 为宜,这种连接可靠性最好。

钩焊——将导线末端弯成钩形,钩在接线端子上并用钳子夹紧后焊接,如图 4-4-9(c)所示。端头处理与绕焊相同。这种方法强度低于绕焊,但操作简便。

搭焊——把经过镀锡的导线搭到接线端子上施焊,如图 4-4-9(d)所示。这种连接最方便,但强度可靠性最差,仅用于临时连接或不便于缠、钩的地方以及某些接插件上。

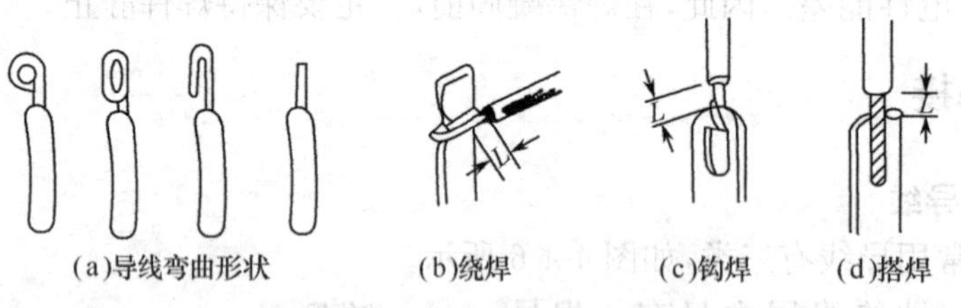

图 4-4-9 导线与端子的连接

② 导线与导线的连接:导线之间的连接以绕焊为主,如图 4-4-10 所示。操作步骤如下。

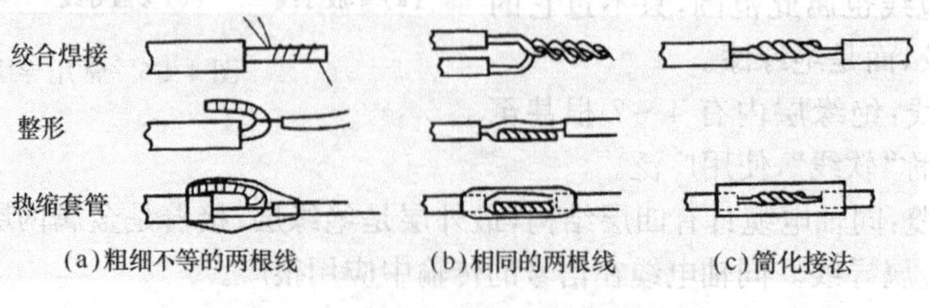

图 4-4-10 导线与导线的连接

首先去掉一定长度绝缘皮，然后给端子上锡，并穿上合适套管，再进行绞合，施焊，最后趁热套上套管，冷却后套管固定在接头处。

③ 同轴电缆末端处理：对同轴电缆端头的处理方法如图 4-4-11 所示。

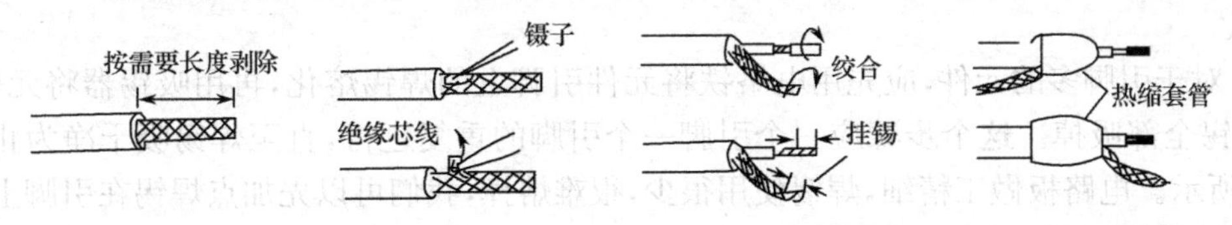

图 4-4-11　同轴电缆的处理图

首先剥掉最外层的绝缘层，接着用镊子把金属编织线根部扩成线孔，剥出一段内部绝缘导线。把根部的编织线捻紧成一个引线状，剪掉多余部分。然后切掉一部分内绝缘体，露出导线，注意在切除过程中不要伤到导线。最后给导线和金属编织网的引线上锡。同轴电缆末端连接对象不同处理方法也不同。无论采用何种连接方式均不应使芯线承受压力。

不正确的导线焊接如图 4-4-12 所示。

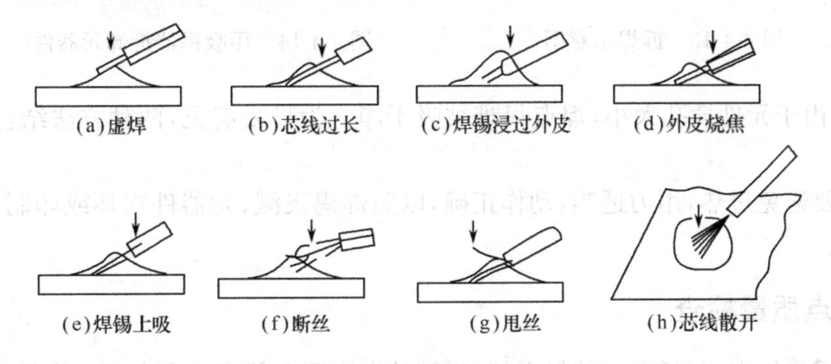

图 4-4-12　不正确的导线焊接示意图

4.4.4　拆焊方法

在调试、维修过程中，对于焊接错误或失效的元器件要进行更换，就需拆焊。拆焊方法不当，往往会造成元器件的损坏、印制导线的断裂或焊盘的脱落。良好的拆焊技术，能保证调试、维修工作顺利进行，避免因更换元器件不当而增加故障率。

(1) 拆焊的原则

① 拆焊时要尽量避免所拆卸的元器件因过热和机械损伤而失效。

② 拆焊印制电路板上的元器件时，要避免因印制焊盘和印制导线过热和机械损伤而脱落或断裂。

③ 拆焊过程中要避免电烙铁及其他工具烫伤或机械损伤周围元器件、导线等。

(2) 拆焊的操作要求

① 严格控制加热的温度与时间。

② 拆焊时切勿用力过猛。

③ 拆焊时避免用电烙铁去撬焊接点或晃动元器件引脚，否则会造成焊盘的脱落和引脚的损伤。

(3) 拆焊方法

① 一般电阻、电容、晶体管等元件的引脚不多，可用烙铁直接拆焊。其方法是将印制板竖

起夹住，一边用烙铁加热元件的焊点，一边用镊子或尖嘴钳夹住元件引脚，并轻轻拉出，如图 4-4-13 所示。重新焊接时，需先用锥子将焊孔在焊锡熔化的情况下扎通，然后焊接新元件。这种方法不宜在一个焊点上多次使用，因为印制导线和焊盘经反复加热后很容易脱落，造成印制板损坏。

② 对于引脚多的元件，应先用电烙铁将元件引脚上的焊锡熔化，再用吸锡器将元件引脚上的焊锡全部吸掉。这个步骤应一个引脚一个引脚的重复进行，直至焊锡吸干净为止，如图 4-4-14 所示。电路板做工精细，焊锡使用很少，很难熔掉，我们可以先加点焊锡在引脚上，再采用上述方法进行拆焊就容易多了。

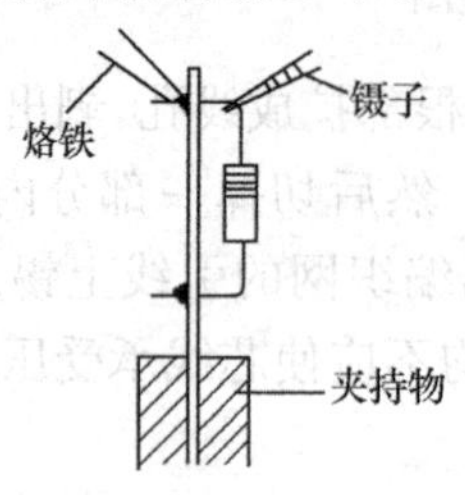

图 4-4-13　拆焊示意图

图 4-4-14　用吸锡器拆卸元器件

③ 有时由于元件插孔太小，焊点很难被吸干净。为稳妥起见，两种方法结合起来使用效果更好。

拆焊时要避免过热，用力适当，动作正确，以免焊锡飞溅、元器件损坏或印制板上焊盘、印制导线脱落。

4.4.5　焊点质量检查

焊点的质量检查，包括电气接触良好、机械结合牢固和美观三个方面。为保证焊点质量良好，应避免不合工艺规范的焊点产生。下面介绍几种检查焊点质量的方法。

1. 外观检查

外观检查一般借助放大镜、显微镜来观测焊点是否合乎规范。同时还要检查是否漏焊、焊料引起的导线短路、导线绝缘层损伤等现象。常见的焊点缺陷及原因分析见表 4-4-1。

表 4-4-1　常见的焊点缺陷及原因分析

焊点缺陷	外观特点	危害	原因分析
虚焊	焊锡与元件引线或铜箔间有明显黑色界限，焊锡向界线凹陷，润湿不良	不能正常工作	元器件引线、印制板未清洁干净；焊剂质量不好
焊锡量过多	焊料面呈现凸形	浪费焊料，而且可能包藏缺陷	焊锡丝撤离过迟
焊锡量过少	焊料面积小于焊盘的 80%，焊料未形成平滑面	机械强度不足	焊锡丝撤离过早或焊锡流动性差；焊剂不足或质量差

续表

焊点缺陷	外观特点	危害	原因分析
过热	焊点发白，无金属光泽，表面较粗糙	焊盘容易剥落，强度降低	烙铁功率过大，加热时间过长
冷焊	表面呈豆腐渣状颗粒，有时可能有裂纹	强度低，导电性能不好	焊料未凝固前焊料抖动
空洞	焊锡未流满焊盘	强度不足	元器件引线、焊盘部分未清洁干净； 焊料流动性不好； 焊剂不足或质量差； 加热不足
拉尖	出现尖端	外观不佳； 绝缘距离变小，高压电路会造成打火现象	焊料过多，焊剂过少，加热时间过长，使焊锡黏性增加
桥接	相邻的铜箔被连接起来	造成电气短路	焊料过多； 焊接技术不良，烙铁离开焊点时角度过小
剥离	铜箔从印制板上剥离	印制板被损坏	焊接温度过高，焊接时间过长

2. 牢固度检查

在外观检查中发现有可疑现象时，可用镊子轻轻拨动焊接部位，确认是否牢固。主要包括导线、元器件引线和焊盘、焊锡是否结合良好，元器件引线和导线根部是否有损伤。

3. 通电检查

通电检查必须是在外观检查、连线检查、电源短路检查无误后才进行，也是检查电路的关键步骤。如果不经过严格的外观检查，通电检查时可能造成元器件、电路板、仪器设备等的损坏，或造成人身伤害，严重的情况下会引起安全事故。

4. X光焊点检测仪

对于高性能的电路板，可采用X光检测仪进行焊点检查。它是运用X射线穿透物体表面的原理，透视电子元器件内部，从而达到检测一些眼睛所看不到的物品内部伤、断或电路的短路等现象，分析电子元件各种常见的焊点状况。如检测多层基板内部电路有无短路，X射线可穿透基板的表面看到基板的内部电路，在X射线接收装置中，将自动接收到的X辐射线转换成电信号并传到放大器中，在电脑中转换成特定的信号，通过专用的软件将图像在显示器中显示出来，这样就可以通过肉眼观测到基板的内部结构，达到检测的目的。

总之，应保证焊点大小适当、光亮圆滑、均匀一致、整齐清洁，符合工艺规范。

4.5 检测与调试

1. 检测

为了检测电路工作性能指标是否达到了设计要求，有必要对其进行整机检测。主要包括直观检查、功能检测和主要性能指标测试等内容。

(1) 直观检查

直观检查主要包括常温条件下的外观检查和常温条件下的装联正确性检查。如电路外观是否整洁；面板、装饰件、标志等是否齐全，有无损伤，是否符合要求；产品的各种连接装置是否完好；结构件有无变形、开裂；元器件固定是否牢固，有无错装、虚焊或漏焊等现象；元器件标号与导线线号、导线走线位置和元件布置等是否与电路图相符。

(2) 功能检测

功能检测就是对电路的功能进行检测，一般不同的电路有不同的检测内容和要求。对电路的功能检查需要用到万用表或其他仪表，依据工艺图纸，一般从电源开始，逐级对电路各功能进行检查。

(3) 性能指标测试

产品或电路的性能指标是反映该产品功能和性能的一些技术参数，如放大倍数、精度、可靠性等。性能指标测试，是电子产品设计与制作的一个重要环节。测试时一般使用专用仪器，采用规定的测试方法，对照某种计量标准进行测试，确保产品质量达到设计要求。

2. 电路调试

调试主要包括调整和测试两个方面。调整是指对影响电路参数的元器件进行更换或调节，使电路达到设计指标和要求；测试是指对电路通电后进行电气测试，包括直流和交流两部分。

(1) 调试步骤

调试的主要步骤为：熟悉资料 → 直观检查 → 通电观察 → 静态调试 → 动态调试→ 联机统调。

① 熟悉资料：对照电路工艺图纸，分析电路的组成和工作原理，剖析信号的工作流程。

② 直观检查：一般采用两种检查方法，一是按照 PCB 图，对照实物逐个逐片检查，了解关键元器件在电路板上的位置；二是按照电路原理图，借助万用表欧姆挡测量实际电路的电阻值，与原理图中计算的理论阻值进行比较，检查误差大小。

③ 通电观察：经过直观检查无误后，选择好观测点便可进行通电观察。将规定电源电压接入电路，观察电路是否有短路，如存在短路现象，应立刻切断电源，重新检查电路，排除故障。如果观察到电路有异常现象（如起火、冒烟），摸到元器件有异常发热（如大功率的晶体管、变压器等），闻到电路有异常气味（如焦味），听到电路发出异常声响等，应立刻切断电源，重新检查电路，以防故障扩大，待故障排除后再重新接入电源，开始调试。

④ 静态调试：即在无信号($U_i=0$)输入的情况下，调试电路各直流电位。如模拟电路中的直流工作点 Q，数字电路中输入、输出电平及其逻辑关系中的高、低电平。

⑤ 动态调试：即在有信号($U_i\neq 0$)输入的情况下，测试电路的各功能参数。如对放大电路，就要测试其放大倍数、频带宽度等。

⑥ 联机统调：联机统调是在上述五步调试合格的基础上进行的调试，它将各级连在一起，

在统一的条件下加入规定信号，借助仪器、仪表测试输入、输出参数是否满足整机设计指标，从而判定整机性能是否达到设计要求。

总之，具体到某个实际的电路，应视具体情况来采用调试步骤和调试方法。

(2) 调试的一般要求及注意事项

① 调试场地应注意避免工业干扰、强电磁场干扰及电源波动干扰。调试场地应有良好的安全设施，特别是对高电压电路、大功率电路的调试，更要注意隔离和绝缘。

② 调试所使用的仪器、仪表及其他专用设备，都应按照技术指标要求选择。

③ 调试之前，应熟悉电路图和工作原理，熟悉调试元器件以及监测点的位置；熟悉调试仪器、仪表及其他专用设备的正确使用。另外，调试前应将在调试中要用到的文件、图纸、工具及备用的元器件放在适当的位置。

④ 电路应经过严格的直观检查后才能通电，要注意整机加电的顺序。

⑤ 电路调试中要严格遵守安全操作，严禁带电对调试线路进行拆、连等操作，以免触电或损坏元器件。调试中若发现问题，应仔细分析问题，在问题未弄清楚前不要轻易在更换元器件后立即通电检查，这样有可能又会损坏元器件或扩大故障范围。

3. 故障排除方法

电子产品在生产过程中出现故障是不可避免的，因此故障排除也是调试工作的一部分。如果掌握了一定的检测方法，就可以尽快地找到故障原因。故障排除的方法有很多，具体应针对具体的电路灵活运用，下面介绍几种故障排除的方法。

(1) 观察法

观察法是指通过目测的方法来发现电子线路故障的方法，分为静态观察法和动态观察法。

① 静态观察法也称断电观察法，是在不通电的情况下，通过目测，用直观的方法和使用万用表来排除故障(如：有无脱焊、短路、断线等外在故障)。

② 动态观察法也称通电观察法，即设备通电后，观察电路各种现象排除故障的方法。如电路有无火花、冒烟；有无异常声音；有无烧焦异味；触摸一些集成电路是否有发烫等现象。如果观察到有异常情况，应立刻断电，再分析其原因，进行故障的排除。

(2) 测量法

根据测量的电参数特性可分为：电阻测量法、电压测量法、电流测量法、逻辑状态测量法和波形测量法等。

① 电阻测量法：利用万用表的欧姆挡测量元器件或电路各点之间的电阻值来排除故障的方法称为电阻测量法。这种方法对确定开关、接插件、导线、印制板导电的通断及电位器的好坏、电容是否短路、电感线圈是否断路等故障的排查很有效。

② 电压测量法：当电子设备正常工作时，线路各点间都有一个确定的工作电压，通过测量电压来排查故障的方法称为电压测量法。根据电源的不同可分为交流和直流两种测量方法。

a. 交流电压测量法：对 50/60Hz 的电压，只需使用普通万用表选择合适的 AC 量程挡即可测量；对于非 50/60Hz 的电源，应根据电压频率合理选用不同频率特性的电压表，测高压时注意安全。

b. 直流电压测量法：检测直流电压分为三步：测量稳压电路输出端是否正常；测量各单元电路及关键点的电压是否正常；测量电路各主要元器件(如晶体管、集成电路等各引脚电压)是否正常，对集成电路首先要测量电源端的电压是否正常。然后对比正常工作的同种电路测得的各点电压，偏离正常电压较多的部位或元器件，通常就是故障所在的部位。

③ 电流测量法:电子设备正常工作时,各部分工作电流是稳定的,根据电路原理图,可以测量电路各点工作电流是否正常,偏离正常值较大的部位通常就是故障的所在位置。

电流测量法有直接测量和间接测量两种。

a. 直接测量:将电流表直接串接在检测电路中,测得电流值的方法。

b. 间接测量:用测量电压的方法测得采样电阻上的电压值,再换算成电流的方法。

④ 逻辑状态测量法:这是对数字电路而言的,数字逻辑主要有高电平、低电平两种状态,只需判断电路各部分的逻辑状态,即可确定电路是否正常工作。

⑤ 波形测量法:对交变信号而言,采用示波器观察信号通路各点的波形是最直观有效的排除故障方法。利于排除寄生振荡、寄生调制或外界干扰、噪声等引起的故障。

⑥ 跟踪法:包括信号寻迹法和信号注入法。

a. 信号寻迹法:用单一频率的信号源加在输入单元的入口,然后使用示波器或万用表等测试仪器,从前向后逐级观测各级电路输出电压波形或幅度。

b. 信号注入法:对于本身不带信号发生电路或信号发生电路有故障的信号处理电路,一般采用外加测试信号,通过判断电路的工作状态而检查电路的故障位置。

(3) 部件替代法

用规格和性能相同的正常元器件、电路或部件,替代电路中可能存在故障的相应部分,通过比较判断故障所在位置的一种检测方法。

4.6 贴片元器件的手工焊接技术

随着电子技术的发展,电子产品正朝着集成化、微型化、多功能、高可靠性方向发展,为了适应这一发展要求出现了一种新型组装技术——表面贴装技术,这种安装技术是将电子元器件直接安装在电路板焊接面上,改变了传统的通孔插装元器件的安装方式。

现在越来越多的电路板采用表面贴装元件,同传统的封装相比,它可以减少电路板的面积,易于大批量加工,具有布线密度高、抗干扰能力强、可靠性高、电性能好等优点。贴片电阻和电容的引线大大减少,在高频电路中具有很好的性能,但是表面贴装元件不便于手工焊接。下面,我们介绍几种常用表贴元件的手工焊接方法。

4.6.1 焊接工具

① 电烙铁:25W 的铜头小烙铁,有条件的可使用温度可调和带 ESD 保护的焊台,注意烙铁尖要细,顶部的宽度不能大于 1mm。

② 镊子:主要用来移动和固定芯片以及检查电路。

③ 焊锡丝:通常使用直径为 0.4~0.8mm 的焊锡丝。

④ 助焊剂:主要是增加焊锡的流动性,这样焊锡可以用烙铁牵引,并依靠表面张力的作用光滑地包裹在引脚和焊盘上。

⑤ 防静电腕带:焊接时戴腕带,可以有效地消除静电。

⑥ 吸锡带:用于去掉线路板上多余的焊锡点,或拆卸不合格的集成电路块。

⑦ 小毛刷:用于蘸取助焊剂。

⑧ 无水酒精和脱脂棉:用于焊接后清除板上的助焊剂。

⑨ 热风枪:用于拆卸焊错的元器件。

4.6.2　焊接方法

1. 电阻、电容、电感的焊接

先在焊点上涂上助焊剂，然后在一个焊点上滴一点焊锡，用镊子夹住被焊元件，将其放在焊点上，放正后用烙铁将其一个引脚焊好，焊好后再检查是否放正，如果已放正，就再焊上另外一引脚，如图 4-6-1 所示。

图 4-6-1　贴片分立元器件的焊接示意图

2. 二极管、三极管的焊接

这类元件耐热较差，加热时注意温度不要过高，时间不要过长。

在电路板相应焊点上涂少量助焊剂，用烙铁逐个加热焊点并由内向外移动，使每个焊点光滑。用镊子将元件放好与焊点对齐，再用烙铁尖逐个下压元件引脚焊点，注意不要压歪。

3. SMD 封装芯片的焊接

① 用镊子小心地将芯片放到电路板上，注意不要损坏引脚。使其与焊点对齐，要保证芯片的放置方向正确。将烙铁尖加上少量的焊锡，用镊子向下按住已对准位置的芯片，在两个对角位置的引脚上加少量的焊剂，仍然向下按住芯片，焊接两个对角位置上的引脚，使芯片固定而不能移动。在焊完对角后重新检查芯片的位置是否对准。如有必要可进行调整或拆除并重新在电路板上对准位置。

② 开始焊接所有的引脚时，应在烙铁尖上加上少量焊锡，将所有的引脚涂上焊剂使引脚保持湿润。用烙铁尖接触芯片每个引脚的末端，直到看见焊锡流入引脚(注意：每个引脚的焊接时间不宜超过 3 秒，连续焊完几个引脚后应采用适当的方法使芯片迅速降温以防止芯片被烧坏)。在焊接时要保持烙铁尖与被焊引脚平行，防止因焊锡过量而发生搭接。

③ 焊完所有的引脚后，用脱脂棉浸上酒精沿芯片引脚方向仔细擦拭，清除多余的焊剂。贴片式集成电路的焊接如图 4-6-2 所示。

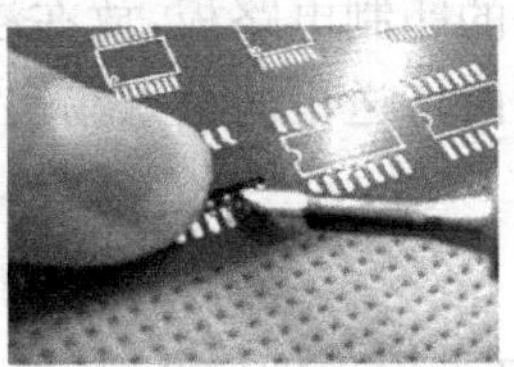

图 4-6-2　贴片式集成电路的焊接示意图

4.6.3　拆焊方法

1. 电阻、电容、电感的拆焊

拆焊时，调好热风枪的温度和风量，尽量使热气流垂直于电路板并对正要拆的元件加热，当元件两端的焊锡熔化时，迅速用镊子从元件的两侧面夹住取下，注意不要碰到相邻元件以免使其移位。如没有热风枪，也可用电烙铁进行拆卸，这时要用两个电烙铁同时加热两个焊点使焊锡熔化，在焊点熔化状态下用烙铁尖向侧面拨动使焊点脱离，然后用镊子取下。

2. 二极管、三极管的拆焊

拆焊时，用热风枪垂直于电路板均匀加热，焊锡熔化时迅速用镊子夹住元件并略向上提，同时用热风枪继续加热，当焊点焊锡刚一熔化时即可分离。

3. SMD 封装芯片的拆焊

拆焊时，用热风枪循环移动均匀加热，同时用镊子夹住芯片稍用力向上提，当焊锡熔化时即可取下。处理芯片时要特别注意温度不要过高，加热时间不要过长。

4.7 自动焊接技术简介

4.7.1 自动焊接技术

手工烙铁焊接只适用于小批量生产和维修加工，在电子产品工业化生产中，生产数量大，而且焊接质量要求高，这就需要采用自动焊接技术，下面简单介绍几种工业生产中的焊接方法。

1. 浸焊

浸焊是将插装好元器件的电子线路板浸入有熔融状焊料的锡锅内，一次性完成线路板上所有焊点的焊接。浸焊技术有利于提高电子产品的生产效率，是最早应用在线路板批量生产中的焊接技术，如图 4-7-1 所示。

浸焊设备主要包括锡槽或锡锅，设备简单，操作方便，且易推广，但自动化水平不易提高。浸焊比手工焊接效率高、操作简单、无漏焊现象、生产效率高，但容易造成虚焊等缺陷，需要补焊修正焊点。焊槽温度掌握不当时，会导致印制板起翘、变形、元器件损坏。浸焊有手工浸焊和机器自动浸焊两种形式。

(1) 手工浸焊

手工浸焊是由人工采用专用夹具，夹持已安装好元器件的印制电路板，浸入锡锅内完成焊接的方法。一般来说，锡锅内的温度应在 230～250℃之间，浸焊的深度应在印制电路板厚度的 1/2～2/3 左右，浸焊时间约 3～5s。特别注意电路板从锡锅中取出时速度应保持匀速，并与锡液面成 30°夹角，否则会对浸焊质量有影响。

(2) 自动浸焊

自动浸焊是指将元器件安装好的印制电路板，放在浸焊专用设备上，通过助焊剂槽，使焊盘上充满助焊剂，经烘干设备烘干，由传送机构送入锡锅内浸焊，等到焊点凝固后再送入剪头机剪去多余引脚。

2. 波峰焊

随着电子产业的高速发展，产品更加先进复杂，焊接点数也相应增加。波峰焊是采用波峰焊机一次完成线路板上全部焊点的焊接技术，一般用于自动焊接生产，如图 4-7-2 所示。

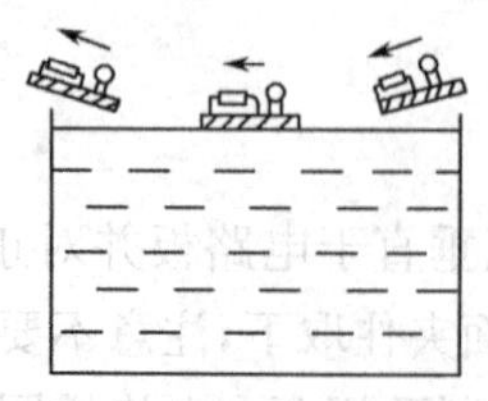

图 4-7-1 浸焊示意图

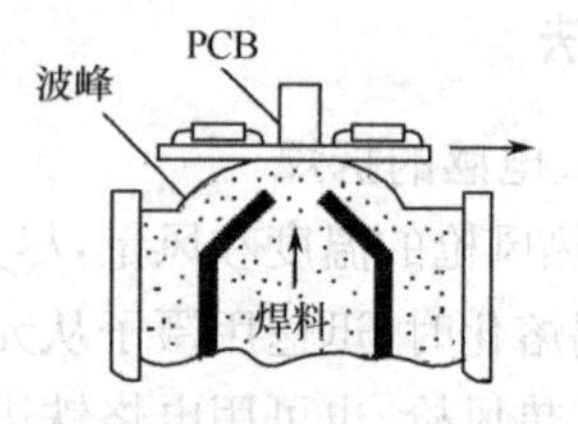

图 4-7-2 波峰焊示意图

波峰焊机主要由一个温度能自动控制的熔锡缸组成，缸内还装有机械泵和具有特殊结构的喷嘴。机械泵能根据焊接要求连续不断地从喷嘴压出液态锡波，当线路板由传送机构以一定速度进入时，焊锡以波峰的形式不断地溢出至印制板焊接面进行焊接。与手工焊接和浸焊工艺相比，波峰焊接技术的应用有多方面的优越性，不但提高了焊接效率、降低了生产成本，而且还能保证焊接质量，目前波峰焊已得到了广泛应用。

波峰焊机通常由波峰发生器、印制电路板传输系统、钎剂喷涂装置、印制电路板预热、冷却装置与电气控制系统等基本部分组成。波峰焊分单波峰和双波峰，其整机外形如图 4-7-3 和图 4-7-4所示。双波峰的波形又可分为 λ、T、Ω 和 O 旋转波四种波型。波峰焊接工艺见表 4-7-1。

表 4-7-1　波峰焊接工艺

工艺	目的	装置	主要技术要求
表面组装元器件的贴装	用黏接剂将表面组装元器件黏接在 PCB 上； 插入经成型的有引线元件	自动贴装机 自动插装机	元器件与 PCB 接合强度； 定精度
涂敷焊剂	将焊剂涂敷到印制电路上	喷雾式 发泡式 喷流式	整个基板涂覆； 焊剂比重控制
预热	焊剂中的溶剂蒸发缓解热冲击	预热器	预热条件： 基板表面温度 130～150℃，1～3 分钟
焊接	连续地成组焊接，元器件和电路板之间建立可靠的电气、机械连接	喷射式波峰焊机 双波峰焊接设备	焊料温度 240～250℃ 焊料不纯物控制 基板与焊料槽浸渍角 6°～11°
清洗	SMA 清洗	清洗设备	清洗剂种类 清洗工艺和设备 超声波频率等

图 4-7-3　全自动单波峰焊接机

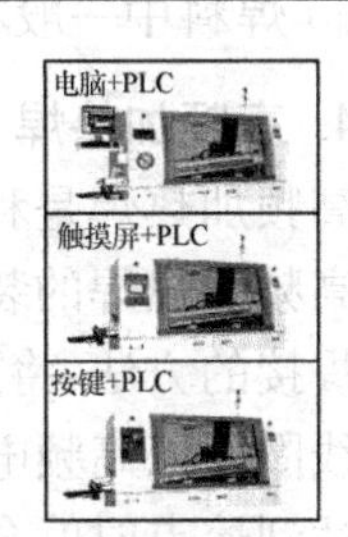

图 4-7-4　全自动双波峰焊接机

3. 再流焊

(1) 再流焊简介

再流焊，又称回流焊，它是伴随微型化电子产品的发展而发展起来的一种新的焊接技术，其原理示意图如图 4-7-5 和图 4-7-6 所示。目前主要用于片状元件的焊接。图 4-7-7 和图 4-7-8为两种回流焊机。

再流焊是先将焊料加工成一定粒度的粉末，加上适当的液态粘合剂，使之成为具有一定流动性的糊状焊膏，用糊状焊膏将元器件粘贴在印制板上，通过加热使焊膏中的焊料熔化再次流动，从而实现将元器件焊在印制板上的目的。

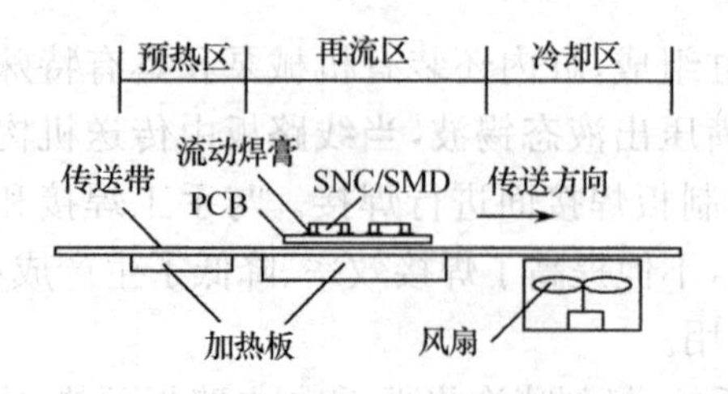

图 4-7-5　再流焊示意图

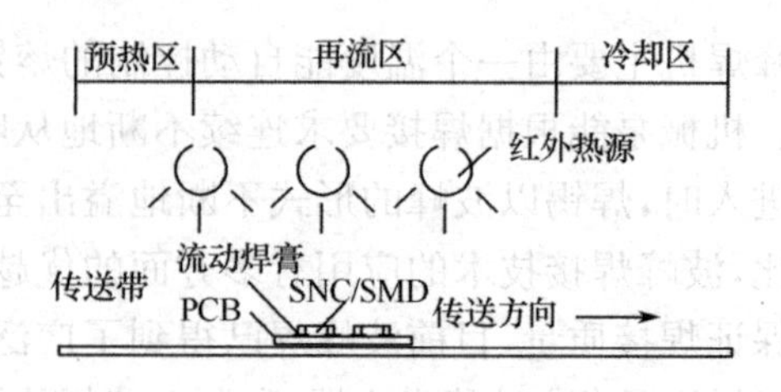

图 4-7-6　红外线辐射加热再流焊示意图

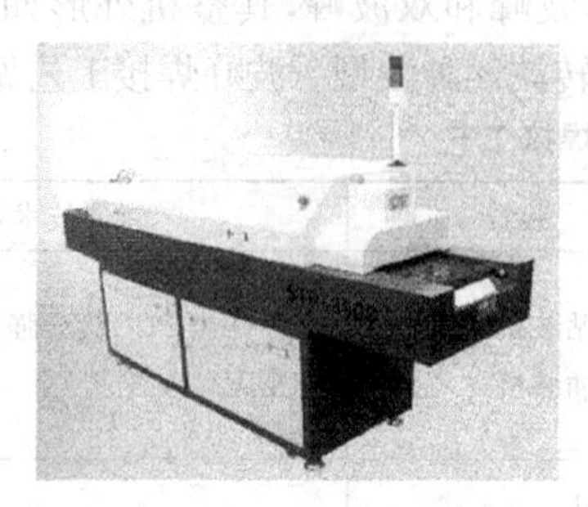

图 4-7-7　全自动回流焊机

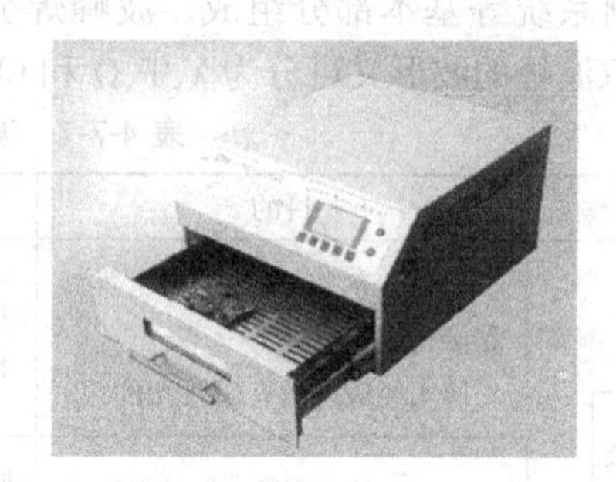

图 4-7-8　台式精密回流焊机

再流焊的操作方法简单，焊接效率高，质量好，而且仅在元器件的引片下有很薄的一层焊料，所以适用于自动化生产的微电子产品的焊接。

(2) 再流焊接技术的特点

① 不同于波峰焊，要把元器件直接浸在熔融的焊料中，因此元器件受到的热冲击小。

② 仅在需要部位施放焊料，能控制焊料施放量，能避免桥接等缺陷的产生。

③ 当元器件贴放位置有一定偏离时，由于熔融焊料表面张力的作用，只要焊料施放位置正确，就能自动校正偏离，使元器件固定在正常位置上。

④ 可以采用局部加热热源，从而可在同一基板上，采用不同焊接工艺进行焊接。

⑤ 焊料中一般不会混入不纯物。

4. 高频加热焊

高频加热焊是利用高频感应电流，将被焊的金属进行加热焊接的方法。

高频加热焊的装置主要是高频电流发生器和感应线圈。

焊接的方法：将感应线圈放在焊件的焊接部位上，将圆环形焊料放入感应线圈内，然后给感应线圈通以高频电流，由于电磁感应，焊件和焊料中产生高频感应电流（涡流）而被加热，当焊料达到熔点时就会熔化并流动，待到焊料全部熔化后，便可移开感应线圈或焊件。

5. 脉冲加热焊

脉冲加热焊是用脉冲电流在很短时间内对焊点加热实现焊接的。

脉冲加热焊的具体方法是在焊接前利用电镀或其他方法，在焊点位置加上焊料，然后通以脉冲电流，进行短时间的加热，一般以 1s 左右为宜，在加热的同时还需加压，从而完成焊接。

脉冲加热焊可以准确地控制时间和温度，焊接的一致性好，适用于小型集成电路的焊接，如电子手表、照相机等高密度焊点的电子产品。

4.7.2　接触焊接（无锡焊接）

接触焊接是一种不需要焊料和焊剂，即可获得可靠连接的焊接技术。电子产品中，常用的接触焊接种类有压接、绕接、穿刺、螺纹连接。

1. 压接

压接是使用专用工具，在常温下对导线和接线端子施加足够的压力，使两个金属导体（导线和接线端子）产生塑性变形，从而达到可靠电气连接的方法，适用于导线的连接。

手动压接钳及压接示意图如图4-7-9所示。

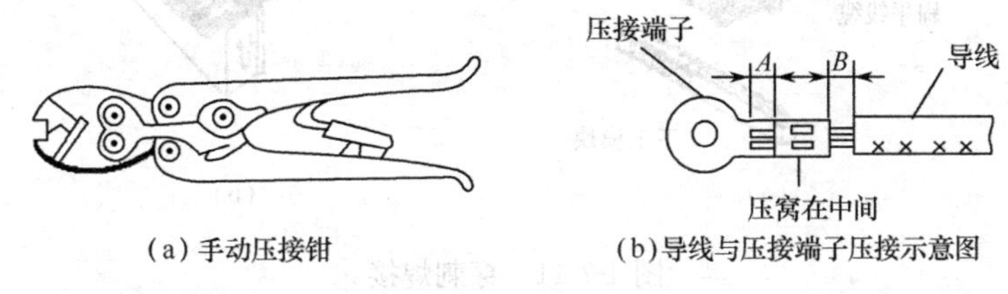

(a) 手动压接钳　　(b) 导线与压接端子压接示意图

图4-7-9　压接示意图

压接的特点：压接技术工艺简单，操作方便，不受场合、人员的限制；连接点的接触面积大，使用寿命长；耐高温和低温，适合各种场合，且维修方便；成本低，无污染，无公害。但压接点的接触电阻大，因而压接处的电气损耗大。

压接工具的种类有以下几种。

手动压接工具：压力小，压接的程度因人而异。

气动式压接工具：压力较大，压接的程度可以通过气压来控制。

电动压接工具：压接面积大，最大可达325mm²。

自动压接工具：可免去用手泄压，确保每一次更快捷更省力更完美地完成作业。

2. 绕接

绕接是用绕接器，将一定长度的单股芯线高速地绕到带棱角的接线柱上，形成牢固的电气连接。绕接通常用于接线柱和导线的连接，电动型绕接枪及绕接如图4-7-10所示。

绕接的特点：接触电阻小，抗震能力比锡焊强，工作寿命长（达40年之久）；可靠性高，不存在虚焊及焊剂腐蚀的问题；不会产生热损伤；操作简单，对操作者的技能要求低。但对接线柱有特殊要求，且走线方向受到限制，多股线不能绕接，单股线又容易折断。

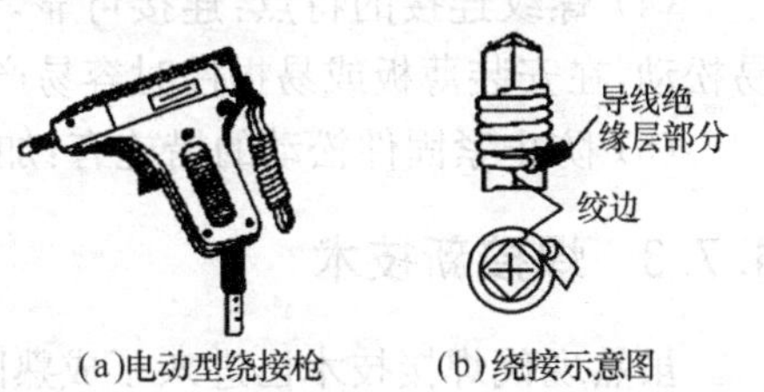

(a)电动型绕接枪　　(b)绕接示意图

图4-7-10

3. 穿刺

穿刺工艺适合于以聚氯乙烯为绝缘层的扁平线缆和接插件之间的连接。穿刺焊接的特点：节省材料，不会产生热损伤，操作简单，质量可靠，工作效率高（约为锡焊的3～5倍）。

穿刺焊接如图4-7-11所示。

4. 螺纹连接

螺纹连接是指用螺栓、螺钉、螺母等紧固件，把电子设备中的各种零部件或元器件连接起来的工艺技术。螺纹连接的工具包括：不同型号、不同大小的螺丝刀、扳手及钳子等。

（1）常用紧固件的类型及用途

用于锁紧和固定部件的零件称为紧固件。在电子设备中，常用的紧固件有螺钉、螺母、螺栓、垫圈。常用紧固件如图4-7-12所示。

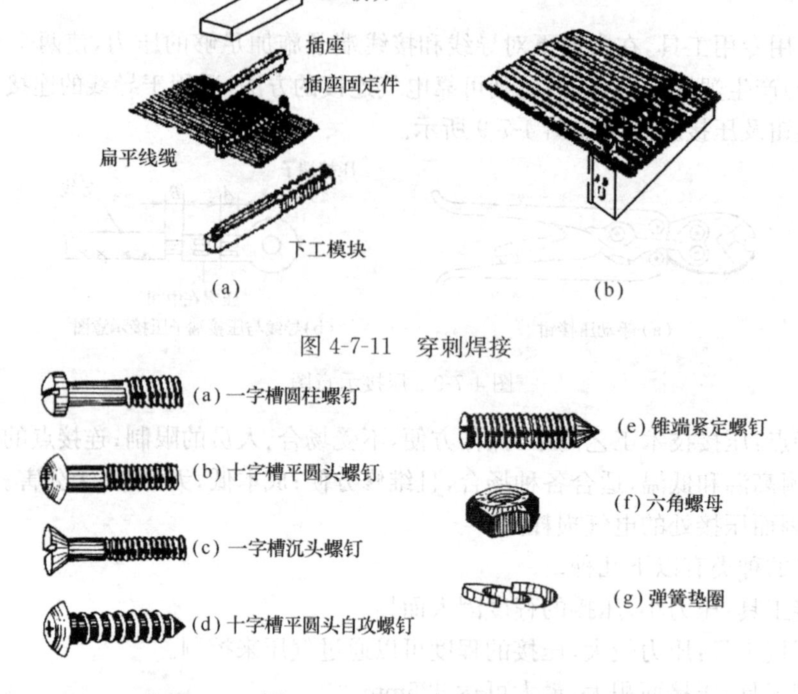

图 4-7-11　穿刺焊接

图 4-7-12　部分常用紧固件

(2) 螺纹连接方式:螺栓连接、螺钉连接、双头螺栓连接、紧定螺钉连接。

(3) 螺钉的紧固顺序:当零部件的紧固需要两个以上的螺钉连接时,其紧固顺序(或拆卸顺序)应遵循交叉对称,分步拧紧(拆卸)的原则。

(4) 螺纹连接的特点:连接可靠,装拆、调节方便,但在振动或冲击严重的情况下,螺纹容易松动,在安装薄板或易损件时容易产生形变或压裂。

(5) 防止紧固件松动的措施有:加双螺母、加弹簧垫片、蘸漆、点漆和加开口销钉等。

4.7.3　焊接新技术

虽然现代焊接技术已进入了成熟阶段,但随着社会的发展,科学的进步,新产品、新材料不断地涌现,焊接技术也需要不断地发展,进一步地完善。这里仅简单介绍几种新的焊接技术。

1. 电子束焊

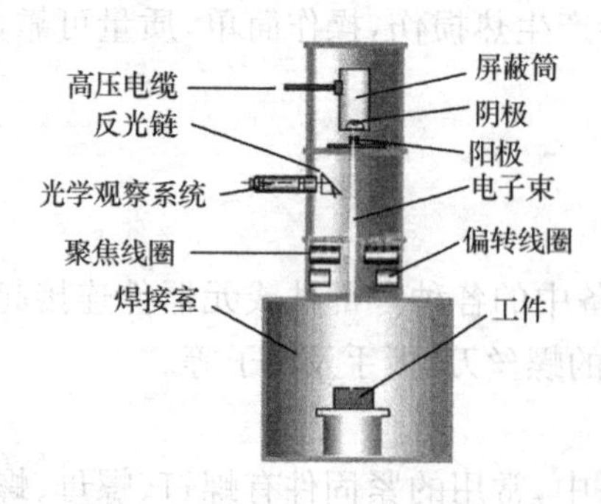

图 4-7-13　电子束焊示意图

由于航空航天技术大量应用了锆、钛、钽、铌、钼、铍、镍及其合金,用一般焊接技术难以达到预期目的,于是在1956 年有人提出了电子束焊技术,用以满足航空航天技术的特殊需要。

电子束焊是利用加速和聚集的电子束,撞击放在真空或非真空中的焊件所产生的热能实现焊接的一种方法。电子束焊示意图如图 4-7-13 所示,其分为真空电子束焊和非真空电子束焊,目前应用广泛的是真空电子束焊。当阴极被灯丝加热后放出大量电子,这些电子在阴极和阳极间的高压作用下被加速并以极大的速度射向焊件表面，电子的动能转变为热能，使焊件金属迅速熔化实现焊接。

电子束焊具有焊接质量好，不使用填充材料，热源能量密度大，焊透能力强，热影响区小等优点，但也存在焊接设备复杂，成本高，焊前装配要求严格等缺点。

目前，电子束焊主要应用于汽车工业、航空航天业、汽轮机制造业、核能工业、仪表工业、电工行业等领域。

2. 超声波焊

超声波焊是利用超声波频率（超过16kHz）的机械振动能量，连接同种或异种金属、半导体、塑料及金属陶瓷等的一种特殊焊接方法，图4-7-14为其焊接示意图。

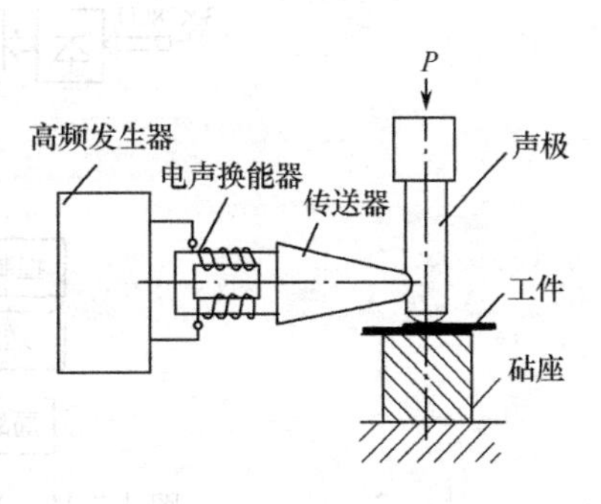

图4-7-14　超声波焊示意图

超声波焊接时，既不向工件输送电流，也不向工件引入高温热源，只是在静压力下将弹性振动能量转变为工件间的摩擦功、形变能及随后不限的温升。接头间的冶金结合是在母材不发生熔化的情况下实现的，因而是一种固态焊接。

超声波焊可适用于多种组合材料的焊接，很少有其他焊接方法具有如此广泛的可焊材料组合范围。由于是一种固态焊接方法，因此不会对半导体等材料引起高温污染及损伤。与电阻点焊相比，耗用功率仅为电阻点焊的5%左右。焊件变形小于3%～5%。焊点强度及强度稳定性平均提高约15%～20%。另外，对工件表面的清洁度要求不高，允许少量的氧化膜及油污等的存在，甚至可以焊接带漆及聚合物薄膜的金属。超声波焊的一个主要缺点是焊接需用功率随工件厚度及硬度的提高呈指数剧增，因而只限用于丝、箔、片等薄件的焊接。图4-7-15为超声波焊接机。

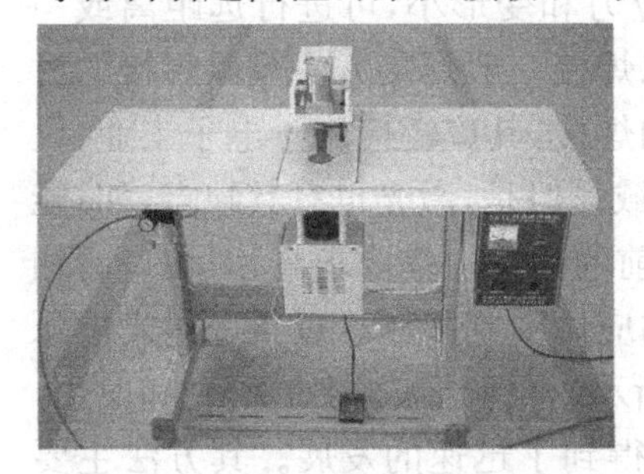
图4-7-15　超声波焊接机

3. 数字化焊接电源技术

所谓数字化焊接电源是指焊接电源的主要控制电路由传统的模拟技术直接被数字技术所代替，在控制电路中的控制信号也随之由模拟信号过渡到0/1编码的数字信号。

焊接电源实现数字化控制的优点，主要表现在灵活性好、稳定性强、控制精度高、接口兼容性好等几个方面。

焊接电源向数字化方向发展，包含两方面的内容，一个是主电路的数字化，另一个是控制电路的数字化。

主电路的数字化中变压器的设计是关键，主要采用开关式焊机，如逆变电源（图4-7-16、图4-7-17）等。焊接电源主电路的数字化使得焊接电源的功率损耗大大地减少，随着工作频率的提高，回路输出电流的纹波更小，响应速度更快，焊机能够获得更好的动态响应特性。

控制电路的数字化主要采用数字信号处理技术，由模拟信号的滤波、模/数转换、数字化处理、数/模转换、平滑滤波等环节组成，最终输出模拟控制量从而完成对模拟信号的数字化处理，其控制系统原理如图4-7-18所示。

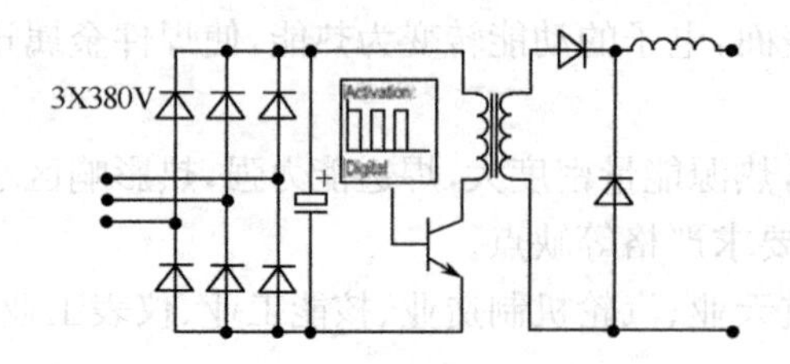

图 4-7-16　逆变式电源主电路框图

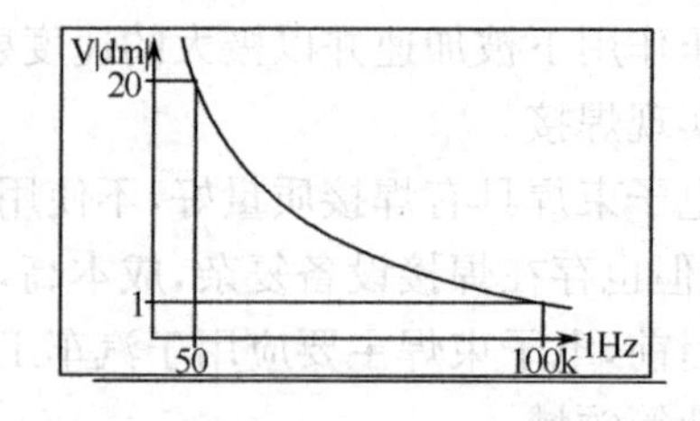

图 4-7-17　变压器体积—工作频率关系曲线

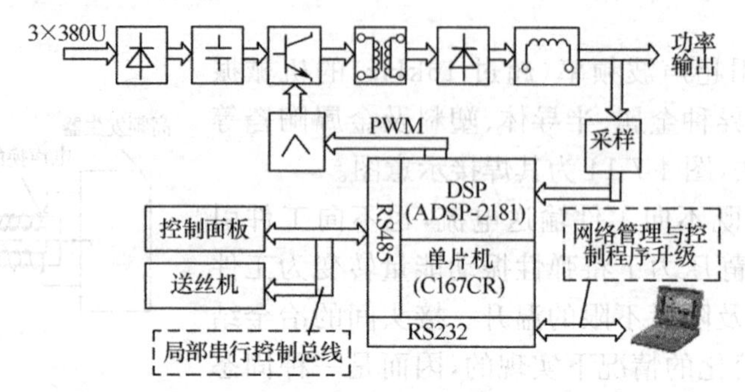

图 4-7-18　数字化逆变弧焊电源的控制系统原理框图

4. **激光复合焊技术**

激光作为一个高能密度的热源，对金属进行熔化形成焊接接头。与一般焊接方法相比，激光焊具有焊接速度快，残余应力和变形小，可进行远距离或一些难以接近部位的焊接，可以焊接一般焊接方法难以焊接的材料，甚至可用于非金属材料的焊接，其广泛应用于电子工业、仪表工业和金银首饰行业等领域。但是，激光也有其缺点，如：能量利用率低、设备昂贵；对焊前的准备工作要求高，对坡口的加工精度要求高，从而使激光的应用受到限制。近年来激光电弧复合热源焊接（如图 4-7-19 所示）得到越来越多的研究和应用，从而使激光在焊接中的应用得到了迅速的发展。其方法主要有：电弧加强激光焊、低能激光辅助电弧焊接和电弧激光顺序焊接等。

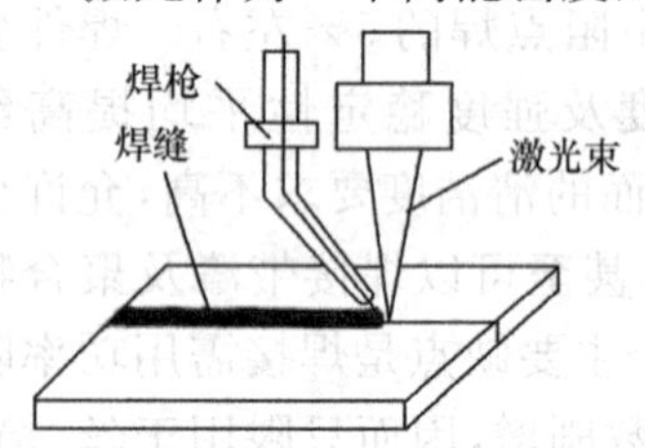

图 4-7-19　激光电弧复合热源焊接示意图

图 4-7-20 和图 4-7-21 所示是两种电弧加强激光焊。图 4-7-20 所示是旁轴电弧加强激光焊，图 4-7-21 所示是同轴电弧加强激光焊。在电弧加强激光焊接中，焊接的主要热源是激光，电弧起辅助作用。

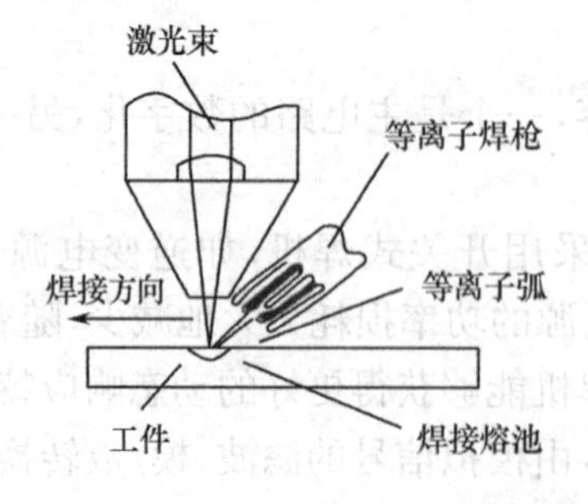

图 4-7-20　旁轴电弧加强激光焊

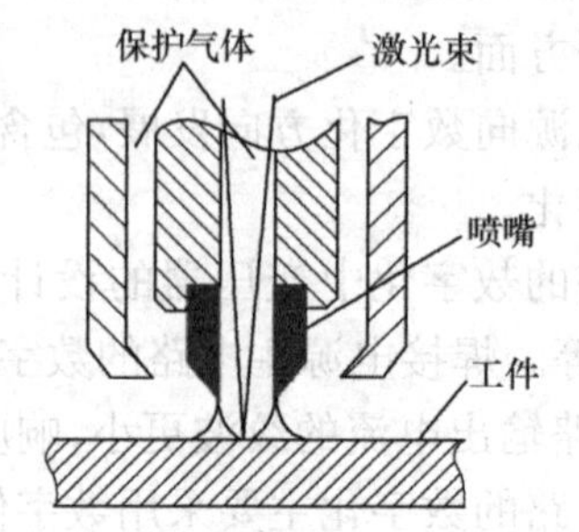

图 4-7-21　同轴电弧加强激光焊

在低能激光辅助电弧焊接中，焊接的主要热源是电弧，而激光的作用是点燃、引导和压缩电弧，如图 4-7-22 所示。

电弧激光顺序焊接方法主要用于铝合金的焊接。在前面两种电弧和激光的复合中，激光和电弧是作用在同一点的。而在电弧激光顺序焊接中，两者的作用点并非一点，而是相隔有一定的距离，这样做的作用是提高铝合金对激光能量的吸收率，如图 4-7-23 所示。

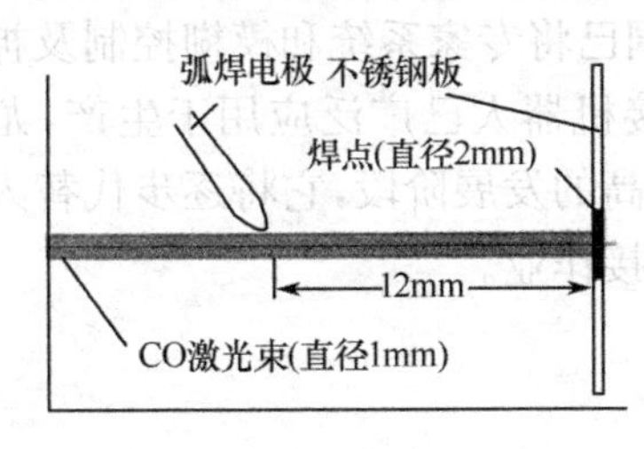

图 4-7-22　激光辅助电弧焊接

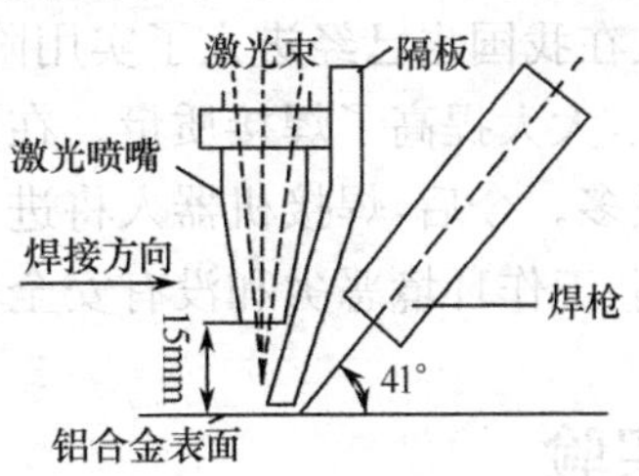

图 4-7-23　电弧激光顺序焊接

5. **搅拌摩擦焊技术**

搅拌摩擦焊(Friction Stir Welding)是英国焊接研究所 TWI(The Welding Institute)提出的专利焊接技术，搅拌摩擦焊是利用摩擦热作为焊接热源，焊接过程是由一个圆柱体形状的焊头(welding pin)伸入工件的接缝处，通过焊头的高速旋转，使其与焊接工件材料摩擦，从而使连接部位的材料温度升高软化，同时对材料进行搅拌摩擦来完成焊接。焊接过程如图 4-7-24 所示。

在焊接过程中，工件要刚性固定在背垫上，焊头边高速旋转边沿工件的接缝与工件相对移动。焊头的突出段伸进材料内部进行摩擦和搅拌，焊头的肩部与工件表面摩擦生热，并用于防止塑性状态材料的溢出，同时可以起到清除表面氧化膜的作用。

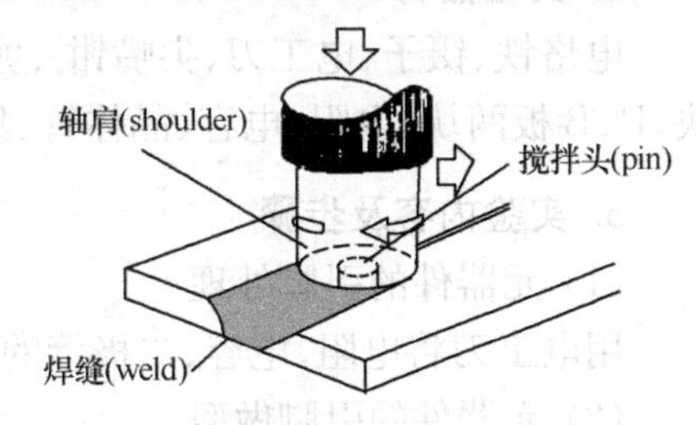

图 4-7-24　搅拌摩擦焊接过程示意图

通过搅拌摩擦焊焊接接头的金相分析及显微硬度分析可以发现，搅拌摩擦焊接头的焊缝组织可分为 4 个区域：A 区为母材区，无热影响也无变形；B 区为热影响区，没有受到变形的影响，但受到了从焊接区传导过来的热量的影响；C 区为变形热影响区，该区既受到了塑性变形的影响，又受到了焊接温度的影响；D 区为焊核，是两块焊件的共有部分，如图 4-7-25 所示。

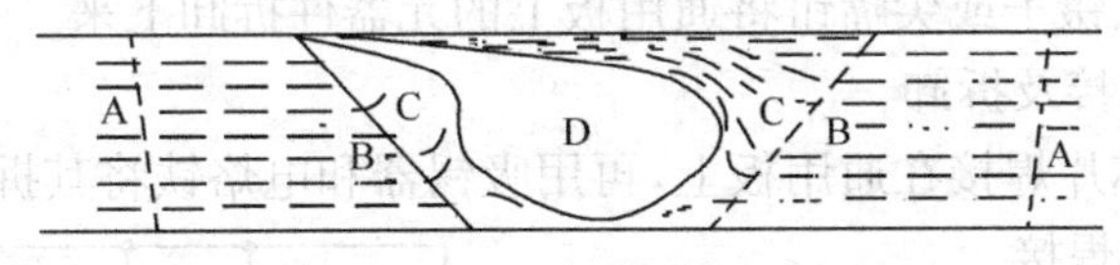

图 4-7-25　搅拌摩擦焊焊缝分区示意图

搅拌摩擦焊是一种固相连接工艺。同熔焊相比，搅拌摩擦焊焊接铝合金有以下几个突出的优点：焊接中厚板时，焊前不需要开 V 形或 U 形上坡口，也不需进行复杂的焊前准备；焊后试件的变形和内应力特别小；焊接过程中没有辐射、飞溅及危害气体的产生；焊接接头性能优良，焊缝中无裂纹、气孔及收缩等缺陷，可实现全方位焊接。搅拌摩擦焊最大的优点是：可焊接那些不推荐用熔焊焊接的高强铝合金。通过人们的不断努力，搅拌摩擦焊的局限性在不断减小，但还存在一些不足的地方，如其焊速比熔焊要慢；焊接时焊件必须夹紧，还需要垫板；焊后焊缝上留有锁眼。

另外，计算机技术在焊接中也得到了广泛的应用。从焊接的设计、焊接的控制系统到焊接的生产制造都广泛地使用着计算机技术。

焊接技术人员通过采用焊接计算机控制系统、模糊控制等控制方式,实现了焊接过程(包括备料、切割、装配、焊接、检验)自动化,从而提高了焊接机械化、自动化水平。

焊接机器人在我国也已经进入了实用阶段。我国已将专家系统和模糊控制及神经元网络引入焊接机器人,大大提高了焊接质量。在国外,焊接机器人已广泛应用于生产,尤其在汽车工业行业应用最多。今后,焊接机器人将进入一个更高的发展阶段,它将逐步代替人们去从事那些劳动强度高、工作环境恶劣和没有安全保障的焊接作业。

4.8 焊接实验

1. 实验目的

① 学会使用电烙铁,掌握手工焊接的基本操作方法。

② 掌握电子元器件的焊接和拆卸方法。

③ 掌握导线的焊接和拆卸方法。

④ 了解贴片元件手工焊接技巧。

2. 实验器材

电烙铁、镊子、电工刀、尖嘴钳 、剪线钳、剥线钳各一把;烙铁架、吸锡器各一个。通用板一块,PCB 板两块,电阻、电容、晶体管、集成芯片、表贴元件、导线、焊锡丝等若干。

3. 实验内容及步骤

(1) 元器件的引脚处理

用电工刀将电阻、电容、二极管的元件引脚进行处理,用电烙铁给处理好的元件上锡。

(2) 元器件的引脚做型

用镊子或尖嘴钳将处理后的元件做型。

(3) 元器件的焊接

用电烙铁将电阻、电容、二极管、三极管焊接在通用板上,并用剪线钳将多余的引脚剪掉。

(4) 元器件的拆卸

用电烙铁、吸锡器、镊子或尖嘴钳将通用板上的元器件拆卸下来。

(5) 集成芯片的焊接及拆卸

用电烙铁将集成芯片焊接在通用板上,再用吸锡器和电烙铁将其拆卸下来。

(6) 导线的处理和焊接

用剥线钳、电工刀将导线进行处理,用电烙铁给处理好的导线上锡,然后焊接在通用板上,再将其拆卸下来。

(7) 表贴元器件的焊接及拆卸

① 先在旧的 PCB 板上练习焊接若干个贴片元器件,再将其拆卸下来。

② 在新的 PCB 板上焊接一个循环灯电路,如图 4-8-1 所示然后将电路板接通电源,检查电路是否能正常工作。

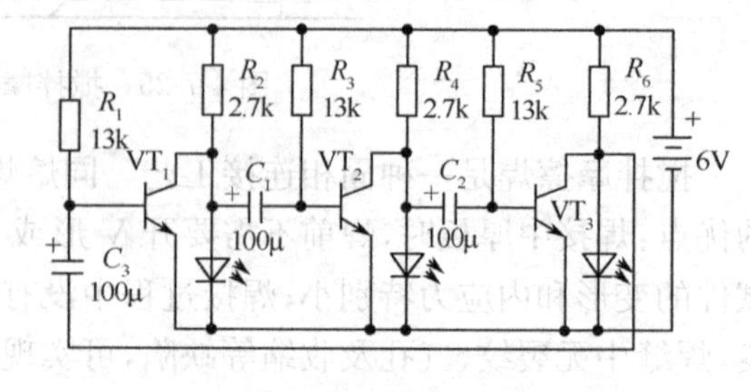

图 4-8-1　模拟循环灯电路图

第5章 制板技术

印制电路板是电子元器件的载体，在电子产品中既起到支撑与固定元器件的作用，同时也起到元器件之间的电气连接作用，任何一种电子设备几乎都离不开电路板。随着电子技术的发展，制板技术也在不断进步。

制板技术通常包括电路板的设计、选材、加工处理三部分，三者中任何一个环节出现差错都会导致电路板制作失败。因此，掌握制板技术对于从事电子设计的工作者来说很有必要，特别是对本科学员来说，掌握手工制板技术，就可以在实验室把自己的创作灵感迅速变成电子作品。

5.1 电路板简介

5.1.1 电路板的种类

电路板的种类按其结构形式可分为4种：单面印制板、双面印制板、多层印制板和软印制板。4种印制板各有优劣，各有其用。

单面印制板和双面印制板制造工艺简单、成本较低、维修方便，适合实验室手工制作，满足中低档电子产品和部分高档产品的部分模块电路的需要，应用较为广泛，如电视机主板、空调控制板等。

多层印制板安装元器件的容量较大，而且导线短、直，利于屏蔽，还可大大减小电子产品的体积。但是其制造工艺复杂，对制板设备要求非常高，制作成本高且损坏后不易修复。因此，其应用仍然受限，主要应用于高档设备或对体积要求较高的便携设备，如电脑主板、显卡、手机电路板等。

软印制板包括单面板和双面板两种。它制作成本相对较高，并且由于其硬度不高，不便于固定安装和焊接大量的元器件，通常不用在电子产品的主要电路板中。但由于其特有的软度和薄度，给电子产品的设计与使用带来很大的方便。目前，软印制板主要应用于活动电气连接场合和替代中等密度的排线（如手机显示屏排线、MP3、MP4显示屏排线等）。

5.1.2 电路板的基材

电路板是由电路基板和表面敷铜层组成。用于制作电路基板的材料通常简称基材。将绝缘的、厚度适中的、平板性较好的板材表面采用工业电镀技术均匀的镀上一层铜箔后便成了未加工的电路板，又叫“敷铜板”，如图5-1-1所示。在敷铜板铜箔表面贴上一层薄薄的感光膜后便成了常用的“感光板”，如图5-1-2所示。不论是敷铜板还是感光板，其基材的好坏都直接决定了制成电路板的硬度、绝缘性能、耐热性能等，而这些特性又往往会影响电路板的焊接与装配，甚至影响其电气性能。因此，在制作印制电路板之前，首先必须根据实际需要选择一种合适的基材制成的敷铜板或感光板。电路板基材及主要特点见表5-1-1，基材的选择依据参见表5-1-2，基材的物理特性参见表5-1-3。

图 5-1-1　单面敷铜板(a)和双面敷铜板(b)

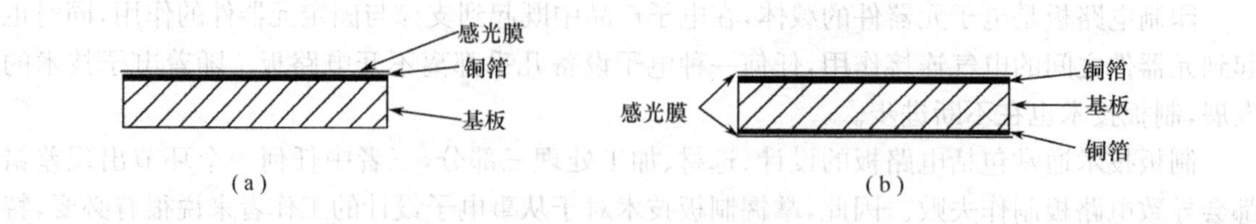

图 5-1-2　单面感光板(a)和双面感光板(b)

表 5-1-1　常用基材及其主要特点

材料类型	主要特点
环氧—玻璃纤维材料	尺寸大小不受限，重量轻，可加工性好，介电性能好。X、Y、Z 轴三个方向的热膨胀系数较大，导热性能较差
聚酰亚胺—玻璃纤维材料	尺寸大小不受限，重量轻，可加工性好，介电性能好。X、Y 轴方向热膨胀系数较小，Z 轴方向热膨胀系数较大，导热性能差，有吸水性
环氧—芳族聚酰胺纤维材料	尺寸大小不受限，重量轻，介电性能好。X、Y 轴方向热膨胀系数较小，导热性差，树脂有细微裂纹，Z 轴方向热膨胀系数较大，有吸水性
聚酰亚胺—芳族聚酰胺纤维材料	同环氧—芳族聚酰胺纤维材料
陶瓷材料	导热性好，热膨胀系数小，可采用传统的厚膜或薄膜工艺。基板尺寸受限，成本较高，难加工，易碎，介电常数大
聚酰亚胺—石英材料	尺寸大小不受限，重量轻，介电性能好。X、Y 轴方向热膨胀系数较小，导热性差，Z 轴方向热膨胀系数较大，不易钻孔，价格高，树脂含量低
玻璃纤维—芳族复合纤维材料	无表面裂纹，Z 轴方向热膨胀系数较小，重量轻，介电性能好。X、Y 轴方向热膨胀系数较大，有吸水性，导热性差
玻璃纤维—聚四氟乙烯层压材料	介电性能好，耐高温。X、Y 轴方向热膨胀系数较大，低温下的稳定性能较差
挠性介电材料	重量轻，热膨胀系数小，柔韧性好。尺寸大小受限

表 5-1-2　基板材料的选择依据

材料性质 / 设计参数	热膨胀系数	热传导性	扩张模量	介电常数	体电阻率	表面电阻率
温度与功率循环	*	*	*			
振动			*			
机械冲击			*			
温度与湿度	*			*	*	*
功率密度		*				

续表

材料性质 / 设计参数	热膨胀系数	热传导性	扩张模量	介电常数	体电阻率	表面电阻率
芯片载体尺寸	*		*			
电路密度				*	*	*
电路速度				*	*	*

注："*"表示相关

表 5-1-3　各类基板材料的物理特性

物理特性 / 材　料	X、Y 热膨胀系数 E ($10^{-4}\cdot℃^{-1}$)	导热率 λ ($W\cdot m^{-1}\cdot ℃^{-1}$)	X、Y 扩张模量 E ($10^{-6}N\cdot cm^{-2}$)	介电常数 ε (1MHz)	体电阻率 ρ ($\Omega\cdot cm^{-3}$)	表面电阻率 ρ ($\Omega\cdot cm^{-2}$)
环氧—玻璃纤维材料	13~18	0.16	1.7	4.8	10^{12}	10^{13}
聚酰亚胺—玻璃纤维材料	6~8	0.35	1.9	4.4	10^{14}	10^{15}
环氧—芳族聚酰胺纤维材料	—	0.12	3.0	4.1	10^{16}	10^{16}
聚酰亚胺—芳族聚酰胺纤维材料	3~7	0.15	2.7	3.6	10^{12}	10^{12}
聚酰亚胺—石英材料	6~8	0.30	—	4.0	10^{9}	10^{8}
玻璃纤维—聚四氟乙烯层压材料	20	0.26	0.1	2.3	10^{10}	10^{11}
陶瓷材料(Al_2O_3)	5~7	44.0	5.5	10^{14}	—	—

高压电路应选择高压绝缘性能良好的电路基板；高频电路应选择高频信号损耗小的电路基板；工业环境电路应选择耐湿性能良好，漏电小的电路基板；低频、低压电路及民用电路应选择经济型电路基板。

实验室用的单面感光板的基板一般采用环氧—芳族聚酰胺纤维材料制成。该类型基板绝缘性较好、成本低、硬度高、合成工艺简单、耐热、耐腐蚀，尺寸通常为 15cm×10cm，但该基板较脆，易裂，裁切时要小心操作。

双面感光板基板通常为环氧—玻璃纤维材料，该类型基板柔韧性好、硬度较高、介电常数高、成本低，尺寸通常为 15cm×10cm，但其导热性能较差。

5.2　制板技术简介

制板技术是指依据 PCB 图将敷铜板加工成电路板的技术。按照制板方法的不同，制板技术大致可分为两大类：手工制板和工业制板。

5.2.1　手工制板技术

手工制板技术主要指借助小型的制板设备，使用敷铜板或感光板依照 PCB 图加工成印制电路板的技术。该技术容易掌握，耗材少，成本低，速度快，不受场地限制；但由于其不适合批量加工，精度偏低，因此这种技术主要应用于学校制作实验板。下面介绍几种常用的手工制板方法。

1. **多功能环保型快速制板系统制板**

多功能环保型快速制板系统是一种集单、双面板曝光、显影、蚀刻、过孔于一体的快速制板系统。使用该设备制板具有操作简便、制作速度快、成功率高、环保无污染等几大优点。使用该设备制板一般采用感光板，主要操作流程如下。

(1) 打印 PCB 图。用黑白激光打印机将 PCB 图以 1∶1 的比例打印在菲林纸上，如图 5-2-1所示。单面板打印一张，即底层(BottomLayer)和多层(MultiLayer)；双面板需打印两张，一张为底层(BottomLayer)和多层(MultiLayer)，另一张为顶层(TopLayer)和多层(MultiLayer)，其中打印顶层时需选择镜像打印。

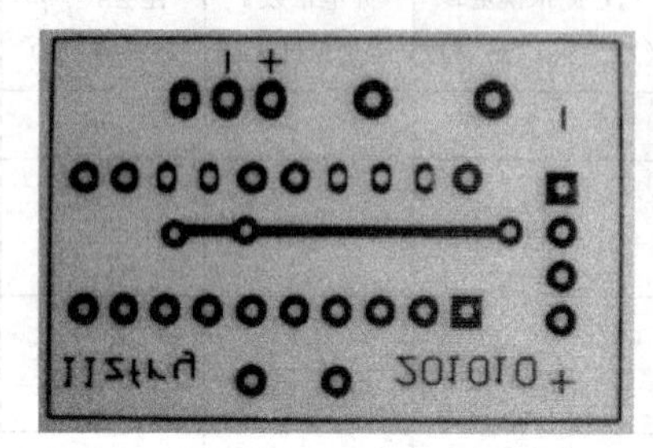
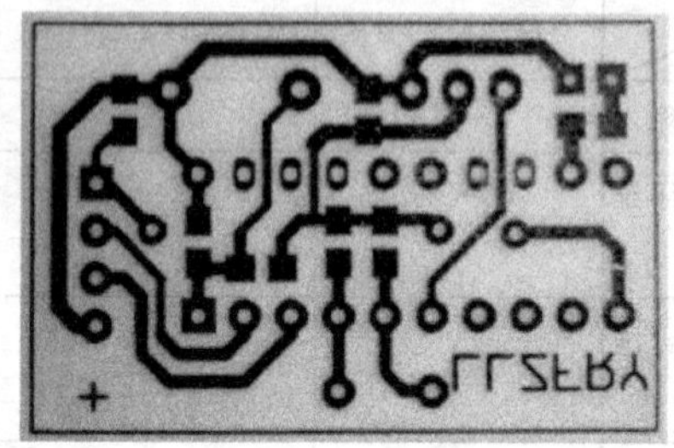

图 5-2-1　双面板菲林图

(2) PCB 图纸对孔。双面板需将打印了顶层图和底层图的两张菲林纸裁剪合适(每边多留 2cm 左右)，打印面相对朝内合拢，对着光线校准焊盘，使顶层和底层菲林图纸的焊盘重合，并用透明胶带将两张菲林图粘贴到一起，粘贴时应粘相邻两边或两条窄边和一条长边，粘好后再次进行仔细校对，如图 5-2-2 所示。单面板则无需进行对孔操作。

(3) 裁剪感光板。根据 PCB 图的大小，用裁板机(图 5-2-3)或锯条等工具切割一块大小合适的感光板(板面大小以每边超出 PCB 图中最边沿信号线 5mm 左右为宜)。

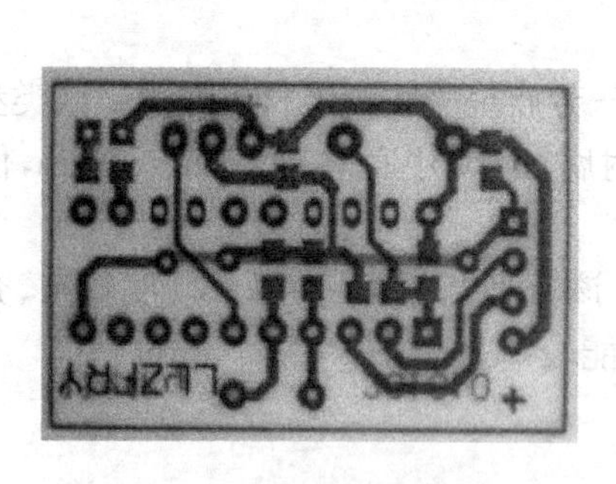

图 5-2-2　PCB 图纸对孔

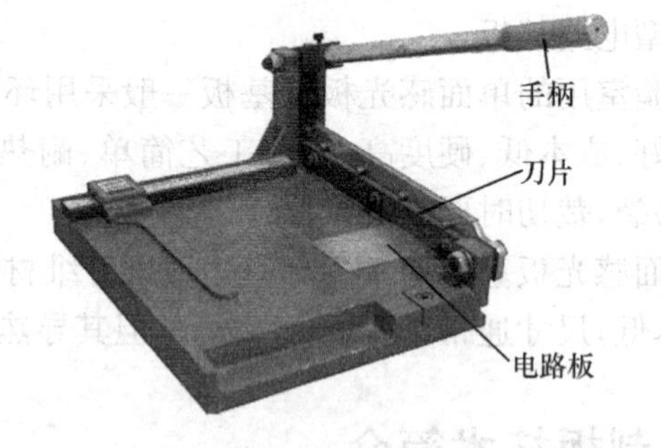

图 5-2-3　裁板刀裁板

(4) 感光板曝光。

① 单面板曝光时，开启曝光机电源开关，抽出曝光抽屉并打开盖板，撕去感光板的保护膜，将感光板放在抽屉玻璃板中心，使涂有深绿色感光剂的一面朝上，然后将菲林图的黑色图面朝向感光板铺好，并使该图位于板面中心，如图 5-2-4 所示。盖上抽屉盖板，关上左右铁栓。按下曝光机面板上的抽真空按钮，待抽屉中图纸和感光板基本吸紧后将抽屉推入到底。按下曝光机上的“开始”按钮开始曝光，屏幕上会显示曝光倒计时时间，曝光结束后按操作台上任意键退出。环保型快速制板系统操作面板如图 5-2-5 所示。

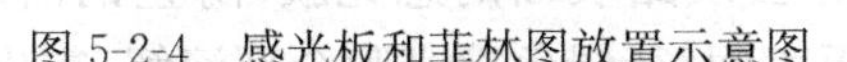

图 5-2-4　感光板和菲林图放置示意图

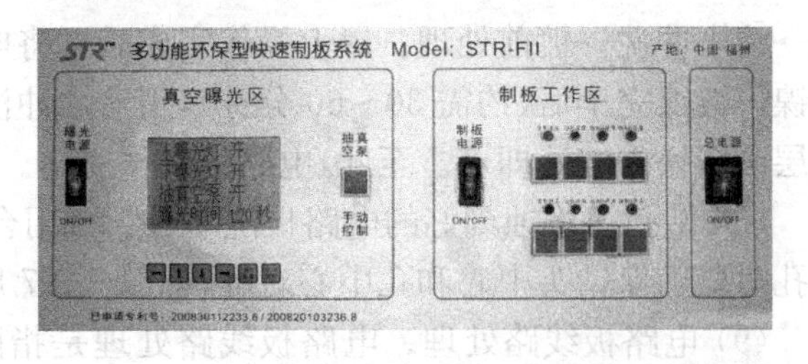

图 5-2-5　环保型快速制板系统操作面板图

② 双面板曝光时，开启曝光机电源开关，抽出曝光抽屉并打开盖板，撕去感光板两面的保护膜，将感光板塞入已贴好的两张菲林纸中的适当位置(所有线路均在感光板范围内并居中)。将感光板连同菲林纸一起置于曝光抽屉已打开的玻璃板中心位置，盖上抽屉盖板，关上左右铁栓。按下曝光机面板上的抽真空按钮，待抽屉中图纸和感光板基本吸紧后将抽屉推入到底。按下曝光机上的"开始"按钮开始曝光，屏幕上会显示曝光倒计时时间，曝光结束后按操作台上任意键退出。

(5) 感光板显影。感光板显影是使曝光的感光膜脱落，保留有电路线条部分的感光膜。感光板曝光结束后，抽出曝光机抽屉，弹起抽真空按钮，打开抽屉铁栓，取出感光板，撕去菲林纸，在感光板边角位置钻一个 1.5mm 左右的孔，用绝缘硬质导线穿过此孔，拴住感光板，放入显影槽中进行显影。然后，打开制板机的显影加热和显影气泡开关，加快显影速度，提高显影效果。每隔 30s 将感光板取出观察，待感光板上留下了绿色的线路，其余部分全部露出红色的铜箔，表示显影完毕。显影完毕后应立即用清水冲洗板面残留的显影液，不得用任何硬物擦洗。显影及蚀刻槽如图 5-2-6 所示。

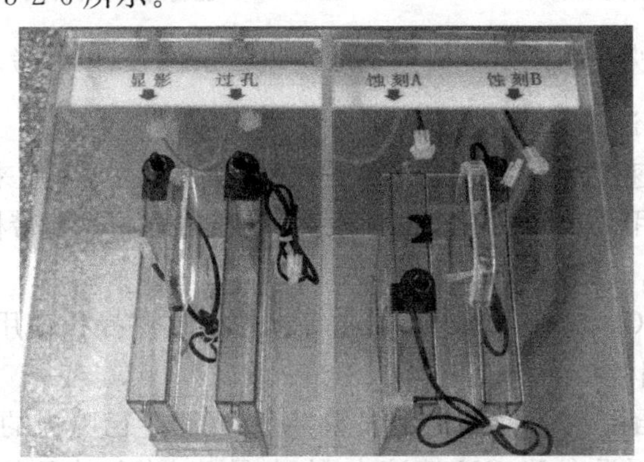

图 5-2-6　显影及蚀刻槽

(6) 蚀刻感光板。感光板蚀刻就是使没有感光膜保护的铜箔腐蚀脱落，留下有感光膜保护住的铜箔线条。有绿色感光剂附着的铜箔不会被腐蚀，裸露的铜箔则被蚀刻液腐蚀脱落。感光板开始蚀刻时，拿住拴板的细导线，将电路板浸没在蚀刻液中进行腐蚀，每 3 分钟左右拿出来观察一次，待电路板上裸露的铜箔全部腐蚀完毕即可。注意：操作时应防止电路板掉入蚀刻槽内，如不需过孔可直接进行第(8)步操作。

(7) 过孔。过孔是将电路板的孔壁均匀镀上一层镍，使电路板上下两层线路连通。将蚀刻好的电路板用清水冲洗后晾干，使用防镀笔在电路板表层涂抹防镀液，涂完后烘干，重复涂抹、烘干三次，使防镀层达到一定厚度。防镀液烘干后先进行第(8)步钻孔操作，完成后用清水冲洗电路板，再进行如下操作：表面处理剂处理→清水冲洗→活化处理→清水冲洗→剥膜处理→清水冲洗→镀前处理。以上操作完成后可将电路板用绝缘细线拴住，置于过孔槽中进行镀镍。镀镍完毕后(约需 30～60 分钟)，用清水冲洗电路板并晾干，再将电路板表面均匀涂抹一层酒精松香溶液即可。至此，电路板制作完毕。

(8) 钻孔。将蚀刻好的电路板洗净、擦干，用台钻钻好焊盘中心孔、过孔及安装孔。注意：钻孔时要确保钻头中心和孔中心对准，如图 5-2-7 所示。

(9) 电路板线路处理。电路板线路处理是指除去线路表面的感光膜，防止铜箔线氧化。电路板处理时，用海绵粘上适量的酒精，擦拭电路板表面，待绿色感光膜全部溶解，露出红色的铜箔线路即可。为防止铜箔氧化，可在电路板表面均匀的涂抹一层酒精松香溶液，如图 5-2-8 所示。

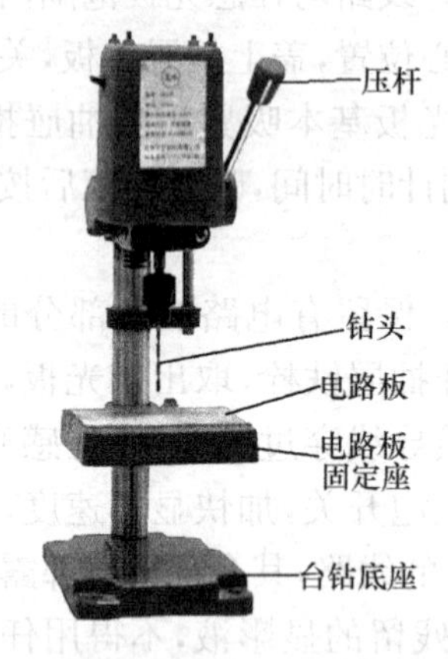

图 5-2-7　台钻钻孔示意图

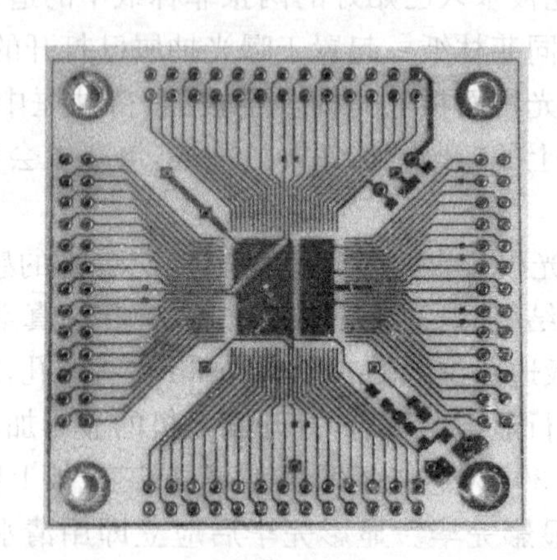

图 5-2-8　已涂酒精松香溶液的单面电路板

上述多功能环保型快速制板系统提供了操作流程录像，以供参考。

2. 感光板简易制板法

感光板简易制板法速度快、耗材少、成本低、制作工艺简单，可用来制作单面板和双面板，但不能过孔。该方法使用的化学药剂腐蚀性较强，制板过程中需要带橡胶手套，并需防止化学药剂溅到皮肤或衣物上。具体操作如下。

(1) 打印 PCB 图、PCB 图对孔、裁板、曝光等操作。这些操作使用的设备和方法与 5.2.1 节“多功能环保型快速制板系统制板”的第(1)步一致。

(2) 显影操作。用自配的 NaOH 溶液显影，使感光膜上已曝光的感光膜脱落。带上橡胶手套，用手握住感光板，浸没在 NaOH 溶液中，左右晃动，并实时观察显影情况。待感光板上只剩下绿色的线路，露出红色的铜箔即可。然后将电路板取出，用清水冲洗。

(3) 蚀刻操作。将电路板上露出的铜箔在酸液中腐蚀掉，留下感光膜保护住的线路。该步骤采用的是浓盐酸、双氧水和清水的混合酸溶液(1∶1∶3)。此溶液腐蚀性极强，进行蚀刻时要带好橡胶手套，再将电路板握住并置于配好的腐蚀液中进行蚀刻。蚀刻时要一直观察蚀刻情况，待红色铜箔完全蚀刻脱落，取出电路板，用清水冲洗后晾干。

(4) 钻孔操作。钻好电路板上焊盘中心孔、过孔和安装孔。该步骤见 5.2.1 节中第(8)步。

(5) 电路板线路处理。该步骤与 5.2.1 节中第(9)步一致。

3. 热转印制板法

热转印制板法是一种速度快、成本低、设备少、使用普通敷铜板就能加工 PCB 印制电路板的制板方法。但该方法不方便对孔，只适于制作单面板。具体制作方法如下：

(1) 打印PCB图。用黑白激光打印机将PCB图以1∶1的比例打印在热转印纸或相纸光滑面上(打印底层和多层)。

(2) 裁剪电路板。根据PCB图的尺寸，用裁板机或锯条等工具切割一块大小合适的电路板，板面大小以每边超出PCB图中最边沿信号线5mm左右为宜。

(3) 热转印。热转印是指将打印出的PCB线路图通过加热加压的方法使其从纸上转移至电路板的铜箔上。

① 将裁好的敷铜板铜箔面用细砂纸打磨光滑，去掉氧化层，并用纸巾将表面擦拭干净。

② 将图纸的打印面朝向铜箔面，并使线路位于敷铜板的正中位置，用透明胶带将热转印纸和敷铜板黏牢。

③ 将敷铜板连同热转印纸一同塞入已预热的热转印机中进行热转印。待转印完成后冷却约2分钟左右即可剥去热转印纸，此时，转印纸上黑色的线条便已脱落粘贴到敷铜板的铜箔上。若没有热转印机则可用熨斗代替。使用熨斗时注意不能喷水，熨斗加热面必须用力压在热转印纸上，并来回慢慢移动，务必保证每个部位都压到，转印时间约需3分钟。

(4) 蚀刻。蚀刻是指将有黑色碳粉附着的铜箔线路保护起来，并将未保护的铜箔全部腐蚀掉。用小型台钻在电路板的边角位置钻一个1.5mm左右的孔，用绝缘细导线将电路板拴牢，拿住拴板的细导线，将电路板浸没在蚀刻液中进行腐蚀，并来回晃动。实时观察腐蚀情况，待裸露的红色铜箔全部腐蚀掉即可。蚀刻液可采用盐酸和双氧水，三氯化铁等溶液。

(5) 钻孔。该步骤与5.2.1节中第(8)步一致。

(6) 电路板线路处理。该步骤与5.2.1节中第(9)步一致。

4. 雕刻机制板法

雕刻机制板法是通过专用控制软件导入PCB图、控制雕刻刀将敷铜板表面不需要的铜箔剔除的制板方法。该方法操作简单、自动化程度高、不需要化学药剂。但是，由于其制作成本高、噪声大、时间长、精度低，因而使用较少。一般来说，制作一块100cm²左右的中等密度的电路板就需要2～4个小时。

雕刻机(见图5-2-9)基本操作方法如下：

(1) 将PCB文件导入雕刻机控制软件中。

(2) 将敷铜板固定在雕刻机的台面上(图5-2-10)，敷铜面朝上。选择合适的刀具，并在软件界面上选择相应的刀具尺寸。

图5-2-9 雕刻机面板图

图5-2-10 敷铜板的固定位置示意图

(3) 利用控制软件对雕刻机进行定位，使雕刻机的活动范围在敷铜板的范围内。

(4) 在软件界面上调整好刀具深度等参数，单击“开始”即可进入自动雕刻，雕刻过程中如出现过深或过浅的情况可使用雕刻机面板上的旋钮进行实时调整。

(5) 雕刻完毕后更换钻头，设置好板厚等参数，单击“钻孔”进行钻孔操作。

(6) 钻孔完毕后，如需裁边，更换刀具并单击“裁边”进行电路板的裁剪处理。

(7) 对雕刻好的电路板进行去氧化膜和防氧化处理。

5.2.2 工业制板技术

工业制板技术近些年来发展迅速，许许多多的工业制板设备不断涌入市场，给电路板的制作带来了很大的方便。工业制板技术主要包含小型工业设备制板和工厂大批量制板两大种类。具体介绍如下。

1. 小型工业制板技术

小型工业制板技术是指利用小型的成本较低的设备，制作成几乎符合工业制板标准电路板的一种技术。采用这种技术制成的电路板在外观和性能上都比手工制板高很多，几乎可与工厂制板媲美。但是，这种制板技术工序依旧比较复杂，并且制作周期也较长，因而在实验室制板中也不常用。本书仅以科瑞特公司生产的小型工业制板设备为例，简单介绍其制板方法。具体步骤如下。

步骤一：数控钻孔。根据生成的 PCB 文件的钻孔信息，快速、精确的完成钻孔任务。具体操作如下。

(1) **裁板下料**：根据 PCB 图的大小裁板，每边多留 20mm 左右以便粘贴胶布；

(2) **固定电路板**：用透明胶将电路板固定在数控钻孔机的平台上，尽量横平竖直；

(3) **定位**：打开钻孔软件，结合软件和钻头的位置，给钻头设定一个在电路板上的原点，并使用软件定位功能，使钻孔机的最大运动范围都在电路板板面上；

(4) **钻孔**：点击软件中的钻孔按钮直至钻孔完成；

(5) **处理**：取下电路板，抛光，烘干。

步骤二：化学沉铜。通过一系列化学处理方法在非导电基材上沉积一层铜，继而通过后续的电镀方法加厚，使之达到设计的特定厚度。具体操作如下。

(1) **预浸**：为有效湿润孔壁，增加孔壁上的电荷量，将烘干后的电路板用挂钩挂好置于碱性溶液预浸槽中，打开设备相应的开关，等待预浸完成后取出烘干；

(2) **黑孔**：将烘干后的电路板浸入装有高密度碳溶液的黑孔槽中，打开设备相应的开关，使孔壁能吸附较多的高密度碳，增强孔壁导电性，黑孔完毕后取出烘干；

(3) **微蚀**：将烘干后的电路板置于装有有机酸溶液的微蚀槽中约 40s 左右，取出电路板，用水冲洗，抹去板面上的高密度碳后进行烘干；

(4) **加速**：将烘干后的电路板置于有机酸加速槽中约 10s 左右即可去除板面上的氧化层，取出电路板用清水冲洗后烘干。

步骤三：化学电镀铜。利用电解的方法使电路板表面以及孔内形成均匀、致密、结合力良好的金属铜。具体操作如下。

(1) **电镀铜**：将烘干的电路板用夹子夹住置于镀铜溶液中，设置好设备镀铜电流[(1.5～4)A/分米^2]，等待约 20～30 分钟，直到都镀上铜为止；

(2) **处理**：取出电路板，用清水冲洗后烘干并抛光。

步骤四：转移线路图。将菲林纸上的线路图转移到电路板上。具体操作如下。

（1）**打印菲林图**：用激光打印机将设置好的PCB图以1∶1打印到菲林纸上(单面板只需打印一张图，包含：BottomLayer、MultiLayer、KeepOutLayer层；双面板还需要打印一张图，包含：TopLayer、MultiLayer、KeepOutLayer层，打印时要选择镜像打印)；

（2）**印刷感光油墨**：用黄色丝网在丝网机上给电路板的铜箔面刮上一层感光油墨，并用烘干机烘干；

（3）**曝光显影**：将菲林图与电路板贴好(黑色线条面朝向感光油墨面，保证所有焊盘的孔与板上孔对齐)，置于曝光机中曝光，双面板的两面都要曝光；曝光完成后将电路板置于显影槽中显影，显影完毕后电路板上便留下绿色线路(即未被曝光的感光油墨)，已曝光部分则露出红色的铜。取出电路板用清水冲洗烘干。

步骤五：电路板蚀刻。将电路板上线路以外的铜去掉，留下未曝光的感光油墨覆盖住的线路图，蚀刻液为碱性腐蚀液，主要成分为氯化铵。具体操作如下。

（1）**蚀刻**：将电路板置于蚀刻槽中，打开设备相应的开关进行加热和对流，以加快蚀刻速度，蚀刻完成后电路板上只剩下表层为绿色的线路，线路以外的铜箔已被腐蚀，露出基板的本色；

（2）**抛光**：将蚀刻好的电路板用清水冲洗后再用抛光机抛光并烘干。

步骤六：化学电镀锡。化学电镀锡主要是为了在可用电路板的焊盘和铜箔线上镀上一层锡，防止铜箔被氧化，同时有效的增强电路板的可焊接性(如不需镀锡，跳过此步骤即可)。具体步骤如下。

（1）**去膜**：用海绵蘸上酒精，将附着在铜箔线路表层的感光油墨擦除，露出红色铜箔；

（2）**镀锡**：将电路板置于镀锡槽中进行镀锡，方法与步骤三的化学电镀铜相同；

（3）**处理**：镀锡完成后清洗并烘干即可。

步骤七：丝网印刷。在电路板上印刷感光阻焊油墨和热固化文字油墨(不需要刷阻焊层和文字油墨时可跳过此步骤)。具体操作如下。

（1）**感光阻焊油墨印刷**：选择白色丝网，电路板固定在丝网下方，调整高度使电路板和丝网接近并相平，用刮刀在电路板上的丝网表面来回刮一次感光阻焊油墨，取出电路板烘干，然后用菲林图(只保留焊盘层并反白打印)盖住电路板并对齐后进行曝光和显影，使焊盘部分裸露出来即可，取出电路板烘干；

（2）**热固化文字油墨**：文字油墨印刷与感光阻焊油墨印刷的方法类似，只是打印菲林胶片时要注意需要选择打印的层。

2. **工厂批量制板技术**

工厂批量制板通常是建立在昂贵的制板设备的基础上。它具有生产成本低、速度快、效率高、精度高等特点。但由于其设备多，加工数量大，通常需要许多的人力参与。一般来说，工厂的电路板生产过程都采用流水线的形式进行。由于工厂制板过程较为复杂，下面只对其主要流程进行简要的描述。

（1）**下料**。将电路板按照规定尺寸切割后进行磨边、酸性除油除尘、微蚀、风干等操作，以保证板材的稳定性、干净度等。

（2）**开孔**。使用CCD自动钻孔机将板材上所有钻孔按照实际大小和位置开好，并重新将电路板进行水洗、风干、平整等。

（3）**光绘**。通过专用机器将需要加工的PCB图制成PCB线路图胶片。

(4) **曝光、显影**。将胶片上的线路转移到电路板上，使电路板的线路部分附着防腐蚀的膜，显影完后进行水洗、风干。

(5) **蚀刻**。将电路板上非线条部分的铜箔腐蚀，剩下铜箔线条，并进行水洗，风干。

(6) **镀铜**。将电路板通过化学药剂处理后首先进行孔化，使电路板的孔壁镀上薄薄的一层铜。然后采用电镀方法继续对孔壁和线路部分的铜箔进行加厚。镀铜完后继续水洗、风干。

(7) **丝网印刷**。根据PCB图制作好需要印刷文字的丝网和印刷阻焊层油墨的丝网。将阻焊层印刷完后烘干，再进行文字印刷并烘干。

(8) **焊盘处理**。将焊盘部分的铜箔氧化层去除后，用锡锅或喷锡的方式给电路板的焊盘和过孔均匀地镀上一层锡。如果需要镀金，则应使用电镀方法先给焊盘镀上一层薄薄的镍后再镀上足够厚的金。

(9) **飞针测试**。使用飞针测试仪对已制好的电路板进行测试，以确保线路无短路、断路等情况。

(10) **切板，磨边**。将制好的电路板按机械边框大小切割后将电路板的四边打磨平整，并进行水洗，风干等。

(11) **出厂检验，包装**。将制好的电路板按规格和数量使用塑料薄膜进行打包，防止运输磨损等。

以上即对工厂制板流程的简要描述。通过上述制板流程足见工厂制板需要的设备、人力及时间。因此，工厂制板一般要达到一定的数量才会启动设备制作。

5.2.3 制板要求

1. 实验室制板要求

实验室制板主要是满足实验课程、课程设计、电子设计竞赛、创新实践活动的需要。由于实验板对场地、环境、使用寿命、工艺精度等要求不高，因此市场上所有的覆铜板、感光板都能满足实验制板的需要。

目前，大部分高校均采用蚀刻制板系统或雕刻机，这两种制板设备在制板时存在工艺精度低，金属化过孔、丝印、阻焊、镀锡处理复杂等问题。为保证PCB板制作的成功率，实验室PCB制板要求如下：

(1) 线宽一般应大于0.5mm(20mil)。

(2) 焊盘外径一般大于2mm(79mil)。

(3) 过孔尽量少，直径一般应大于1.8mm(71mil)。

(4) 两线之间的距离大于10mil。

(5) 两焊盘中心距大于100mil。

(6) 尽量设计成单面板。

(7) 双面板顶层应尽量少走线。

(8) 实验室制板一般不具备金属化过孔的制作条件，可采用人工过孔的方法，即在过孔上焊短路线，将板的两边的焊盘连接在一起。

(9) 板面尺寸设计适当。

(10) 制板过程中对每个环节都应认真细致，规范操作。

如果不按以上要求操作，可能造成制作的电路板短路、断线、焊接困难等问题，甚至会造成皮肤受伤、衣物受损等安全事故。

2. 民用产品和工业设备制板要求

民用产品和工业设备均属于产品，在制板方面相对来说要求比较高。用于制作产品的电路板必须综合考虑其质量、使用寿命、使用环境等因素。从这些方面综合考虑，要求电路板在设计与制作时必须做到设计合理(保证原理的正确性、保证大功率发热元器件正常工作、保证大电流线路宽度、抗干扰性强等)、铜箔质量好、板材质量优、抗腐蚀性、抗震动性强等。

总之，实验室的电路如需用在产品中，则制板方面需要考虑的因素大大增加。要设计出一款成熟、稳定、经得起考验、性价比高的产品还是非常不简单的。

5.3 PCB 绘图软件的使用

5.3.1 PCB 绘图软件发展历程简介

早期的 EDA 企业有 1000 多家，后来发展到 10 家左右。其中 Cadence、Mentor、Zuken 主要面向高端用户，他们的软件要求在工作站上运行，操作系统都是 Unix，而且价格昂贵。而 Protel、PowerPCB 等则主要面向低端用户，对计算机的配置要求不高，一般在 Windows 下运行，普通的 PC 就可以很好的满足要求。

随着 CPU 和相关电脑硬件水平的不断提高，Cadence、Mentor、Zuken 开始推出 Windows 下的产品，这方面 Cadence 发展比较快。发展到 2000 年左右，EDA 产业进行了较大革新，上面的几家公司也顺应时代发展的需要进行了重组。从市场占有率来说，Mentor 公司现在市场占有率排最高，Cadence 公司第二，Zuken 公司第三。单个的 PCB 工具，Allegro 在中国高端用户中软件占有率应该是最高的，其次是 PowerPCB，Protel 则在中国内地使用的人比较多，还有德国的一个小软件 Eagle 在欧美地区也是非常流行的。Cadence、Mentor 和 Zuken 三大公司产品的简单介绍如下：

Mentor 公司的产品主要包括 Boardstation(EN)和 Expeditionpcb(WG)以及收购来的 Pads(PowerPCB)。EN 是一种效率非常高的高端 PCB 绘制软件，对于只考虑工期不考虑成本，经常设计 8 层至 12 层高端 PCB 板的通信和军工研究所来说用得比较多。WG 是目前公认的较好的布线工具。PowerPCB 就不说了，用的人也非常之多。Mentor 公司收购 PowerPCB 后，继续朝两个大方向发展，高端的产品还是原来的 Mentor，现在最新版为 Mentor EN2006；低端的产品还是 PowerPCB，不过给其赋予了新的名字叫 Pads2005，最新的版本为 Pads2007，但是 Pads2005 sp2 相对来说是一个比较稳定的版本。

Cadence 公司的产品主要是 Concept、Allegro 和收购来的 Orcad。尽管多年前PowerPCB 才是业界标准，但最近几年 Allegro 的使用也变得异常火暴，特别是现在计算机主板及显卡等附加值高的产品基本都采用 Allegro 软件绘图。Cadence 公司收购了 Orcad，并将Orcad(强项为原理图设计)，Capture CIS 和 Cadence(即原来的原理图设计软件 Concept HDL)，PCB 工具 Allegro 及其他信号仿真等工具一起推出并统称为 Cadence PSD，现在又叫 SPB，其最新版本为 SPB16.0，连 Orcad 也集成到了 SPB 里。从 SPB15.5 开始就已没有了 Orcad 这个概念，以前的 Orcad Capture CIS 现在也更名为 Design Entry CIS。

Zuken 是日本的一家 EDA 大公司，它的高端产品为 Cr5000，低端产品叫 CadStar。除了日资公司和与日本有业务往来的企业外还有许多公司也采用了 Zuken 的软件，如 LG、NOKIA，国内的一些研究所及一些老的电视机企业等。

PCB设计绘制电路板的技巧对于每一位电子爱好者来说都是非常重要的，它在整个电子领域占据着不可替代的重要地位。目前，国内外各大企业在PCB软件上的使用也各有所异，具体介绍见表5-3-1。由此可见，要成为电子领域顶尖级人才，首先就得学好一种PCB制板软件。

表5-3-1 大公司使用的PCB工具简介

公司名称	所用PCB软件工具
Intel	Concept＋Allegro＋SpecctraQuest
Dell	Viewdraw＋Allegro＋SQ(原理图也有用到Capture)
Huawei	Viewdraw＋Allegro＋SpecctraQuest＋Expedation
ZTE	Concept＋Allegro＋SpecctraQuest＋Expedation
UT	Concept＋Allegro＋SpecctraQuest(手机部采用PowerPCB)
Csico	Concept＋Allegro＋SpecctraQuest
Hp	Concept＋Allegro＋SpecctraQuest(从原来的Boardstation转成Alllegro)
Moto	Concept＋Allegro＋SpecctraQuest(从原来的Boardstation转成Alllegro)

5.3.2 常用制板软件简介

1. Power PCB

Power PCB又名PADS Layout，是由Mentor公司研发的一套高端的专业PCB绘图软件。该软件功能强大，性能优越，尤其是它具有非常专业的PCB设计规则可供开发者设置，开发者首先将各种规则设定好，然后再进行设计操作，便能方便的设计出高性能的电路板。在自动布线和自动布局方面，该软件也有较为严密的规则可供设置，因而大大增强了其自动布局、布线的效率和质量。从设计电路板的层次方面来讲，该软件也比较专业，能满足开发者设计至少8层以上的多层板，并且运行稳定。但是该软件也存在不足之处：一方面，软件本身是针对PCB设计方面开发的，并没有给用户提供绘制原理图的工具。其原理图必须借助于Power LOGIC、Protel等软件。另一方面，该软件功能较强，参数设定较多，因而对于新手来说上手比较慢。再者，该软件运行的程序较为复杂，因而占用的电脑资源也较多。

2. Protel DXP 2004

Protel DXP 2004是Altium公司于2004年推出的最新版本的电路设计软件，该软件能实现从概念设计，顶层设计到输出生产数据以及他们之间的所有分析验证和设计数据的管理。该软件的早期版本就是当前比较流行的Protel 98、Protel 99 SE。与他的早期版本相比，该软件在界面上变得更加华丽，其操作也更加人性化，还极大地强化了电路设计的同步性，整合了VHDL和FPGA的系统设计，功能有了大大的加强。而且该软件将元器件符号、元器件封装、SPICE模型和SI模型综合到了一起，使用起来变得更为方便。但是，该软件也存在不足之处：一方面，该软件对电脑配置要求较高，使得许多学习者望而生畏。另一方面，该软件自带元器件库中的元器件极少，使得开发者使用很不方便。再者，目前许多公司生产电路板都只认Protel 99开发的PCB格式的文件，而这款软件虽然能将设计的PCB导出为Protel 99兼容的格式，但是其兼容性较差，导出时可能会出现各种错误。据了解，目前使用Protel DXP 2004进行设计的公司还是为数不多的。

3. **Protel 99 SE**

Protel 是国内业界最早使用和最为流行的一个软件。Protel 99 SE 是 Protel 公司 2000 年推出的基于 Windows 平台的第六代产品，集强大的设计能力、复杂工艺的可生产性和设计过程管理于一体，完整的实现电子产品从概念设计到产生物理生产数据的全过程。尽管其在某些领域（如多层板设计、超大规模电路设计）赶不上像 PowerPCB 等软件，但它入门简单、上手快、兼容性和稳定性好、占用资源少、元器件库丰富，因而对初学者和大部分从事电子行业的人来说都是很受欢迎的。下一节将着重介绍使用 Protel 99 SE 软件进行原理图和 PCB 图设计的过程，让使用者从实际操作入手，尽快掌握软件设计 PCB 板的方法。

5.3.3　Protel 99 SE 介绍

Protel 99 SE 软件占用资源很少，目前市场上所有的机器都能满足其设计要求。下面将从软件的安装至最后绘制成 PCB 图（用实例和图片描述）进行较为详细的介绍，方便电子设计入门者的学习。

1. **Protel 99 SE 软件安装**

第一，运行 setup. exe 安装 Protel 99 SE。

第二，安装 Protel 99 SE service pack 6（运行\Protel 99 SP6 \Protel 99 SE servicepack6. exe）。

第三，汉化安装（Protel 99 汉化）。

（1）安装中文菜单：将附带光盘中的 client 99 SE. rcs 复制到 Windows 根目录中。说明：在复制中文菜单前，先启动一次 Protel 99 SE，关闭后将 Windows 根目录中的 client 99 SE. rcs 英文菜单保存起来。

（2）安装 PCB 汉字模块：将附带光盘中 pcb-hz 目录的全部文件复制到 Design Explorer 99 SE 根目录中，注意检查一下 hanzi. lgs 和 Font. DDB 文件的属性，将其只读选项去掉。

（3）安装国标码、库：将附带光盘中的 gb4728. ddb（国标库）复制到 Design Explorer 99 SE/library/SCH 目录中，并将其属性中的只读去掉。将附带光盘中的 Guobiao Template. ddb（国标模板）复制到 Design Explorer 99 SE 根目录中，并将其属性中的只读去掉。汉化完成。

第四，安装 orCAD 转换程序（如果需要的话）。

将附带光盘中 orCAD-Protel 目录中的全部文件复制到 Design Explorer 99 SE 根目录中。

2. **使用 Protel 99 SE 设计 PCB 板的一般过程**

（1）建立新的设计（xx. ddb）。

（2）建立新的 SCH 原理图文件（xx. sch）。

（3）在当前的 SCH 原理图文件中添加适当的 SCH 库文件（即原理图元器件库 xx. lib）。

（4）绘制原理图，填写元器件封装，元器件序号和元器件参数值。

（5）生成网络表 Netlist（xx. net）。

（6）新建 PCB 文件（xx. pcb）。

（7）在 PCB 文件中导入由原理图生成的网络表文件（或者直接从原理图更新为 PCB 图），形成带封装和网络连接关系的 PCB 图。

（8）设置布线规则。

(9) 对元器件进行布局、布线、绘制机械边框、敷铜等。

(10) 如需手工制板，则要新建 PCB 文件的打印文件(xx. ppc)，以便能用激光打印机等比例进行打印。

3. 新建设计

双击 Protel 99 SE 的桌面快捷图标，启动软件，主界面如图 5-3-1 所示。

单击 File，在下拉菜单中单击 New，如图 5-3-2 所示。

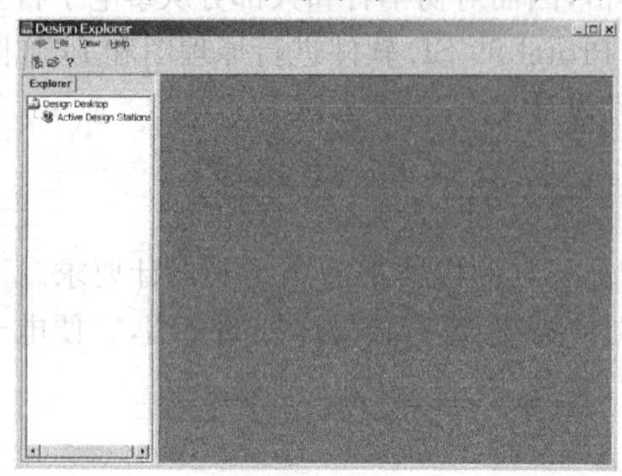

图 5-3-1

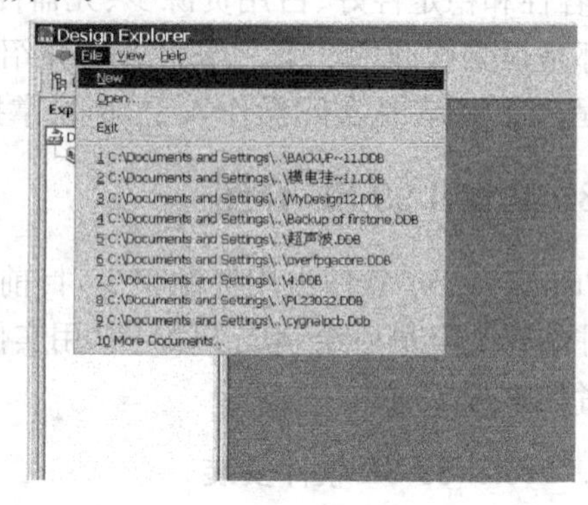

图 5-3-2

在弹出的对话框中填写设计名称，选择好设计保存的路径，如图 5-3-3 所示，单击 OK 按钮完成新建设计文档，如图 5-3-4 所示。

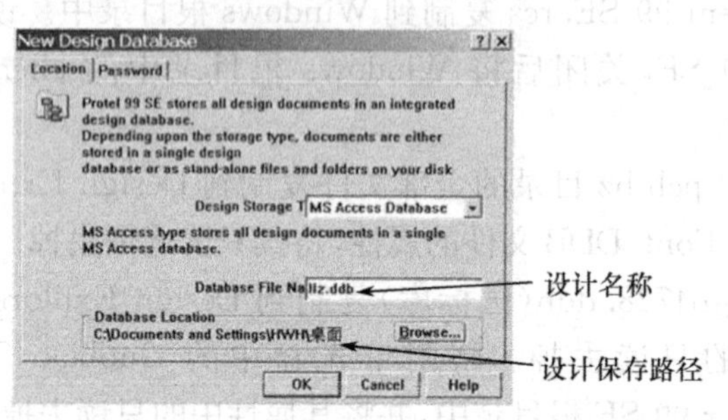

图 5-3-3

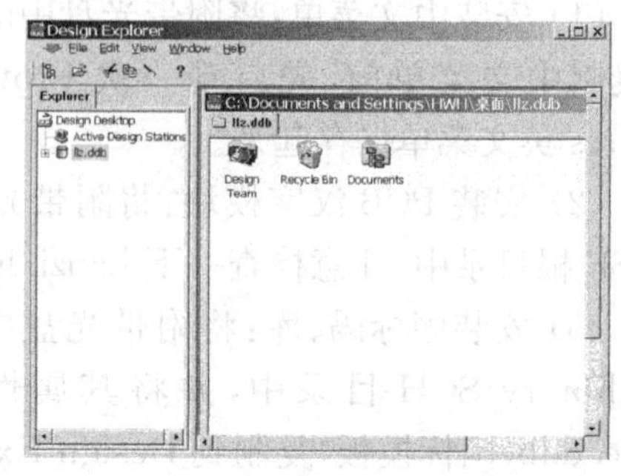

图 5-3-4

4. 新建原理图文件

双击 Documents 后，单击 File，在下拉菜单中继续单击 New，如图 5-3-5 所示，在弹出的窗口中选择标有“Schemation Documents”的图标，单击 OK 按钮，即完成新建原理图文件的操作，如图 5-3-6 所示。

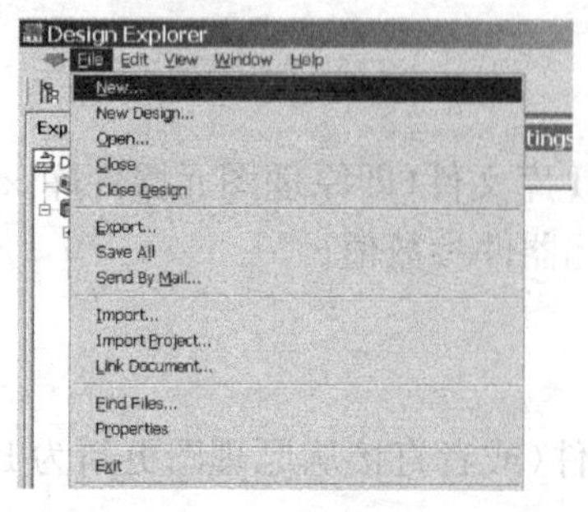

图 5-3-5

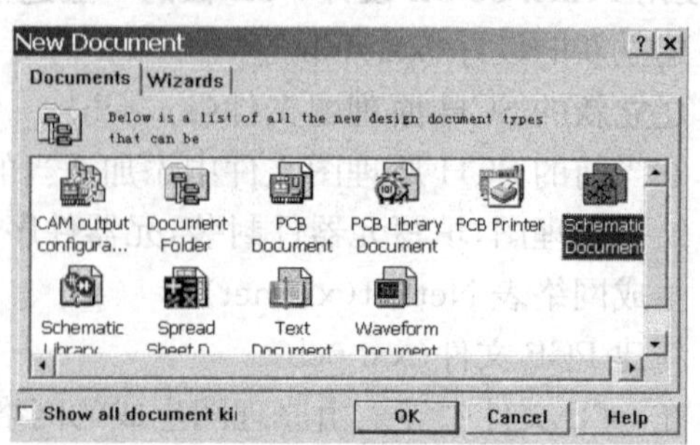

图 5-3-6

原理图文件改名。将鼠标置于原理图文件图标上后单击右键，在下拉菜单中选择 Rename，如图 5-3-7 所示，输入文件名后单击空白处即可（注意：不可更改文件后缀名）。

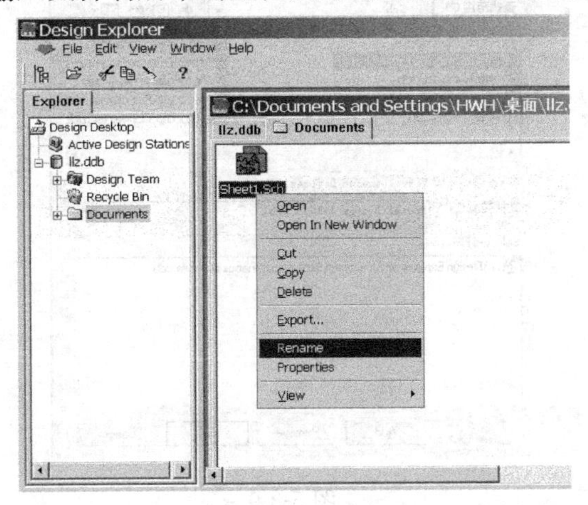

图 5-3-7

打开原理图文件。双击 LLZ. sch 图标，即打开原理图编辑界面，如图 5-3-8 所示。

图 5-3-8

5. 绘制原理图

添加元器件库。单击 Browse Sch，再单击 Add/Remove 按钮，在弹出的对话框中“查找范围”处浏览至库文件所在路径，默认原理图库都在“\Design Explorer 99 SE \Library \Sch”中；单击 Miscellaneous Devices. ddb，再单击 Add，如图 5-3-9 所示，最后单击 OK 按钮，即可完成基本元器件库的添加。

获取库中元器件。在如图 5-3-10 所示的界面中双击需要的元器件即可用鼠标拖到绘图区的任意位置放置，放置时单击左键即可（库中元器件的预览图显示在软件左下角的框中，如图 5-3-11所示）。

基本工具。如图 5-3-12 所示，在原理图中可用双线或网络节点“Net”标示电气连接关系，其余的连线工具和文字工具不具有电气连接属性，需要对图像进行放大或缩小时，请按 PgUp 或 PgDn 键；需要删除元器件时，可单击该元器件后按 Del 键；需要元器件旋转/翻转时，则左键点住某元器件后按空格/X 或空格 Y 键即可。

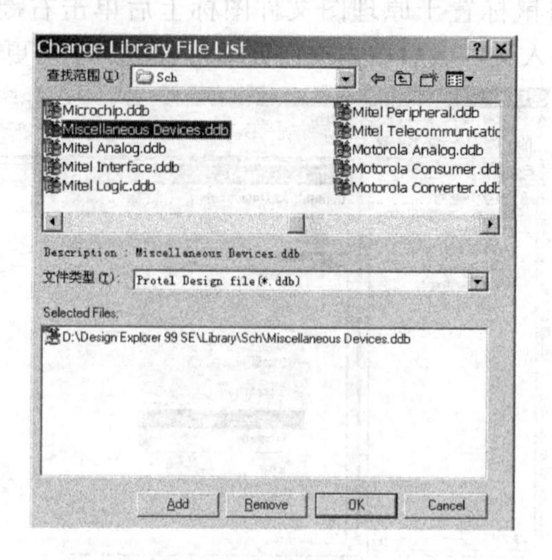

图 5-3-9

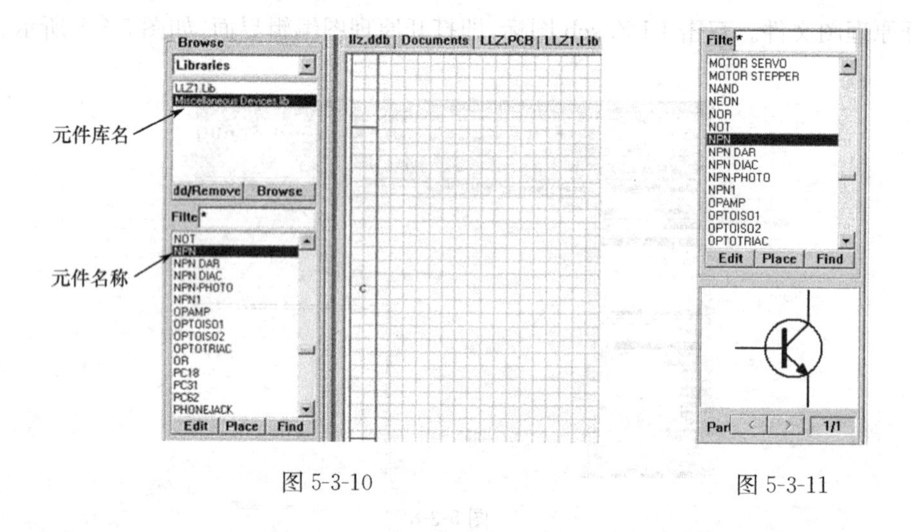

图 5-3-10　　　　图 5-3-11

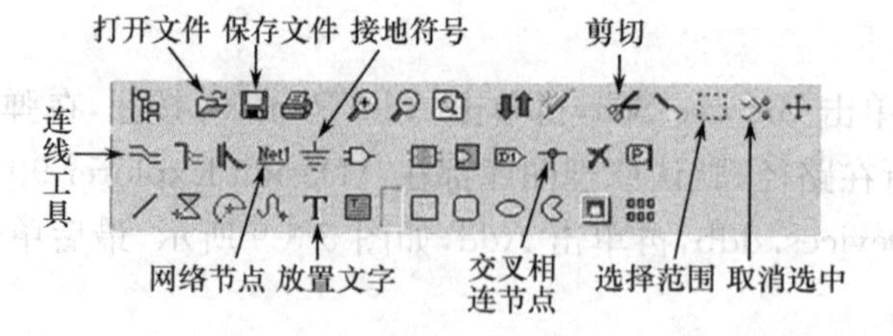

图 5-3-12

绘图。找到对应的元器件，放置于原理图编辑区，用带电气连接属性的工具将原理图中的元器件连接成有机整体，如图 5-3-13 所示。

元器件编号和封装的填写。双击原理图中的元器件，在弹出的窗口中输入对应的封装（封装名可在 PCB 封装库中查找）、编号和元器件参数值，如图 5-3-14 所示。注意：元器件编号在同一原理图中必须唯一，如图 5-3-15 所示。

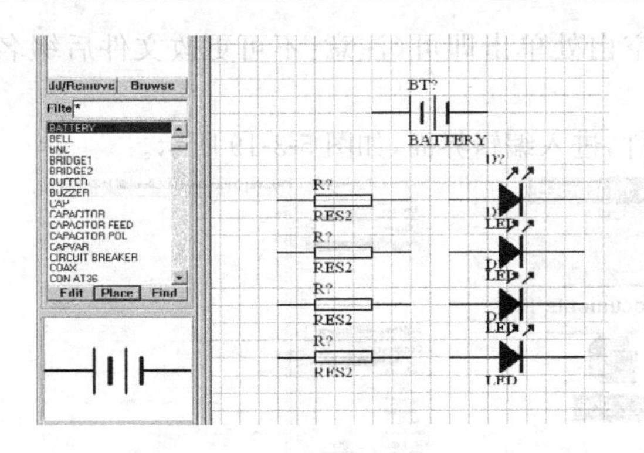
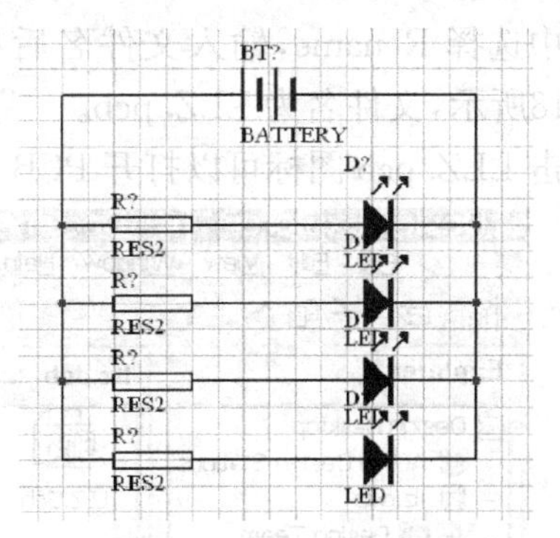

图 5-3-13

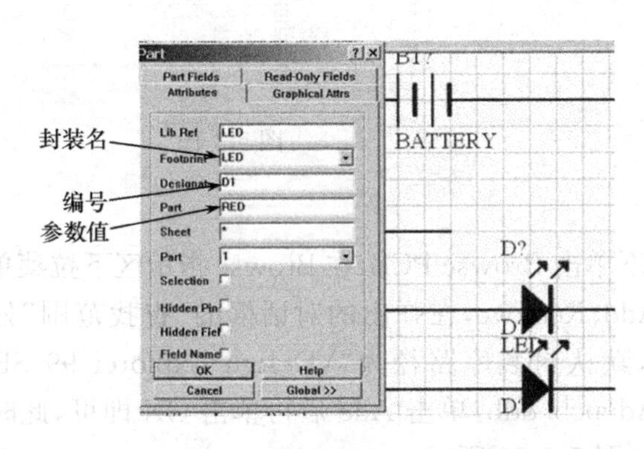

图 5-3-14

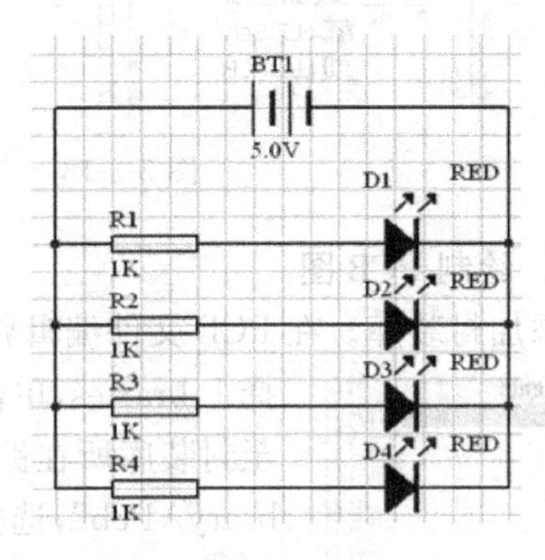

图 5-3-15

生成网络表 Netlist。先保存文件，然后单击 Design，在下拉菜单中选择 Create Netlist，然后在弹出的对话框中单击 OK 按钮，即可生成网络表文件，如图 5-3-16 所示。网络表中包含了元器件编号，封装及各引脚间的电气连接关系，主要供 PCB 绘图时使用。

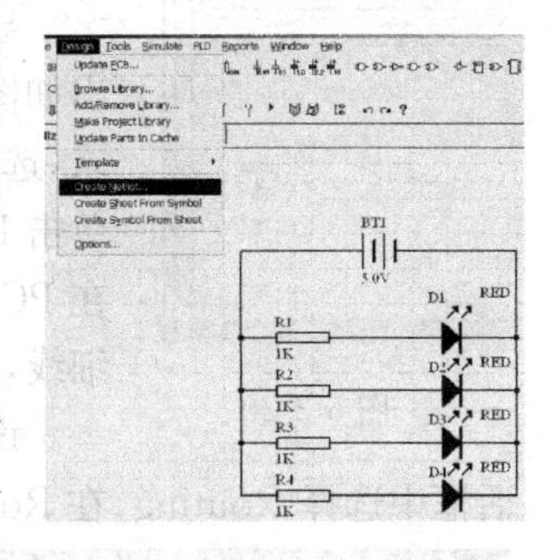

图 5-3-16

6. **新建 PCB 文件**

单击 Explorer，再双击 Documents 回到文档管理界面；单击 File，在下拉菜单中选择 New，然后在弹出的窗口中选择 PCB Documents 图标，单击 OK 按钮即可，如图 5-3-17 所示。

如需更改文件名请将鼠标置于该文件图标上单击右键，在下

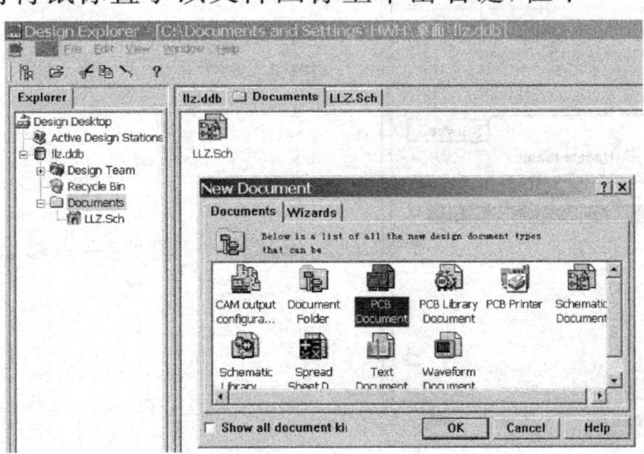

图 5-3-17

拉菜单中选择 Rename，输入文件名后在空白处单击即可（注意：不可更改文件后缀名），如图 5-3-18所示，文件名为 LLZ. pcb。

双击 LLZ. pcb 图标可以打开 PCB 文件，进入编辑界面，如图 5-3-19 所示。

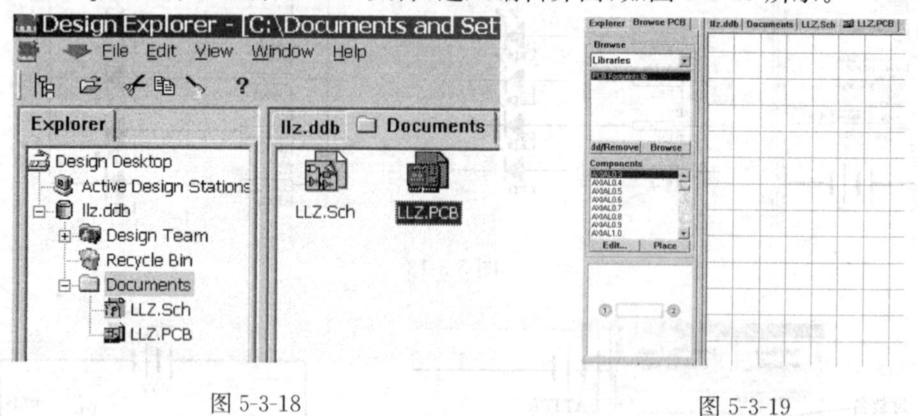

图 5-3-18　　　　图 5-3-19

7. 绘制 PCB 图

添加封装库。在 PCB 文件编辑界面下单击 Browse PCB，在 Browse 指示区下拉菜单中选择 Libraries，单击 Add/Remove，在弹出的对话框的“查找范围”处浏览至封装库所在路径，默认封装库路径为“\Design Explorer 99 SE \Library \Pcb”，选择 Advpcb. ddb，单击 Add 后再单击 OK 即可，此时元器件封装库和预览图如图 5-3-20 所示。

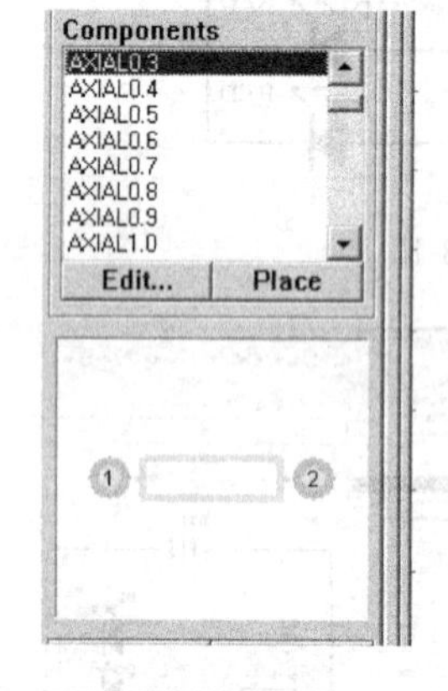

图 5-3-20

导入网络表 Netlist。单击 Design，在下拉菜单中选择 Load Nets，弹出如图 5-3-21 所示窗口，在该窗口中单击 Browse，浏览至工程所在目录，选择该目录下的网络表文件，该文件名与原理图的文件名保持一致。单击 Execute，由原理图生成的网络表便导入到了 PCB 文件中，此时，可在 PCB 绘图区观察到原理图中所有元器件封装和指示电气连接关系的细线，如图 5-3-22 所示。

设置布线参数。单击 Design，在下拉菜单中选择 Rules，在弹出的对话框中选择 Routing，在 Routing 项中选择 Width Constraint，如图 5-3-23 所示，在弹出的窗口

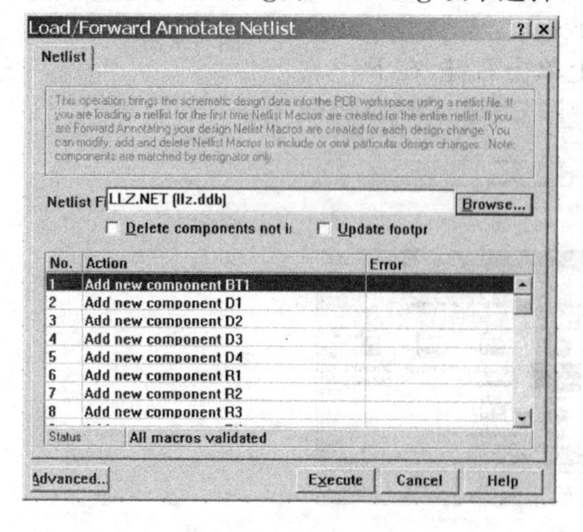

图 5-3-21

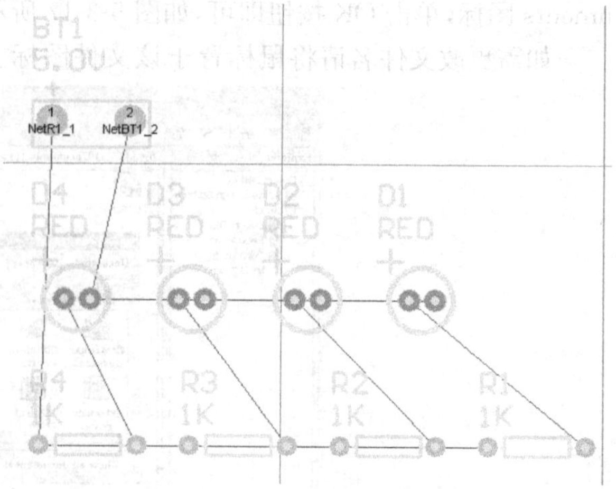

图 5-3-22

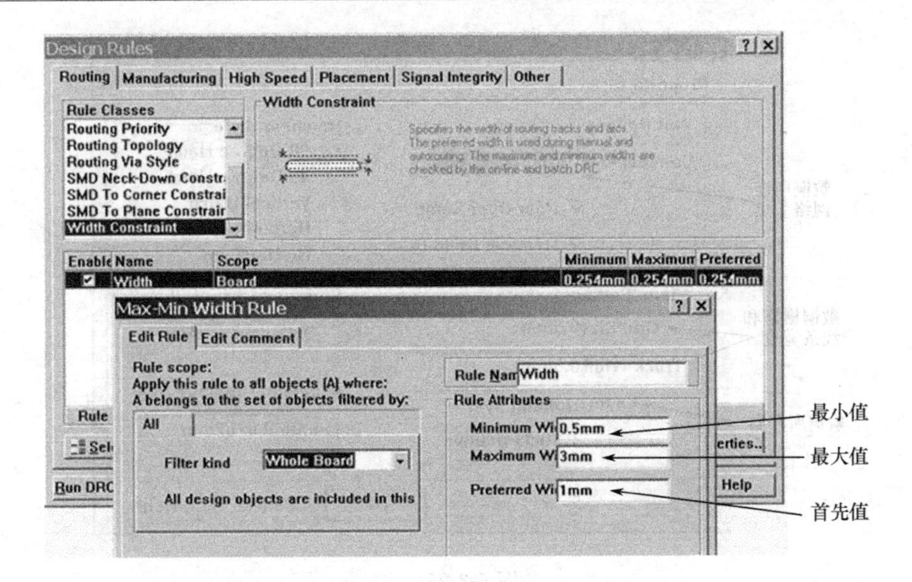

图 5-3-23

中设置线宽约束，单击 close 即可。

布局布线。鼠标单击元器件不放，按空格键可旋转元器件（注意，不可按 X、Y 键将元器件进行翻转），将元器件拖动到指定位置后松开左键即可。对绘图界面进行放大和缩小可按 PgUp 和 PgDn 键。布线工具如图 5-3-24 所示。需要布线也可用鼠标在绘图空白处单击右键后选择 Interactive Routing，布线时鼠标移到起点单击左键后进行拖动，需要转折则继续单击左键后再拖动，终点处双击鼠标左键后单击右键即可释放连线工具。删除元器件封装或线条可选中待删除部分后，按 Ctrl＋Del 键。

图 5-3-24

敷铜。布局布线完成后为增加电路板的抗干扰性通常要进行敷铜操作。在 KeepOut 层绘制机械边框（边框要包围所有连线及元器件封装，通常每边距离最边上的信号线要 5mm 以上）。单击 Place，在下拉菜单中选择 Polygon Plance，弹出如图 5-3-25 所示的对话框。在对话框中设置敷铜的参数，单击 OK 按钮后用鼠标依次单击机械边框的每个顶点，单击到最后一个顶点后进行双击，系统即会完成自动敷铜操作，如图 5-3-26 所示。完成后单击保存即可（注意绘图过程中要随时保存，以防突然断电文件丢失）。

8. 自建元器件

新建元器件库。单击 Explorer 后单击 Documents，回到文档管理界面。单击 File，在下拉菜单中选择 New，在弹出的对话框中选择 Schematic Library 后单击 OK 按钮，如图 5-3-27 所示。如需对新建的元器件库重命名则将鼠标置于元器件库图标上后单击右键，在下拉菜单中选择Rename，重命名完后鼠标单击空白处即可（如：新建元器件库名为 LLZ1. lib）。

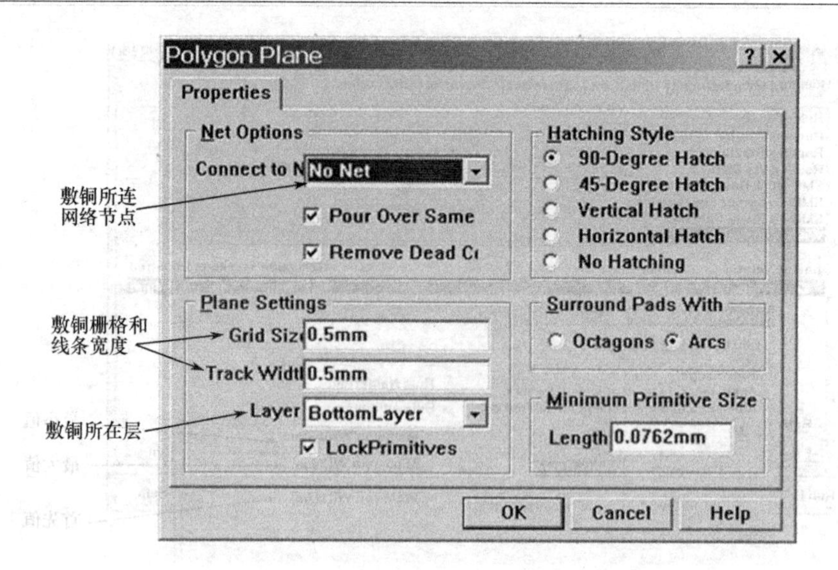

图 5-3-25

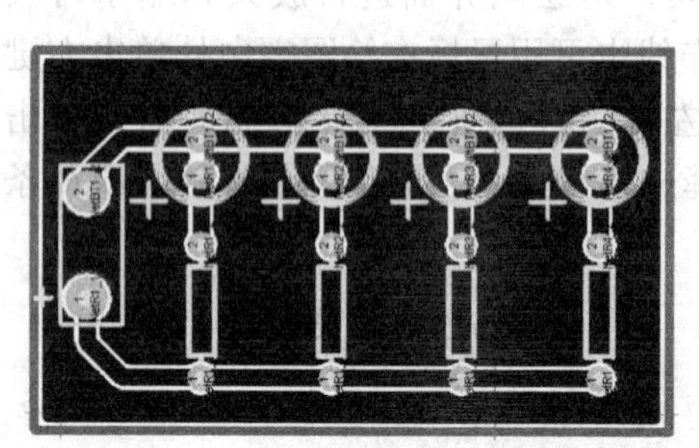

图 5-3-26

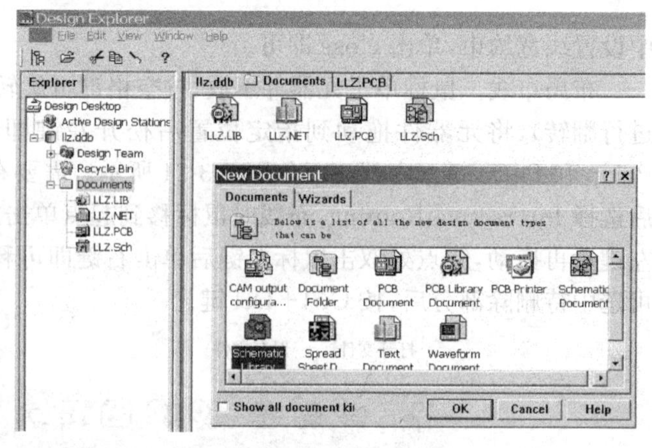

图 5-3-27

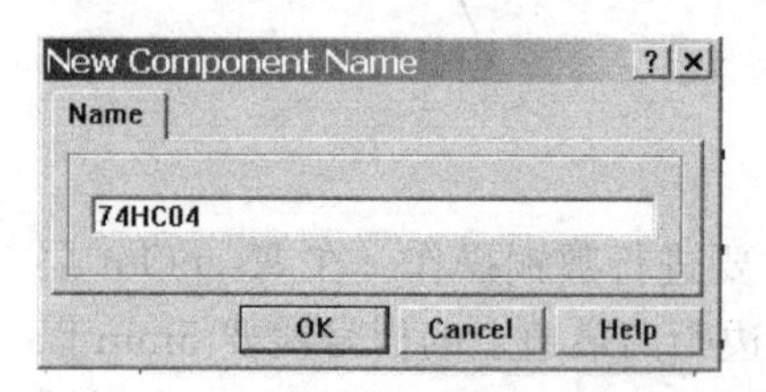

图 5-3-28

新建元器件。双击 LLZ1. lib,进入元器件库编辑界面。单击 Browse SchLib 后单击 Tools,选择 New Component,在弹出的对话框中输入新建元器件的名称,如图 5-3-28 所示。

绘制元器件。用工具栏中的工具,如图 5-3-29 所示,绘制元器件基本形状(无电气连接属性),接下来单击鼠标右键,选择 Place,再选择 Pins,单击 TAB 键在弹出的对话框中编辑引脚号等属性。单击 OK 按钮后开始放置元器件引脚,放置时应将元器件引脚中显示黑点处朝外(只有黑点处有电气连接属性),如图 5-3-30 所示。

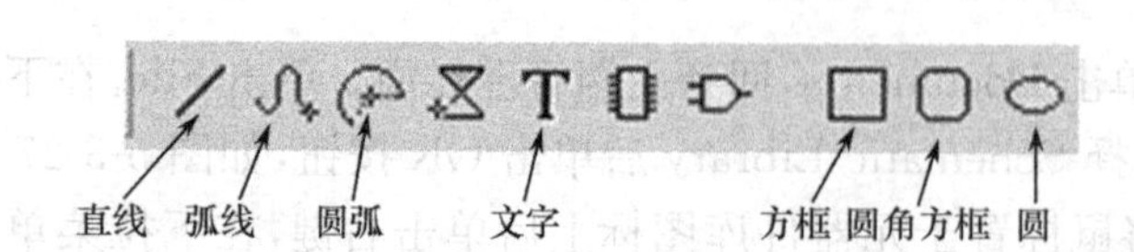

图 5-3-29

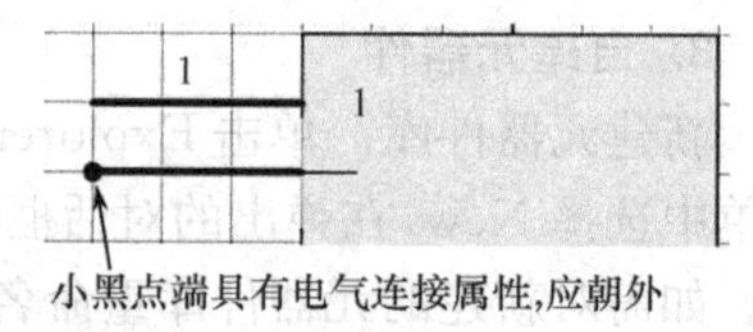

图 5-3-30

添加元器件描述。单击 Description，在弹出的对话框中输入元器件的默认参数（芯片一般写 U?，电阻写 R? 等）和预定封装，如图 5-3-31 所示，如果没有预定封装可以不输入，输入完成后单击 OK 按钮，再单击 Update Schematics，更新至原理图库中，单击保存（注意绘图过程中要随时保存，以防突然断电文件丢失）。

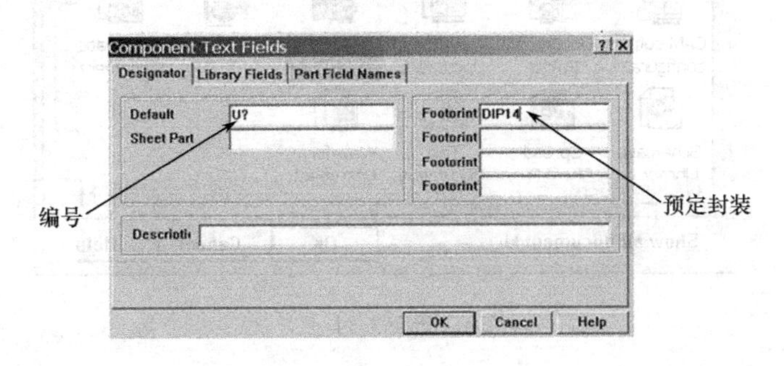

图 5-3-31

使用新建元器件库。回到原理图编辑界面后按 5. 操作将包含元器件库的工程文件 LLZ. ddb 加入即可，如图 5-3-32 所示，此时在 Libraries 中便会出现新建的元器件库 LLZ1. lib，如图 5-3-33 所示。

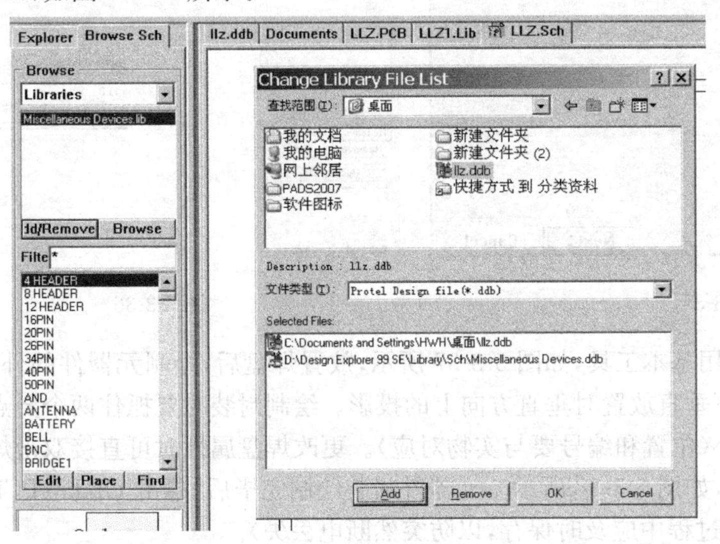

图 5-3-32

图 5-3-33

9. 自绘 PCB 元器件封装

新建 PCB 封装库。单击 Explorer 后再单击 Documents，回到文档管理界面。单击 File，在下拉菜单中选择 New，在弹出的对话框中选择 PCB Library Document 后单击 OK 按钮，如图 5-3-34 所示。如需对新建的封装库重命名，则将鼠标置于封装库图标上后单击右键，在下拉菜单中选择 Rename，重命名完后鼠标单击空白处即可，新建 PCB 封装库名为 LLZ. lib。

新建元器件封装。双击 LLZ. lib 打开新建的封装库，单击 Browse PCBLib，再单击 Tools，选择 New Component，在弹出的对话框中单击 Cancel，如图 5-3-35 所示；继续单击 Tools，选择 Rename Component，输入封装名，单击 OK 按钮即可，如图 5-3-36 所示。

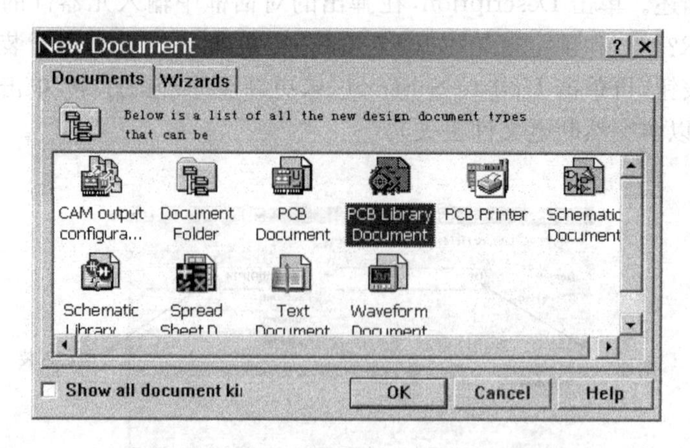

图 5-3-34

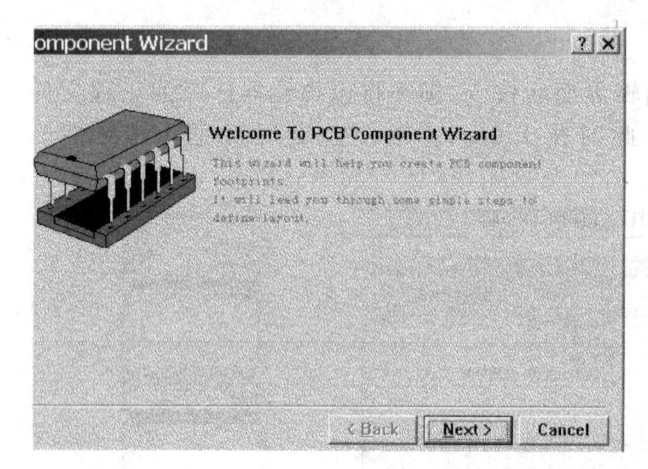

图 5-3-35

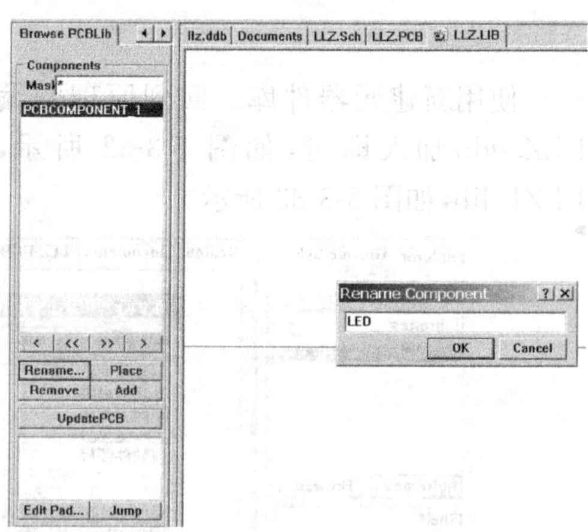

图 5-3-36

绘制元器件封装。使用基本工具，如图 5-3-37 所示，放置焊盘后，绘制元器件的外框。注意，封装即元器件引脚朝下垂直放置时垂直方向上的投影。绘制封装时要抓住两个要点：焊盘的位置、编号和投影的大小（位置和编号要与实物对应）。更改焊盘属性时可直接双击焊盘，在弹出的对话框中进行更改，如图 5-3-38 所示。元器件封装绘制完毕后，单击 UpdatePCB（更新至 PCB）并单击保存（绘图过程中应及时保存，以防突然断电丢失）。

使用自绘元器件封装。回到 PCB 绘图界面，单击 Browse PCB，在 Browse 下选择 Libraries，然后单击 Add/Remove 按钮，弹出图 5-3-39 所示对话框。在“查找范围”处浏览至包含该新建元器件封装库的工程文件 LLZ. ddb，单击 Add 后再单击 OK 按钮即可。此时，在原理图中输入元器件封装名时便可以使用自绘元器件封装的名称了。

10. **打印 PCB 图**

新建 PCB 打印文件。回到 Documents 文档管理界面，单击 File，在下拉菜单中选择 New，弹出如图 5-3-40 所示的对话框。在对话框中选择 PCB Printer，单击 OK 按钮即可。双击新建的打印文件，在弹出的对话框中选择需要生成打印文件的 PCB 文件，如图 5-3-41 所示，单击 OK 按钮即可。

设置打印层。单击 BrowsePCBPrint 后，在 Multilayer Composite Print 处单击右键，选

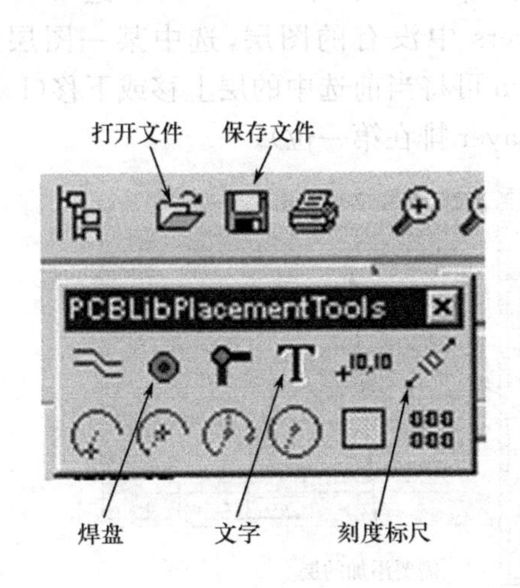

图 5-3-37

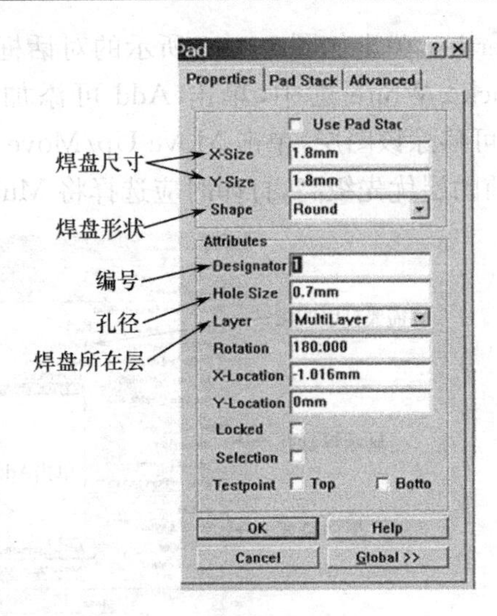

图 5-3-38

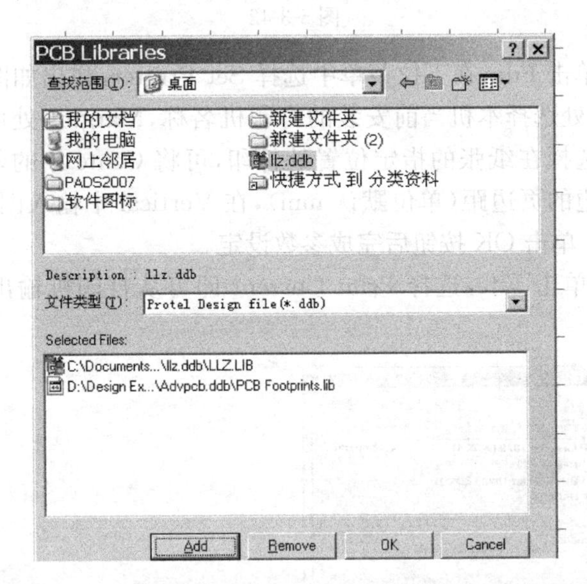

图 5-3-39

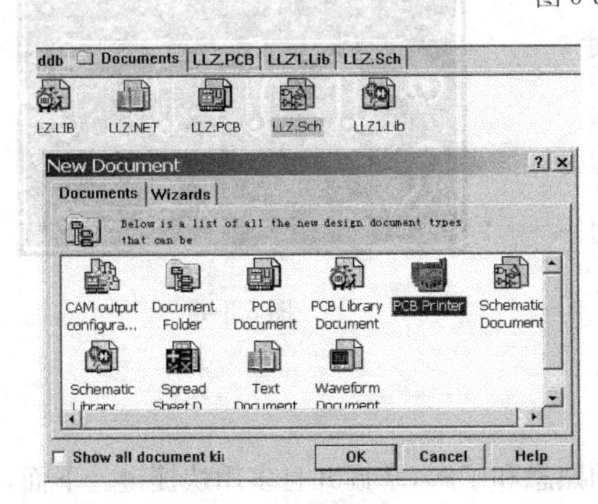

图 5-3-40

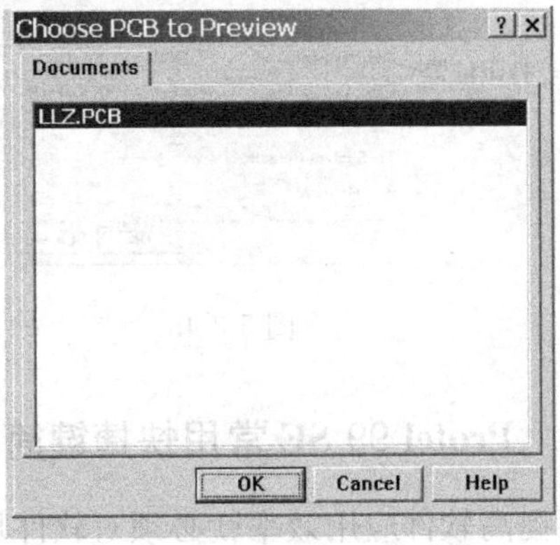

图 5-3-41

择 Properties，弹出如图 5-3-42 所示的对话框。将 Options 中的 Show Holes 选中，Color Set 中的 Black&White 选中，单击 Add 可添加 Layers 中没有的图层，选中某一图层后单击 Remove可移除该图层，单击 Move Up/Move Down 可将当前选中的层上移或下移(Layers 中排列靠前的层优先级高，打印时应选择将 Multi Layer 排在第一位)。

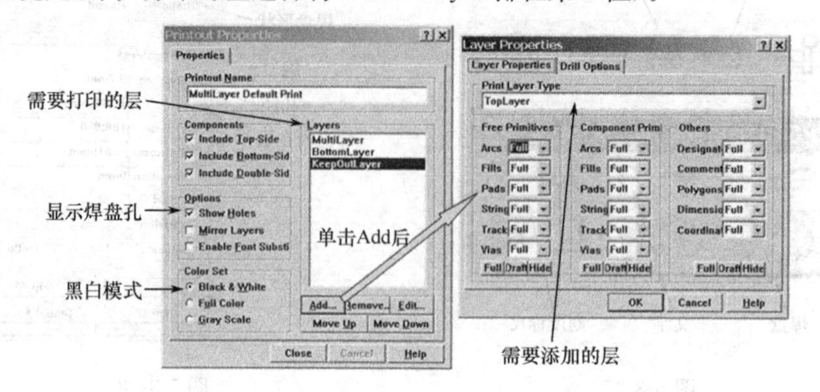

图 5-3-42

打印位置设置。单击 File，在下拉菜单中选择 Set Printer，弹出如图 5-3-43 所示对话框。在 Printer 中的 Name 处选择本机当前安装的打印机名称，Margins 处可设置图像页边距，默认为居中打印。如需选择在纸张的指定位置处打印，可将 Cente 中的勾去掉后在 Horizonta 中输入图像距纸张左边的页边距(单位默认 mm)，在 Vertical 中输入图像距纸张底边的垂直距离(单位默认 mm)。单击 OK 按钮后完成参数设定。

打印 PCB 文件。单击 File，选择 Print Current 即可从打印机输出 1 ∶ 1 的 PCB 图，如图 5-3-44所示。

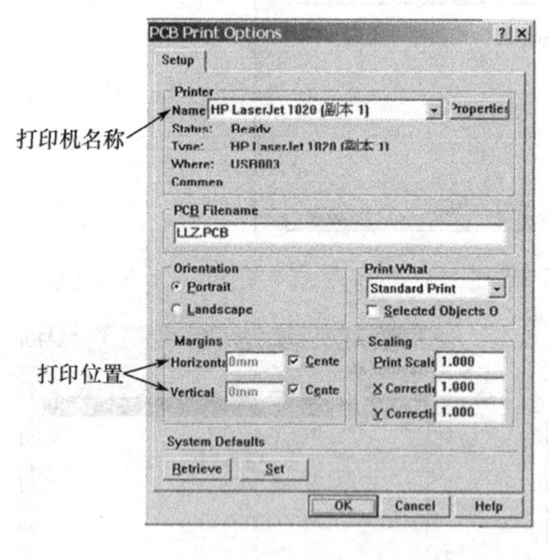

图 5-3-43

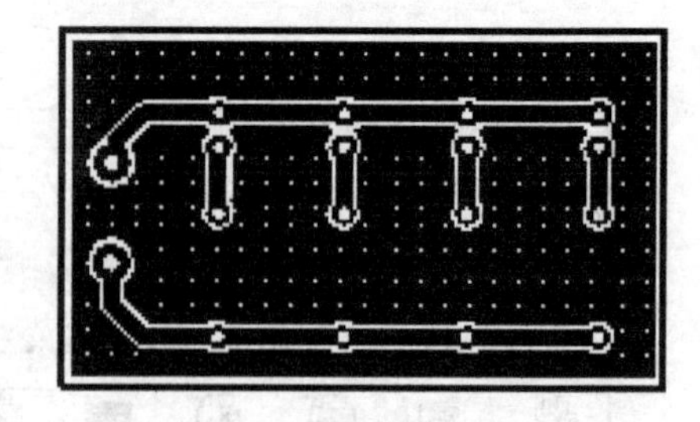

图 5-3-44

5.3.4 Protel 99 SE 常用快捷键简介

要提高软件应用效率就必须对软件足够的熟悉和了解，掌握并且多用快捷键。下面，本书就 Protel 99 SE 软件中涉及的较为常用的快捷键统计并列出了下表(表 5-3-2)，供读者学习、参考。

表 5-3-2 **Protel 99 SE 快捷键大全**

键 名	功 能
Enter	选取或启动
Esc	放弃或取消
F1	启动在线帮助窗口
Tab	启动浮动图件的属性窗口
Pgup	放大窗口显示比例
Pgdn	缩小窗口显示比例
End	刷新屏幕
Del	删除已单击的元器件(一个)
Ctrl+Del	删除选择的图形(可以为任意多个)
X+A	取消图形的选择状态
按住鼠标左键+X	点住的图形沿 X 方向翻转
按住鼠标左键+Y	点住的图形沿 Y 方向翻转
按住鼠标左键+Space	旋转点住的图形
Ctrl+Ins	将选取的图形复制到编辑区
Shift+Ins	将剪贴板里的图件贴到编辑区里
Shift+Del	将选取图件剪切放入剪贴板里
Alt+Backspace	恢复前一次的操作
Ctrl+Backspace	取消前一次的恢复
Ctrl+g	跳转到指定的位置
Ctrl+f	查找指定的文字
Alt+F4	关闭 Protel
Shift+Space	绘制导线、直线或总线时,改变走线模式
v+d	缩放视图,以显示整张电路图
v+f	缩放视图,以显示所有电路部件
Home	以光标位置为中心,刷新屏幕
Esc	终止当前正在进行的操作,返回待命状态
Backspace	放置导线或多边形时,删除最末一个顶点
Delete	放置导线或多边形时,删除最末一个顶点
Ctrl+Tab	在打开的各个设计文件文档之间切换
Alt+Tab	在打开的各个应用程序之间切换
a	弹出 edit \align 子菜单
b	弹出 view \toolbars 子菜单
e	弹出 edit 菜单
f	弹出 file 菜单

续表

键　名	功　能
h	弹出 help 菜单
j	弹出 edit \jump 菜单
l	弹出 edit \set
m	弹出 edit \move 子菜单
o	弹出 options 菜单
p	弹出 place 菜单
r	弹出 reports 菜单
s	弹出 edit \select 子菜单
t	弹出 tools 菜单
v	弹出 view 菜单
w	弹出 window 菜单
x	弹出 edit \deselect 菜单
z	弹出 zoom 菜单
左箭头	光标左移 1 个电气栅格
Shift+左箭头	光标左移 10 个电气栅格
右箭头	光标右移 1 个电气栅格
Shift+右箭头	光标右移 10 个电气栅格
上箭头	光标上移 1 个电气栅格
Shift+上箭头	光标上移 10 个电气栅格
下箭头	光标下移 1 个电气栅格
Shift+下箭头	光标下移 10 个电气栅格
Ctrl+1	以元器件原来的尺寸的大小显示图纸
Ctrl+2	以元器件原来的尺寸的 200%显示图纸
Ctrl+4	以元器件原来的尺寸的 400%显示图纸
Ctrl+5	以元器件原来的尺寸的 500%显示图纸
Ctrl+f	查找指定字符
Ctrl+g	查找替换字符
Ctrl+b	将选定对象以下边缘为基准，底部对齐
Ctrl+t	将选定对象以上边缘为基准，顶部对齐
Ctrl+l	将选定对象以左边缘为基准，左对齐
Ctrl+r	将选定对象以右边缘为基准，右对齐
Ctrl+h	将选定对象以左右边缘的中心线为基准，水平居中排列
Ctrl+v	将选定对象以上下边缘的中心线为基准，垂直居中排列
Ctrl+Shift+h	将选定对象在左右边缘之间，水平均布

续表

键　名	功　能
Ctrl+Shift+v	将选定对象在上下边缘之间，垂直均布
F3	查找下一个匹配字符
Shift+F4	将打开的所有文档窗口平铺显示
Shift+F5	将打开的所有文档窗口层叠显示
按 Ctrl 后移动或拖动	移动对象时，不受栅格点限制
按 Alt 后移动或拖动	移动对象时，保持垂直方向
按 Shift+Alt 后移动或拖动	移动对象时，保持水平方向

5.3.5　手工制板参数设定经验

将 PCB 图制成 PCB 板必须通过一定的加工流程，而不同的加工设备加工精度各不一样。对于普通手工制板设备来说，加工精度相对比较低，因此对选材，PCB 板的设计参数等都有一定的要求。为确保手工制板的成功率，根据平时手工制板的经验，总结出了一些 PCB 设计过程中要注意的设计参数供大家参考，具体参数见表 5-3-3。

表 5-3-3　手工制板参考参数表

参数名称	最小值(mm)	最大值(mm)	备　注
电路板类型	—	—	单面或双面感光板
板材大小	—	150×100	建议控制在 100mm×100mm 之内
电路板厚度	—	—	常用为 1.6mm 左右
板材四周余量	5	—	建议控制在 10mm 左右
焊盘直径	1.5(60mil)	—	建议控制在 1.8～2.5mm(70～100mil)
焊盘孔径	0.6(24mil)	—	建议大于元器件引脚直径 0.1～0.2mm，一般元器件采用 0.8mm (32mil)
过孔焊盘	1.5(60mil)	—	建议控制在 1.8～2.5mm(70～100mil)
过孔内径	0.6(24mil)	—	建议采用在 0.8mm(32mil)
安装孔直径	3	—	建议采用 3mm
信号线宽度	0.5	—	建议控制在 0.8～1.0mm 之间
地线和电源宽度	1	—	建议控制在 1～3mm
布线角度	—	—	建议为 135°拐角，不宜采用 90°拐角
线间距	0.254(10mil)	—	建议采用 0.3mm(12mil)
曝光时间	100s	200s	建议采用 120s

5.4　实验——制板训练

1. 实验目的

(1) 熟悉 Protel 99 SE 软件的使用。

(2) 了解感光板手工制板技术，熟悉制板设备的应用和制板流程。

2. 实验设备及材料

（1）单面感光板一块，尺寸 30mm×30mm。

（2）A4 菲林纸一张。

（3）电脑及激光打印机一台。

（4）小型台钻一台。

（5）时创牌多功能环保型制板设备一台。

（6）裁板刀一台。

（7）酒精、酒精松香溶剂及棉花少量。

（8）剪刀一把。

3. 实验内容及步骤

（1）使用 Protel 99 SE 软件或其他 PCB 软件将图 5-4-1 的原理图绘好。

（2）将绘好的原理图中所有元器件填上封装。

（3）将原理图导入 PCB 文件中，并设置好布线规则，布局并绘制好 PCB 图。

（4）利用提供的设备及材料，按照 5.2.1 节中介绍的感光板手工制板技术，将绘制好的 PCB 图制成 PCB 印制电路板。

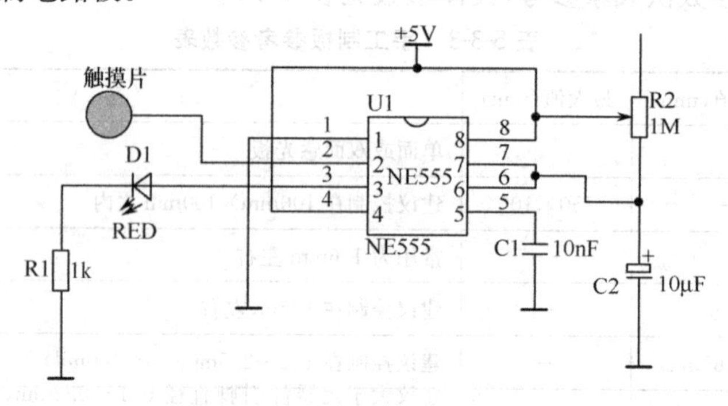

图 5-4-1　触摸延时电路

4. 电路原理简介

该触摸延时电路采用 555 定时器芯片设计。通过人体触摸图中 NE555 的第二引脚上的金属触摸片后，给第二脚一个低电平脉冲，促使第三脚输出由原来输出的低电平状态转变为高电平状态，点亮 D1 指示灯。此时第三脚输出高电平状态的持续时间由 R2 和 C2 充放电时间决定。上述电路通过调节 R2 可以改变每次触发的延时时间，大概由 0 至几十秒可调。该电路原理简单，元器件较少，调试容易，趣味性强，比较适合初学者制作。

5. 实验总结

回顾制板流程，撰写一篇 1000 字左右的实验总结报告。报告的内容可包括制板流程简介，制板中遇到的问题及解决方法，初次制板的体会等。

第6章　仿真软件应用

随着科学技术的发展，许多电子电路的验证由原来的实物电路转化为“实物＋仿真”的方式，甚至有的电路仅靠虚拟仿真就能达到实物电路验证的效果。由此可见，仿真软件的出现给电子设计带来了极大的方便，既减少了设计的工作量，又节约了设计时间和成本。因而，仿真软件上市以来，受到了广大电子行业工作者的青睐。

目前，市场上盛行的电路仿真软件种类很多，有 Multisim、Proteus、PSpice、Protel 99、Protel DXP等。这些软件所具备的功能各不一样，其特点也不完全相同。本章主要针对 Multisim 10 和 Proteus 7 这两款教学型仿真软件，重点介绍其仿真功能的使用，引导读者快速学会使用软件进行电路仿真。

6.1　Multisim 10 电路仿真快速入门

Multisim 是 Interactive Image Technologies（Electronics Workbench）公司推出的以 Windows 为平台的仿真工具，主要适用于板级的模拟/数字电路的设计工作。它包含了电路原理图的图形输入、电路硬件描述语言输入方式，具有丰富的仿真分析能力。为适应不同的应用场合，Multisim 推出了许多版本，本书以各学校广泛使用的 Multisim 10 为例进行讲解。Multisim 10 的主要特点包括以下一些：

(1) 提升了 Multisim 的易用性。操作界面简洁、友好，用户单击鼠标就可以完成元器件的选择、拖动、连线以及查看仿真结果。

(2) 增加了电路元器件库。扩充了 MCU 模块，提供了包括 Intel、Atmel8051/8052 和 MicrochipPIC16F84a单片机系统的仿真。若没有用户想要的元器件，也可利用 VHDL、Verilog-HDL或 SPICE 增添新元器件。

(3) 加强了对汇编语言和C语言的支持，增加了反汇编功能和调试功能(包括设置断点、单步执行、查看存储器、改写内存等)。

(4) 提供了 SPICE 和 MCU 的综合仿真环境，设计者可以在设计流程中对电路设计进行验证，使设计更为简捷。

(5) 增加了部分 3D 实物元器件和面包板，便于教学使用，给学生更直观的感觉。

本书以 Multisim 10 汉化版本为例，结合实例讲解该软件的使用，希望能让读者快速入门。

6.1.1　Multisim 10 的基本操作

1. 软件界面简介

Multisim 10 软件以图形界面为主，采用菜单、工具栏和热键相结合的方式，具有一般 Windows 应用软件的界面风格，用户可以根据自己的习惯和熟悉程度自如使用。用户只需双击桌面快捷图标 Multisim 10“ ”即可进入软件操作界面，其主界面风格及各区域的功能简介如图 6-1-1 所示。

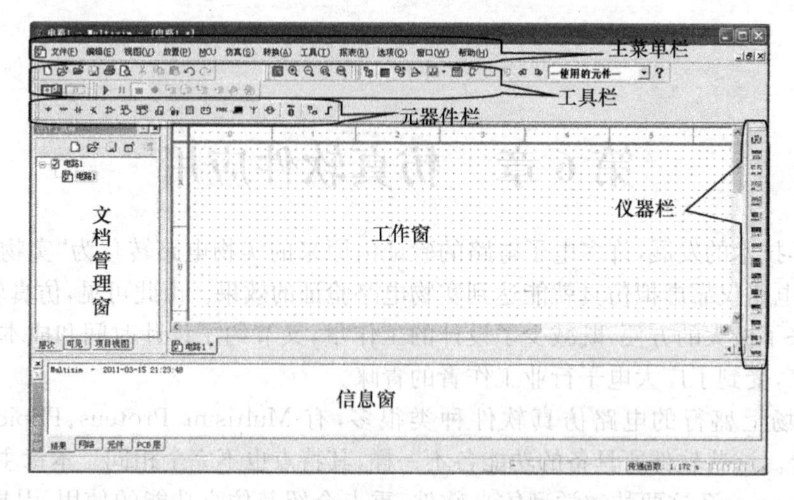

图 6-1-1　Multisim 10 主界面

界面由多个区域构成：菜单栏、工具栏、元器件栏、仪器栏、工作窗、信息窗、文档管理窗等。通过对各部分的操作可以实现电路图的输入与编辑，并根据需要使用仪器栏的各种仪表对电路参数进行相应的观测和分析。用户可以通过菜单栏或工具栏改变主窗口的视图内容及视窗大小等。

2. 菜单介绍

Multisim 10 汉化版对 90％以上的菜单进行了汉化，使得用户操作起来比较容易。其主菜单栏（见下图）位于主界面的上方，通过各项菜单可以对 Multisim 10 的所有功能进行操作。

文件(F)　编辑(E)　视图(V)　放置(P)　MCU　仿真(S)　转换(A)　工具(T)　报表(R)　选项(O)　窗口(W)　帮助(H)

该菜单中有一些功能选项均与 Windows 平台上的应用软件一致，如文件（File）、编辑（Edit）、视图（View）、选项（Options）、窗口（Window）、帮助（Help）等。此外，还有一些 EDA 软件专用的选项，如放置（Place）、MCU、仿真（Simulation）、转换（Transform）、工具（Tools）以及报表（Reports）等。要学会软件的使用，首先就应该熟悉菜单的选项及基本功能。下文将对菜单栏各菜单的功能进行简单介绍，让读者能简单明了地熟悉各菜单的功能。

① 文件（File）：文件菜单中主要包含了对文件和项目进行操作的基本命令。通过这些命令可完成文件或项目的新建、保存、打印、打开、关闭等操作。

② 编辑（Edit）：编辑菜单提供了类似于图形编辑软件的基本编辑命令，通过这些命令可完成电路图及各部件的剪切、复制、粘贴、查找、位置调整、属性设置等。

③ 视图（View）：视图菜单可以决定使用软件时的界面，使用视图菜单中的命令可对显示工具栏的类型、工具栏的位置、工作窗的大小等进行相应的设置，方便用户进行设计。

④ 放置（Place）：放置菜单主要提供电路图输入工具。通过放置菜单中的各项命令可在电路图输入时选择放置节点、导线、总线、注释、文本、新建子电路等操作。

⑤ MCU：MCU 菜单主要提供单片机调试时的各种操作命令，菜单中主要包含了单步调试、断点调试、暂停运行、执行到光标处等调试命令。

⑥ 仿真（Simulate）：仿真菜单主要包含与仿真相关的各种设置命令。通过仿真菜单中的命令可对项目进行开始仿真、暂停仿真、停止仿真、仪器选择、电路数据分析以及仿真设置等操作。

⑦ 转换(Transform):转换菜单提供的命令可以完成 Multisim 对其他 EDA 软件需要的文件格式的输出,如 PCB 板设计时要用到的网络表文件等。

⑧ 工具(Tools):工具菜单内的命令主要可完成元器件数据库的管理、元器件编辑、电器规则检查、屏面捕捉等功能。

⑨ 报表(Reports):通过报表菜单中的命令,可输出项目的材料清单、元器件详细报告、网络表报告、对照报告、原理图统计、多余门报告等各类报表。

⑩ 选项(Options):通过选项菜单中的命令可以对软件的运行环境,编辑电路的环境参数等进行设置和定制。

⑪ 窗口(Window):窗口菜单中的命令可完成工作窗位置排列、激活需要的工作窗、新建工作窗和关闭工作窗等操作。

⑫ 帮助(Help):帮助菜单提供了 Multisim 的在线帮助和离线帮助文件,用户设计过程中遇到问题可随时查阅帮助文件。同时帮助菜单中还提供了版本更新、版本注释等命令。正版用户可通过互联网直接将软件升级为最新版本。

3. 常用工具栏简介

Multisim 10 提供了多种工具栏,并以层次化的模式加以管理,用户可以通过视图菜单中的选项方便地将顶层的工具栏打开或关闭,再通过顶层工具栏中的按钮来管理和控制下层的工具栏。通过工具栏,用户可以方便直接地使用软件的各项功能。

顶层的工具栏主要有:标准工具栏、视图工具栏、主要工具栏、元器件工具栏、电源工具栏、信号源元器件工具栏、仪器工具栏、仿真工具栏。

① 标准工具栏(见下图):包含了常见的文件操作和编辑操作(每个符号的功能可将鼠标放置于图标上即可显示)。

② 视图工具栏(见下图):为用户提供工作窗缩放功能(每个符号的功能可将鼠标放置于图标上即可显示)。工作窗的缩放也可通过鼠标滚轮的滚动来实现,缩放时以鼠标所在位置为中心。

③ 主要工具栏(见下图):包含显示或隐藏设计工具箱及电子表格工具栏、数据库管理、电气规则检查等操作选项,同时还提供各种记录仪,可用来进行仿真参数分析(每个符号的功能可将鼠标放置于图标上即可显示)。

④ 元器件工具栏(见下图):共有 18 个按钮,每一个按钮都对应一类元器件。其分类方式和 Multisim 10 元器件数据库中的分类相对应,通过按钮上图标就可大致清楚该类元器件的类型(每个符号的功能可将鼠标放置于图标上即可显示)。具体的内容也可以从 Multisim 10 的在线文档中获取。

⑤ 电源工具栏(见下图):能为用户设计的电路提供虚拟的电源(每个符号的功能可将鼠标放置于图标上即可显示)。

⑥ 信号源元器件工具栏(如下图):主要为用户设计的电路提供虚拟仿真信号(每个符号的功能可将鼠标放置于图标上即可显示)。

⑦ 仪器工具栏(见下图):集中了 Multisim 10 为用户提供的所有虚拟仪器仪表,用户可以通过按钮选择自己需要的仪器对电路进行观测(每个符号的功能可将鼠标放置于图标上即可显示)。

⑧ 仿真工具栏(见下图):可以控制电路仿真的开始、暂停和结束,同时还提供单步调试、执行到光标处调试等各种调试方式供选择(每个符号的功能可将鼠标放置于图标上即可显示)。

4. 元器件的管理与取用

(1) 元器件管理

EDA 软件所能提供的元器件的多少,以及元器件模型的准确性都直接决定了该 EDA 软件的质量和易用性。Multisim 10 为用户提供了丰富的元器件,并以开放的形式管理元器件,使得用户能够自己添加所需要的元器件。Multisim 10 以库的形式管理元器件,通过菜单"工具/数据库/数据库管理"可打开数据库管理(Database Management)窗口,对元器件库进行管理,如图 6-1-2 所示。

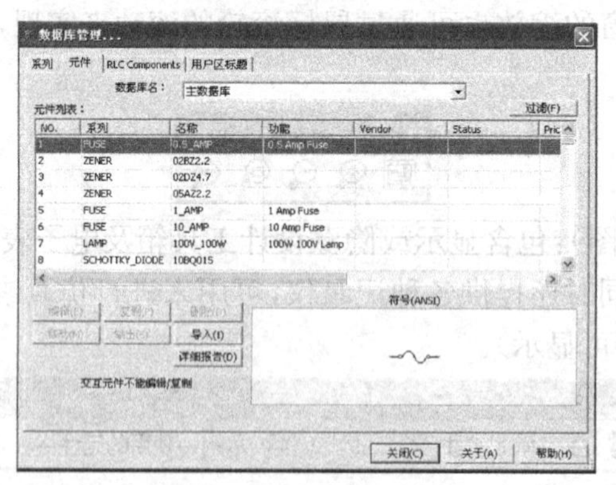

图 6-1-2　数据库管理窗口

在数据库管理窗口中的数据库名称(Daltabase Name)列表中有三个数据库:主数据库、公司数据库和用户数据库。其中主数据库中存放的是软件为用户提供的元器件,用户数据库是为用户自建元器件准备的数据库。用户按下"编辑"可对 Multisim 主数据库中的元器件进行编辑,但建议用户要慎重修改,此处书中不再详述。

为方便用户取用元器件，可以建立一个用户常用的元器件库。具体操作步骤为：找到主数据库中需要的元器件，鼠标左键单击后，单击“复制”，弹出如图 6-1-3 所示对话框。在此对话框左侧选择对应的元器件组，单击元器件类型图标后单击“添加系列”，弹出如图 6-1-4 所示对话框。此时可在“输入系列名”中输入该元器件的名称，最后单击“确定”即可。

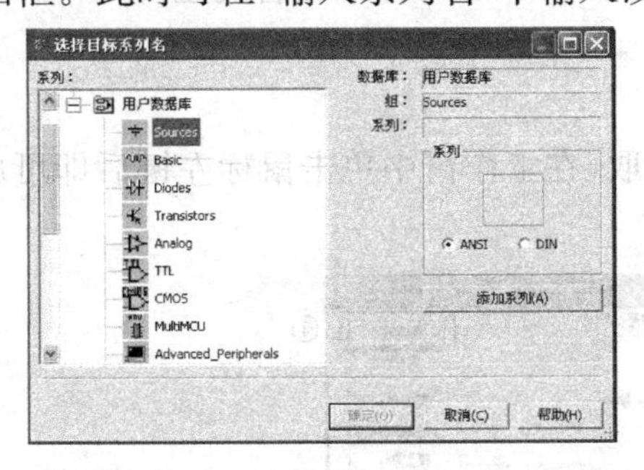

图 6-1-3

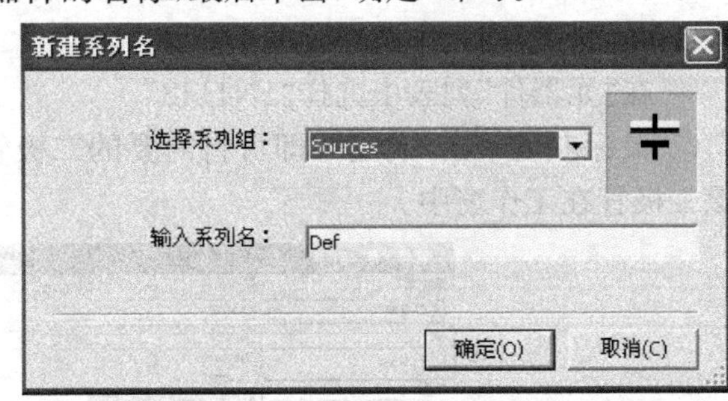

图 6-1-4

只要用户将自己认为比较常用的元器件找到，加入用户数据库中，下次使用时用户便可直接进入用户数据库（User Database）快速的获取常用的元器件，不必每次都从成千上万个元器件中查找自己需要的元器件，非常方便。并且，此时即便用户对用户数据库里的元器件进行编辑，也不会影响软件主数据库中元器件的参数。

（2）元器件的取用

在 Multisim 主数据库中有实际元器件和虚拟元器件两大类，它们之间的根本区别在于：一种是与实际元器件的型号、参数值以及封装都相对应的元器件，在设计中选用此类元器件，不仅可以使设计仿真与实际情况有良好的对应性，还可以直接将设计导出到 Ultiboard 中进行 PCB 的设计。另一种元器件的参数值是该类元器件的典型值，不与实际元器件对应，用户可以根据需要改变元器件模型的参数值，只能用于仿真，这类元器件称为虚拟元器件。它们在工具栏和对话窗口中的表示方法也不同。在元器件工具栏中，虽然代表虚拟元器件的按钮的图标与该类实际元器件的图标形状相同，但虚拟元器件的按钮有底色（软件中为深绿色），而实际元器件则没有，如图 6-1-5所示。

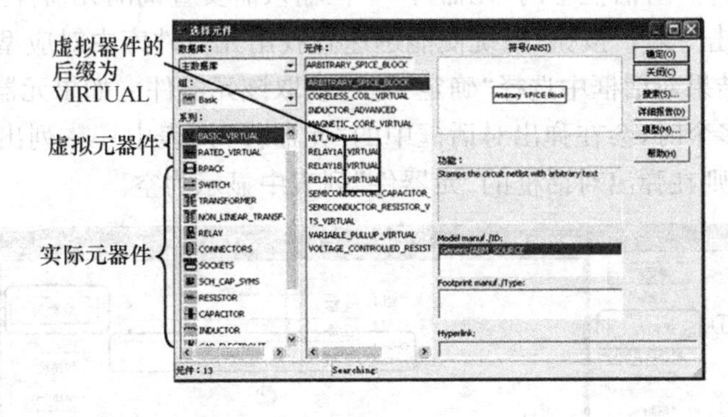

图 6-1-5

从图 6-1-5 中可以看到，相同类型的实际元器件和虚拟元器件的按钮并排排列，但并非所有的元器件都设有虚拟类的元器件。从图 6-1-5 中也可看出，在元器件类型列表中，虚拟元器件类的后缀均标有 Virtual，这也是虚拟元器件的独特特征。

取用元器件时，由于库中元器件种类、个数很多，因此我们最好利用库中的分类筛选工具。

例如，我们想要找到1N4148这个二极管，可按如下步骤操作，如图6-1-6所示。

① 鼠标左键单击“放置”，选择“选择元器件(Component)”，打开选择元器件对话框。也可直接单击元器件工具栏中的任意图标打开选择元器件对话框。

② 在选择元器件对话框的“组”中选择元器件类型“ Diodes”，即二极管类型。

③ 在“系列”列表中选择“DIODE”。

④ 在“元器件”列表中选择“1N4148”。

⑤ 鼠标左键单击“确定”，即可将需要的二极管获取，在工作窗中单击鼠标左键后即可放置该二极管在工作窗中。

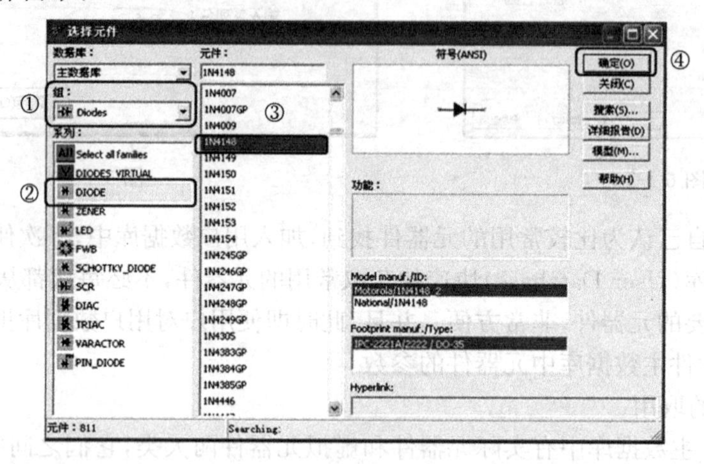

图 6-1-6

若不知道元器件所在的组和所属的系列时，也可使用查找的方法快速找到需要的元器件，如图6-1-7所示，仍然以查找1N4148二极管为例，具体操作步骤如下：

① 按照上述的方法将鼠标左键单击“放置”后选择“选择元器件(Component)”，打开选择元器件对话框。

② 在“选择元器件”对话框中鼠标左键单击“搜索”按钮，打开“搜索元器件”对话框。

③ 在“搜索元器件”对话框中的“元器件”一栏输入需要查询的元器件型号“1N4148”。

④ 鼠标左键单击“搜索”按钮，系统便能迅速查找出元器件库中对应型号的元器件。用户只需在弹出的搜索结果对话框中选择“确定”即可获取该元器件。如果元器件数据库中符合搜索条件的元器件有多个时，会在弹出对话框中的“元器件”列表中一一列出。如果没有符合条件的元器件型号时，则在弹出对话框的“元器件”列表中显示为空。

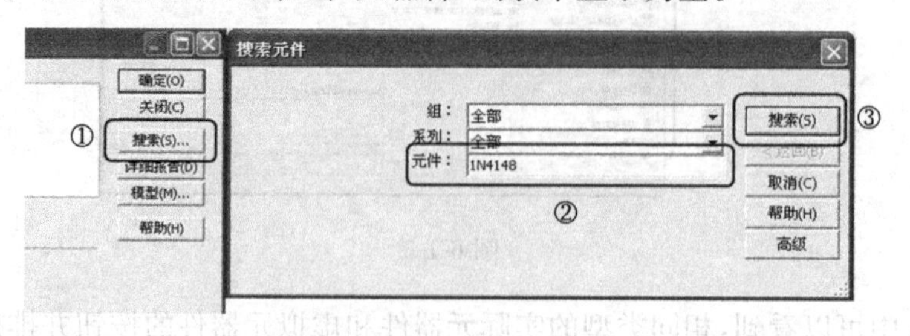

图 6-1-7

(3) 元器件的放置

在“选择元器件”对话框中获取元器件后，将鼠标移至工作窗指定位置，单击左键即可放置该元器件。

对已放置的元器件用户可以进行复制(Ctrl+C)、粘贴(Ctrl+V)、剪切(Ctrl+X)、删除(Delete)、旋转、镜像等操作。操作步骤如下:将鼠标移至需要操作的元器件上,单击右键,在弹出的对话框中作出相应的选择即可。Multisim 10 中元器件旋转或镜像的模式有 4 种:顺时针旋转 90°(Ctrl+R),逆时针旋转 90°(Ctrl+Shift+R),水平镜像(Alt+X),垂直镜像(Alt+Y)。

(4) 导线的连接

元器件与元器件、元器件与仪器、电源与元器件等进行引脚连线时,只需将鼠标置于引脚最外端后鼠标左键单击一次,然后将鼠标移动到另一引脚外端点处再次单击鼠标左键即可。如果只需要从元器件引脚连接至工作窗的任意位置,则可在终点的位置双击鼠标左键即可。如果需要从工作窗的任意位置开始连线,则只需将鼠标置于该位置后双击左键即可。

6.1.2 虚拟仪器的使用

对电路进行仿真,通过对仿真结果进行分析来判断设计是否正确合理,是 EDA 软件的一项主要功能。为此,Multisim 10 为用户提供了类型丰富的虚拟仪器,用户可以通过菜单"视图/工具栏/仪器"打开虚拟仪器工具栏。Multisim 10 共提供 21 种虚拟仪器,每种仪器的名称及表示方法见表 6-1-1。在仪器工具栏中单击仪器图标后,便能将仪器选取并放置到工作窗中。在仿真开始后,只需双击工作窗仪器符号,虚拟仪器便能以面板的方式显示在电路中。用户即可像操作实验仪器一样对其按钮、旋钮和各种参数进行改变。

表 6-1-1 虚拟仪器名称和符号

仪器图标	电路中的仪器符号及名称	仪器界面
	XMM1 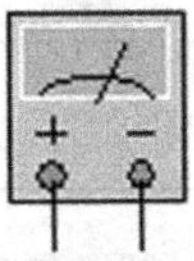 万用表	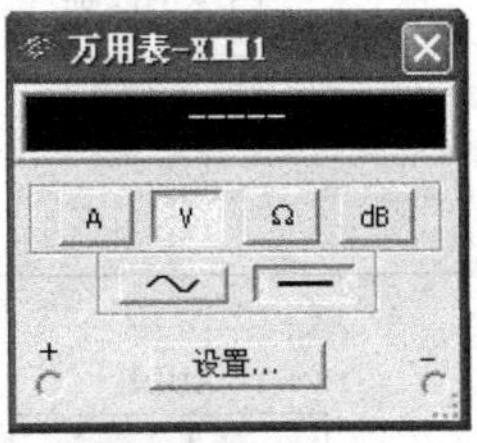 万用表-XMM1 A V Ω dB 设置...
	XFG1 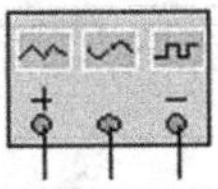 函数信号发生器	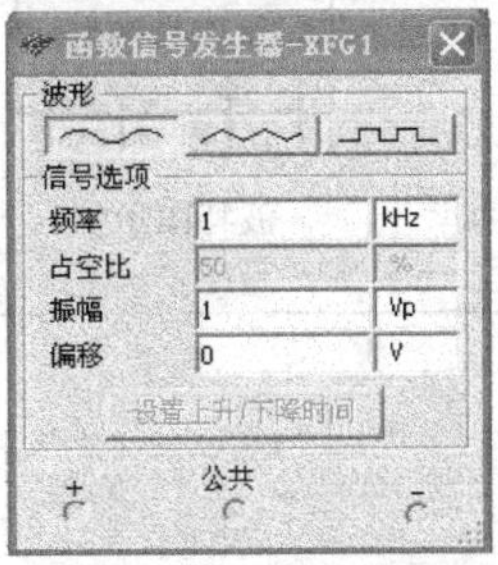 函数信号发生器-XFG1 波形 信号选项 频率 1 kHz 占空比 50 % 振幅 1 Vp 偏移 0 V 设置上升/下降时间 公共
	XWM1 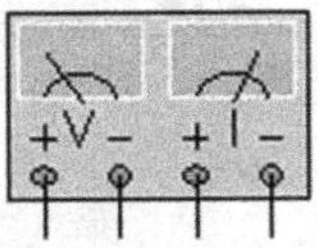 功率表	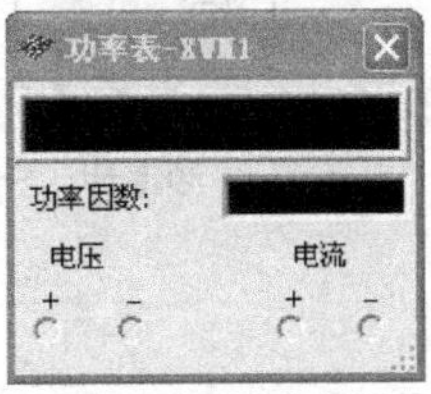 功率表-XWM1 功率因数: 电压 电流

续表

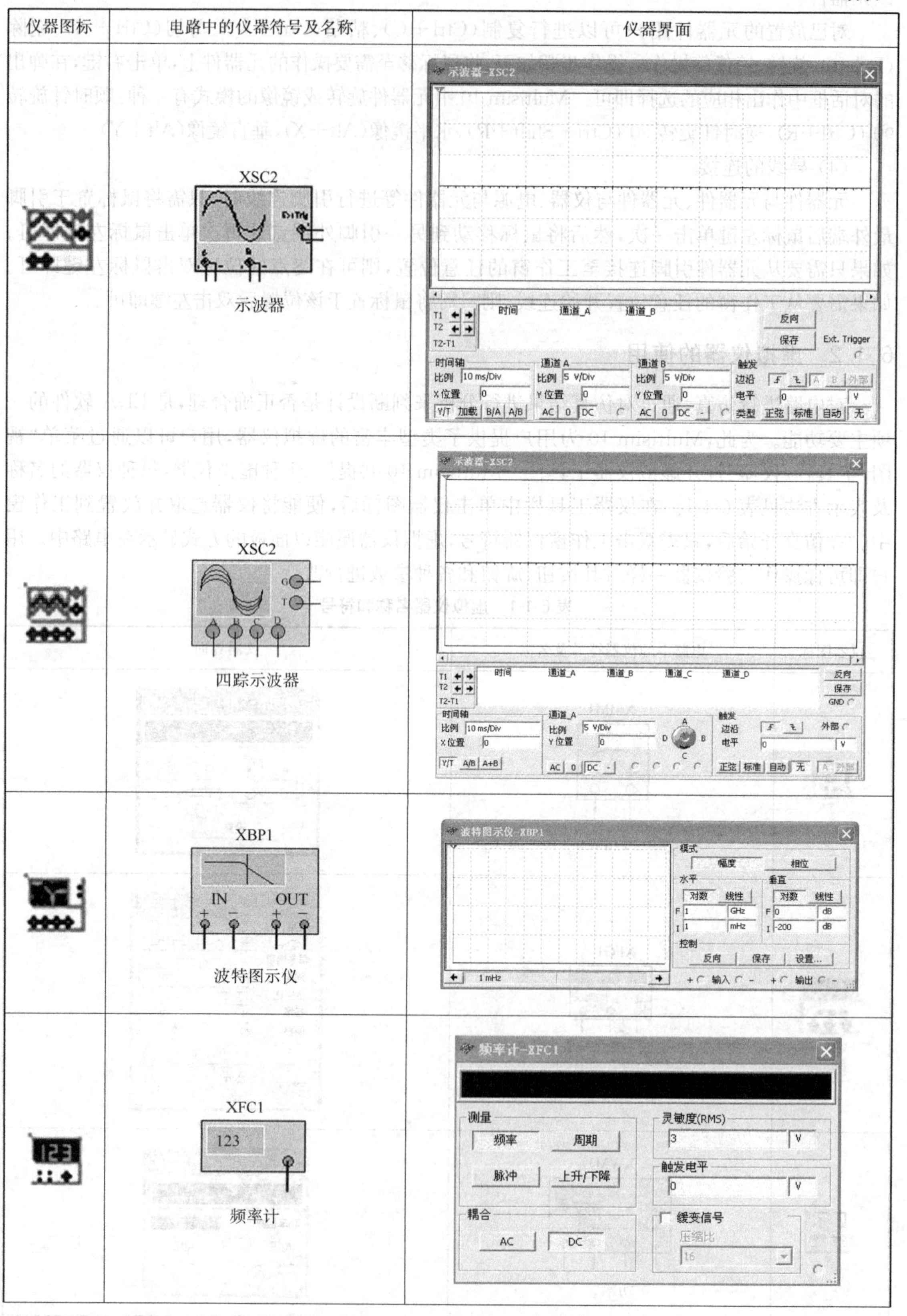

仪器图标	电路中的仪器符号及名称	仪器界面
	XSC2 示波器	示波器-XSC2
	XSC2 四踪示波器	示波器-XSC2
	XBP1 波特图示仪	波特图示仪-XBP1
	XFC1 频率计	频率计-XFC1

续表

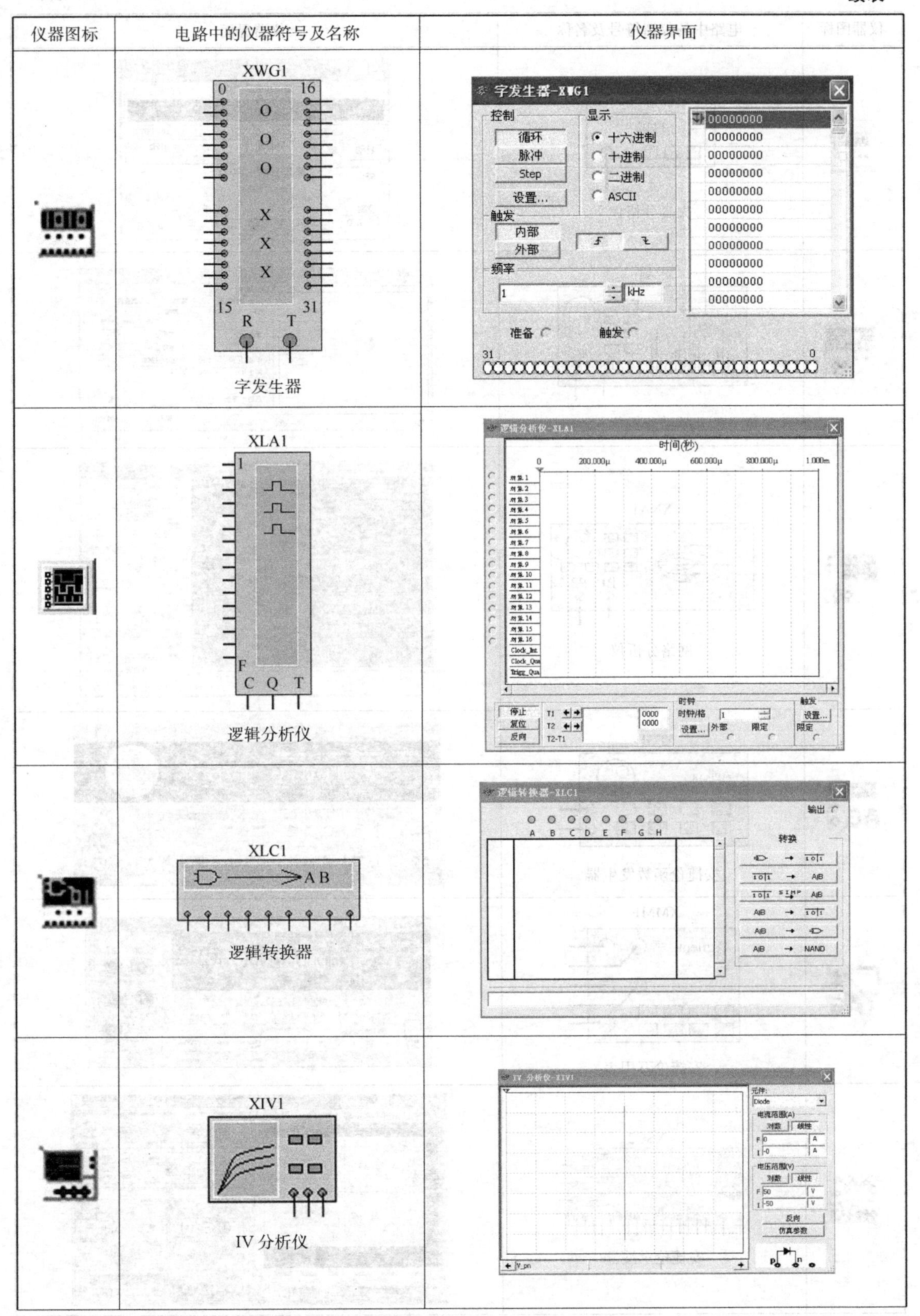

仪器图标	电路中的仪器符号及名称	仪器界面
	XWG1 字发生器	字发生器-XWG1
	XLA1 逻辑分析仪	逻辑分析仪-XLA1
	XLC1 逻辑转换器	逻辑转换器-XLC1
	XIV1 IV 分析仪	IV 分析仪-XIV1

续表

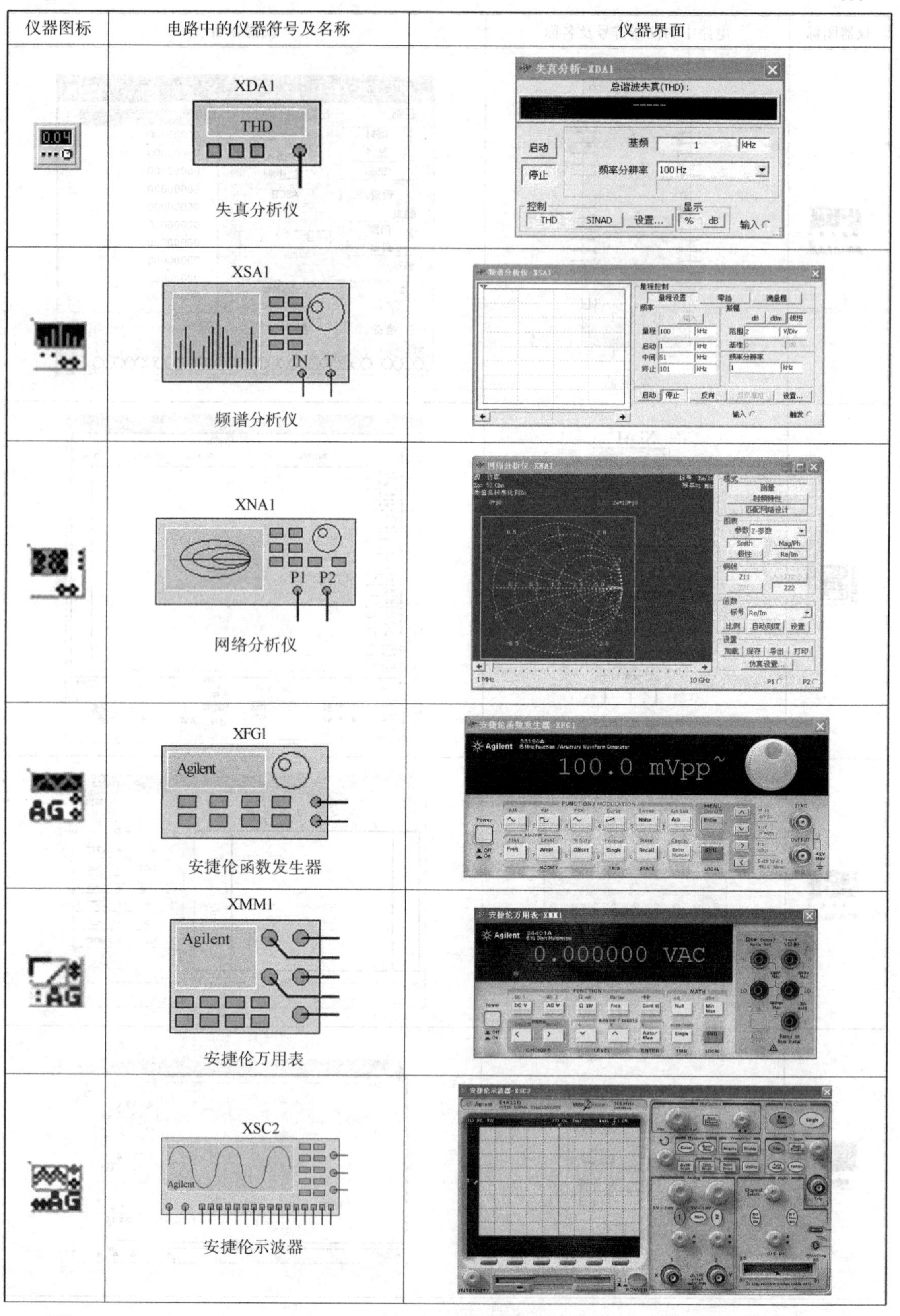

仪器图标	电路中的仪器符号及名称	仪器界面
	XDA1 失真分析仪	
	XSA1 频谱分析仪	
	XNA1 网络分析仪	
	XFG1 安捷伦函数发生器	
	XMM1 安捷伦万用表	
	XSC2 安捷伦示波器	

续表

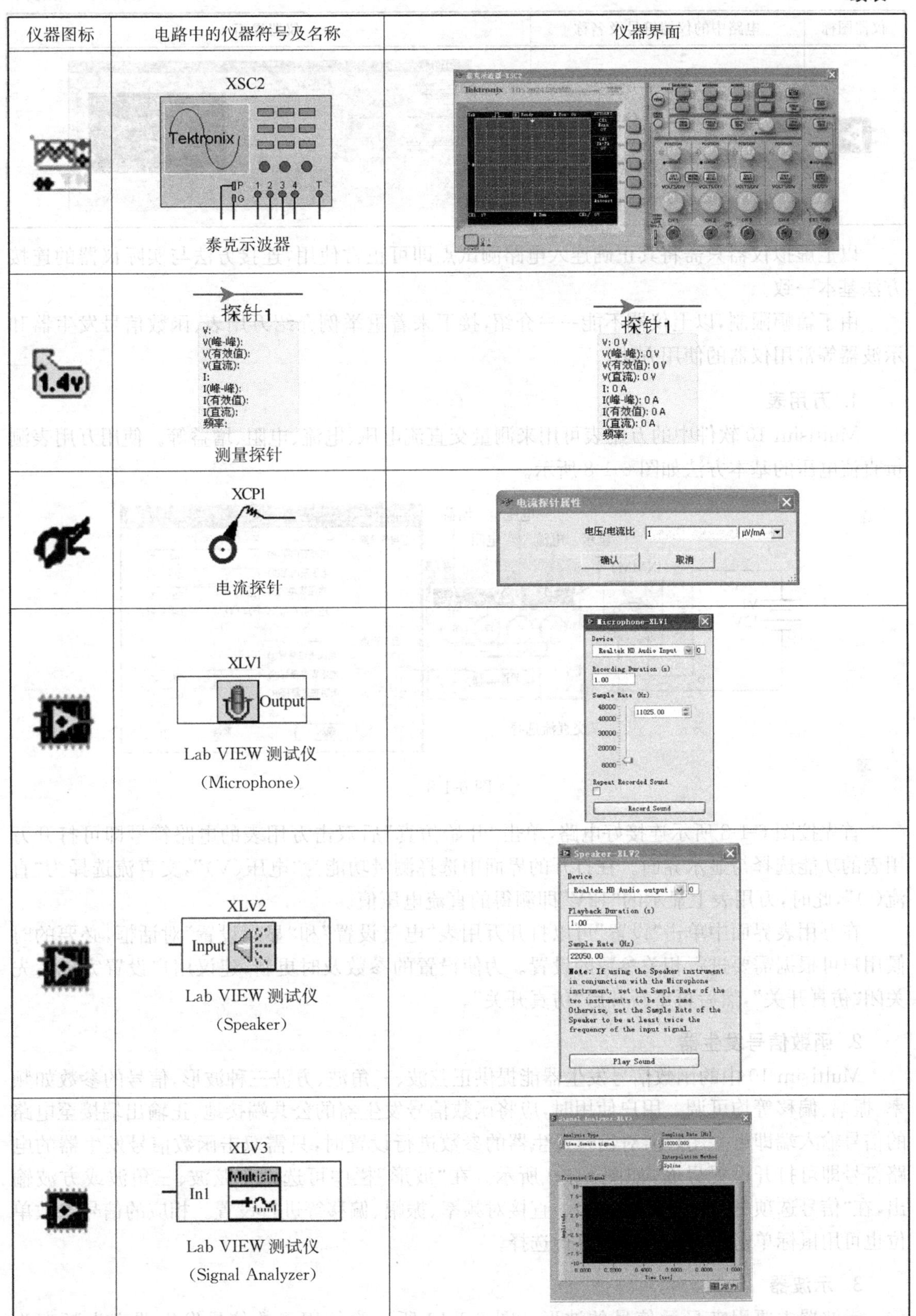

仪器图标	电路中的仪器符号及名称	仪器界面
	XSC2 泰克示波器	
	探针1 V: V(峰-峰): V(有效值): V(直流): I: I(峰-峰): I(有效值): I(直流): 频率: 测量探针	探针1 V: 0 V V(峰-峰): 0 V V(有效值): 0 V V(直流): 0 V I: 0 A I(峰-峰): 0 A I(有效值): 0 A I(直流): 0 A 频率:
	XCP1 电流探针	电流探针属性 电压/电流比 1 μV/mA 确认 取消
	XLV1 Lab VIEW 测试仪 (Microphone)	Microphone-XLV1
	XLV2 Lab VIEW 测试仪 (Speaker)	Speaker-XLV2
	XLV3 Lab VIEW 测试仪 (Signal Analyzer)	Signal Analyzer-XLV3

续表

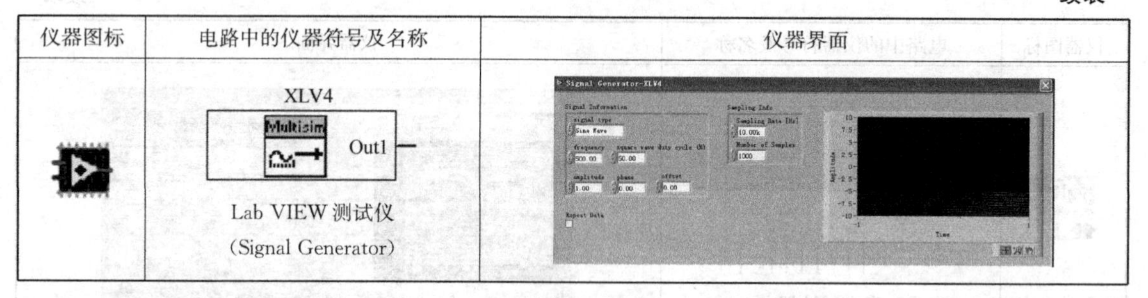

仪器图标	电路中的仪器符号及名称	仪器界面
	XLV4 Multisim Out1 Lab VIEW 测试仪 (Signal Generator)	

以上虚拟仪器只需将其正确连入电路测试点即可正常使用,连接方法与实际仪器的连接方法基本一致。

由于篇幅限制,以上仪器不能一一介绍,接下来着重举例介绍万用表、函数信号发生器和示波器等常用仪器的使用方法。

1. 万用表

Multisim 10 软件中的万用表可用来测量交直流电压、电流、电阻、增益等。使用万用表测量直流电压的基本方法如图 6-1-8 所示。

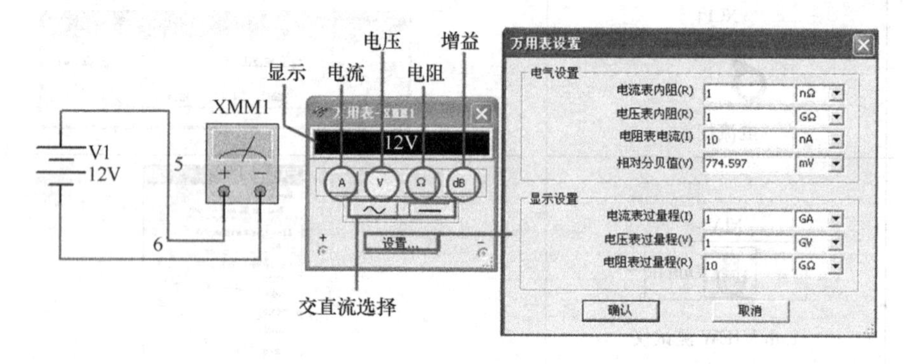

图 6-1-8

首先按图 6-1-8 所示连接好电路,单击“开始仿真”后双击万用表的电路符号即可打开万用表的功能选择与显示界面。在打开的界面中选择测量功能为“电压(V)”,交直流选择为“直流(-)”,此时,万用表上显示的“12V”即测得的直流电压值。

在万用表界面中单击“设置”可以打开万用表“电气设置”和“显示设置”对话框,必要的时候用户可根据需要进行相关参数的设置。为使设置的参数及时更新,建议用户设置完成后先关闭“仿真开关”,然后再重新开启“仿真开关”。

2. 函数信号发生器

Multisim 10 中的函数信号发生器能提供正弦波、三角波、方波三种波形,信号的参数如频率、振幅、偏移等均可调。用户使用时,应将函数信号发生器的公共端接地,正输出端接至电路的信号输入端即可。用户需对信号发生器的参数进行设置时,只需双击函数信号发生器的电路符号即可打开设置界面,如图 6-1-9 所示。在“波形”栏中可选则正弦波、三角波或方波输出,在“信号选项”栏中可用键盘输入,直接对频率、振幅、偏移等进行设置。相应的信号参数单位也可用鼠标单击后在下拉条中进行选择。

3. 示波器

示波器主要用来显示信号的波形。图 6-1-10 所示为使用函数信号发生器产生频率为

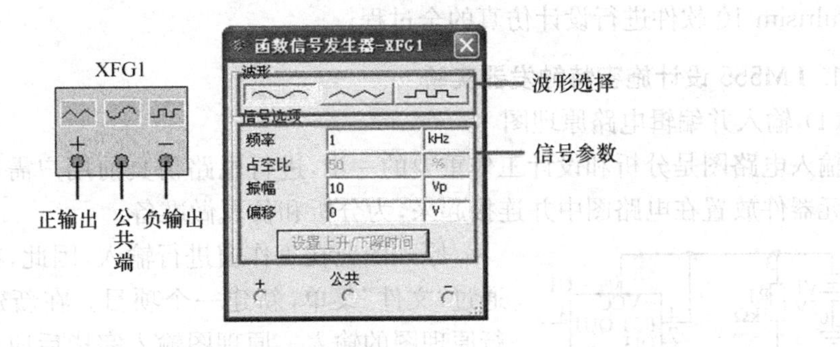

图 6-1-9

1kHz,幅度峰值为1V的正弦波信号,再用双踪示波器对该信号进行观察与测量。示波器与电路连接时,只需将A、B通道中任意一个通道标有"+"号的引脚连入电路测试点,标有"-"号的引脚接电路的参考地即可使用。

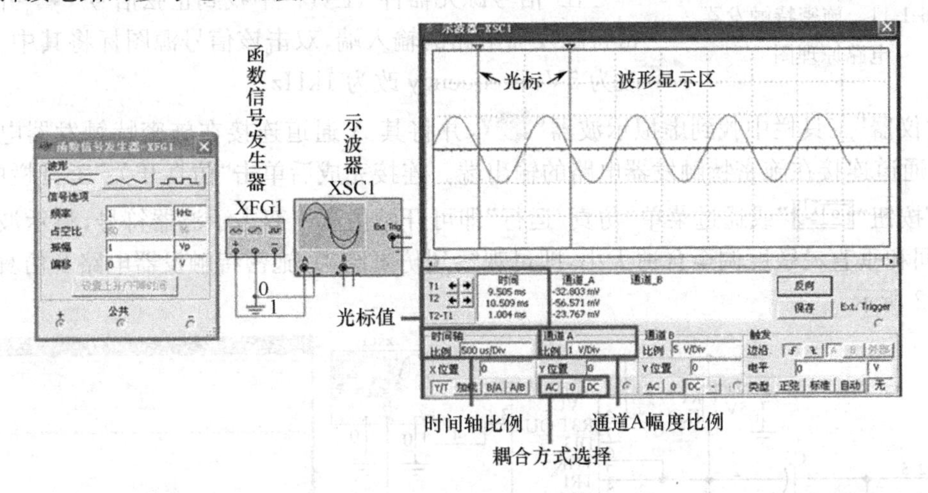

图 6-1-10

为了使波形能在示波器上显示得比较合适,用户应对示波器的时间轴比例和幅度比例进行适当的调整。单击时间轴"比例"框后,其右侧会出现增减箭头,直接用鼠标单击该箭头即可改变时间轴"比例"中的值。时间轴"比例"值主要决定信号在示波器上显示的疏密程度。要计算该信号的周期时,可使用该值乘以信号一个周期所占的格数即可。如图6-1-10中测得该信号的周期为"500μs/Div×2Div=1ms"。

通道A/B的"比例"值主要决定信号在显示界面上的幅度大小,其调整方法与时间轴"比例"调整方法相同。计算波形幅度时可用该"比例"值乘以信号峰与峰之间垂直方向上所占的格数即可。由上图可知该信号的幅度峰峰值为"1V/Div×2Div=2V"。

对于示波器的每个通道,还有"AC"交流耦合、"0"接地、"DC"直流耦合等耦合方式的选择。一般来说,测量不带直流分量的交流信号选择"AC"交流耦合即可。

光标测量值可在"光标值"一栏中显示出来。如图6-1-10所示,由光标1和光标2测得的时间差值即为该信号的周期值。通过"T2-T1"所显示的值可知该信号周期为1.004ms。

6.1.3　Multisim 10 仿真实例

本节利用LM555设计一个施密特触发器和8051单片机方波发生器的实验为例,介绍采用 Multisim 10 软件进行设计仿真的全过程。

1. LM555 设计施密特触发器实验

(1) 输入并编辑电路原理图

输入电路图是分析和设计工作重要的一步,进行电路仿真前用户需从元器件库中选择需要的元器件放置在电路图中并连接起来,为分析和仿真做准备。

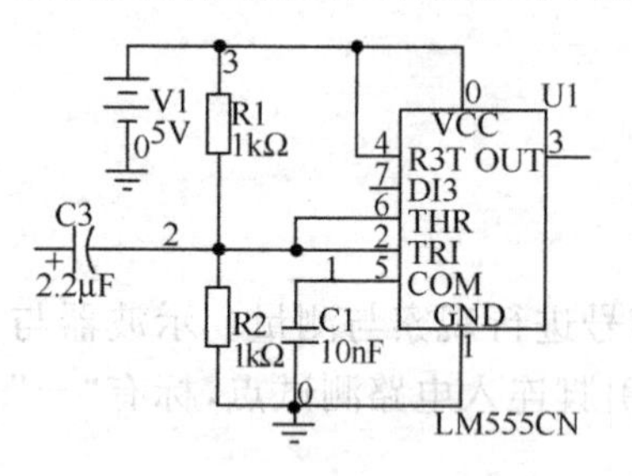

图 6-1-11 施密特触发器电路原理图

原理图应在工作窗进行输入,因此,在放置元器件前应先通过"文件"菜单,新建一个项目。在新建项目的工作空间进行原理图的输入。原理图输入完毕后应及时保存。获取元器件请按照 6.1.1 节的"元器件管理与取用"说明进行操作。利用 LM555 设计的施密特触发器电路如图 6-1-11 所示。

(2) 添加虚拟仪器并仿真

在"信号源元器件"工具栏中找到正弦信号"⊕"并连入施密特触发器电路的输入端,双击该信号源图标将其中 Voltage 改为 5V,Frequency 改为 1kHz。

在"仪器"工具栏中找到虚拟示波器"▦",并将其 A 通道连接在施密特触发器电路的输入端,B 通道连接在施密特触发器电路的输出端。连接完成后单击"仿真开关"工具栏中的"开始仿真"按钮"▭"或通过菜单"仿真/运行"即可开始仿真。双击示波器符号,将示波器水平扫描时间和垂直灵敏度调至合适大小,即可观察到仿真结果,施密特触发器电路及仿真结果如图 6-1-12 所示。

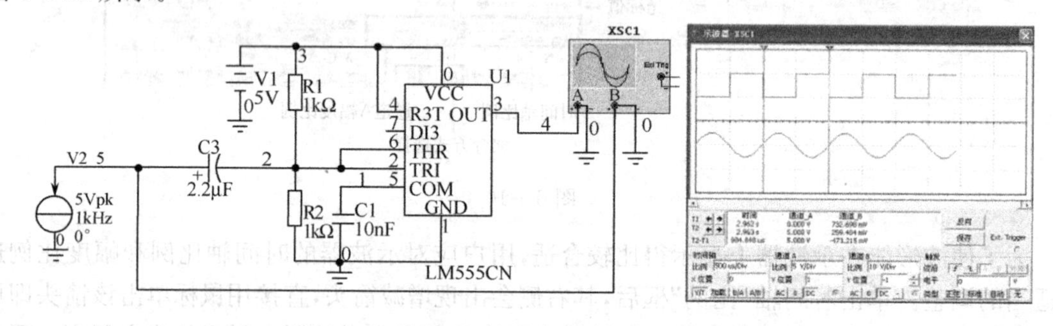

图 6-1-12 施密特触发器电路图及仿真结果

如需停止仿真,反方向按下"仿真开关"按钮"▭"即可。也可通过菜单"仿真/停止"来结束仿真。

2. 8051 单片机方波发生器实验

(1) 输入并编辑电路原理图

通过"文件"菜单,新建一个项目,然后在新建项目的工作空间进行原理图的输入。元器件的取用可按照 6.1.1 节的说明进行操作。原理图输入完毕后应及时保存。8051 单片机方波发生器的实验电路如图 6-1-13 所示。

值得注意的是,使用 Multisim 10 进行单片机仿真时,取用单片机要进行一些基本设置,具体操作方法如下:

① 按照 6.1.1 节"元器件管理与取用"中介绍的操作方法打开选择元器件对话框,在"组"中选择"MCU Module","系列"中选择"805x",然后在"元器件"列表中选择 8051,单击"确定"按钮。

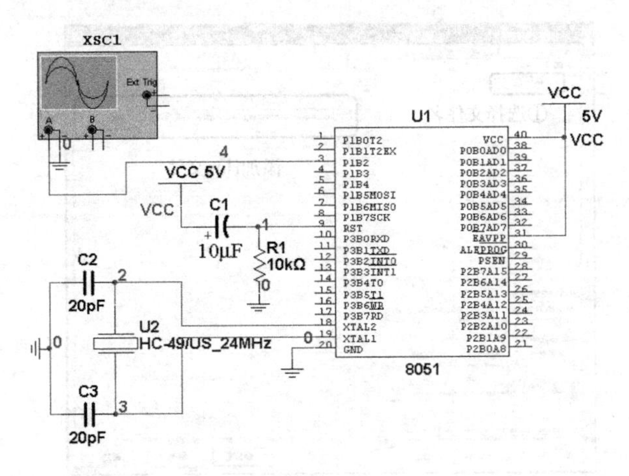

图 6-1-13

② 在工作窗中单击鼠标左键，弹出图 6-1-14 所示的对话框，在对话框中选择保存路径并输入英文文件名，单击“下一步”按钮，出现图 6-1-15 所示对话框。

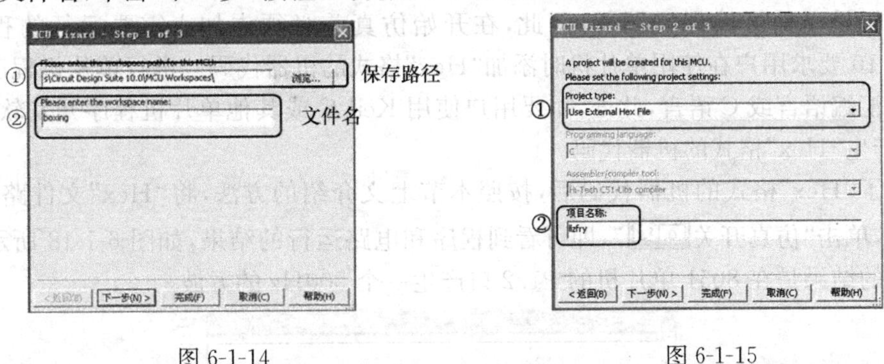

图 6-1-14　　　　图 6-1-15

③ 在图 6-1-15 对话框中“Project type(项目类型)”项选择“Use External Hex File(使用外部 Hex 文件)”，“项目名称”处输入英文名称。单击“下一步”按钮，选择“Create empty project”，单击“完成”即可。

④ 在工作窗双击单击单片机元器件，弹出图 6-1-16 左侧所示对话框。此对话框中主要设置单片机的时钟脉冲速度和代码属性。单击“代码”的“属性”后，弹出代码属性设置对话框，如图 6-1-17 所示。在此对话框中选择项目文件名后单击“浏览”，添加单片机程序通过编译后产生的机器文件(Hex 文件)。

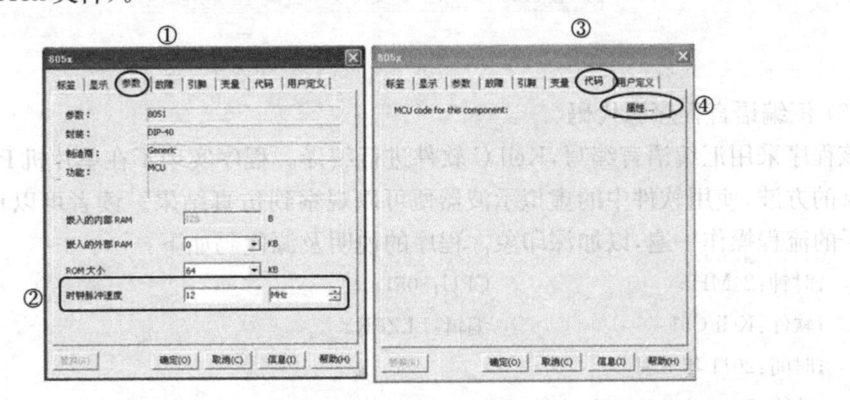

图 6-1-16

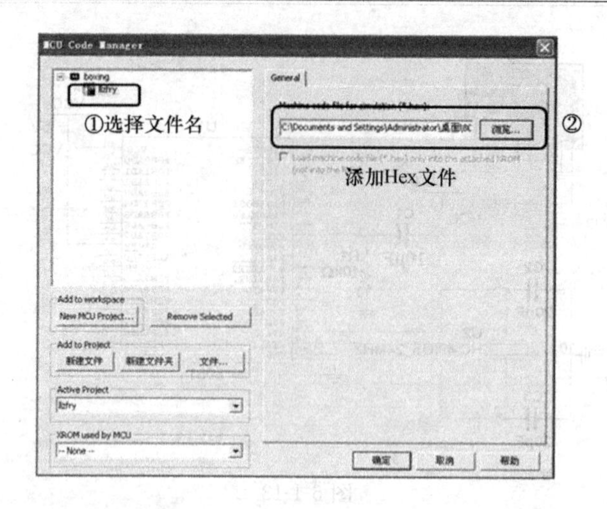

图 6-1-17

（2）添加机器代码并开始仿真

单片机是一种可编程元器件，因此，在开始仿真前必须先加入需要运行的程序代码。Multisim 10 要求用户在使用单片机时添加“Hex”格式的机器代码。进行单片机程序开发时，通常采用汇编语言或 C 语言，此处，需要用户使用 Keil C 或其他单片机程序开发软件将程序编译，并产生“Hex”格式的机器代码。

获取了“Hex”格式的机器代码后，按照本节上文介绍的方法，将“Hex”文件路径添加即可。此时，单击“仿真开关 ”，即可看到程序和电路运行的结果，如图 6-1-18 所示。此处，程序运行的结果是在 8051 单片机的 P1.2 口产生一个 500Hz 的方波。

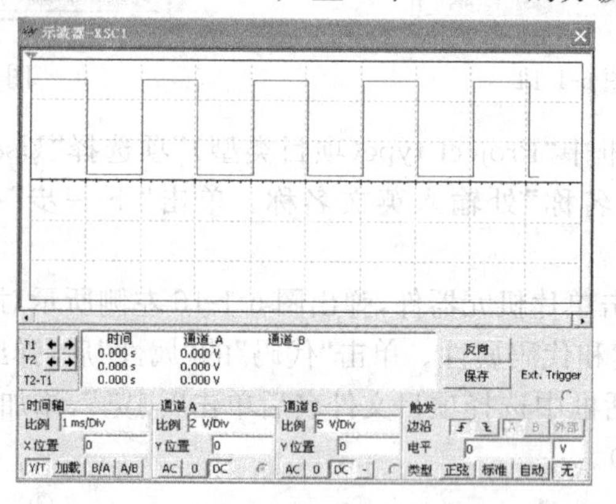

图 6-1-18

（3）汇编语言程序源代码

该程序采用汇编语言编写，Keil C 软件进行编译。程序实现了在单片机 P1.2 口产生一个 500Hz 的方波，使用软件中的虚拟示波器便可以观察到仿真结果。读者可以自己在计算机上按例子的流程操作一遍，以加深印象。程序的说明及源代码如下：

```
;时钟:24MHz          CPU:8051
;软件:Keil C51       编辑:LLZFRY
;时间:2011 年 3 月
;功能:P1.2 产生 500Hz 方波
```

```
        ORG 0000H
        AJMP MAIN
        ORG 000BH
        AJMP QUFAN
        ORG 0030H
        MAIN:
            MOV TH0,#0F8H       ;2000次
            MOV TL0,#30H
            MOV TMOD,#01H       ;定时器模式设置
            MOV TCON,#10H
            SETB ET0            ;允许T0中断
            SETB EA             ;总中断允许
            AJMP $              ;原地等待
        QUFAN:
            MOV TH0,#0F8H       ;重装初值
            MOV TL0,#30H
            PUSH ACC            ;压栈
            PUSH PSW
            PUSH DPL
            PUSH DPH
            CPL P1.2            ;P1.2取反
            POP DPH             ;出栈
            POP DPL
            POP PSW
            POP ACC
            RETI                ;中断返回
        END                     ;程序结束
```

6.2　Proteus 7 电路仿真快速入门

Proteus ISIS是英国 Labcenter 公司开发的电路分析与实物仿真软件。它们运行于Windows操作系统上，可以仿真、分析（SPICE）各种模拟元器件和集成电路。该软件的特点是：

① 实现了单片机仿真和 SPICE 电路仿真相结合。具有模拟电路仿真、数字电路仿真、单片机及其外围电路组成的系统的仿真、RS232 动态仿真、I^2C 调试器、SPI 调试器、键盘和 LCD 系统仿真的功能；有各种虚拟仪器，如示波器、逻辑分析仪、信号发生器等。

② 支持主流单片机系统的仿真。目前支持的单片机类型有：68000 系列、8051 系列、AVR 系列、PIC12 系列、PIC16 系列、PIC18 系列、Z80 系列、HC11 系列以及各种外围芯片等。

③ 提供软件调试功能。在硬件仿真系统中具有全速、单步、设置断点等调试功能，同时可以观察各个变量、寄存器等的当前状态，因此在该软件仿真系统中，也必须具有这些功能；同时支持第三方的软件编译和调试环境，如 Keil C51 uVision2 等软件。

④ 具有强大的原理图绘制功能。

总之，该软件是一款集单片机和 SPICE 分析于一身的仿真软件，功能极其强大。本节主要介绍 Proteus 7 软件的工作环境和一些仿真的基本操作。

6.2.1 Proteus 7 基本操作简介

1. 软件界面介绍

Proteus 7 软件主界面同样是采用了图形化的风格，采用菜单、热键、工具栏相结合的方式，同样符合 Windows 的典型风格，用户使用起来比较容易熟悉和掌握。

进入 Proteus 7 只需双击桌面快捷图标“ISIS 7 Professional 快捷方式”或单击“开始→所有程序→Proteus 7 Professional→ISIS 7 Professional”。软件启动界面如图 6-2-1 所示，主界面如图 6-2-2 所示。

图 6-2-1

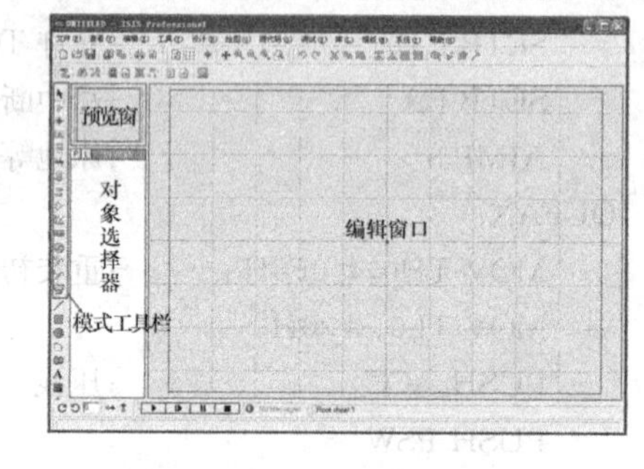

图 6-2-2

2. 文件操作

文件操作通常包括新建、打开、保存、另存为、打印等。Proteus 7 中对文件的操作也可以用两种方式实现，即 File 菜单和菜单工具栏。下图所示即菜单工具栏。

在 File 菜单下的子菜单中，同样包含有上述工具栏中的所有功能。用户只需单击 File 菜单便可看到子菜单，菜单中的各项功能都已包含英文注释(个别较高版本还包含有汉化菜单)。用户只需对照注释操作即可。

3. 缩放与平移

对于编辑窗口的显示，可以通过缩放与平移两种途径改变。具体操作如下。

(1) 缩放

对原理图可按如下几种方式进行缩放：

① 鼠标移动至需要缩放的位置，滚动滚轮进行缩放。

② 鼠标移动至需要缩放的位置，按键盘 F6 放大，F7 缩小。

③ 按下 SHIFT 键，鼠标左键拖拽出需要放大的区域。

④ 使用工具条中的 Zoom in(放大)、Zoom Out(缩小)，Zoom All(全图)，Zoom Area(放大区域)进行操作。

注意：按 F8 键可以在任何时候显示整张图纸。使用 SHIFT ZOOM 及滚轮均可应用于预览窗口。在预览窗口进行操作，编辑窗口将发生相应的变化。

(2) 平移

在编辑窗口中由如下几种方式进行平移操作：

① 按下鼠标滚轮，出现光标，表示图纸已处于提起状态，可以进行平移。

② 鼠标置于想要平移目的地的位置，按快捷键 F5 进行平移。

③ 按下 SHIFT 键，在编辑窗口移动鼠标，进行平移(Shift Pan)。

④ 如想平移至较远的位置，最快捷的方式是在预览窗口单击显示该区域。

⑤ 使用工具栏 Pan 按钮进行平移。

注意：在图纸提起状态下，也可以使用鼠标滚轮进行缩放操作。

掌握以上操作将会大大提高原理图绘制效率。特别是滚轮的使用，不仅可以用于缩放，还可以进行平移。

4. 元器件取用

(1) 进入元器件库

绘制原理图进行电路仿真时必须从 Proteus 元器件库中获取元器件，进入元器件库的方法有两种：单击对象选择器上方的 P 按钮(快捷键 P)或在编辑窗口空白处单击右键，选择放置(Place)→元器件(Component)→From Libraries。如图 6-2-3 所示。

图 6-2-3

(2) 查找元器件

元器件库中元器件较多，要挑选到合适的元器件比较困难，借助元器件库中的元器件类别筛选(Category)查找功能或关键字(Keywords)搜索功能则能快速找到需要的元器件。

采用元器件类别筛选查找的操作方法是：在种类栏(Category)中选择需要元器件所属的类别，然后到结果栏(Results)中直接选择需要的元器件。例如，要找到 AT89C52 单片机，如图 6-2-4 所示，可以先在种类栏中选择 Microprocessor ICs(微处理器芯片)，再从结果栏中选择 AT89C52 单片机，单击“OK”按钮即可。查找到的元器件此时会自动加载至元器件模式的对象选择器中。

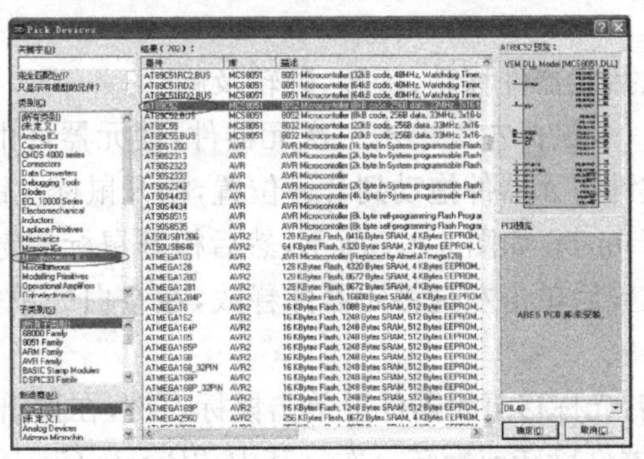

图 6-2-4

采用关键字搜索功能查找元器件比上述方法更为简单，但这要求使用者必须记住需要的元器件在元器件库中的大致名称。使用该方法查找元器件应按以下步骤操作：在元器件库 Keywords 栏中直接输入需要查找的元器件型号即可。例如，查找 AT89C52 芯片只需在 Keywords 栏中直接输入 89C52 即可在结果中找到 AT89C52 芯片，如图 6-2-5 所示。

(3) 放置元器件

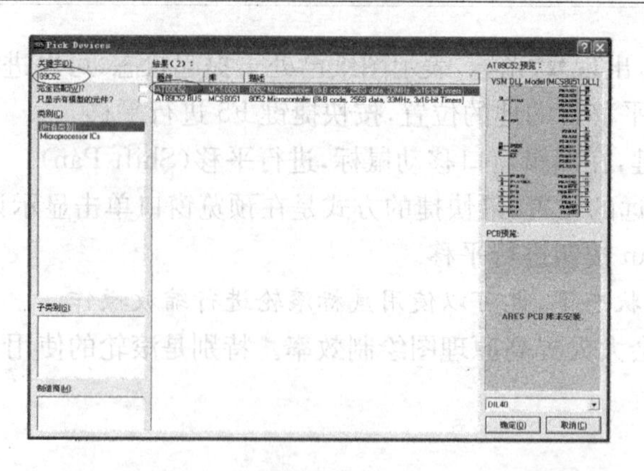

图 6-2-5

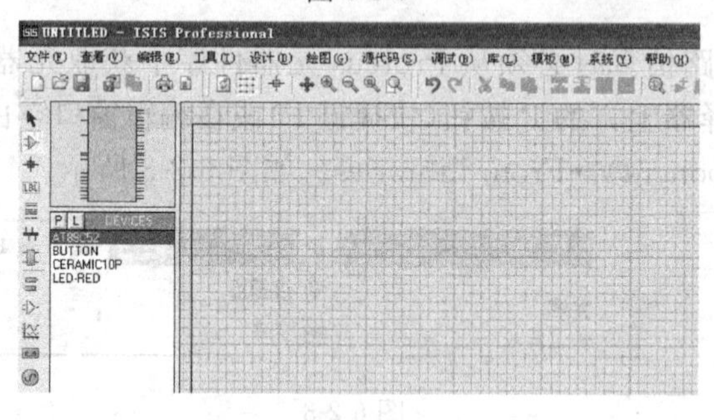

图 6-2-6

单击符号进入元器件模式，此时，对象选择器中会显示出已找到的元器件。如图 6-2-6 所示。

将鼠标置于对象选择器中需要选择的元器件上，单击鼠标左键，将鼠标移至编辑窗口需要放置元器件的位置，单击鼠标左键即可放置一个元器件。如需继续放置相同型号的元器件，可将鼠标移至目的地直接单击左键即可。需要放置不同元器件时则需重新从对象选择器中选择需要的元器件进行放置。

(4) 调整元器件

元器件的调整通常包括元器件移动、旋转、翻转及删除。

① 元器件移动：方法一，鼠标左键单击一次元器件，使元器件由黑色变为红色(处于激活状态)，然后再按住鼠标左键将元器件拖动到合适位置，松开鼠标左键即可。方法二，鼠标右键单击元器件后选择 Drag Object，如图 6-2-7 所示，然后松开鼠标按键，元器件即可随鼠标一起移动。鼠标移动到合适位置后单击左键将元器件释放，在空白处单击左键即可取消元器件的激活状态。

② 元器件旋转与翻转：光标移至元器件上单击鼠标右键，在弹出的快捷菜单中选择相应的旋转或翻转方式即可使元器件旋转或翻转一次。其中，"Rotate Clockwise"为顺时针旋转 90°(快捷键 NUM-)，"Rotate Anti-Clockwise"为逆时针旋转 90°(快捷键 NUM+)，"Rotate 180 degrees"为 180°旋转，"X-Mirror"为 X 方向翻转(快捷键 Ctrl+M)，"Y-Mirror"为 Y 方向翻转。

③ 元器件删除：光标移至元器件上双击鼠标右键或单击鼠标右键后，从弹出的快捷菜单中选择 Delete Object 均可删除该元器件。

(5) 元器件标签

对于 Proteus 中每一个元器件都有一个对应的编号，电阻电容等还有相应的量值。这些

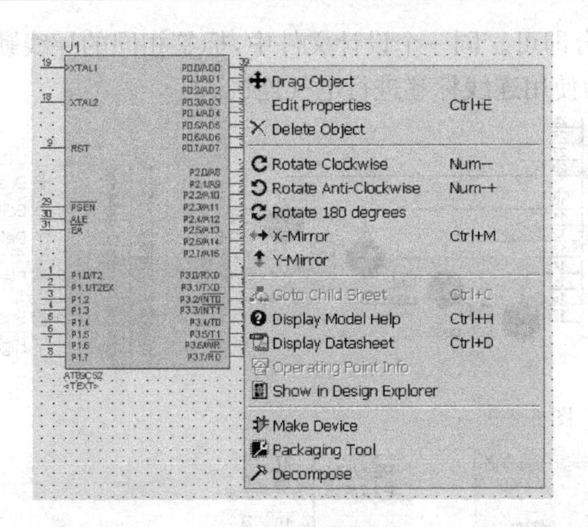

图 6-2-7

都是由 ISIS 的工具菜单下的实时标注(Real Time Annotation)命令实现的。

元器件标签的位置和可视性完全由用户控制——可以改变取值、移动位置或隐藏这些信息。通过编辑元器件(Edit Componet)对话框可以设置元器件名称、量值及隐藏选项。如图 6-2-8 所示。

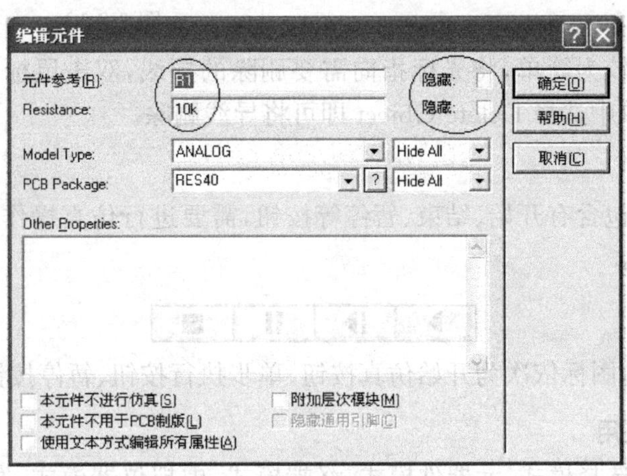

图 6-2-8

注意: 同一张原理图中相同的元器件标签只允许出现一次,如两个电阻则必须标为 R1 和 R2。如全部标为 R1 或 R2 的话就会出错。

5. 连线

连线即信号连接。在 Proteus 中信号的连接有两种方式,一种是直接连接,需要连接的两个端口直接用导线连在一起。具体操作是:将鼠标置于元器件需要连线的端口,这时元器件引脚处会显示一个红色小框,鼠标单击后松开,移动鼠标连线便开始跟着移动。将鼠标移至需要与之连接的另一个引脚处,待出现红色小框后单击左键即完成两个端口的导线连接,如图 6-2-9所示。这种方式主要适用于连线相对较少、电路比较简单的场合。

另一种是通过连线标签进行连接。具体操作是:将需要连接的两个端口各引出一段连线,然后将光标置于其中一根导线上单击鼠标右键,从弹出的快捷菜单中选择 Place Wire Label,如图 6-2-10 所示,在弹出的对话框中输入该导线的名称,如图 6-2-11 所示,该名称一般用简单的英文、数字或二者组合即可。同一个设计文件中，标签相同的导线默认为其电气特性相互连接。图 6-2-12 所示即为使用连线标签进行电气连接。

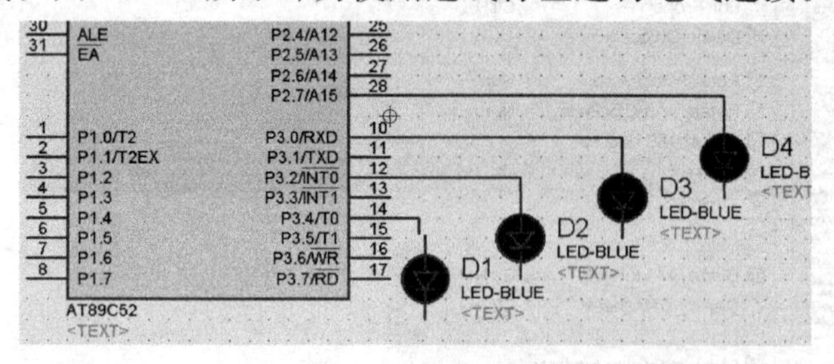

图 6-2-9

图 6-2-10

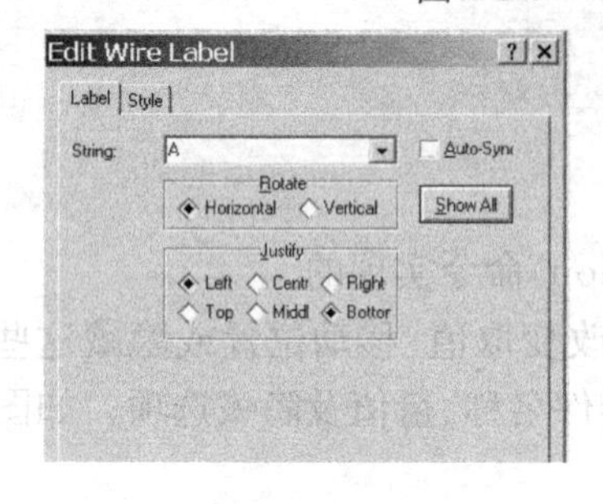

图 6-2-11

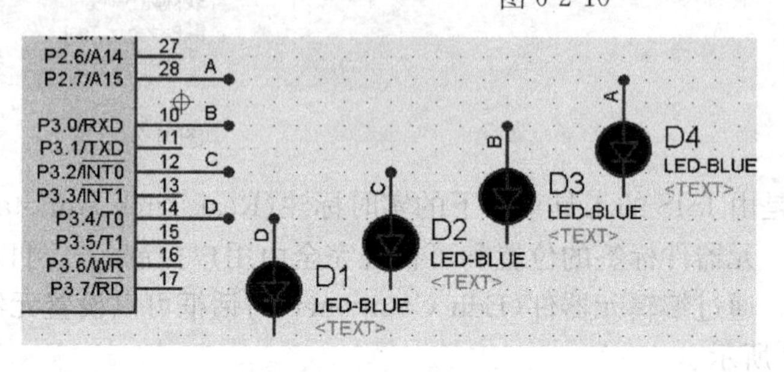

图 6-2-12

删除连线的方法较为简单，将光标指向需要删除的导线，双击鼠标右键或单击鼠标右键后，从弹出的快捷菜单中选择 Delete Object 即可将导线删除。

6. 开始仿真

在仿真工具栏中包含有开始、结束、暂停等按钮，需要进行仿真操作时只要按动相应的按钮即可。如下图所示：

上图中，从左往右图标依次为开始仿真按钮、单步执行按钮、暂停按钮、停止按钮。

7. 模式工具栏使用

模式工具栏包含选择模式、元器件模式、终端模式、虚拟仪器模式、发生器模式、电流探极模式、电压探极模式等，如下图所示：

以上各种模式中常用的模式与图形对应关系见表 6-2-1。

表 6-2-1　各种常用模式符号、名称与包含对象的关系

图标	英文名	名称	功　能
	Selection Mode	选择模式	取消当前鼠标已执行的所有功能
	Component Mode	元器件模式	当前元器件栏中显示事先已选择的元器件
	Terminals Mode	终端模式	列出可选终端，包括电源、地等
	Generator Mode	激励源模式	列出软件包含的单脉冲、信号源等供选择

续表

图标	英文名	名称	功　能
	Voltage Probe Mode	电压探针模式	提供电压测试探针
	Current Probe Mode	电流探针模式	提供电流测试探针
	Virtual Instruments Mode	虚拟仪器模式	提供各种虚拟仪器设备

需要使用对应的元器件或功能时，只需按上述说明进行操作即可，非常简单。

6.2.2　虚拟仪器的使用

虚拟仪器是仿真软件中提供给用户进行电路仿真参数、信号参数等测量的工具。此工具类似于实验室中调试电路用的仪器。其操作方法与实际仪器类似。

当模式工具栏选择为虚拟仪器模式时，在右侧的当前元器件列表中便会显示出软件提供给用户的所有虚拟仪器。该仪器使用简单，只需按照实际仪器的操作方式将其对应的端口用虚拟的连线接至电路中的测试点和地即可。开始仿真时，仪器都会自动弹出其操作面板，如没有弹出则可双击该仪器符号或单击菜单“Debug”，在下拉菜单底部所列的对应仪器名称即可。每种仪器的英文名称、中文名称和电路中的符号对应关系见表6-2-2。

表6-2-2　仪器中、英文名称及符号的对应关系

英文名称	中文名称	电气符号
OSCILLOSCOPE	四踪示波器	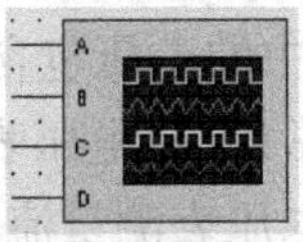
LOGIC ANALYSER	逻辑分析仪	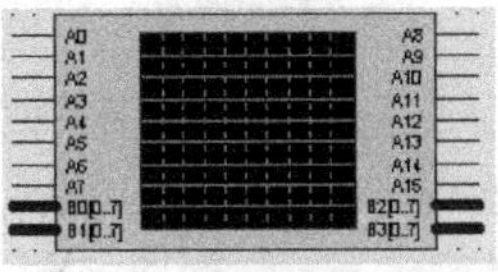
COUNTER TIMER	计时器	
VIRTUAL TERMINAL	虚拟终端	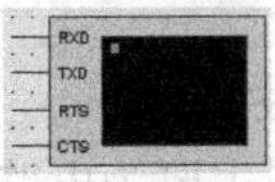
SPI DEBUGGER	SPI调试器	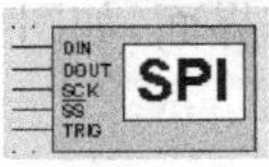
I^2C DEBUGGER	I^2C调试器	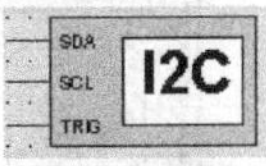
SIGNAL GENERATOR	信号发生器	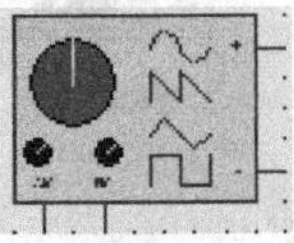

续表

英文名称	中文名称	电气符号
PATTERN GENERATOR	图形发生器	
DC VOLTMETER	直流电压表	
DC AMMETER	直流电流表	
AC VOLTMETER	交流电压表	
AC AMMETER	交流电流表	

从表 6-2-2 中可以看出，Proteus 7 所提供的虚拟仪器种类较多，此处将最常用的几种仪器（电压表、电流表、信号发生器、示波器）的使用方法举例进行介绍，帮助用户快速学会虚拟仪器的使用。

1. 电压、电流表

Proteus 7 中的电压包含直流电压表、交流电压表，电流表包含直流电流表、交流电流表。其使用方法非常简单，电压表应并联在电路中，而电流表应串联在电路中。图 6-2-13 为使用直流电流表和电压表测量流过发光二极管 D1 的电流及灯泡两端的电压。

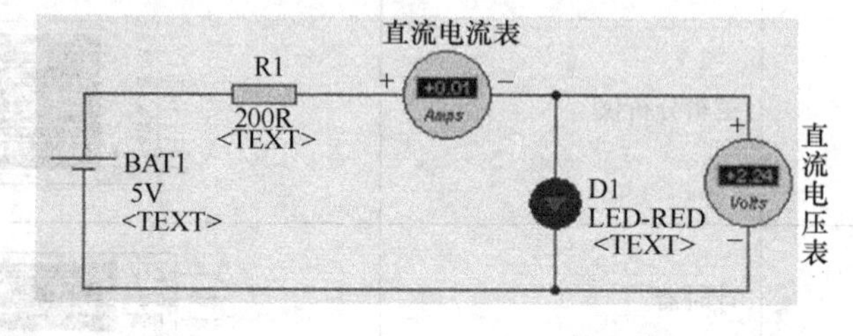

图 6-2-13

2. 信号发生器

信号发生器主要为电路测试提供正弦波、方波、三角波等信号。开始仿真后，信号源便会自动弹出其操作界面，如图 6-2-14 所示。用户通过旋钮和按钮可以对其产生波形的种类及参数进行设置。

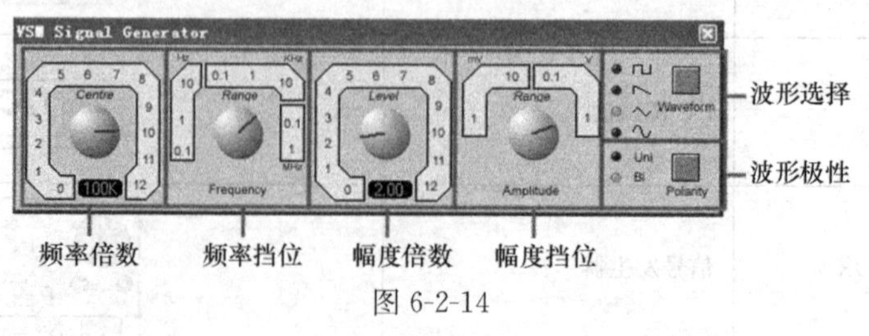

图 6-2-14

图 6-2-14 中“波形选择(Waveform)”按钮可选择输出不同的波形,包括方波、锯齿波、三角波、正弦波等。“波形极性(Polarity)”可选择单极性输出(Uni)和双极性输出(Bi)。该设置主要针对方波信号而言,方波信号如果选择单极性输出,则输出波形的幅度始终为 0V 以上。通常情况下,该设置选择为双极性输出。

波形频率的改变可通过频率倍数旋钮和频率挡位旋钮结合进行调整。输出波形的频率值等于频率挡位乘以频率倍数所得的值。如图 6-2-14 所示,频率值应为“10kHz × 10 = 100kHz”。同理,波形幅度的改变方法与此相同。

3. 示波器

Proteus 7 中提供给用户一台四踪示波器。该示波器可同时观察 4 路(A、B、C、D)信号的波形。其操作界面如图 6-2-15 所示。

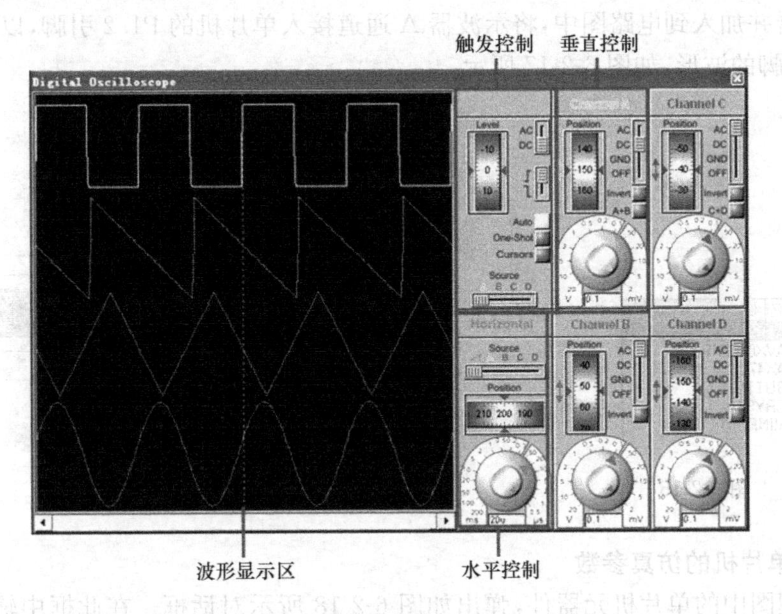

图 6-2-15

虚拟示波器与真实示波器类似,同样包括水平控制部分、垂直控制部分、触发控制部分和波形显示区等。

触发控制部分可选择“AC/DC”交流/直流耦合,上升沿/下降沿触发,触发源的通道 A/B/C/D 以及触发电平(Level)。触发电平只需直接滚动 Level 对应的滑轮即可。

水平控制部分同时控制 4 个通道的水平参数。通过“Position”滑轮左右滚动可改变波形显示的水平位置,而水平扫描时间则由该部分底部的大小两个旋钮组成。大的旋钮对水平扫描时间进行粗调,小的旋钮则进行细调。

垂直控制部分一共有四组,每组分别控制对应的某一通道。以“ChannelA”为例,“Position”下对应的滚轮为波形显示垂直位置的调整,“AC、DC、GND、OFF”为耦合方式的选择,分别为“交流、直流、接地、关闭”等耦合方式。“Invert”按钮可控制波形是否反向显示,“A+B”按钮则控制 A 通道与 B 通道的波形是否需要叠加。该部分底部的大小旋钮分别对垂直方向的伏/格参数进行粗调和细调。B、C、D 三个通道的垂直控制部分与 A 通道相似。

6.2.3 Proteus 7 仿真实例

本小节着重介绍使用Proteus 7进行单片机设计的虚拟仿真实验。介绍了从取用元器件、绘制原理图直到添加 Hex 文件,设计一个从单片机 P1.2 口输出 500Hz 方波信号电路的实现过程,使读者能快速掌握 Proteus 软件的基本应用。

1. 取用元器件

打开 Proteus 7 软件,在元器件模式下进入元器件库后利用关键字查找的方法找到此设计要用到的基本元器件。如图 6-2-16 所示。

2. 输入并编辑原理图

利用选择好的元器件在编辑窗口绘制出该设计的电路原理图。绘制完毕后在虚拟仪器栏中找到示波器并加入到电路图中,将示波器 A 通道接入单片机的 P1.2 引脚,以备后续测试中观察 P1.2 引脚的波形,如图 6-2-17 所示。

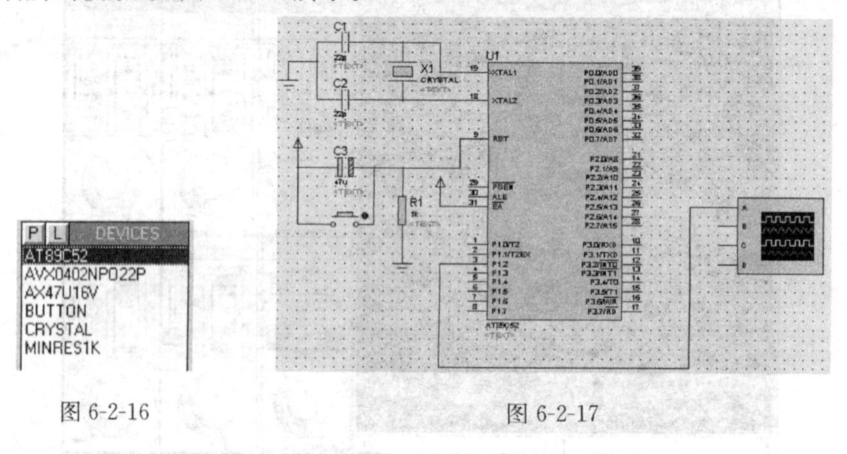

图 6-2-16　　　　图 6-2-17

3. 设置单片机的仿真参数

双击原理图中的单片机元器件,弹出如图 6-2-18 所示对话框。在此框中输入"晶振频率(Clock Frequency)"为 24MHz,并单击"编程文件(Program File)"右边对应的文件夹符号,浏览至 500Hz 方波产生的源程序编译后所产生的 16 进制文件"square.hex"(实际电路中需要下载到单片机中去的机器码文件)所对应的路径,单击"OK"按钮即可(此过程相当于将单片机机器代码虚拟的下载到了用于仿真的单片机芯片中)。

4. 开始仿真

单击开始仿真按钮"▶",此时可以观察到示波器自动启动,并显示出如图 6-2-19 所示波形。通过波形图可证实此电路和源程序设计都正确。

5. 单片机源程序

上述仿真实验的单片机程序为汇编语言编写,源代码已给出,供读者参考。如要编译产生能仿真使用的 Hex 文件,请使用相关的编译软件进行编译。如,Keil C51、Wave6000 等,都支持 51 单片机汇编语言的编译。单片机 P1.2 口产生 500Hz 方波的源代码如下:

```
;时钟:24MHz
;CPU:AT89C51/52
;软件:Keil C51
```

```
;编辑:LLZFRY
;时间:2011 年 3 月
;功能:P1.2 产生 500Hz 方波
ORG 0000H
AJMP MAIN
ORG 000BH
AJMP QUFAN
ORG 0030H
MAIN:
    MOV TH0,#0F8H          ;2000 次
    MOV TL0,#30H
    MOV TMOD,#01H          ;定时器模式设置
    MOV TCON,#10H
    SETB ET0               ;允许 T0 中断
    SETB EA                ;总中断允许
    AJMP $                 ;原地等待
QUFAN:
    MOV TH0,#0F8H          ;重装初值
    MOV TL0,#30H
    PUSH ACC               ;压栈
    PUSH PSW
    PUSH DPL
    PUSH DPH
    CPL P1.2               ;P1.2 取反
    POP DPH                ;出栈
    POP DPL
    POP PSW
    POP ACC
    RETI                   ;中断返回
END                        ;程序结束
```

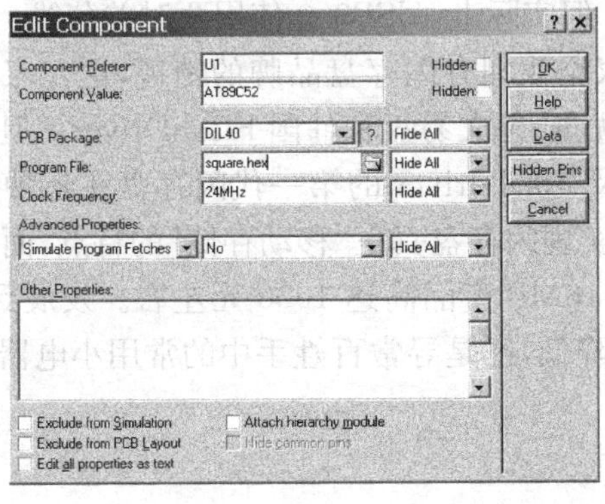

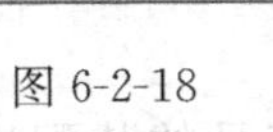

图 6-2-18

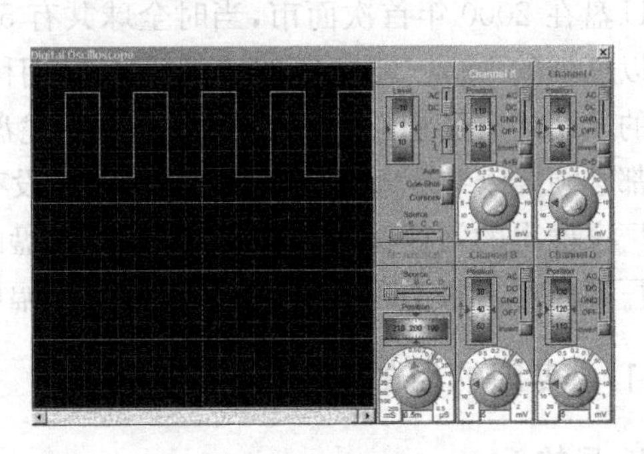

图 6-2-19

第7章　电子技术工程训练题选

本章的训练选题适合高等院校电类和非电类专业学生的实习和训练。训练选题注重层次性、基础性、趣味性和实用性，其中包括了U盘、收音机、MP3的焊装与调试等，突出了基础实践课程教与学的特点。

7.1　U盘套件安装与调试

USB全称为Universal Serial Bus，即通用串行总线。它使得计算机周边设备连接标准化，它的优点是支持热插拔，在开机情况下，可以安全地连接或断开设备，达到真正的即插即用。

USB接口是计算机外部设备最常见的接口形式，由于其连接方便，体积较小，在消费类电子中得到了广泛应用。如常见的MP3、MP4、数码相机、打印机、手机等诸多产品，都采用USB接口与计算机相连接。

USB接口的发展经历了三个阶段，USB1.1、USB2.0和USB3.0。USB1.1标准接口传输速率为12Mbps，理论上可以支持127个装置，通过USB HUB，即USB扩展器连接多个周边设备，连接线缆的最大长度为5m。USB2.0规范是由USB1.1规范演变而来的，它最初的目标是将USB1.1的传输数率(12Mbps)提高10～20倍，而实际上却提高了40倍，达到了480Mbps。USB2.0相对于USB1.1简直是质的飞跃，而且USB2.0与USB1.1可以互相兼容，也就是说，USB2.0设备可以工作在USB1.1接口上，反之USB1.0设备也可以工作在USB2.0接口上。USB2.0和USB1.1使用的连接电缆及端口均相同，都采用一对差分线。

2007年年底，英特尔公司和当时业界领先的公司一起携手组建了USB 3.0推广组，旨在开发速度超过USB2.0接口10倍的高效USB互联技术。2010年，USB3.0的产品开始推向市场，其接口传输速度为5Gbps，而且向下兼容。但实际上，USB3.0使用两对差分线。

U盘在2000年首次面市，当时全球共有5家企业拥有闪存盘品牌的销售，这5家企业主要是以色列的M-system、新加坡的Track、朗科优盘、鲁文易盘和韩国FlashDriver。但这5家推出的产品是有区别的，M-system、Track、优盘及Flashdriver的第一代闪存盘在各种操作系统下都必须要安装驱动程序才可使用，这并没有实现闪存盘真正"移动存储"的特点，而且当时这些厂家推出的闪存盘价格非常高，朗科优盘的16MB产品高达1000元左右。发展到今天，U盘厂商已经成百上千家，U盘的价格也大幅度降低，已是寻常百姓手中的常用小电器。

7.1.1　实训的目的与要求

1. 目的

① 通过对U盘的安装、焊接和调试，使学生了解电子产品的装配过程，提高焊接工艺水平，初步掌握手工焊接贴片元器件的基本方法和技能。

② 掌握常用电子元器件的识别方法。

③ 了解U盘的工作原理，初步熟悉U盘的量产过程，掌握量产工具的使用。

④ 增强学生的动手能力，培养工程实践素养及严谨细致的科学作风。

2. 要求

① 看懂印制电路板图和接线图。

② 认识电路图上的各种元器件的符号，并与实物相对照。

③ 会测试各种元器件的主要参数。

④ 认真细心地按照工艺要求进行产品的安装和焊接。

⑤ 按照技术指标对产品进行调试。

7.1.2　产品性能指标

本实验U盘采用USB 2.0接口，其理论速度可达480Mbps。在实际中，U盘的性能指标与闪存的关系非常大，不同厂家的Flash、相同厂家不同容量的Flash、不同制程的Flash之间性能差异较大，但外形尺寸、引脚数量均符合标准。

表7-1-1列出了采用Samsung公司所生产的Flash的U盘的性能指标。所列指标为采用HDBench软件的测试结果。

表7-1-1　采用Samsung公司Flash的U盘的性能指标

Flash型号	容量	持续读(B/s)	持续写(B/s)	随机读(B/s)	随机写(B/s)
K9F1G08U0B	128MB	14434	5882	14593	1592
K9F2G08U0A	256MB	23235	2594	31200	14626
K9K8G08U0B	1GB	23151	2730	31801	15238
K9KAG08U0M	2GB	21271	3665	33257	16210
K9NBG08U5M	4GB	23151	2888	26202	15382
K9NCG08U5M	8GB	26968	4121	26855	9348
K9MDG08U5M	16GB	24357	1766	20670	10467

7.1.3　实验原理

U盘采用USB 2.0接口，作为移动存储使用。目前最大容量可达64GB，本实验所制作的U盘最大容量可达16GB。

与一般的嵌入式系统一样，U盘本身也可认为是一个小的嵌入式系统。这个小系统从硬件来讲分为以下几部分：时钟电路、复位电路、电源管理电路、主控制器(8032)、USB 2.0Phy、存储介质(Flash)等。为降低成本，UT165集成了电源管理、主控制器、USB2.0Phy等部分，在实际应用时，只需要时钟、复位等外围电路。如图7-1-1所示。

嵌入式系统的运行离不开嵌入式软件(又称为固件)，U盘系统可以通过量产工具将固件下载到U盘中。

7.1.4　实验器材

(1) U盘套件1套。

(2) 电烙铁1把、焊锡丝若干、助焊剂等辅料。

(3) 常用工具(螺丝刀、镊子、斜口钳)各1把。

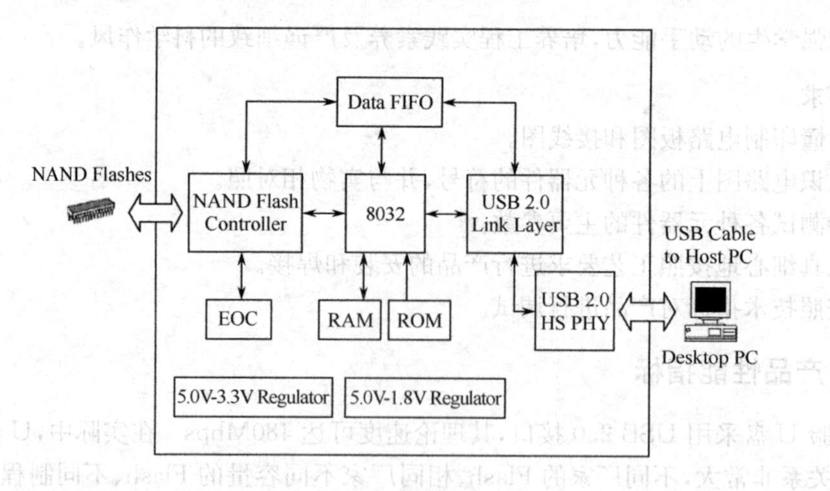

图 7-1-1　U 盘系统框图

7.1.5　实验内容与步骤

实验操作步骤如图 7-1-2 所示。

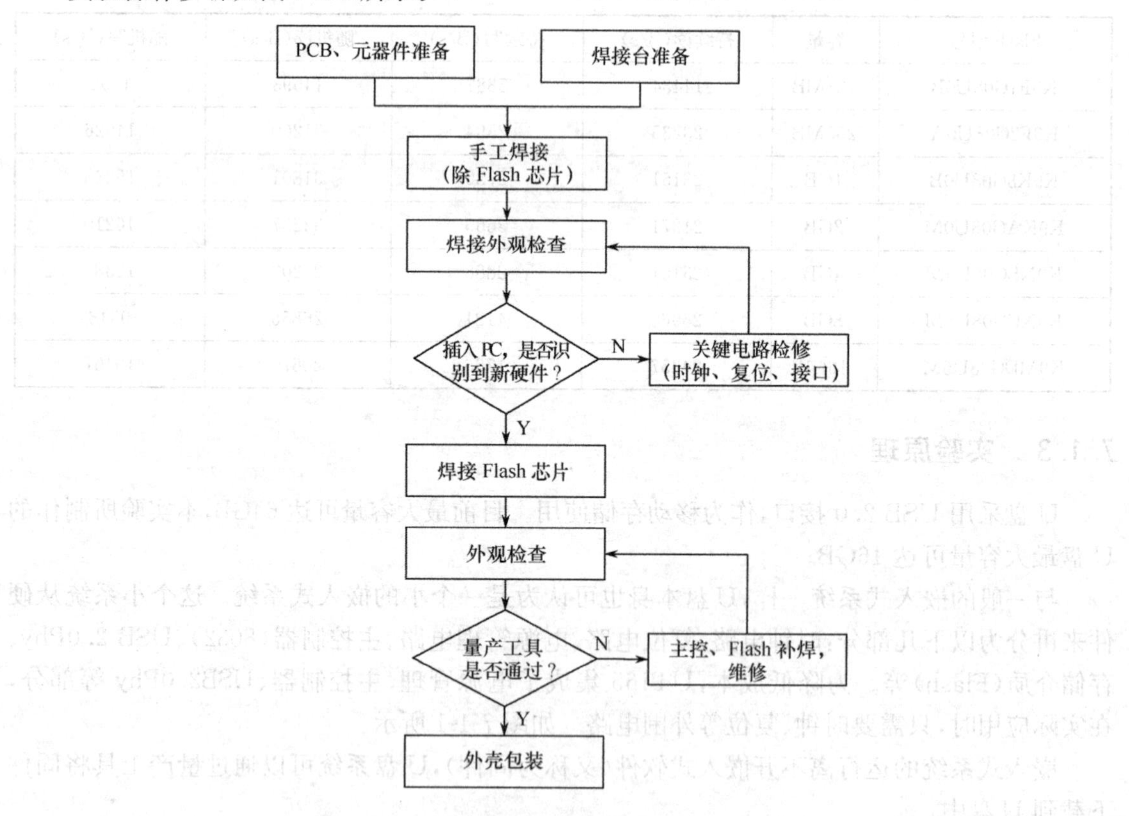

图 7-1-2　制作步骤

1. 安装准备

(1) 参照元器件清单，见表 7-1-2，并与实物相对照。

(2) 清点元器件的种类和数目。清点测试完将元件有序放置，方便随用随取。

(3) 焊接工具准备。检查焊接工具是否齐全。

表 7-1-2　U 盘元件清单

标号	类型	封装	值	容差	说明	备注
C1	电容	0805	1μF	+/−30%	RC 复位	
C2	电容	0805	4.7μF	+/−30%	1.8V 输出滤波	
C3	电容	0805	4.7μF	+/−30%	3.3V 输出滤波	
C4	电容	0805	15pF	+/−30%	时钟电路	
C5	电容	0805	15pF	+/−30%	时钟电路	
C6	电容	0805	0.1μF	+/−30%	5V 输入滤波	可以不焊接
C7	电容	0805	2.2μF	+/−30%	5V 输入滤波	可以不焊接
C11	电容	0805	2.2μF	+/−30%		可以不焊接
C12	电容	0805	2.2μF	+/−30%		可以不焊接
C19	电容	0805	4.7pF	+/−30%	USB 信号滤波	可以不焊接
D1	发光二极管	0603	LED GREEN			注意焊接方向
J1	USB 接插件	J1	A-TYPE PLUG			
L1	电感	0805	PB221(0Ω)		5V 输入滤波	用 0Ω 电阻替换
R1	电阻	0805	1kΩ	+/−5%	RC 复位	
R10	电阻	0805	1MΩ	+/5%	时钟电路	
R11		0805	470Ω	+/5%	LED 显示	
R12	电阻	0805	3Ω	+/5%	5V 电源输入	
R13	电阻	0805	0Ω	+/5%	连接模拟地与数字地	可用 3Ω
R20	电阻	R0805	4.7kΩ	+/5%	Flash RB 引脚上拉电阻	可以不焊接
R21	电阻	R0805	0	+/5%		不焊接，对 4CE Flash 才焊接
R22	电阻	R0805	0	+/5%		
U1	Flash 闪存	TSOP-48	TSOP-48A			可以焊接不同容量
U9	U 盘主控	UT165	LQFP-48P(7X7)			
Y1	晶体	JU206	12MHz	+/− 30PPM	时钟电路	

2. 安装与焊接

(1)手工焊接

根据下列装配图和元器件清单，进行手工焊接，在焊接时，注意先焊接 UT165 芯片，再焊接电阻电容，最后焊接 USB 接插件。顶层装配图如图 7-1-3 所示。底层装配图如图 7-1-4 所示。

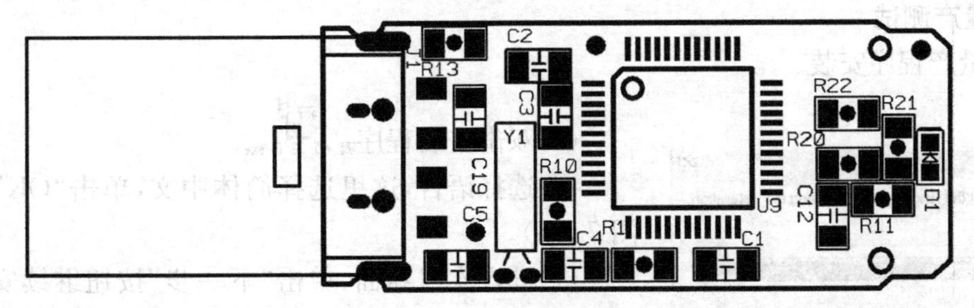

图 7-1-3　顶层装配图

① 焊集成芯片 UT165。先在焊盘上滴入助焊剂，左手用镊子夹住芯片仔细对准焊盘放好并用镊子按住，右手拿烙铁，将烙铁头处理干净，用烙铁头的尖端，先焊上最边的一个引脚，然

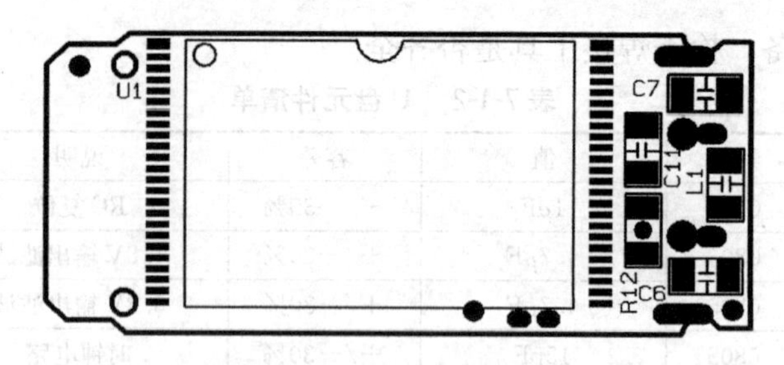

图 7-1-4　底层装配图

后再对齐所有引脚，从该引脚开始往另一端引脚一个接一个连续刮过，反复两遍，即可焊好。

注意：烙铁头上一定不要粘焊锡，否则引脚之间很细，一旦桥接则很难处理。

② 焊贴片电阻、电容。同样，先在焊盘上滴入助焊剂，左手用镊子夹住贴片元件对准焊盘放好并用镊子按住，右手拿烙铁，将烙铁头处理干净，在尖上取微量焊锡丝，在贴片引脚上稍用力焊接即可。

(2) 检测与调试

① 焊接完成后，先进行目检。

· 检查 PCB 板：无明显焊接残留物，元器件无损伤，无锡珠等异物。

· 检查元件：元器件的极性及方向同丝印一致，无漏缺，无错插，插装到位，保持平衡。

· 检查焊点：焊点光亮、圆滑，无针孔、气泡、溅锡、虚焊。

② 目检完成后，用万用表检测，看是否有短路现象(5V、3.3V、1.8V，查看 C2，C3，C6 两端是否短路)，若无短路，将其插入 PC，看能否找到新硬件。如果没出现找到新硬件提示，检查焊接是否有其他问题。

③ 焊接完成，如图 7-1-5 所示。

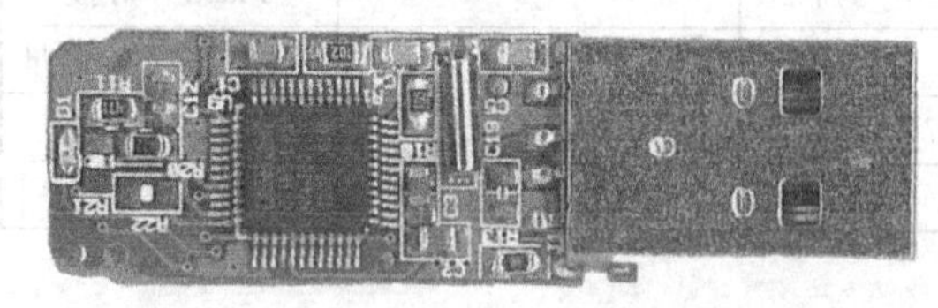 

图 7-1-5　焊接完成图

注意：焊接 Flash 芯片一定要细心操作，Flash 芯片价格较为昂贵。

④ 焊接完成后，进行量产测试，如果量产失败，根据提示的错误信息进行修正。

⑤ 量产成功后，安装外壳。

3. 量产测试

(1)量产程序安装

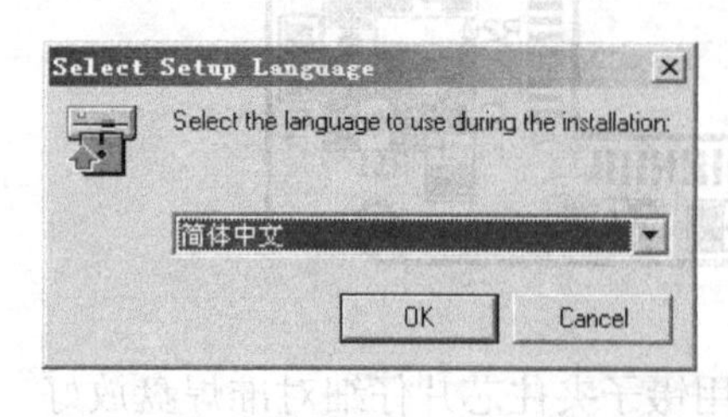

图 7-1-6

① 双击安装程序 V1.65.28.0.exe。

② 选择语言，这里选择简体中文，单击“OK”按钮(见图 7-1-6)。

③ 进入欢迎界面，单击“下一步”按钮继续安装(见图 7-1-7)。

④ 选择安装路径，默认路径即可，单击“下一步”按钮(见图 7-1-8)。

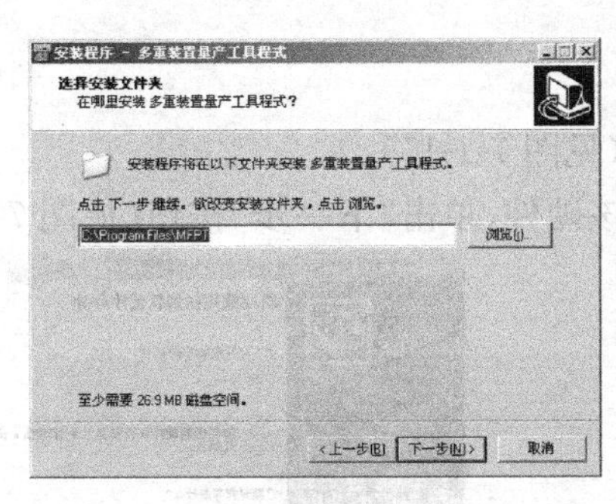

图 7-1-7

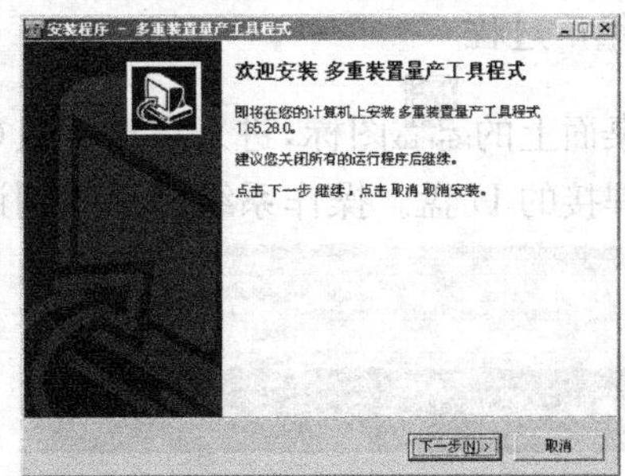

图 7-1-8

⑤ 如果该目录存在，则提示是否覆盖，选择“是(Y)”(见图 7-1-9)。

⑥ 创建快捷方式的路径，默认即可，单击“下一步”按钮(见图 7-1-10)。

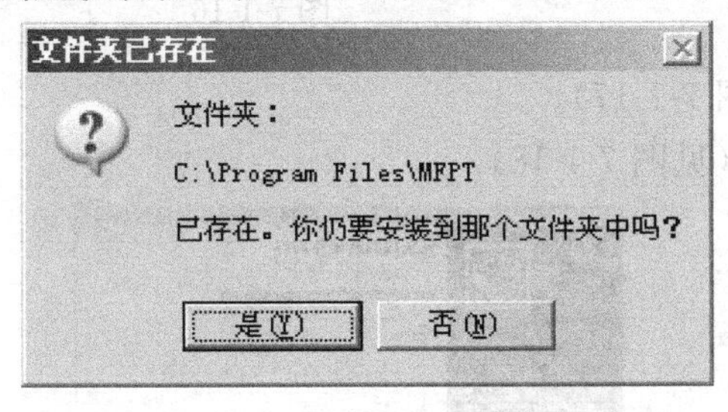

图 7-1-9

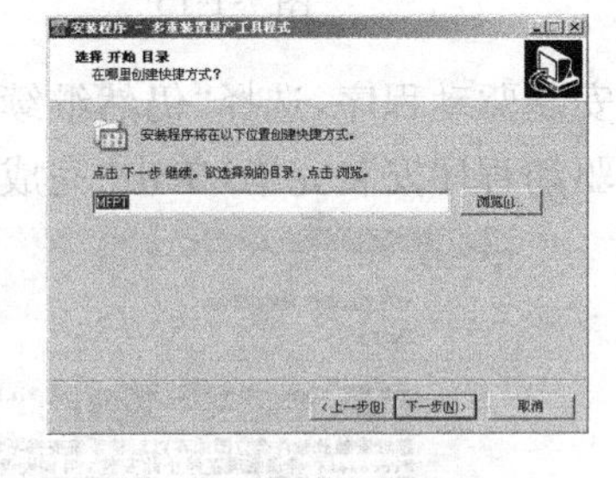

图 7-1-10

⑦ 提示是否创建桌面快捷方式，默认选项，单击“下一步”按钮(见图 7-1-11)。

⑧ 安装设置汇总，没问题的话，单击“安装(I)”开始安装(见图 7-1-12)。

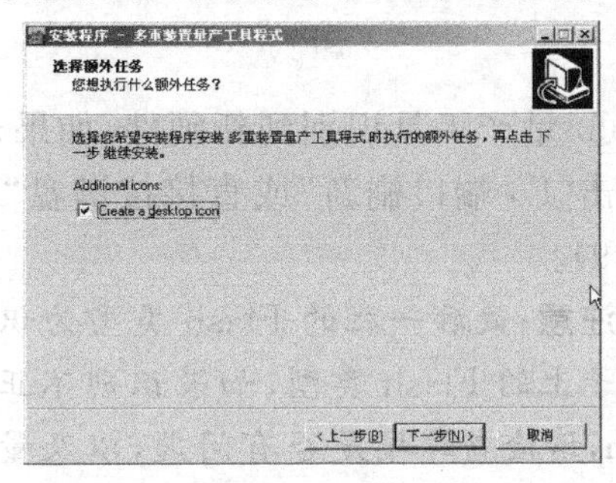

图 7-1-11

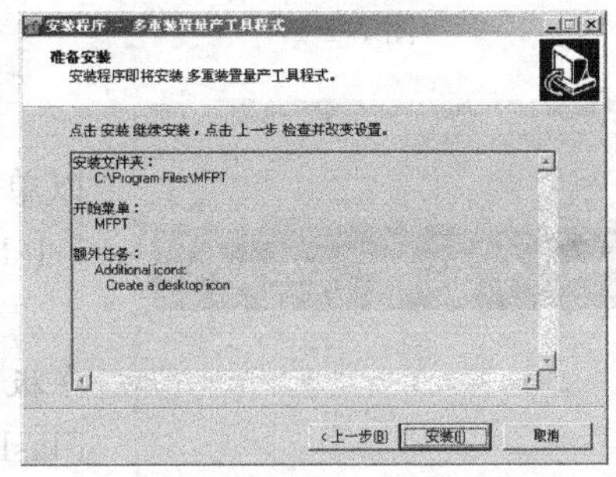

图 7-1-12

⑨ 驱动选择，注意：这里选择 AUTO-CHECK 驱动才能正常量产(见图 7-1-13)。

⑩ 安装完成，单击“完成”按钮(见图 7-1-14)。

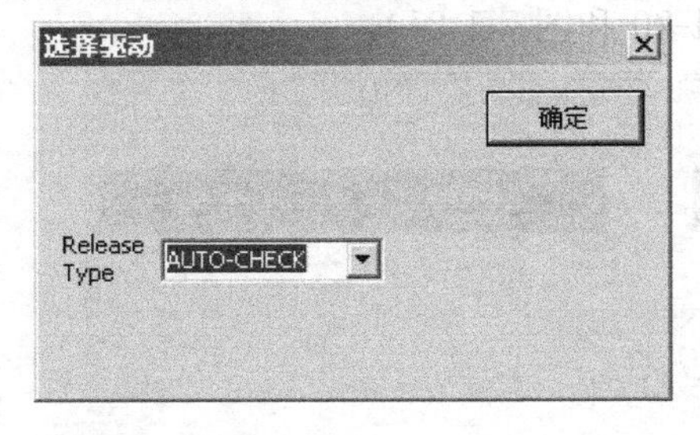

图 7-1-13

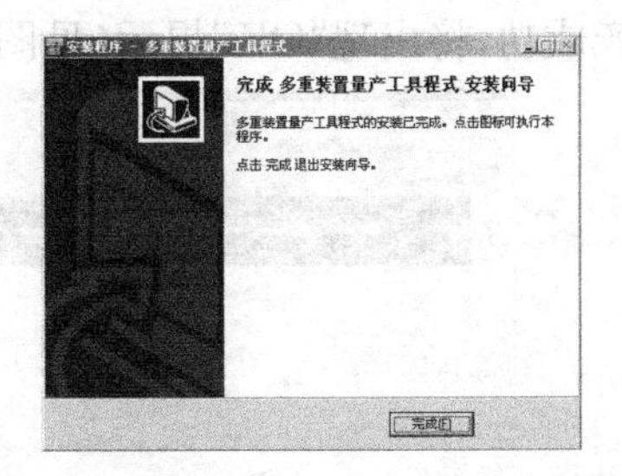

图 7-1-14

(2)U 盘量产过程

① 单击桌面上的Mfpt.lnk图标,进入量产工具(见图 7-1-15)。

② 插入焊接的 U 盘。操作系统提示找到该硬件,单击“下一步”按钮(见图 7-1-16)。

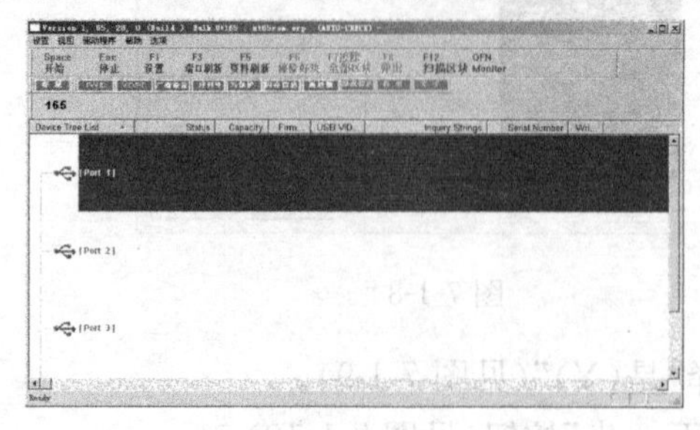

图 7-1-15

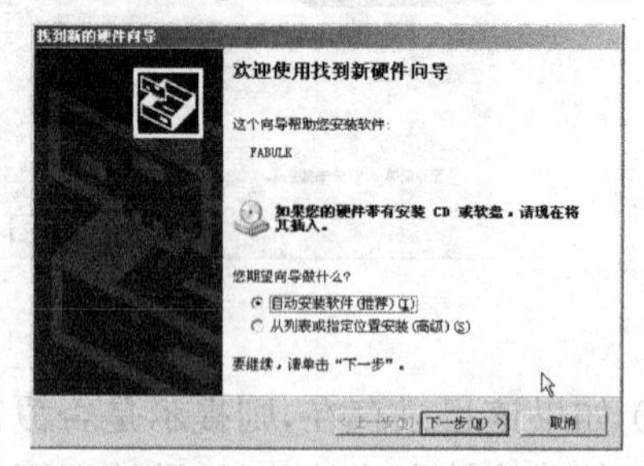

图 7-1-16

③ 安装驱动程序,选择“仍然继续”(见图 7-1-17)。

④ 驱动程序安装完毕,单击“完成”按钮(见图 7-1-18)。

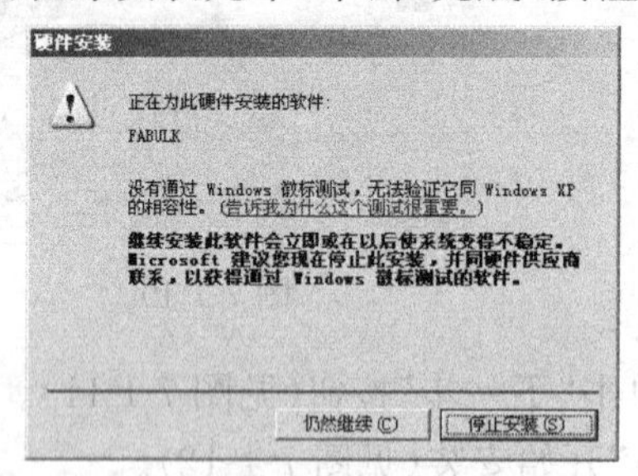

图 7-1-17

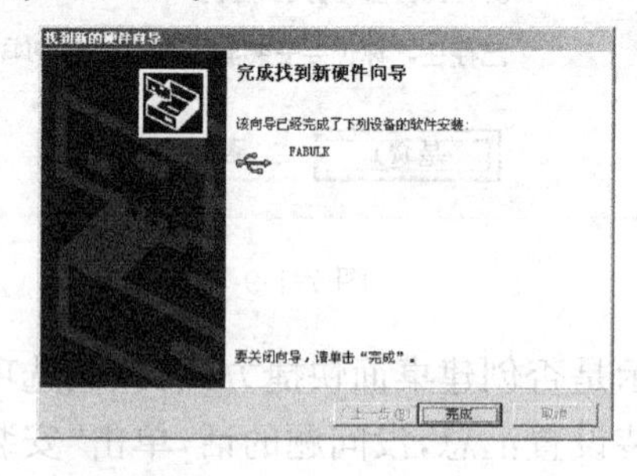

图 7-1-18

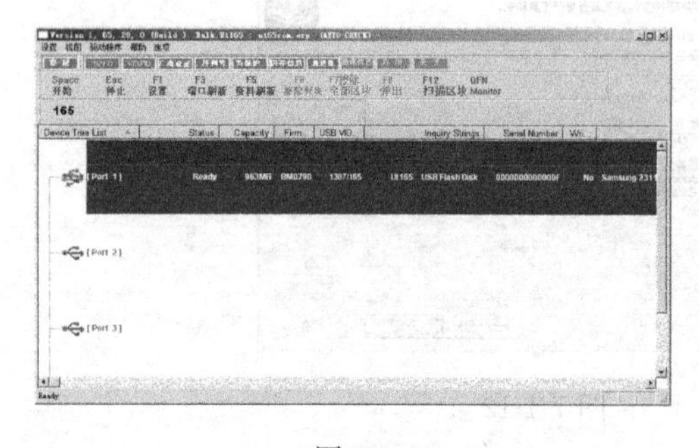

图 7-1-19

⑤ 量产工具识别到新硬件,如果未识别到,可以单击“F3 端口刷新”或直接按键盘“F3”键(见图 7-1-19)。

注意:最后一栏的 Flash 类型为识别到的焊接在板子上的 Flash 类型,如果识别不正确或不识别 Flash,请检查焊接是否有问题,以及量产工具版本是否有问题。

⑥ 单击开始图标 Space 开始 或按空格键,开始量产。设备显示框将实时显示当前操作。

⑦ 量产成功,将出现“OK”提示(见图 7-1-20 和图 7-1-21)。

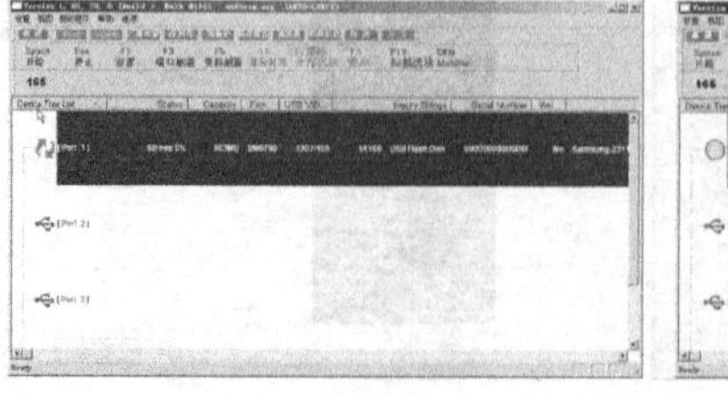

图 7-1-20

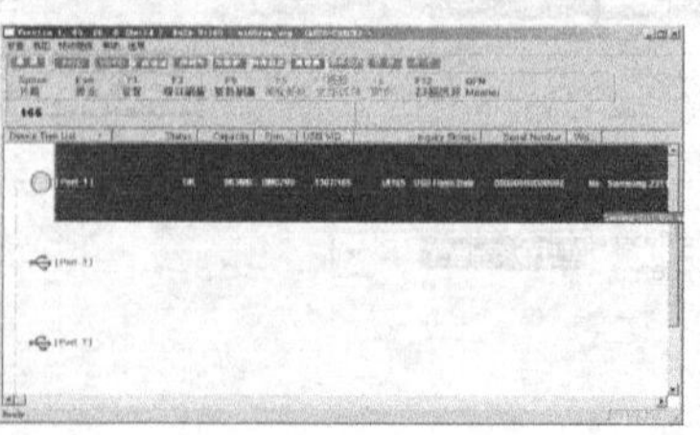

图 7-1-21

(3) Flash 块的擦除

当使用的 Flash 存储介质出现问题时，对 Flash 的块进行擦除是一项解决问题的有效方法。

① 可以单击“启用”，再用鼠标在标题栏处双击右键，如图中鼠标位置处。双击后，F6、F7 两项将变为蓝色，可以使用(见图 7-1-22 和图 7-1-23)。

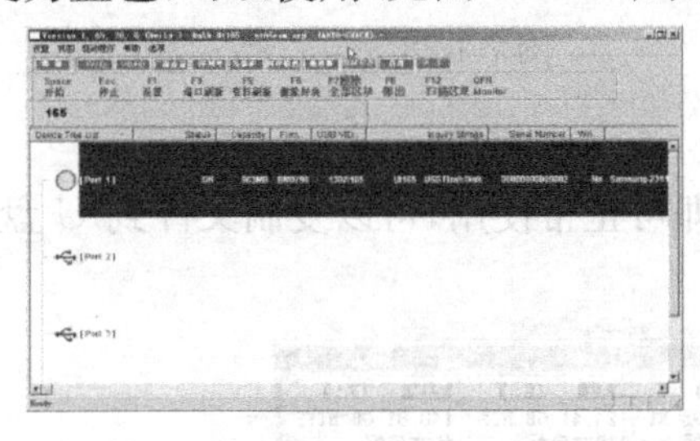

图 7-1-22

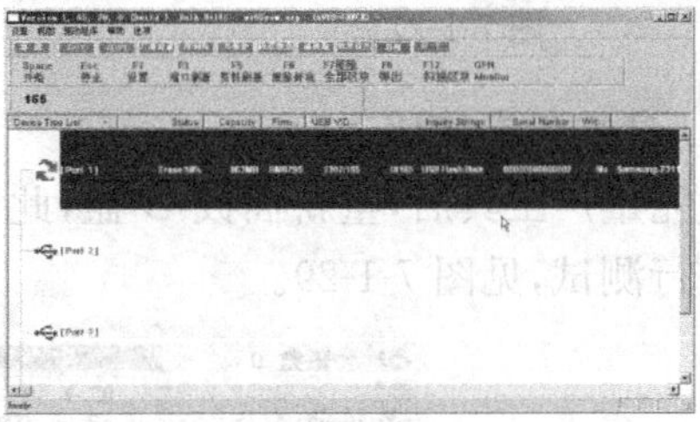

图 7-1-23

② 单击“F7 擦除全部区块”或单击键盘“F7”键，将对 Flash 进行擦除工作。提示警告信息，单击“确定”按钮(见图 7-1-24)。

图 7-1-24

③ 量产工具将开始擦除工作。

④ 擦除完毕，出现提示。

⑤ 拔出 U 盘，再次插入，再次开始量产测试。

(4) 量产问题处理

常见错误一般有以下几种：量产过程中出现错误、Flash 未能正常识别、操作系统识别不到新硬件等。量产中出现问题，可以根据错误代码得出错误的具体含义，单击量产工具“帮助”→“错误代码表”，再根据具体情况进行处理。

① 操作系统识别不到新硬件，可以检查 UT165 芯片焊接是否有问题，晶振是否输出 12MHz 的时钟。RC 复位电路是否焊接正常等。

② 量产过程中的错误，需要检查是否量产工具设置有问题，或检查 Flash 焊接是否有问题。

③ Flash 未能正常识别，需要检查 Flash、UT165 的焊接是否有问题，量产工具的版本是否有问题。

(5) 量产工具的卸载

① 单击开始程序栏中的 MFPT→Uninstall MFPT(见图 7-1-25)。

② 提示信息，确认卸载，单击“是(Y)”按钮(见图 7-1-26)。

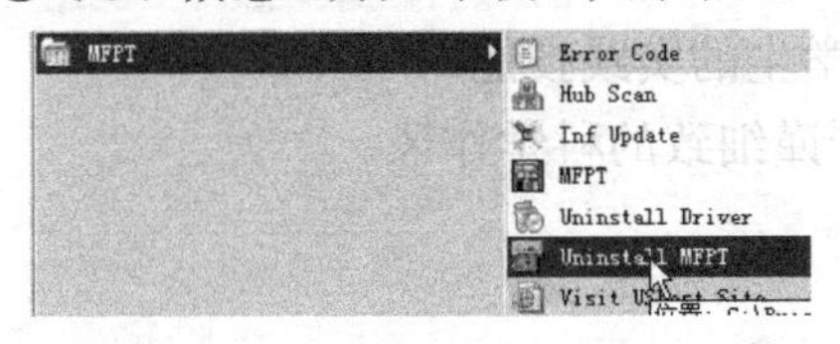

图 7-1-25

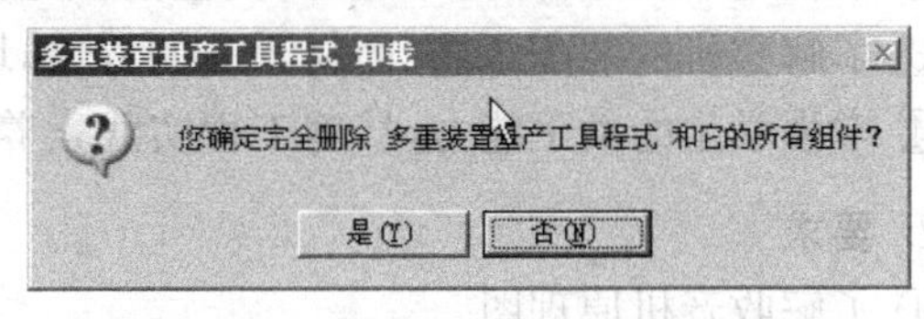

图 7-1-26

③ 卸载程序首先卸载驱动程序(见图 7-1-27)。

④ 卸载完成后，出现提示信息，单击“确定”(见图 7-1-28)。

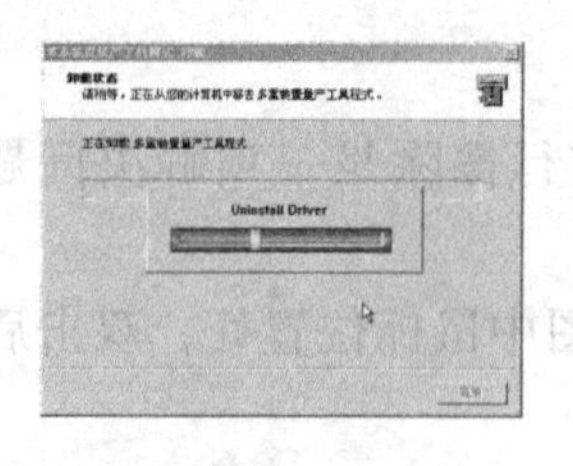
图 7-1-27

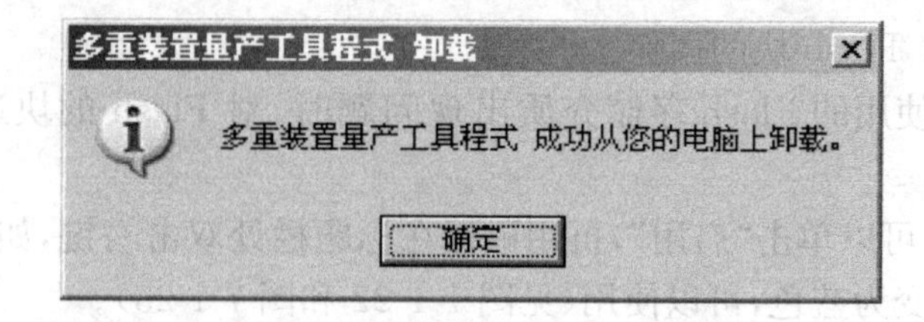

图 7-1-28

(6)U 盘的正常使用

卸载完量产工具后，重新插拔 U 盘，此 U 盘即可正常使用，可以复制文件到 U 盘，并打开该文件进行测试，见图 7-1-29。

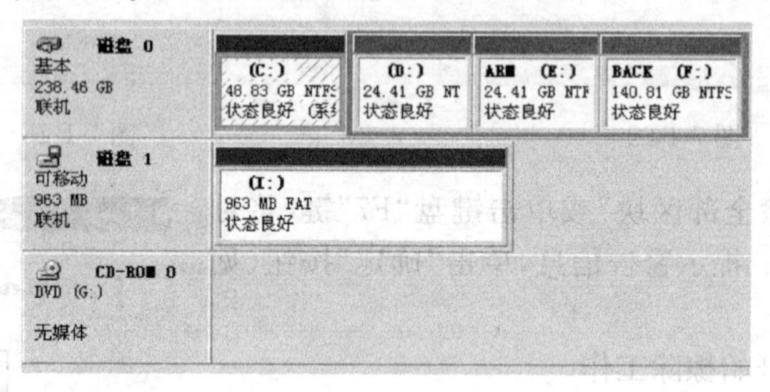

图 7-1-29

4. 产品的验收标准

① 外观清洁完整，不得有划伤、烫伤及缺损。

② 印制板安装整齐美观，焊接质量好，无损伤。

③ 安装合格，插拔自如，松紧合适。

④ 无 Flash 时，U 盘插入计算机时有盘符提示，但无存储空间；有 Flash 时，U 盘可正常使用。

7.2 调幅收音机的安装与调试(分立 AM)

7.2.1 实验目的与要求

1. 目的

① 通过对收音机的安装、焊接和调试，使学生了解电子产品的装配过程，提高焊接水平。

② 掌握电子元器件的识别以及质量检验方法。

③ 了解整机的装配工艺、简易测试的方法，培养学生的实践技能。

④ 增强学生的动手能力，培养工程实践素养及严谨细致的科学作风。

2. 要求

① 了解收音机原理图。

② 看懂印制电路板图和接线图。

③ 认识电路图上各种元器件的符号，并与实物相对照。

④ 学会测试各种元器件的主要参数。

⑤ 认真细致地按照工艺要求进行安装和焊接。

3. 预习内容

① 了解收音机工作原理，分析收音机电路原理图。

② 电阻、电容、二极管、三极管的识别与测试方法。

③ 熟悉焊接技术。

7.2.2 产品性能指标

该收音机为武汉中夏无线电厂生产的ZX878C型六管超外差式调幅收音机，采用3V全硅管电路，具有机内磁性天线，收音效果好、音质清晰、洪亮。主要性能如下。

- 频率范围：525～1605kHz。
- 输出功率：100mW(最大)。
- 扬声器：ϕ57mm，8Ω。
- 电源：3V(5号电池两节)。
- 体积：122mm×66mm×26mm。

7.2.3 收音机原理

1. 基本知识

(1) 声音

声音是由物体的机械振动产生的。能发声的物体叫做声源。声源振动的频率有高、有低，这里所说的频率指的是声源每秒振动的次数。人耳能听到的声音频率范围为20Hz～20kHz，通常把这一范围的频率称为音频，有时也称为声频。

(2) 声音的传播

在声波传播的过程中，由于空气的阻尼作用，声音的大小将随着传播距离的增大而减小，所以声音不能直接向很远的地方传送。

声音可以用有线广播的方式进行传送，有线广播的传送方式如图7-2-1所示。图中，声音首先经过传声器变成音频信号，然后送入音频放大器对音频信号进行电压放大和功率放大，经过放大后的音频信号再经导线送入扬声器，还原成声音放出。

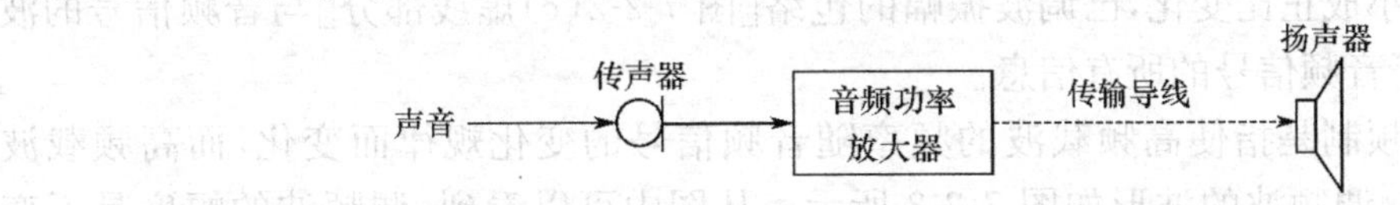

图7-2-1　有线广播传送方式

(3) 电磁波与无线电波

通过物理学的电磁现象可知，在通有交流电流的导体周围会产生交变的磁场，在交变的磁场周围又会感应出交变的电场，交变的电场又在其周围产生交变的磁场……这种变化的磁场与变化的电场不断交替产生，并不断向周围空间传播，这就是电磁波。我们常见的可见光，以及看不见的红外线、远红外线、紫外线、各种射线及无线电波都是频率不同的电磁波，无线电波只是电磁波中的一小部分。

(4) 无线电波波段的划分

无线电波的频率范围很宽，不同频率的无线电波的特性是不同的。无线电波按其频率(或波长)的不同可划分为若干个波段，各波段的名称及频率范围见表7-2-1。一般常把分米波和米波合称为超短波，把波长小于 30cm 的分米波和厘米波合称为微波。

表 7-2-1　无线电波波段的划分

波段名称	波长范围	频段名称	频率范围
甚长波	10^4～10^5m	甚低频(VLF)	3～30kHz
长波	10^3～10^4m	低频(LF)	30～300kHz
中波	10^2～10^3m	中频(MF)	300～3000kHz
中短波	50～10^2m	中高频(IF)	1500～6000kHz
短波	10～100m	高频(HF)	3～30MHz
米波	1～10m	甚高频(VHF)	30～300MHz
分米波	10～100cm	特高频(UHF)	300～3000MHz
厘米波	1～10cm	超高频(SHF)	3～30GHz
毫米波	1～10mm	极高频(EHF)	30～300GHz
亚毫米波	0.1～1mm	超极高频(SEHF)	300～3000GHz

2. 无线电广播发送的基本原理

无线电广播的发送是利用无线电波将音频(低频)信号向远方传播。音频信号的频率很低，通常在 20～20000Hz 的范围内，属于低频信号。低频无线电波如果直接向外发射时，需要很长的天线，而且能量损耗也很大。所以，实际上音频信号是不能直接由天线来发射的。无线电广播是利用高频的无线电波作为“运输工具”，首先把所需传送的音频信号“装载”到高频信号上，然后再由发射天线发送出去，这种“装载”叫信号“调制”。

(1) 调制(Modulation)

信号的调制方式有：调幅(AM)、调频(FM)、调相(PM)，这里只介绍调幅、调频方式。

一个正弦波高频信号有幅度、频率和相位三个主要参数，调制就是使高频信号的三个主要参数之一随音频信号的变化规律而变化的过程。其中，高频信号称为载波，音频信号称为调制信号，调制后的信号称为已调波。在无线电广播中，一般采用调幅制或调频制。

① 调幅制：调幅制是指使高频载波的幅度随音频信号的变化规律而变化，而高频载波的频率和相位不变。调幅波的波形如图 7-2-2 所示。从图中可以看到，高频调幅波的幅度与音频信号瞬时值的大小成正比变化，已调波振幅的包络[图 7-2-2(c)虚线部分]与音频信号的波形完全一致，包含了音频信号的所有信息。

② 调频制：调频制是指使高频载波的频率随音频信号的变化规律而变化，而高频载波的幅度和相位不变，调频波的波形如图 7-2-3 所示。从图中可以看到，调频波的幅度是不变的，而高频载波的频率发生了变化。当音频信号的幅度增大时，调频波的瞬时频率也随之升高；当音频信号的幅度增大到峰顶时，调频波的瞬时频率也随之升高到最高频率。反之，当音频信号的幅度减小时，调频波的瞬时频率也随之降低；当音频信号的幅度减小到波谷时，调频波的瞬时频率也随之降低到最低频率。当音频信号的幅度过零点时，调频波的瞬时频率为载波的基本频率。

调频波瞬时频率的变化反映了音频信号幅度的变化规律。

(2)无线电广播的基本过程

在无线电广播的发射过程中，声音信号经传声器转换为音频信号，并送入音频放大器，音频信号在音频放大器中得到放大，被放大后的音频信号作为调制信号被送入调制器。高频振荡器产生等幅的高频信号，高频信号作为载波也被送入调制器。在调制器中，调制信号对载波进

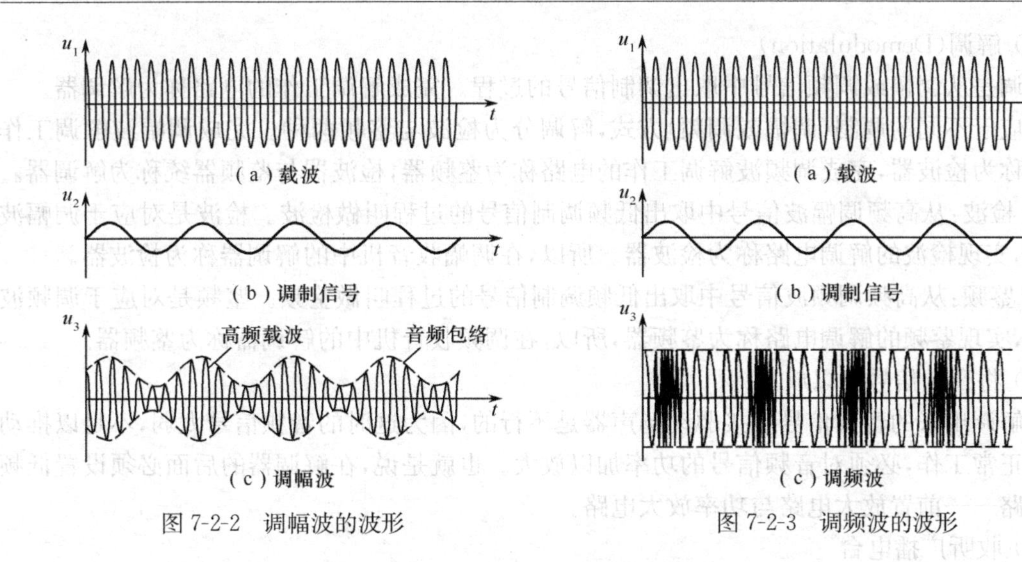

图7-2-2 调幅波的波形　　图7-2-3 调频波的波形

行幅度(或频率)调制,形成调幅波(或调频波),调幅波和调频波统称为已调波。已调波再被送入高频功率放大器,经高频功率放大器放大后送入发射天线,向空间发射出去,如图7-2-4所示。

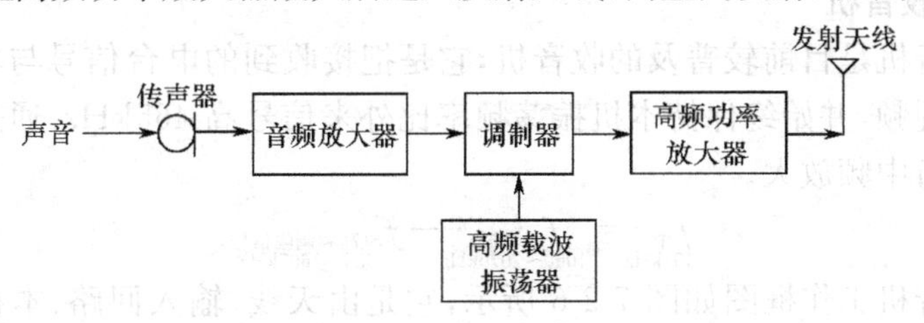

图7-2-4 无线电广播的基本过程

3. 无线电广播的接收

无线广播接收器即为收音机。收音机的基本工作过程就是无线电广播发射的逆过程。其基本任务是将空间传送的无线电波接收下来,并把它还原成原来的声音信号。为了完成这一任务,收音机要具备以下4项基本功能,如图7-2-5所示。

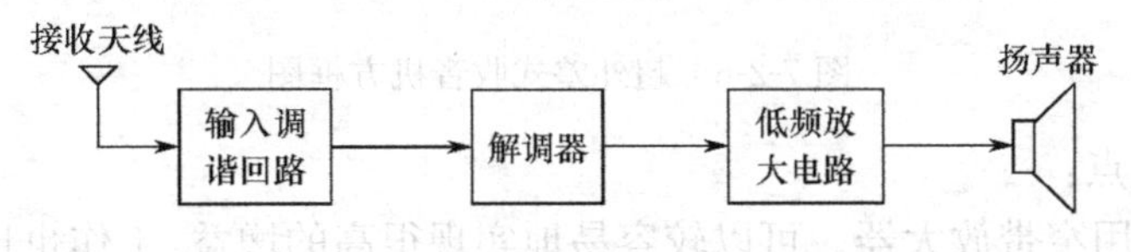

图7-2-5 收音机结构框图

(1)接收并选择电台信号

① 接收:接收电台信号的任务是由收音机的天线来完成的,在晶体管收音机中,多采用磁性天线作为接收信号的天线。

② 选择:由于广播电台很多,在同一时间里,天线收到的不仅是希望收到的电台信号,还有许多来自不同电台的、具有不同载频的无线电信号。这些广播电台之所以使用不同的载频,就是为了让听众根据电台频率的不同,选择出所需要的电台节目。为了选择出需要的电台节目,必须在接收天线的后级设有一个选择电台信号的电路,即输入调谐回路。输入调谐回路的作用就是选出所需要接收的电台信号,抑制其他不需要的信号,以免对接收信号造成干扰。

(2) 解调(Demodulation)

解调是从调幅或调频信号中取出调制信号的过程。完成解调工作的电路称为解调器。

对应于不同的调制(调幅或调频)方式,解调分为检波与鉴频两种。完成调幅波解调工作的电路称为检波器,完成调频波解调工作的电路称为鉴频器,检波器与鉴频器统称为解调器。

① 检波:从高频调幅波信号中取出低频调制信号的过程叫做检波。检波是对应于调幅波的解调,实现检波的解调电路称为检波器。所以,在调幅收音机中的解调器称为检波器。

② 鉴频:从高频调频波信号中取出低频调制信号的过程叫做鉴频。鉴频是对应于调频波的解调,实现鉴频的解调电路称为鉴频器,所以,在调频收音机中的解调器称为鉴频器。

(3) 将音频信号加以放大

将解调出来的音频信号直接驱动扬声器是不行的,因为这时的音频信号太弱,不足以推动扬声器正常工作,必须对音频信号的功率加以放大。也就是说,在解调器的后面必须设置低频放大电路——前置放大电路与功率放大电路。

(4) 收听广播电台

将放大后的音频信号送入扬声器,就可以听到所选择的电台广播了。

4. 超外差式收音机

超外差式收音机是目前较普及的收音机,它是把接收到的电台信号与本机振荡信号同时送入变频管进行混频,并始终保持本机振荡频率比外来信号高 465kHz,通过选频电路取两个信号的"差频"进行中频放大。

$$\underset{465\text{kHz}}{f_{\text{中频}}} = \underset{1000\sim2070\text{kHz}}{f_{0(\text{本振})}} - \underset{535\sim1605\text{kHz}}{f_{S(\text{高频调幅信号})}}$$

超外差式收音机工作框图如图 7-2-6 所示,它是由天线、输入回路、本机振荡器、混频器、中频放大器、检波器、低频电压放大器、功率放大器等部分组成的。

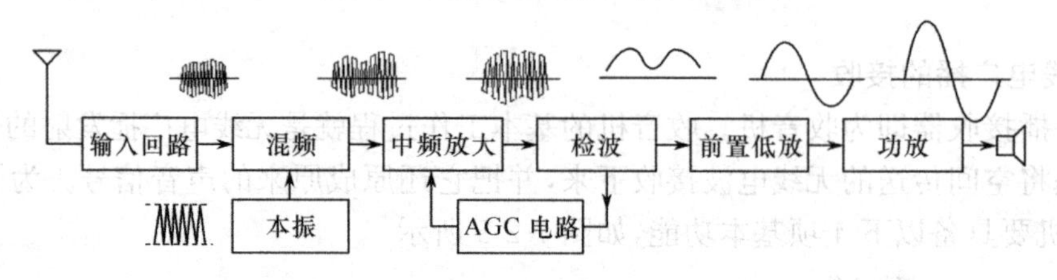

图 7-2-6　超外差式收音机方框图

超外差式的优点:

(1) 中放可采用窄带放大器。可以较容易地实现很高的增益,工作也比较稳定,能获得较高的灵敏度和稳定性。直接放大式的高放必须采用宽带放大器,在增益要求较高的情况下其实现较为困难,而工作也不稳定。

(2) 中放级采用窄带放大器,经多个谐振回路选择。有较强的选择性和较高的信噪比。

(3) 由于不论哪一个电台的广播信号,在接收中都变成固定频率的中频信号再放大,因此,对不同电台具有大致相同的灵敏度。

5. ZX878C 型六管超外差式调幅收音机简介

ZX878C 型六管超外差式调幅收音机电路原理图如图 7-2-7 所示。*

* 为了与实验条件提供的电路图一致,以下各实验中引用的电路图中元器件符号及编号均保持正体和平排。

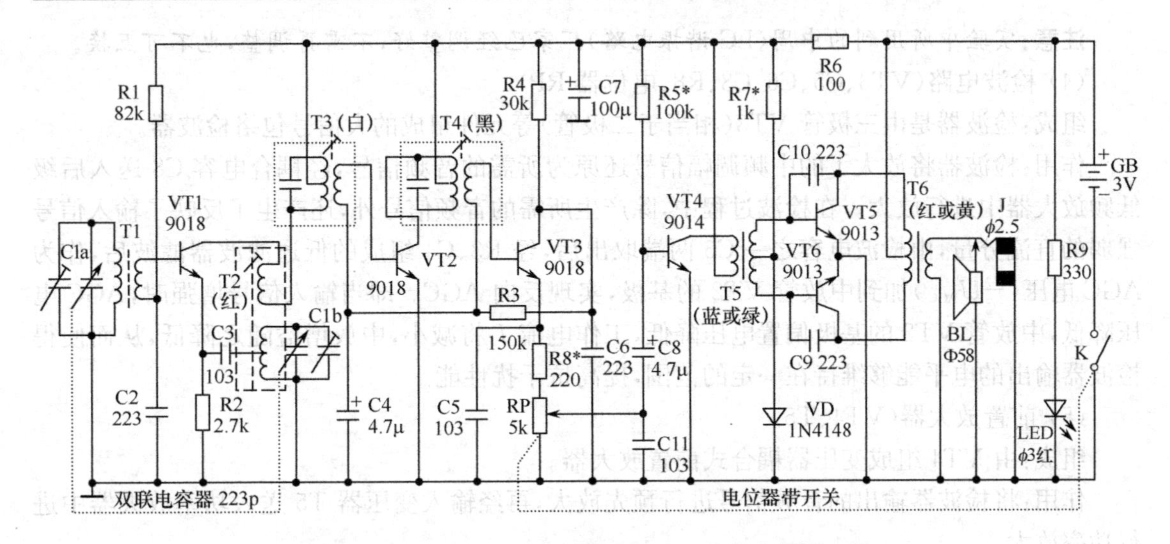

图 7-2-7　ZX878C 型六管超外差式调幅收音机原理图

由图 7-2-7 可知，电路中含有 6 只三极管，因此称为 6 管收音机。其中，三极管 VT1 为变频管，VT2 为中放管，VT3 为检波管，VT4 为低频前置放大管，VT5、VT6 为低频功放管。

当调幅信号感应到 T1 及 C1a 组成的天线调谐回路，选出我们所需的电信号 f_1 进入 VT1(9018H)三极管基极；本振信号调谐在高出 f_1 频率一个中频的 f_2(f_1+465kHz)。例：f_1=700kHz 则 f_2=700kHz+465kHz=1165kHz 进入 VT1 发射极，由 VT1 三极管进行变频，通过 T3 选取出 465kHz 中频信号，经 VT2 中频放大，进入 VT3 检波管，检出音频信号经 VT4(9014)低频放大和由 VT5、VT6 组成功率放大器进行功率放大，推动扬声器发声。

下面分几部分详细说明原理。

(1) 输入回路(C1a、T1)

LC 并联谐振回路在其固有振荡频率等于外界某电磁波频率时产生并联谐振，从而将某台的调幅发射信号接收下来，经过磁棒线圈 T1 耦合到下一级变频管 VT1 的基极。

(2) 混频(VT1、T2、R2、C1b、T3)

组成：由变频管 VT1、振荡线圈 T2、双联同轴可变电容 C1b 等元器件组成的反馈式本机振荡器。

作用：将天线回路的高频调幅信号变成频率固定的中频调幅信号。

本振信号经电容 C3 注入到变频管 VT1 的发射极。电台信号与本振信号在变频管 VT1 中进行混频，混频后，VT1 管集电极电流中将含有一系列的组合频率分量，其中也包含本振信号与电台信号的差频(465kHz)分量，经过中周 T3(内含谐振电容)，选出所需的中频(465kHz)分量，并耦合到中放管 VT2 的基极。

在超外差收音机中，用一只晶体管同时产生本振信号并完成混频工作，这种功能称为变频。

(3) 中频放大电路(VT2、T4)

组成：中频放大电路包括 VT2、T4 及 LC 并联谐振回路等元器件，由带负载的选频放大器组成，级间采用变压器耦合方式。

作用：将混频后所获得的中频信号放大，送入下一级的检波器。收音机接收到的电台信号与本振信号的频率之差恒为一个固定值为 465kHz 的中频信号，这个信号通过用固定调谐的中频放大器进行放大，而不需要的信号被滤除，因此，收音机的选择性得以提高。

注意:实验中所用到的中周(LC谐振电路)厂家已经调整好,不需再调整,也不可互换。

(4) 检波电路(VT3、C5、C6、C8、R8、电位器RP)

组成:检波器是由三极管VT3(相当于二极管)等元件组成的大信号包络检波器。

作用:检波器将放大了的中频调幅信号还原为所需的音频信号,经耦合电容C8送入后级低频放大器中进行放大。在检波过程中,除产生所需的音频信号外,还产生了反映了输入信号强弱的直流分量,由检波电容之一C6两端取出后,经R3、C4组成的低通滤波器滤波后,作为AGC电压($-U_{AGC}$)加到中放管VT2的基极,实现反向AGC。即当输入信号增强时,AGC电压降低,中放管VT2的基极偏置电压降低,工作电流I_e将减小,中放增益随之降低,从而使得检波器输出的电平能够维持在一定的范围,提高抗干扰性能。

(5) 前置放大器(VT4、T5)

组成:由VT4组成变压器耦合式前置放大器。

作用:将检波器输出的音频信号进行预先放大,再经输入变压器T5送入功率放大器中进行功率放大。

(6) 低频功率放大器(VT5、VT6、T6)

组成:主要由VT5、VT6组成的互补对称功率放大器构成。

作用:把放大后的音频信号进行功率放大,以推动扬声器发出声音。

功率放大器组成了变压器耦合式乙类推挽功率放大器,将音频信号的功率放大到足够大后,经输出变压器T6耦合去推动扬声器发声。其中R7、VD用来给功放管VT5、VT6提供合适的偏置电压,消除交越失真。

本机由3V直流电压供电。为了提高功放的输出功率,3V直流电压经滤波电容C7去耦滤波后,直接给低频功率放大器供电。而前面各级电路是用3V直流电压经过由R9、R6、LED组成的简单稳压电路稳压后(稳定电压约为1.4V)供电。目的是用来提高各级电路静态工作点的稳定性。

7.2.4 实验器材

(1) 中夏牌ZX878C收音机套件一套,两节5号电池。

(2) 电烙铁1把、焊锡丝若干。

(3) 常用工具(螺丝刀、镊子、斜口钳)各1把。

(4) 数字万用表1台,示波器1台。

7.2.5 实验内容及步骤

1. 安装准备

(1) 大致看懂收音机原理图和印制电路板图,找出其原理图和印制电路板图的对应关系。

(2) 参照元器件清单(见表7-2-2)并与实物相对照,清点元器件的种类和数目。

(3) 用万用表检查各元器件的参数是否正确及是否损坏。清点测试完后将元件有序放置,方便取用。将测量结果记录下来。

· 电阻的检查:通过电阻的色环读出各电阻的电阻值并用万用表进行验证。

· 二极管的检查:单向导电性是否满足,并判别其极性是否正确。

· 三极管的检查:三极管各PN结单向导电性是否存在并判别其极性。

· 中周的检查:测量输入端(初级)三脚之间都应相通,输出(次级)两脚之间相通。注意:

初次级间电阻约为无穷大。

- 输入变压器的检查：检查输入端（初级）三脚之间都应相通，输出（次级）两脚之间阻值约为180Ω。注意：初次级间电阻约为无穷大。
- 输出变压器的检查：检查输入端（初级）三脚之间都应相通，输出（次级）两脚之间阻值约为2Ω。注意：初次级间电阻约为无穷大。
- 天线线圈：分清初级（10匝）次级（100匝）测出初级的两根线之间相通阻值约0.7Ω，再找出次级的两根线，其阻值约3.7Ω。

（4）检查印制板的铜箔线条是否完好、有无断线及短路，特别要注意印制板的边缘是否完好。

（5）将所有元器件引脚上的漆膜、氧化膜清除干净，对元器件的引脚进行镀锡处理。

注意：镀锡层未氧化时可不再处理。

表7-2-2　元件清单

序号	名称	型号	位号	数量	序号	名称	型号	位号	数量
1	三极管	9018	VT1、VT2、VT3	3只	19	瓷片电容器	223	C2、C6、C9、C10	4只
2	三极管	9014	VT4	1只	20	电解电容器	4.7μF	C4、C8	2只
3	三极管	9013	VT5、VT6	2只	21	电解电容器	100μF	C7	1只
4	二极管	1N4148	VD	1只	22	双联电容器	223p	C1	1只
5	发光二极管	ϕ3红	LED	1只	23	弹簧板片	三件		1套
6	磁棒线圈		T1	1套	24	导线			4根
7	中周	红、白、黑	T2、T3、T4	各1只	25	双联螺丝			3粒
8	输入变压器	蓝或绿	T5	1只	26	电位器螺丝			1粒
9	输出变压器	红或黄	T6	1只	27	电路板螺丝			1粒
10	扬声器	ϕ58	BL	1只	28	套件说明			1份
11	电阻器	100Ω	R6	1只	29	刻度板			1块
12	电阻器	220Ω	R8	1只	30	收音机前盖			1个
13	电阻器	330Ω、1k	R9、R7	各1只	31	收音机后盖			1个
14	电阻器	2.7k、30k	R2、R4	各1只	32	双联拨盘			1个
15	电阻器	82k、100k	R1、R5	各1只	33	电位器拨盘			1个
16	电阻器	150k	R3	1只	34	磁棒支架			1个
17	电位器	5k	RP	1只	35	耳机插座	ϕ2.5		1个
18	瓷片电容器	103	C3、C5、C11	3只	36	线路板			1块

2. 安装与焊接

（1）安装顺序

①双联；②中周；③输入变压器、输出变压器；④电位器、电阻、电容、二极管、三极管；⑤天线线圈、耳机、喇叭导线、电源线及其他导线；⑥安装电池盒等。

（2）安装与焊接

① 安装双连：将磁棒支架放在元件面，再把双联CBM-223P压在磁棒支架上面，然后用两只M2.5×5螺钉固定。

② 安装中周：将中周安装在指定位置，再把中间两个扁脚折成90度，使其固定，注意不要与线路造成短路。

③ 安装输入变压器、输出变压器：先把输入、输出变压器安装在指定位置，再焊两个（对

角)脚使其固定。

④ 电位器、电阻、电容、二极管、三极管:按指定位置安装并焊接。注意:发光二极管应安装并焊在焊接面上,且需调整长度。

此时,再把双联、中周及输入输出变压器全部引脚焊好。

⑤ 天线线圈、耳机、喇叭导线、电源线及其他导线安装并焊好。

⑥ 最后安装电池盒、双联拨盘、电位器拨盘。

注意:

- 按照装配图正确插入元件,所有元器件高度不要高于中周的高度。
- 输入、输出变压器不能调换位置;中周 T2 外壳应弯脚焊牢,否则会造成卡调谐盘;中周 T3 外壳一定要焊牢(C2、C4 的地由 T3 外壳连通)。
- 不要一次将元器件都安装在印刷电路板上,应安装 3~5 个元件,检查一遍焊接质量及是否有错焊、漏焊,发现问题及时纠正,进行焊接,然后再安装 3~5 个元件,重复上述步骤。

3. 检测与调试

(1) 检测

电路板装好后,用三用表电阻挡测量整机电阻(电源两端),若电阻为 0Ω,说明内部有短路,千万不要通电,以免烧坏元器件。若电阻为无穷大(兆欧级),说明电路板中有开路现象,应找出问题再通电调试。

(2)试听

如果元器件完好,安装正确,初测也正确,即可试听。接通电源,慢慢转动调谐盘,应能听到广播声,调节选频旋钮,搜索频道,若有清晰的电台伴音,则说明收音机组装、调试正确。否则,应重复前面要求的各项检查内容,找出故障并改正。注意,在此过程中不要调整中周及微调电容。

(3)调试

经过通电检查并正常发声后,可进行调试工作。

① 调中频频率(俗称调中周)

目的:将中周的谐振频率都调整到固定的中频频率“465kHz”这一点上。

a. 将信号发生器的频率放在 465kHz 位置上。

b. 打开收音机开关,频率盘放在最低位置(530kHz),将收音机靠近信号发生器。

c. 用改锥按顺序微微调整 T4、T3,使收音机信号最强。经过反复调 T4、T3(2~3 次),到信号最强。确认信号最强有两种方法,一是使扬声器发出的声音(1kHz)达到最响为止;二是测量电位器 RP 两端或 R8 对地的“直流电压”,指示值最大为止(此时可把音量调到最小),后面两项调整同样可采用此法。

② 调整频率范围(通常叫调频率覆盖或对刻度)

目的:使双联电容全部旋入到全部旋出,所接收的频率范围恰好是整个中波波段,即 525~1605kHz。

a. 低端调整:信号发生器调至 525kHz,收音机调至 530kHz 位置上,此时调整 T2 使收音机信号声出现并最强。

b. 高端调整:再将信号发生器调到 1600kHz,收音机调到高端 1600kHz,调双联电容中的 C1b 使信号声出现并最强。

c. 反复上述 a、b 两项调整;2~3 次后,使信号最强。

③ 统调(调灵敏度,跟踪调整)

目的：使本机振荡频率始终比输入回路的谐振频率高出一个固定的中频频率“465kHz”。

a. 低端调整：信号发生器调至600kHz，收音机低端调至600kHz，调整线圈T1在磁棒上的位置使信号最强，（一般线圈位置应靠近磁棒的右端）。

b. 高端调整：信号发生器调至1500kHz，收音机高端调至1500kHz，调双联电容中的C1a′，使高端信号最强。

c. 在高低端反复调2～3次，调完后即可用蜡将线圈固定在磁棒上。

注意：

（1）上述调试过程应通过耳机监听。

（2）如果信号过强，调整作用不明显时，可逐渐增加收音机与信号发生器之间的距离，使调整作用更敏感。

按照技术指标对产品进行调试，会排除在调试与装配过程中可能出现的问题与故障。

4. 产品的验收标准

按产品出厂要求进行验收，其标准如下。

（1）外观：机壳及频率盘清洁完整，不得有划伤、烫伤及缺损。

（2）印制板安装整齐美观，焊接质量好，无损伤。

（3）整机安装合格：转动部分灵活，固定部分可靠。

（4）性能指标要求：频率范围525～1605kHz，灵敏度较高，音质清晰、洪亮、噪声低。

7.3　调频收音机的安装与调试（集成FM）

7.3.1　实验目的与要求

1. 目的与要求

与调幅收音机的目的与要求相同。

2. 预习内容

① 了解收音机工作原理，分析收音机电路图。

② 电阻、电容、二极管、三极管的识别与测试方法。

③ 熟悉贴片元件的焊接技术。

7.3.2　产品性能指标

ZX2031型贴片式电调谐调频收音机主要特点：采用电调谐单片FM收音机集成电路，调谐方便准确，具有较高的接收灵敏度，外形小巧，便于随身携带，如图7-3-1所示。

该收音机电源范围宽（1.8～3.5V），两节充电电池（1.2V）或普通7号电池（1.5V）均可工作。内设静噪电路，抑制调谐过程中的噪声。主要性能指标如下。

- 接收频率：87～108MHz。
- 外形尺寸：60mm×55mm×20mm。
- 灵敏度：优于5μV。
- 重量：约34g（不含电池）。

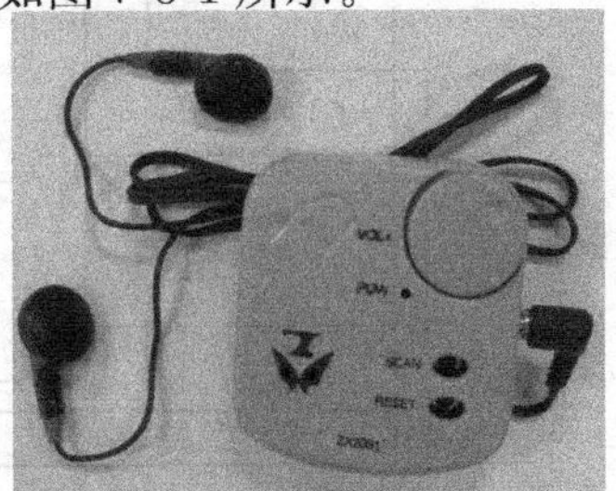

图7-3-1　收音机外型

· 整机电流：小于 30mA。
· 输出功率：大于 100mW。

7.3.3 实验原理

1. ZX2031 型贴片式电调谐调频收音机简介

ZX2031 型贴片式电调谐调频收音机电路的核心是单片收音机集成电路 SC1088。它采用特殊的低中频(70kHz)技术，外围电路省去了中频变压器和陶瓷滤波器，使电路简单可靠，调试方便。

SC1088 采用 SOP16 脚封装，其引脚功能见表 7-3-1，电原理图如图 7-3-2 所示。

表 7-3-1 SC1088 引脚功能

引脚	功能	引脚	功能	引脚	功能	引脚	功能
1	静噪输出	5	本振调谐回路	9	IF 输入	13	限幅器失调电压电容
2	音频输出	6	IF 反馈	10	IF 限幅放大器的低通电容器	14	接地
3	AF 环路滤波	7	1dB 放大器的低通电容器	11	射频信号输入	15	全通滤波电容搜索调谐输入
4	VCC	8	IF 输出	12	射频信号输入	16	电调谐 AFC 输出

2. 工作原理

(1) FM 信号输入

如图 7-3-2 所示的电原理图，调频信号由耳机线馈入经 C14、C15 和 L3 的输入电路进入 IC 的 11、12 脚混频电路。此处的 FM 信号没有调谐选择，即所有调频电台信号均可进入。

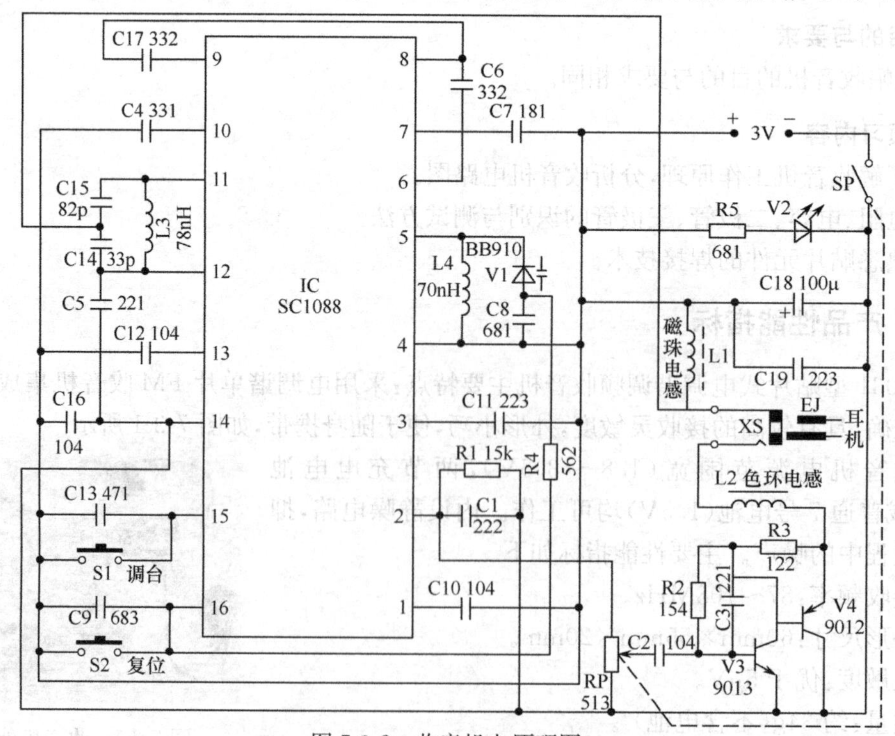

图 7-3-2 收音机电原理图

(2) 本振调谐电路(V1、C8、L4)

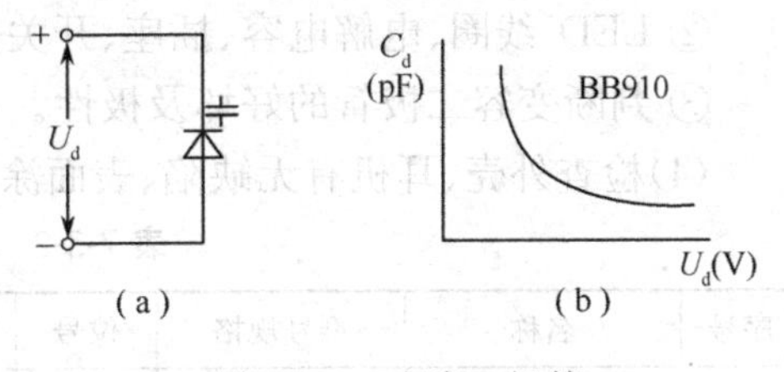

图 7-3-3　变容二极管

本振电路中关键元器件是变容二极管,它是利用 PN 结的结电容与偏压有关的特性制成的“可变电容”。如图 7-3-3 所示,变容二极管加反向电压 U_d,其结电容 C_d 和 U_d 的特性如图 7-3-3(b)所示,是非线性关系。这种电压控制的可变电容广泛用于电调谐、扫频等电路中。

在电路中,控制变容二极管 V1 的电压由 IC 第 16 脚给出。当按下扫描开关 S1 时,IC 内部的 RS 触发器打开恒流源,由 16 脚向电容 C9 充电,C9 两端电压不断上升,V1 电容量不断变化,由 V1、C8、L4 构成的本振电路的频率不断变化而进行调谐。当收到电台信号后,信号检测电路使 IC 内的 RS 触发器翻转,恒流源停止对 C9 充电,同时在 AFC(Automatic Frequency Control)电路作用下,锁住所接收的广播节目频率,从而可以稳定接收电台广播,直到再次按下 S1 开始新的搜索。当按下 Reset 开关 S2 时,电容 C9 放电,本振频率回到最低端。

(3) 中频放大、限幅与鉴频

电路中的中频放大,限幅及鉴频电路的有源元器件及电阻均在 IC 内。FM 广播信号和本振电路信号在 IC 内混频器中混频产生 70kHz 的中频信号,经内部 1dB 放大器,中频限幅器,送到鉴频器检出音频信号,经内部环路滤波后由 2 脚输出音频信号。电路中 1 脚的 C10 为静噪电容,3 脚的 C11 为 AF(音频)环路滤波电容,6 脚的 C6 为中频反馈电容,7 脚的 C7 为低通电容,8 脚与 9 脚之间的电容 C17 为中频耦合电容,10 脚的 C4 为限幅器的低通电容,13 脚的 C12 为限幅器失调电压电容,C13 为滤波电容。

(4) 耳机放大电路

由于用耳机收听,所需功率很小,本机采用了简单的晶体管放大电路,2 脚输出的音频信号经电位器 RP 调节后,由 V3、V4 组成复合管甲类放大。R1 和 C1 组成音频输出负载,线圈 L1 和 L2 为射频与音频隔离线圈。这种电路耗电较大,且与有无广播信号以及音量大小关系不大,因此不收听时要关断电源。

7.3.4　实验器材

(1) ZX2031 收音机套件一套,两节 7 号电池。

(2) 电烙铁 1 把、焊锡丝若干。

(3) 常用工具(螺丝刀、镊子、斜口钳)各 1 把。

(4) 数字万用表、信号源、示波器各 1 台。

7.3.5　实验内容及步骤

1. 安装前检查

(1) 读懂收音机原理图和印制电路板图,找出其原理图和印制电路板版图的对应关系。

(2) 参照元器件清单(见表 7-3-2)并与实物相对照,清点元器件的种类和数目。清点测试完后将所有元件有序放置,方便取用。

注意:贴片元件要小心放置。

(3) 直插元件(THT)检测:

① 电位器阻值调节特性是否正常。

② LED、线圈、电解电容、插座、开关是否正常。

③ 判断变容二极管的好坏及极性。

(4)检查外壳、耳机有无缺陷、表面涂覆(阻焊层)有无损伤。

表 7-3-2 FM 收音机元器件清单

序号	名称	型号规格	位号	数量	序号	名称	型号规格	位号	数量
1	贴片集成块	SC1088	IC	1	26	贴片电容	104	C10	1
2	贴片三极管	9014	V3	1	27	贴片电容	223	C11	1
3	贴片三极管	9012	V4	1	28	贴片电容	104	C12	1
4	二极管	BB910	V1	1	29	贴片电容	471	C13	1
5	二极管	LED	V2	1	30	贴片电容	33	C14	1
6	磁珠电感		L1	1	31	贴片电容	82	C15	1
7	色环电感		L2	1	32	贴片电容	104	C16	1
8	空心电感	78nH,8 圈	L3	1	33	贴片电容	332	C17	1
9	空心电感	70nH,5 圈	L4	1	34	电解电容	100μ,ϕ66	C18	1
10	耳机	32Ω×2	EJ	1	35	插件电容	223	C19	1
11	贴片电阻	153	R1	1	36	导线	ϕ0.8		2
12	贴片电阻	154	R2	1	37	前盖			1
13	贴片电阻	122	R3	1	38	后盖			1
14	贴片电阻	562	R4	1	39	电位器旋钮	(内、外)		各 1
15	插件电阻	681	R5	1	40	开关按钮	(有缺口)	SCAN 键	1
16	电位器	51k	RP	1	41	开关按钮	(无缺口)	RESET 键	1
17	贴片电容	222	C1	1	42	挂钩			1
18	贴片电容	104	C2	1	43	电池片	正、负及连体片	(3 件)	各 1
19	贴片电容	221	C3	1	44	印制板	55mm×25mm		1
20	贴片电容	331	C4	1	45	轻触开关	6×6 二脚	S1、S2	各 2
21	贴片电容	221	C5	1	46	耳机插座	ϕ3.5	XS	1
22	贴片电容	332	C6	1	47	电位器螺钉	ϕ1.6×5		1
23	贴片电容	181	C7	1	48	自攻螺钉	ϕ2×8		1
24	贴片电容	681	C8	1	49	自攻螺钉	ϕ2×5		1
25	贴片电容	683	C9	1	50				1

2. 贴片元件的焊接

贴片元件的焊接有两种方法,手工焊接和回流焊。在电路简单、元件不多时可用手工焊接完成。贴片元件的焊接,如图 7-3-4(a)、(c)所示。

(1) 手工焊接

① 焊贴片电阻、电容:先在焊盘上滴入助焊剂,左手用镊子夹住贴片元件对准焊盘放好并用镊子按住,右手拿烙铁,将烙铁头处理干净,在尖上取微量焊锡丝,然后在贴片引脚上稍用力

焊即可。

② 焊集成芯片 IC：方法同上，只是在焊 IC 时，应用烙铁头的尖端，先焊上最边的一个引脚，然后对齐芯片引脚，压住后依次将其余引脚焊好即可，初学者可参照焊接录像进行焊接。

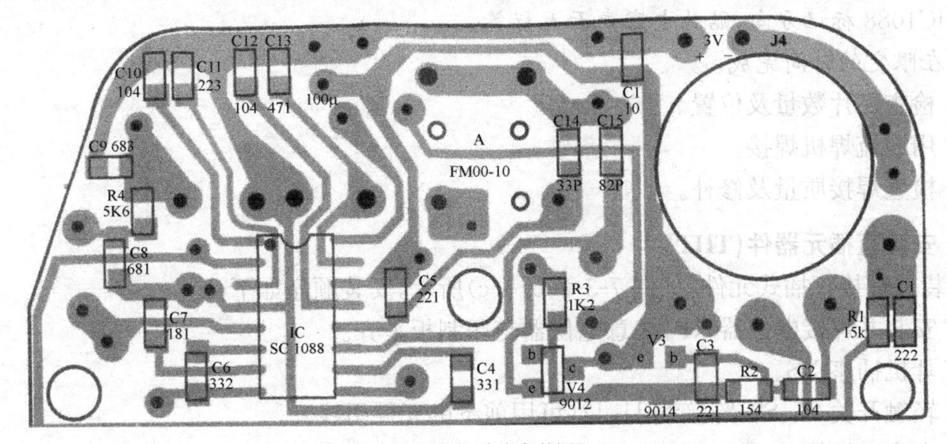

(a) SMT 贴片安装图

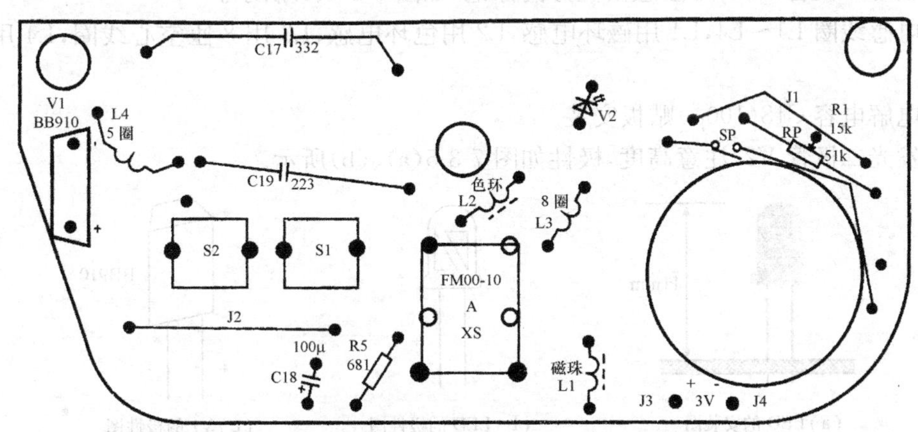

(b) THT 插件安装图

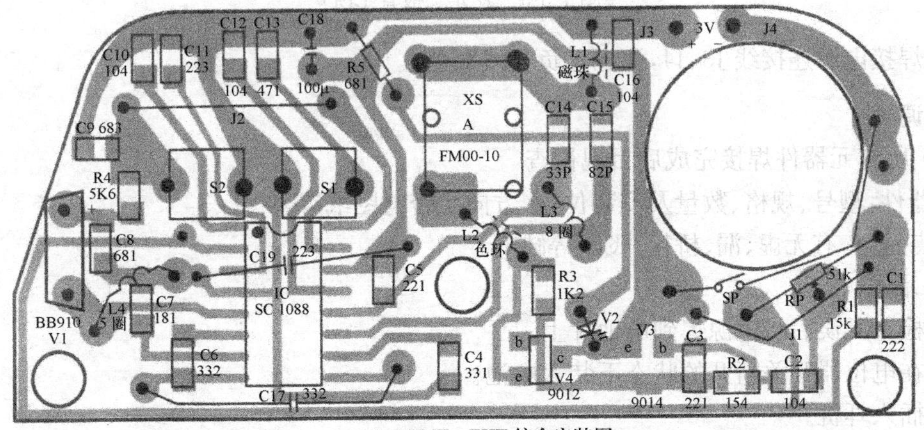

(c) SMT、THT 综合安装图

图 7-3-4　印制电路板安装

(2) 回流焊

① 丝印焊膏：将焊膏由丝网刷在电路板上，检查印刷情况(可由教师指导进行操作)，即贴片的焊盘上涂一层焊膏。

② 放置贴片元件:将贴片元件用镊子小心贴到指定位置。一定要保证及时、准确无误。

注意:

· 表面安装元件不可用手拿,用镊子夹持不可夹到引脚上。

· IC1088 标记方向,贴片电容表面无标签。

· 在限定的时间完成。

③ 检查贴片数量及位置。

④ 用回流焊机焊接。

⑤ 检查焊接质量及修补。

3. 安装直插元器件(THT)

安装并焊接直插式元件,如图 7-3-4(b)、(c)所示,安装顺序如下:

① 安装并焊接电位器 RP,注意电位器与印制板平齐。

② 耳机插座 XS。

③ 轻触开关 S1、S2,跨接线 J1、J2(可用剪下的元件引线)。

④ 变容二极管(LED)(注意极性方向标记)如图 7-3-5(c)所示。

⑤ 电感线圈 L1～L4,L1 用磁环电感,L2 用色环电感,L3 用 8 匝空心线圈,L4 用 5 匝空心线圈。

⑥ 电解电容 C18(100μ)贴板安装。

⑦ 发光二极管 V2,注意高度,极性如图 7-3-5(a)、(b)所示。

(a) LED 的安装图　　(b) LED 的极性图　　(c) V1 的极性图

图 7-3-5　发光二极管 LED

⑧ 焊接电源连接线 J3、J4,注意正负连线颜色。

4. 调试

(1) 所有元器件焊接完成后目视检查

元器件:型号、规格、数量及安装位置、方向是否与图纸符合。

焊点检查,有无虚、漏、桥接、飞溅等缺陷。

(2) 测总电流

① 检查无误后将电源焊到电池片上。

② 在电位器开关断开的状态下装入电池。

③ 插入耳机。

④ 用万用表 200mA(数字表)或 50 mA(指针表)跨接在开关两端测电流,如图 7-3-6 所示,用指针表时注意表笔极性。

正常电流应为 7～30 mA(与电源电压有关)并且 LED 正常点亮。样机测试结果(见表 7-3-3)可供参考。

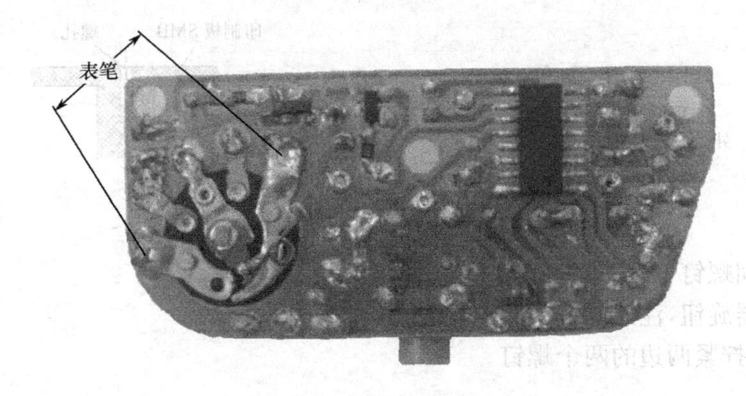

图 7-3-6　收音机焊接面

表 7-3-3　电压电流参考值

工作电压(V)	1.8	2	2.5	3	3.2
工作电流(mA)	8	11	17	24	28

注意：如果电流为零或超过 35mA 应检查电路。

(3) 搜索电台广播

如果电流在正常范围，可按 S1 搜索电台广播。只要元器件质量完好，安装正确，焊接可靠，不用调节任何部分即可收到电台广播。

如果收不到广播应仔细检查电路，特别要检查有无错装、虚焊、漏焊等现象。

(4) 调接收频段(俗称调覆盖)

我国调频广播的频率范围为 87～108MHz，调试时可找一个当地频率最低的 FM 电台(例如在北京，北京文艺台为 87.6MHz)适当改变 L4 的匝间距，按过 RESET(S1)键后第一次按 SCAN(S2)键可收到这个电台。由于 SC1088 集成度高，如果元器件一致性比较好，一般收到低端电台后均可覆盖 FM 频段，故可不调高端而仅做检查(可用一个成品 FM 收音机对照检查)。

(5) 调灵敏度

本机灵敏度由电路及元器件决定，一般不用调整，调好覆盖后即可正常收听。无线电爱好者可在收听频段中间电台(例如 97.4MHz 为音乐台)时适当调整 L4 匝间距，使灵敏度最高(耳机监听音量最大)，不过实际效果不明显。

5. 总装

(1) 蜡封线圈

调试完成后将适量泡沫塑料填入线圈 L4(注意不要改变线圈形状及匝距)，滴入适量蜡使线圈固定。

(2) 固定 SMB/装外壳

① 将外壳面板平放到桌面上(注意不要划伤面板)。

② 将两个按键帽放入孔内(见图 7-3-7)。

注意：SCAN(S2)键帽上有缺口，放键帽时要对准机壳上的凸起(即放在靠近耳机插座这边的按键孔内)，RESET 键帽上无缺口(即放在靠近 R4 这边的按键孔内)。

③ 将 SMB 对准位置放入壳内。注意对准 LED 位置，若有偏差可轻轻掰动，偏差过大必须重焊。三个孔与外壳螺柱的配合，如图 7-3-7 所示。电源线要不妨碍机壳装配。

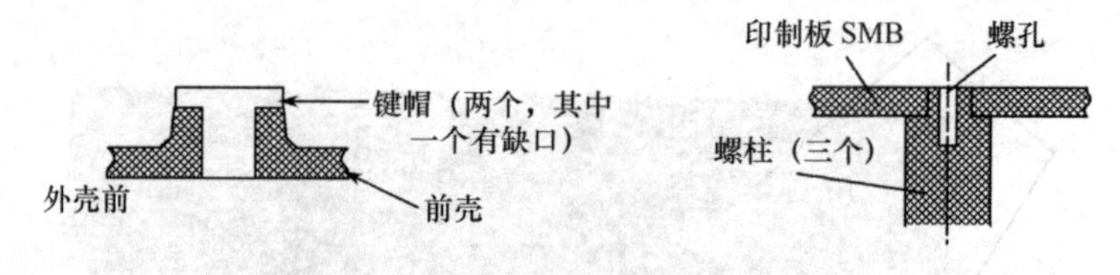

图 7-3-7　外壳螺柱

④ 装上中间螺钉，注意螺钉旋入手法。

⑤ 装电位器旋钮，注意旋钮上凹点位置。

⑥ 装后盖，拧紧两边的两个螺钉。

⑦ 装卡子。

6. 检查

总装完毕，装入电池，插入耳机进行检查。要求：电源开关手感良好、音量正常可调、音质正常、表面无损伤。

7. 产品的验收标准

按产品出厂要求，进行验收，其标准如下。

(1) 外观：机壳及频率盘清洁完整，不得有划伤、烫伤及缺损。

(2) 印制板安装整齐美观，焊接质量好，无损伤。

(3) 导线焊接要可靠，不得有虚焊，特别是导线与正负极片间的焊接位置和焊接质量要好。

(4) 整机安装合格：转动部分灵活，固定部分可靠，后盖松紧合适。

(5) 性能指标要求：频率范围 87～108MHz，灵敏度相对较高，音质清晰、洪亮、噪声小。

7.4　数字万用表的安装与调试

7.4.1　实验目的与要求

1. 目的

① 通过对数字万用表的安装、焊接和调试，使学生了解电子产品的装配过程，提高焊接水平。

② 掌握电子元器件的识别和质量检验方法。

③ 了解整机的装配工艺、简易测试及整机调试，培养学生的实践技能。

④ 增强学生的动手能力，培养工程实践素养及严谨细致的科学作风。

2. 要求

① 了解数字万用表的功能。熟悉万用表装配技术的基本工艺过程。

② 看懂印制电路板图和接线图。

③ 认识电路图上的各种元器件的符号，并与实物相对照。

④ 学会测试各种元器件的主要参数。

⑤ 认真细致地按照工艺要求进行安装和焊接。

3. 预习内容

① 了解数字万用表工作原理。

② 掌握电阻、电容、二极管、三极管的识别与测试方法。

③ 熟悉焊接技术。

7.4.2　产品性能指标

DT830B 型便携式三位半数字万用表是常用的数字式电子检测仪表。

1. 主要性能指标

· 采用 LCD 三位半液晶数字显示。

· 可测量交直流电压、电流，可测量电阻、通断性、二极管和电容等。

· 采用 9V 叠层电池供电，整机功耗约 20mW。

2. 主要特点

· 技术成熟：主电路采用典型数字表集成电路 ICL7106，性能稳定可靠。

· 性价比高：具有精度高、输入电阻大、读数直观、功能齐全、功耗低、体积小巧、应用广泛、成本低等优点。

· 结构合理：采用单板结构，集成电路 ICL7106 采用 COB 封装，只需一般电子装配工艺即可。

7.4.3　实验原理

1. 数字万用表的基本工作原理

根据用户选择的挡位，相应的功能电路将检测的信号进行相应的数值转换，再经单片机进行数字处理，处理的数据送至显示驱动电路，并显示在显示屏幕上，一般组成框图如图 7-4-1 所示。

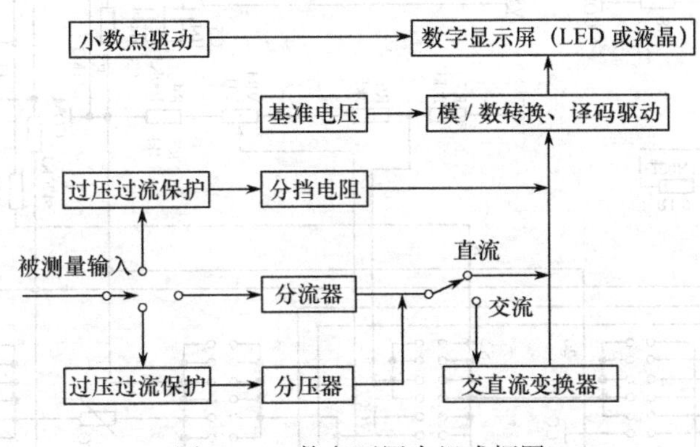

图 7-4-1　数字万用表组成框图

2. DT830B 型数字万用表构成

万用表主要由外围电路、双积分 A/D 转换器及显示器组成，如图 7-4-2 所示。其中 A/D 转换、计数、译码等电路都是由大规模集成电路芯片 ICL7106 构成的。

7.4.4　实验器材

(1) DT830B 型数字万用表套件一套，9V 叠层电池一个。

(2) 电烙铁 1 把、焊锡丝若干。

(3) 常用工具(螺丝刀、镊子、斜口钳)各 1 把。

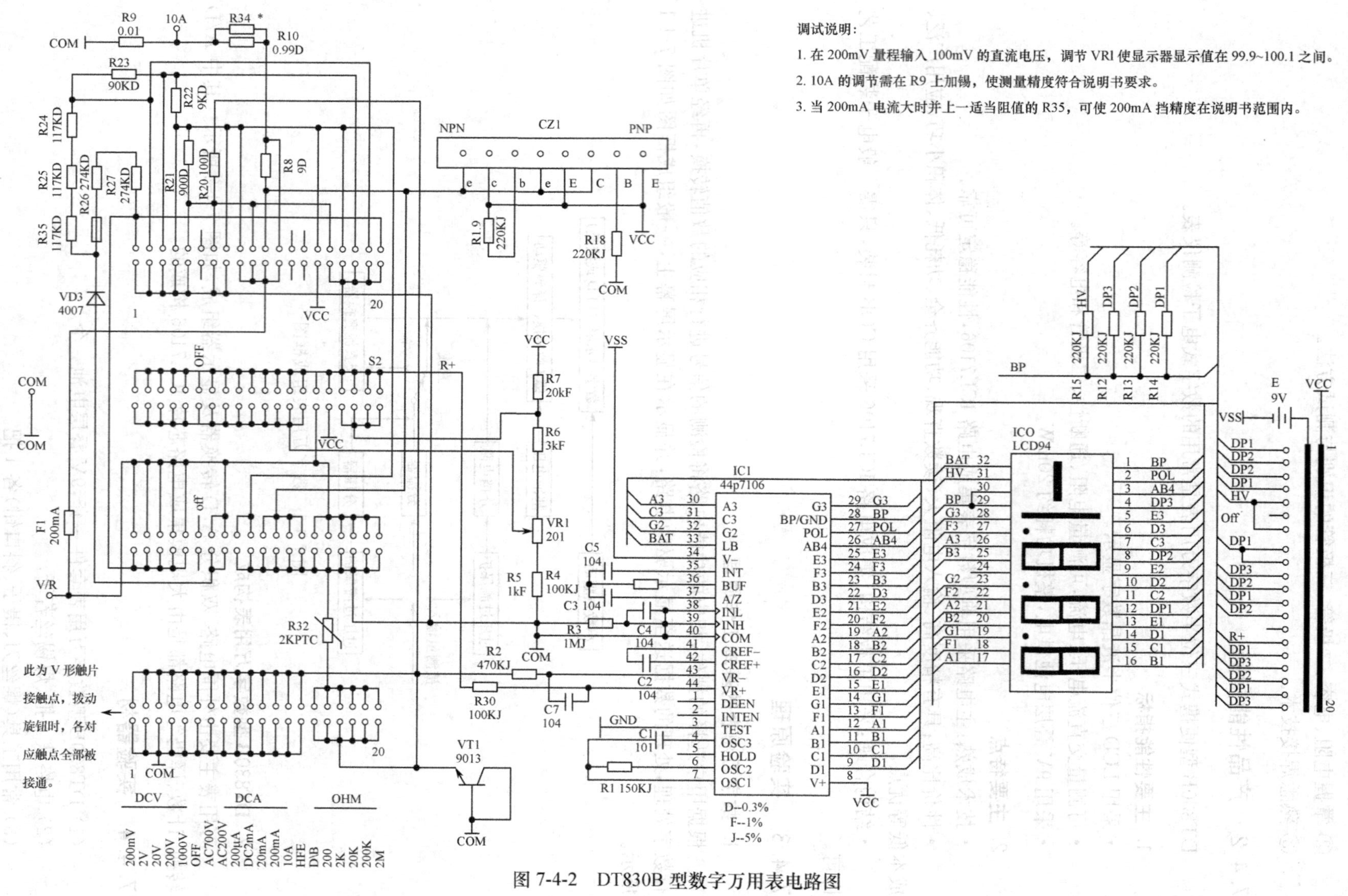

图 7-4-2　DT830B 型数字万用表电路图

7.4.5　实验内容及步骤

1. 安装准备

① 参照元器件清单(见表 7-4-1)并与实物相对照,清点元器件的种类和数目。

② 用万用表检测元器件的好坏。清点测试完将元件有序放置,方便随用随取。

表 7-4-1　DT830B 型数字万用表元件清单

序号	名称	型号规格	位号	数量	序号	名称	型号规格	位号	数量
1	PCB	含 7106		1	23	三极管	9013	VT1	1
2	二极管	1N4007	VD3	1	24	涤能电容	100nF	C5	1
3	电位器	221	VR1	1	25	电源线			1
4	金属化电容	100nF	C2、C3、C 4	3	26	晶体管插座			1
5	电阻	0.99Ω,0.5%	R10	1	27	保险丝座	R 型		2
6	电阻	9Ω,0.3%	R8	1	28	导电胶条	40×7×1.8		1
7	电阻	100Ω,0.3%	R20		29	保险丝	0.5A		1
8	电阻	900Ω,0.3%	R21		30	铜条		R9	1
9	电阻	9kΩ,0.3%	R22	1	31	自攻螺丝	2×6		3
10	电阻	90kΩ,0.3%	R23	1	32	自攻螺丝	2.5×8		2
11	电阻	117kΩ,0.3%	R24、R25、R35	3	33	外壳	前后盖		
12	电阻	274kΩ,0.3%	R26、R27	2	34	钢珠	ϕ3		2
13	电阻	1kΩ,5%	R5	1	35	旋钮弹簧			2
14	电阻	3kΩ,1%	R6	1	36	接触片			6
15	电阻	30kΩ,1%	R7	1	37	功能板			1
16	电阻	100kΩ,5%	R4、R30	2	38	测试表笔			1 付
17	电阻	150kΩ,5%	R1	1	39	说明书			
18	电阻	220kΩ,5%	R18、R19、R12	6	40	9V 电池			1
19	电阻	470kΩ,5%	R2	1	41	功能旋钮			1
20	电阻	1MΩ,5%	R3	1	42	指导书			1
21	电阻	1.5k～2k	R32	1	43	定位架			1
22	瓷片电容	100pF	C1	1	44	屏蔽纸			1

2. 安装与焊接

DT830B 数字万用表由机壳塑料件(包括上下盖、旋钮)、印制板部件(包括插口)、液晶屏及表笔等组成,组装能否成功的关键是装配印制板部件。整机安装过程如下。

(1) 印制板的装配

印制板是双面板,板的 A 面是焊接面,中间圆形印制铜导线是万用表的功能、量程转换开关电路,如果被划伤或有污迹,对整机的性能会影响很大,必须小心加以保护。

(2) 安装步骤

将 DT830 元件清单上的所有元件按顺序插焊到印制电路板相应位置上如图 7-4-3 所示。

① 安装电阻、电容:如果电阻的安装孔距＞8mm(如 R10/R34 等,丝印图画"—"或电阻符

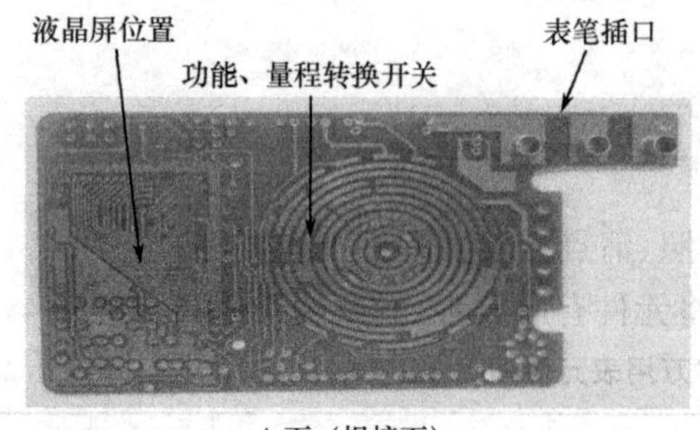

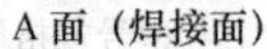
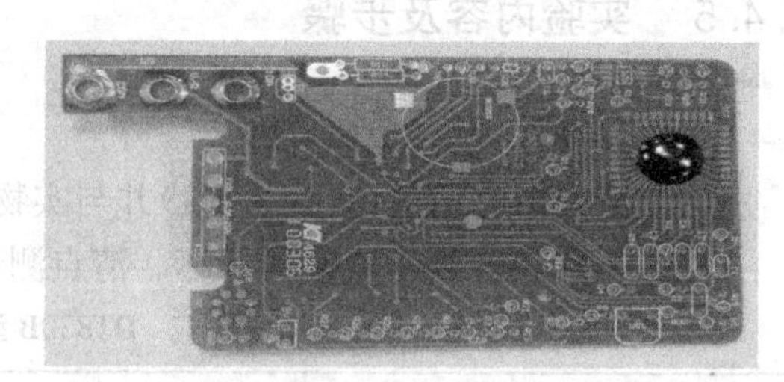

A面（焊接面）　　B面（安装元件面）

图 7-4-3　DT830B 的安装图

号)，采用卧式安装，卧式安装电阻时电阻本体紧贴印制板(见图 7-4-4)。

如果电阻的安装孔距<5mm(如 R2/R4 等，丝印图画"○")，采用立式安装。立式安装时需注意电阻一端要紧贴印制板，第一有效数值向上，引线上弯半径不要超过 2mm。

安装热敏电阻，在电路中热敏电阻与 Q1 形成保护电路，当误用电阻挡测量市电时，通过热敏电阻与 Q1 形成回路，Q1 被软击穿，电压维持在几伏，而热敏电阻因通电发热阻值会急剧增大，使和 7106 芯片得到保护不被破坏。热敏电阻的高度不宜过高。

电容采用立式安装。电容的高度尽量一致，排列整齐，电容不宜紧贴印制板，电容的引脚距印制板 2mm 左右即可。

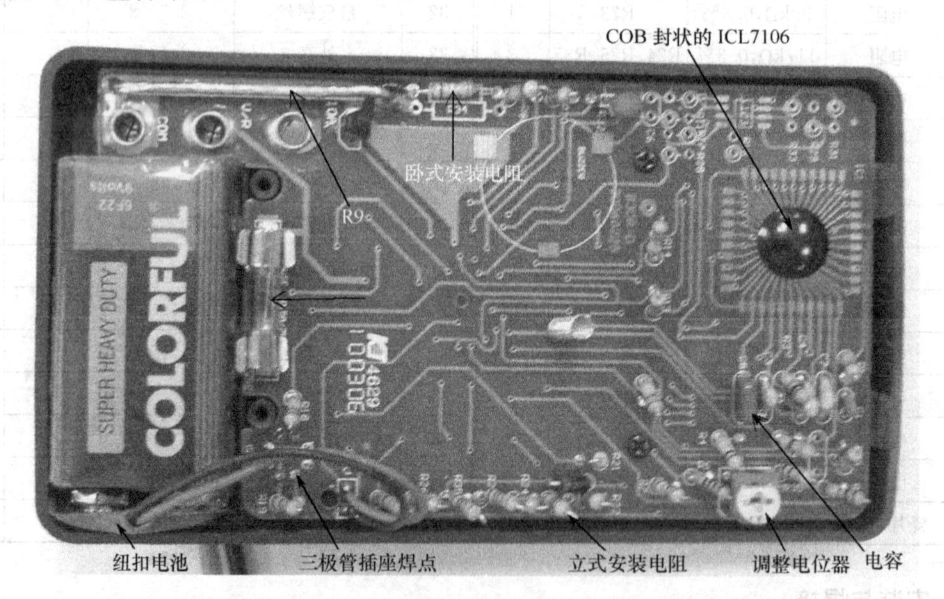

图 7-4-4　PCB 板元件面上丝印图

注意：一般额定功率在 1/4W 以下的电阻可贴板安装，立装电阻和电容元件与 PCB 板的距离一般为 0～3mm。

② 安装二极管、三极管基座：安装二极管时要注意，二极管要紧贴印制板，分辨二极管的极性，标有灰色圆环的一端为负极，引线上弯半径 $R \leqslant 3$mm，不要过高。

安装三极管要注意：三极管插座装在焊接面，而且应使定位凸点与外壳对准、在 B 面焊接。

③ 安装电位器、R9：注意安装方向。

④ 安装保险座、插座、R0、弹簧:保险管止销一端有两个小挡片。在印制板的最下端有一个长方形的白框,里面镶嵌着 5 个焊盘,中间一个是固定印制板其中一个固定点,左右两侧 4 个穿孔是安装它的。

注意:· 装止销时小挡板必须安装在外侧。

· 焊接时,注意焊接时间要足够,但不能太长。

⑤ 安装电池线:电池线由 B 面穿到 A 面再插入焊孔,在 B 面焊接。红线接+,黑线接-。

⑥ 安装弹簧:弹簧在印制板的安装面,在中间靠上一点的地方有 R12、R13、R14 三个电阻,在他们的下面有一个大的圆焊盘,就是弹簧的装配位置。在焊接前,事先在焊盘上先镀上一层锡,然后再将弹簧焊上去。

至此,焊接部分已全部完成。

(3) 液晶屏组件安装

液晶屏组件由液晶片、支架、导电胶条组成(见图 7-4-5)。

液晶片镜面为正面(显示字符),白色面为背面,透明条上可见条状引线为引出线,通过导电胶条与印制板上镀金印制导线实现电连接。由于这种连接靠表面接触导电,因此导电面被污染或接触不良都会引起电路故障,表现为显示缺笔画或显示乱字符。因此安装时务必要保持清洁并仔细对准引线位置。

支架是固定液晶片和导电胶条的支撑,通过支架上的 5 个爪与印制板固定,并由 4 角及中间的三个凸点定位。

安装步骤:

· 将液晶片放入支架,支架爪向上,液晶片镜面向下。

· 安放导电胶条。导电胶条的中间是导电体,安放时必须小心保护,用镊子轻轻夹持并准确放置。

· 将液晶屏组件安装到 PCB 板上。

· 将液晶屏组件放到平整的台面上,注意保护液晶面,准备好印制板。

· 印制板 A 面向上,将 4 个安装孔和一个槽对准液晶屏组件的相应安装爪。

· 均匀施力将液晶屏组件插入印制板。

· 安装好液晶屏组件的印制板。

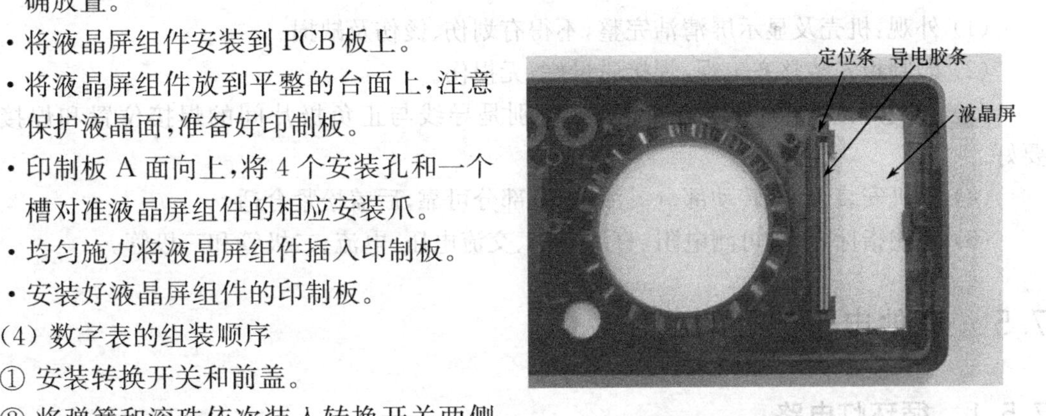

图 7-4-5　液晶屏组件图

(4) 数字表的组装顺序

① 安装转换开关和前盖。

② 将弹簧和滚珠依次装入转换开关两侧的孔里。

转换开关有 6 条竖线的一端,在绿圆环之内镶有 V 形弹簧片,然后将 6 个分别镶嵌在 6 根筋上,注意弹簧片上不要沾上油污。将转换开关转至另一面,左右有两个圆孔,在圆孔内装上两个小弹簧,注意放之前在弹簧上涂点油脂,如凡士林等。之后在弹簧上放上两颗小滚珠,滚珠上也要涂油脂之后再放到弹簧上,以免掉落。

③ 将转换开关用左手托起。

④ 右手拿前盖板对准孔位。

⑤ 将转换开关贴放到前盖相应位置。

⑥ 左手按住转换开关,双手翻转使面板向下,将装好的印制板组件对准前盖位置,装入机壳,注意对准螺孔和转换开关轴定位孔。

⑦ 安装两个螺钉,固定转换开关,务必拧紧。

⑧ 安装保险管(0.2A)。

⑨ 安装电池。

⑩ 贴屏蔽膜。将屏蔽膜上的保护纸揭去,露出不干胶面,然后贴到后盖内。

3. 检测与调试

数字万用表的功能和性能指标由集成电路的指标及合理选择外围元器件得到保证,只要安装无误,仅做简单调整即可达到设计指标。

调整方法一:

在装后盖前将转换开关置于200mV电压挡(注意此时固定转换开关的4个螺钉还有两个未装,转动开关时应按住保险管座附近的印制板,防止开关转动时滚珠滑出),插入表笔,测量集成电路35、36引脚之间的电压(具体操作时可将表笔接到电阻R16和R26引线上测量),调节表内的电位器VR1,使表显示100mV即可。

调整方法二:

在装后盖前将转换开关置于2V电压挡(注意防止开关转动时滚珠滑出),此时用待调整表和另一个数字表(已校准,或4位半以上数字表)测量同一电压值(例如测量一节电池的电压),调节表内电位器VR1使两表显示一致即可。

盖上后盖,安装后盖上的另外两个螺钉。至此安装全部完毕。

4. 产品的验收标准

要求按产品出厂验收标准验收。

(1) 外观:机壳及显示屏清洁完整,不得有划伤、烫伤及缺损。

(2) 印制板安装整齐美观,焊接质量好,无损伤。

(3) 导线焊接要可靠,不得有虚焊,特别是导线与正负极片间的焊接位置和焊接质量要好。

(4) 整机安装合格:转动部分灵活,固定部分可靠,后盖松紧合适。

(5) 性能指标要求:可测电阻、直流电压、交流电压、电流、二极管和三极管。

7.5 其他电子产品的制作

7.5.1 循环灯电路

晚间城市被五彩缤纷的彩灯打扮得十分漂亮,有闪烁的灯、流动的灯,还有各种霓虹灯。它们大多是由电子电路所控制的。

这里介绍的小小循环灯虽然只有三只发光二极管,却可以模拟街头流动的彩灯。它的原理也有广泛的应用。通过制作,同学们可以学到许多知识,提高自己的动手能力。

1. 电路工作原理

电路是由三只三极管组成的循环驱动器,它的电路如图7-5-1所示。图7-5-2为电解电容、发光二极管、三极管的符号及外形图。电路的工作原理为:当电源一接通,三只三极管将争先导通，但由于元器件有差异，只有某一只管子最先导通。假如 VT1 最先导通，那么 VT1 集电极电压下降，使电容 C1 的左端接近零电压，由于电容器两端的电压不能突变，所以 VT2 基极也被拉到近似零电压，使 VT2 截止。VT2 集电极为高电压，那么接在它上面的发光二极管就亮了。此刻 VT2 集电极上的高电压通过电容器 C2 使 VT3 基极电压升高，三极管 VT3 也将迅速导通。因此在这一段时间内，VT1 与 VT3 的集电极均为低电压，只有接在 VT2 集电极上的发光二极管亮，而其余两只发光二极管不亮。随着电源通过电阻 R3 对 C1 的充电，使三极管 VT2 基极电压逐渐升高，当超过 0.6V 时，VT2 由截止状态变为导通状态，集电极电压下降，发光二极管熄灭。与此同时三极管 VT2 集电极电压的下降通过电容器 C2 的作用使三极管 VT3 的基极电压也下降，VT3 由导通变为截止。接在 VT3 集电极上的发光二极管就亮了。如此循环，电路中三只三极管便轮流导通和截止，三只发光二极管就不停地循环发光。

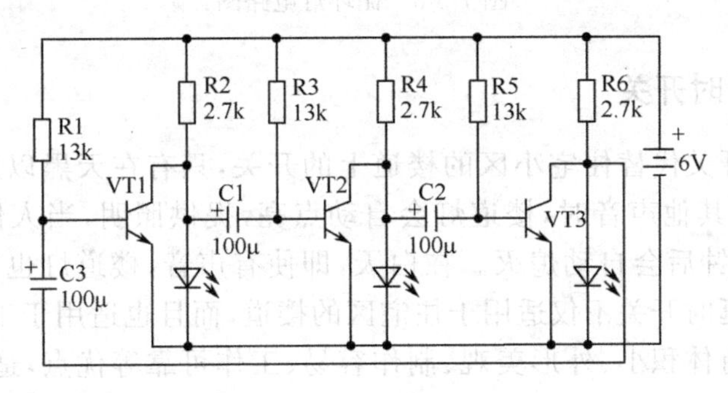

图 7-5-1　模拟循环灯电路图

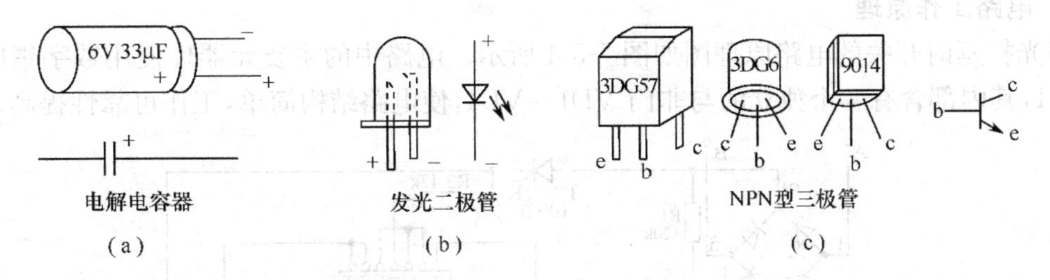

图 7-5-2　电解电容器、发光二极管、三极管的符号及外形图

2. 元器件的选择

全部电阻均为 1/8W 碳膜电阻。R2、R4、R6 为 2.7kΩ(红、紫、红)；R1、R3、R5 为 13kΩ(棕、橙、橙)或 15kΩ(棕、绿、橙)。电解电容器全部为 33～100μF。

当电容器容量较大时，循环灯循环的速度就慢些。三极管可以是 3DG6、3DG57 或 9014 等 NPN 型任何型号的小功率三极管。电源电压为 6V。

当你成功地做完这个小电路后，很可能想做一个真正的循环灯，其实这并不难，只要在这个电路的基础上增加三只可控硅及少量元件就可以驱动数十只彩灯，用 220V 交流电来点亮它们。图 7-5-3 是循环灯电路的电原理图。

单向可控硅可选用 1A/600V 的，如 MCR100-6 等。每组灯泡可用 12V 的小电珠 20～30 个串联起来，然后将三组灯泡间隔挂起来，循环灯就做好了。制作时要注意安全，绝不可带电操作。

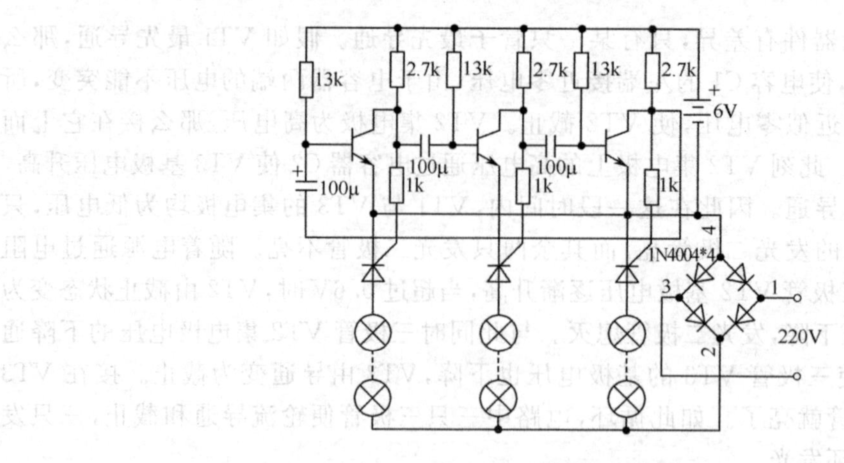

图 7-5-3　循环灯电路图

7.5.2　声光控延时开关

用声光控延时开关代替住宅小区的楼道上的开关，只有在天黑以后，当有人走过楼梯通道，发出脚步声或其他声音时，楼道灯会自动点亮，提供照明，当人们进入家门，走出公寓，楼道灯延时几分钟后会自动熄灭。在白天，即使有声音，楼道灯也不会亮，可以达到节能的目的。声光控延时开关不仅适用于住宅区的楼道，而且也适用于工厂、办公楼、教学楼等公共场所。它具有体积小、外形美观、制作容易、工作可靠等优点，适合广大电子爱好者自制。

1. 电路工作原理

声光控延时开关的电路原理图如图 7-5-4 所示。电路中的主要元器件使用数字集成电路 CD4011，其内部含有 4 个独立的与非门 VD1～VD4，使电路结构简单，工作可靠性提高。

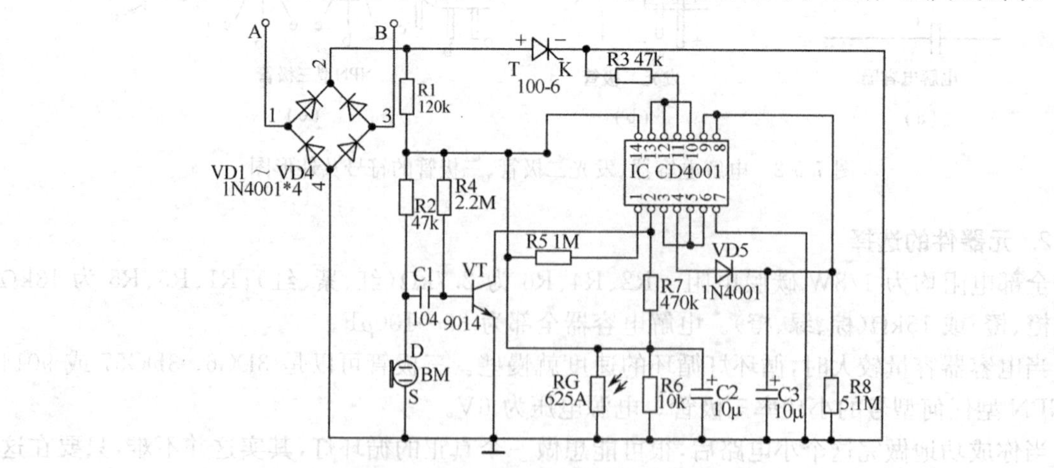

图 7-5-4　声光控延时开关电路图

顾名思义，声光控延时开关就是用声音来控制开关的“开启”，若干分钟后延时开关“自动关闭”。因此，整个电路的功能就是将声音信号处理后，变为电子开关的开动作。明确了电路的信号流程方向后，即可依据主要元器件将电路划分为若干个单元，由此可画出图 7-5-5 所示的方框图。

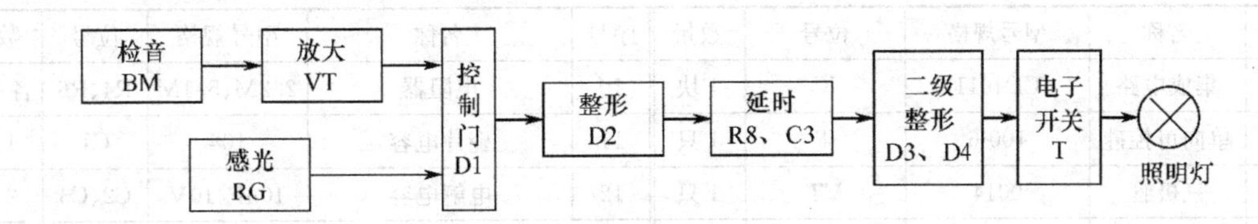

图 7-5-5　声光控延时开关方框图

结合图 7-5-5 来分析图 7-5-4。声音信号(脚步声、掌声等)由驻极体话筒 BM 接收并转换成电信号,经 C1 耦合到 VT 的基极进行电压放大,放大的信号送到与非门(D1)的 2 脚,R4、R7 是 VT 偏置电阻,C2 是电源滤波电容。

为了使声光控开关在白天开关断开,即灯不亮,由光敏电阻 RG 等元件组成光控电路,R5 和 RG 组成串联分压电路,光敏电阻在光亮的环境下电阻值很小相当于短路,在黑暗的环境下光敏电阻的阻值很大,相当于开路,RG 两端的电压高,即为高电平时 $t=2\pi$R8C3,改变 R8 或 C3 的值,可改变延时时间,满足不同目的。D3 和 D4 构成两级整形电路,将方波信号进行整形。当 C3 充电到一定电平时,信号经与非门 D3、D4 后输出为高电平,使单向可控硅导通,电子开关闭合;C3 充满电后只向 R8 放电,当放电到一定电平时,经与非门 D3、D4 输出为低电平,使单向可控硅截止,电子开关断开,完成一次完整的电子开关由开到关的过程。

二极管 VD1～VD4 将交流 220V 进行桥式整流,变成脉动直流电,又经 R1 降压,C2 滤波后即为电路的直流电源,为 BM、VT、IC 等供电。

2. 元器件的选择

IC 选用 CMOS 数字集成电路 CD4011,其里面含有 4 个独立的与非门电路。内部结构如图 7-5-6 所示,V_{SS} 是电源的负极,V_{DD} 是电源的正极。

可控硅 T 选用 1A/400V 的进口单向可控硅 100-6 型,如负载电流大可选用 3A、6A、10A 等规格的单向可控硅,单向可控硅的外形如图 7-5-6 所示,它的测量方法是:用指针式万用表 R×1 挡,将红表笔接可控硅的负极,黑表笔接正极,这时表针无读数,然后用黑表笔触一下控制极 K,这时表针有读数,黑表笔马上离开控制极 K 这时表针仍有读数(注意,触控制极时正负表笔是始终连接说明该可控硅是完好的)。

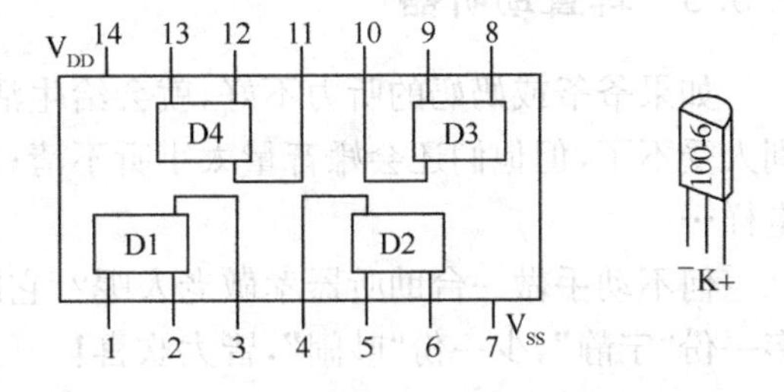

图 7-5-6　CD4011 引脚图、单向可控硅的外形图

驻极体话筒选用的是一般收录机用的小话筒,它的测量方法是:用 R×100 挡将红表笔接外壳 S、黑表笔接 D,这时用口对着驻极体话筒吹气,若表针有摆动说明该驻极体话筒完好,摆动越大灵敏度越高;光敏电阻选用的是 625A 型,有光照射时电阻为 20kΩ 以下,无光时电阻值大于 100MΩ。

二极管采用普通的整流二极管 1N4001～1N4007。注意,由于本电路使用 220V 交流,因此在组装时必须注意安全。当然为安全起见在调试时,可以用 6V 直流电源代替。电灯改用 6V 的电珠。待全部调试完毕,再用 220V 供电。如果没有 6V 的电源,接 5V 也是可以的。

总之,元件的选择可灵活掌握,参数可在一定范围内选用。

声光控延时开关元件清单见表 7-5-1。

表 7-5-1　声光控延时开关元件清单

序号	名称	型号规格	位号	数量	序号	名称	型号规格	位号	数量
1	集成电路	CD4011	IC	1块	10	电阻器	2.2M、5.1M	R4、R6	各1只
2	单向可控硅	100-6	T	1只	11	瓷片电容	104	C1	1只
3	三极管	9014	VT	1只	12	电解电容	10μF/10V	C2、C3	2只
4	整流二极管	1N4001	VD1～VD5	5只	13	前后盖、红面板			1套
5	驻极体话筒	54±2dB	BM	1只	14	印刷版、图纸			1套
6	光敏电阻	625A	RG	1只	15	元机螺丝	φ3×6		2粒
7	电阻器	10k、120k	R6、R1	2只	16	自攻螺丝	φ3×8		5粒
8	电阻器	47k	R2、R3	2只	17	元机螺丝	φ3×25		2粒
9	电阻器	470k、1M	R7、R5	2只	18	铜接线柱、塑料螺丝盖			各2只

3. 安装制作

准备好全套元件后，用万用表粗略地（因出厂前已测量过）测量一下各元件的参数，看其是否质量达标，做到心中有数。

焊接时注意先焊接无极性的阻容元件，电阻采用卧装，电容采用立装，紧贴电路板。焊接有极性的元件，如电解电容、话筒、整流二极管、三极管、单向可控硅等元件时，注意极性的正确，千万不要装反，否则电路不能正常工作，甚至烧毁元器件。

7.5.3　耳聋助听器

如果爷爷或奶奶的听力不好，就会给生活带来许多不便：看电视时，将音量开得很大，吵得别人受不了，但他们还会嫌音量太小听不清；你跟他讲话，即使大声喊叫，他还会听不清，或听走样……

何不动手做一台助听器孝敬老人呢？它既可使老人听力得到改善，笑逐颜开；又会使家庭多一份"宁静"，少一份"吵闹"，皆大欢喜！

1. 电路工作原理

耳聋助听器的电路如图 7-5-7 所示，它实质上是一个由晶体三极管 VT1～VT3 构成的多级音频放大器。VT1 与外围阻容元件组成了典型的阻容耦合放大电路，担任前置音频电压放大；VT2、VT3 组成了两级直接耦合式功率放大电路，其中：VT3 接成发射极输出形式，它的输出阻抗较低，以便与 8Ω 低阻耳塞式耳机相匹配。

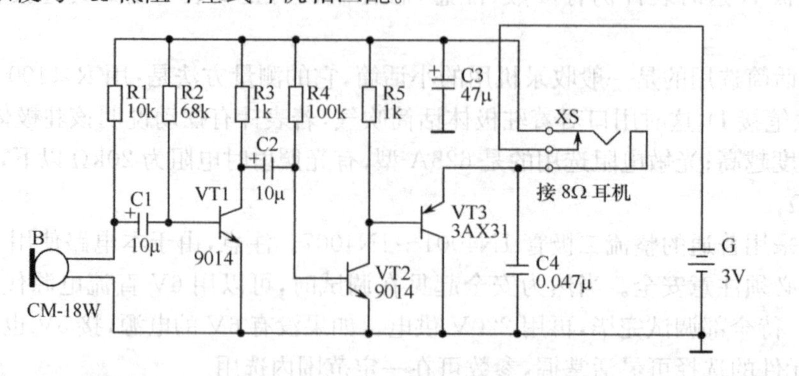

图 7-5-7　耳聋助听器电路图

驻极体话筒 B 接收到声波信号后，输出相应的微弱电信号。该信号经电容器 C1 耦合到 VT1 的基极进行放大，放大后的信号由其集电极输出，再经 C2 耦合到 VT2 进行第二级放大，最后信号由 VT3 发射极输出，并通过插孔 XS 送至耳塞机放音。

电路中，C4 为旁路电容器，其主要作用是旁路掉输出信号中噪音的各种谐波成分，以改善耳塞机的音质。C3 为滤波电容器，主要用来减小电池 G 的交流内阻(实际上为整机音频电流提供良好通路)，可有效防止电池快报废时电路产生的自激振荡，并使耳塞机发出的声音更加清晰响亮。

2. 元器件的选择

VT1、VT2 选用 9014 或 3DG8 型硅 NPN 小功率、低噪声三极管，要求电流放大系数 $\beta\geqslant100$；VT3 宜选用 3AX31 型等锗 PNP 小功率三极管，要求穿透电流 I_{ceo} 尽可能小些，$\beta\geqslant30$ 即可。

B 选用 CM-18W 型(ϕ10mm×6.5mm)高灵敏度驻极体话筒，它的灵敏度划分成 5 个挡，分别用色点表示：红色为-66dB，小黄为-62dB，大黄为-58dB，蓝色为-54dB，白色>-52dB。本制作中应选用白色点产品，以获得较高的灵敏度。B 也可用蓝色点、高灵敏度的 CRZ2-113F 型驻极体话筒来直接代替。

XS 选用 CKX2-3.5 型(ϕ3.5mm 口径)耳塞式，买来后要稍作改制方能使用。改制方法如图 7-5-8 所示，用镊子夹住插孔的内簧片向下略加弯折，将内、外两簧片由原来的常闭状态改成常开状态就可以了。改制好的插孔，要求插入耳机插头后，内、外两簧片能够可靠接通，拔出插头后又能够可靠分开，以便兼作电源开关使用。耳机采用带有 CSX2-3.5 型(ϕ3.5mm)两芯插头的 8Ω 低阻耳塞机。

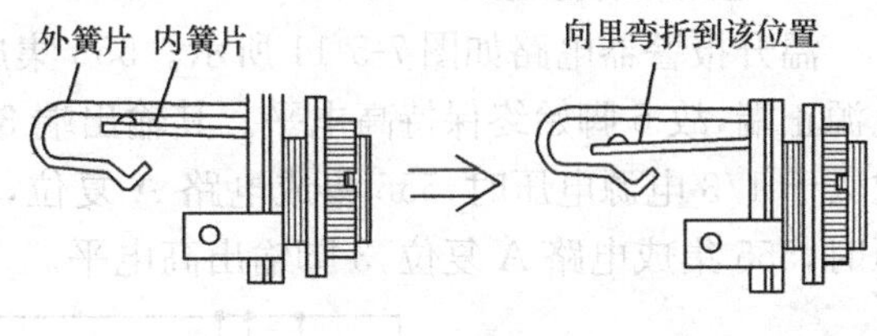

图 7-5-8　耳机插孔

R1～R5 均用 RTX-1/8W 型碳膜电阻器。C1～C3 均用 CD11-10V 型电解电容器，C4 用 CT1 型瓷介电容器。G 用两节 5 号干电池串联而成，电压 3V。

3. 安装与制作

图 7-5-9 所示是该助听器的印制电路板接线图。印制电路板实际尺寸约为 60mm×50mm。此印制板不必腐蚀，只要用小刀将不需要的铜箔割开揭去即可。电池夹可用尺寸约为 20mm×8mm 的长方形磷铜片 4 片，弯制成“L”形状，在底脚各打上一个小孔，用铜铆钉直接铆固在电路板上即可。

焊接好的电路板，装入尺寸约为 64mm×54mm×18mm 的精致塑料或有机玻璃小盒内。盒面板和上侧面，事先分别为话筒 B、插孔 XS 开出受音孔和安装孔。装配好的耳聋助听器外形如图 7-5-10 所示。

本机调试很简单：首先，通过调整电阻器 R2 的阻值，使 VT1 集电极电流(直流毫安表串联在 R3 回路)在 1.5mA 左右；然后，通过调整 R4 阻值，使助听器的总静态电流(直流毫安表串联在电池 G 的供电回路)，在 10mA 左右即可。因各人使用的驻极体话筒 B 参数有所不同，有时 R1 的阻值也需要作适当调整，应调到声音最清晰响亮为止。

使用时，一般将助听器置于使用者的上衣口袋内，注意话筒 B 的受音孔应朝外。戴上耳塞式耳机，并将插头插入助听器的插孔 XS 内，电路即自动通电工作；拔出插头，助听器即自动断电停止工作。

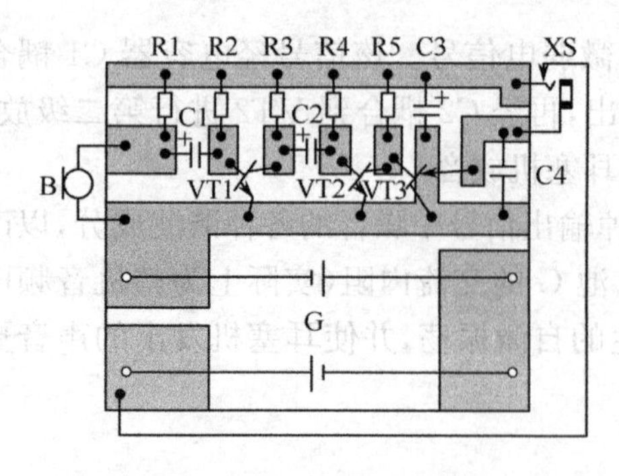

图 7-5-9　印制电路板接线图

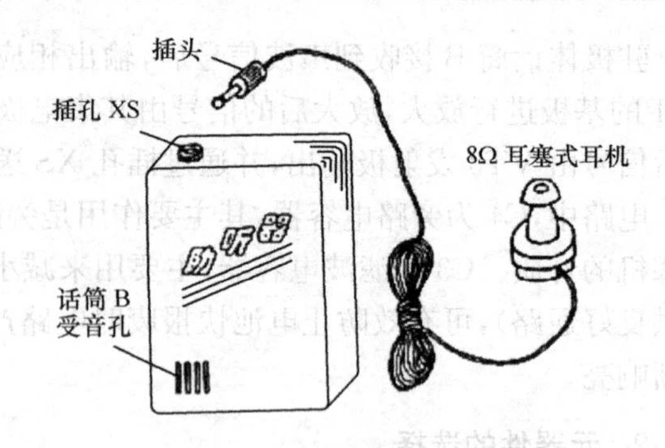

图 7-5-10　耳聋助听器外形图

7.5.4　温升报警器

温升报警器利用热敏电阻作为传感器，用 555 时基电路作电压比较器，电路重复性好，报警准确，灵敏度高。可用于水沸等不同场合下温升报警。

1. 电路工作原理

温升报警器电路如图 7-5-11 所示。555 集成电路组成电压比较器，其 6 脚通过电阻 R2 接电源正端，故 6 脚始终保持高电平。其输出端 3 脚电平高低就完全取决于 2 脚电位，当 2 脚电位大于 1/3 电源电压时，555 集成电路 A 复位，3 脚输出低电平；当 2 脚电位小于 1/3 电源电压时，555 集成电路 A 复位，3 脚输出高电平。

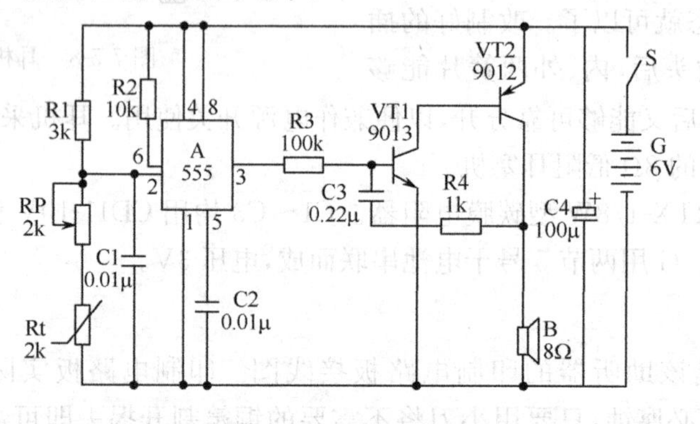

图 7-5-11　温升报警器电路图

Rt 为测温用的热敏电阻器，它与电位器 RP 串联后与 R1 组成分压器。当温度较低时，Rt 阻值大，2 脚电位高于 1/3 电源电压，A 复位，此时 VT1、VT2 组成的互补型振荡器不工作，B 无声。温度升高，Rt 阻值随之下降，当温度升到报警设定的阈值时，可调节电位器 RP 阻值，使 2 脚电位降至 1/3 电源电压，A 即复位，3 脚输出高电平，VT1、VT2 起振，B 就发出响亮的报警声。由于电路报警阈值取决于集成块 A 第 2 脚的电压比较电平，与电源电压数值绝对值无关，所以电路有较高的报警精度，电池的新旧程度不会影响报警温度的准确性。

2. 元器件的选择

A 用 555 时基电路。

VT1 选用 9013 型硅 NPN 三极管，$\beta \geqslant 100$；VT2 选用 9012 型硅 PNP 或 3AX31B 型锗 PNP 三极管，$\beta \geqslant 50$。

R1 用负温度系数热敏电阻器。RP 可用 WH7 型微调电阻器。R1～R4 均可使用 RTX-1/8W 型碳膜电阻器。C1～C3 用 CT1 型瓷介电容器，C4 可用 CD11-10V 型电解电容器。B 用 YD57-2 型、8Ω 小型电动扬声器。S 为普通小型电源开关。电源 G 用 4 节 5 号电池。

3. 制作与使用

热敏电阻 Rt 用软塑导线引出，接线处用环氧树脂封闭，有条件的话可将它封装在一小节紫铜管内，制成一个能适合各种使用环境的测温头。

使用：以水沸报警为例，首先将电位器 RP 调到阻值最大的位置，合上电源开关 S，这时扬声器 B 不发声。将测温头 Rt 放入水壶嘴里，待壶水烧开后，用小镊子缓慢调小电位器 RP 到某位置时，扬声器 B 就会发响亮的“嘟……”报警声，此时即可固定 RP 不动，最好用火漆封固 RP。以后烧开水时，只要将测温头放在壶嘴里即可，一旦报警器发声，表示水已烧开。

7.5.5　快速充电器

1. 电路简介

本实验套件电路简单，原理清晰，可对 5 号、7 号可充电电池进行充电，同时有充电指示灯对充电状态进行指示，当电池电量不足时，指示灯较亮，随着电量的不断补充，指示灯的亮度不断下降，当充电完成后，指示灯熄灭。该充电器具有先大电流快充电，后小电流慢充电的自动调节功能，对充电电池具有较好的保护作用。

考虑到初学者的实际情况，本套件在设计时采用了较为合理的方法，只用了较少的元件就实现了所有功能，使本套件具有结构合理，电路简单，性能稳定，外形美观，价格低廉等特点，是电子实习首选器材。其电路图如图 7-5-12 所示，成品图如图 7-5-13 所示。

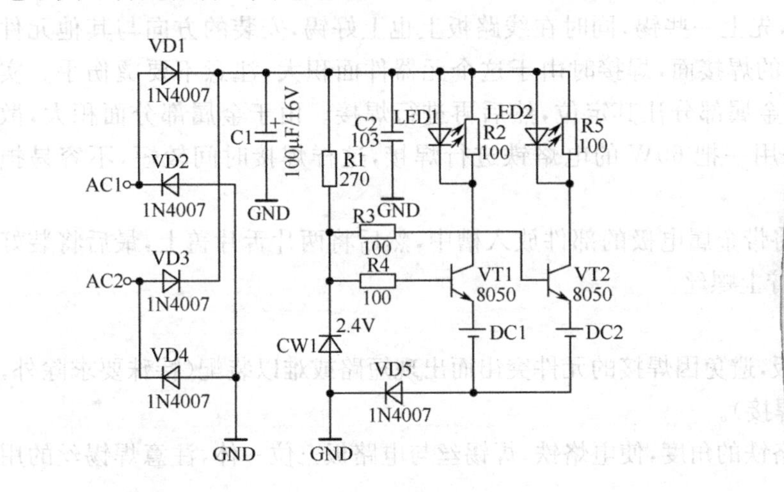

图 7-5-12　快速充电器电路图

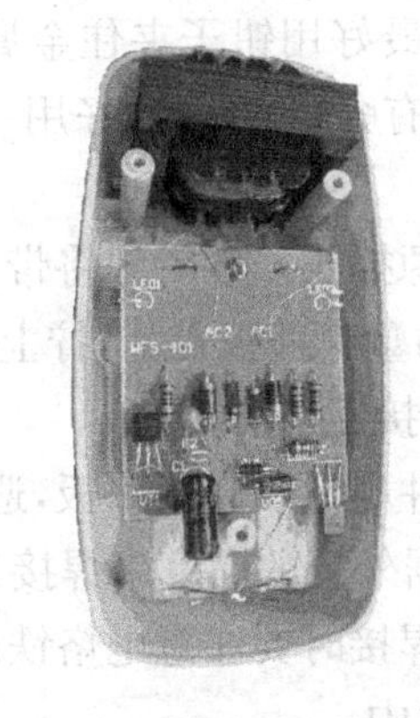

图 7-5-13　快速充电器成品图

2. 产品安装

(1) 安装前准备工作

准备所需的基本工具：电烙铁、烙铁架、松香、万用表、镊子、尖嘴钳、偏口钳、螺丝刀，以及表 7-5-2 所列的元器件。

在焊接之前要仔细的查看元件的数量，并用万用表测试元件性能是否良好，要清楚的识别元件种类和作用。

表 7-5-2 快速充电器元件表

序号	规格	位号	数量
1	1N4007	VD1～VD5	5
2	发光二极管	LED1、LED2	2
3	2.4V 稳压管	CW1	1
4	100μF/16V	C1	1
5	270	R1	1
6	100	R2～R5	4
7	8050	VT1、VT2	2
8	变压器		1

(2) 焊接注意事项

焊接最需要注意的是焊接的温度和时间，焊接时要使电烙铁的温度高于焊锡熔点，但是不能太高，以烙铁头的松香刚刚冒烟为好。焊接的时间不能太短，因为那样焊点的温度太低，焊点熔化不充分，焊点粗糙容易造成虚焊；而焊接时间长，焊锡容易流淌，使元件过热，容易损坏，还容易将印刷电路板烫坏，或者造成焊接短路现象。

(3) 安装注意事项

① 安装二极管和三极管时，一定要注意极性不要插反，严格按线路板上的标识插装。

② 瓷片电容和电阻没有方向，因此只要按具体位置安装即可。

③ 安装电解电容时注意极性，在没有剪脚时，电容两个引脚中，长的一根为正，短的为负，安装时须特别注意。

④ 电池正极片安装时，先上一些锡，同时在线路板上也上好锡，安装的方向与其他元件相反，伸出部分应在线路板的焊接面，焊接时由于这个元器件面积大，注意不要烫伤手。实际安装时，最好用钳子夹住金属部分让其定位，然后再进行焊接。由于金属部分面积大，散热快，因此有条件的话最好用一把 60W 的电烙铁进行焊接，这样焊接时间较短，不容易损坏线路板。

⑤ 电源插头安装时先将带金属电极的部件放入槽中，然后将两片舌片盖上，最后将装好固定弹簧的塑料盖板盖上，拧上螺丝。

(4) 焊接工艺要求

① 元件尽量贴紧线路板，避免因焊接的元件突出而出现短路或难以装配(特殊要求除外，LED 要根据外壳的高度来焊接)。

② 在焊接时要注意电烙铁的角度，使电烙铁、焊锡丝与电路板三位一体，注意焊锡丝的用量一定要适中。

③ 焊点要求美观。

④ 在撤离电烙铁的同时要保证电路板不要晃动以免产生虚焊。

⑤ 在焊接三极管时要注意分清集电极、基极和发射极。

⑥ 在总体的焊接中要服从后级向前级安装，先小后大的原则。

⑦ 变压器要用热熔胶粘住。变压器的输出要按要求接在线路板上，不可接错，否则会烧坏元件。

⑧ 充电器的正负极片要焊接周正、牢靠，不可偏歪，不然会影响装配。

7.5.6　MP3 的制作

该套件采用 Create-MP301 产品，底层采用 SMT 工艺，顶层是 SMT 和 THT 相结合，采用专用 MP3 控制芯片，使用 1.5V 供电，设有功放电路，支持 SD 卡存储介质，可当 U 盘使用，具有模块性能稳定、音质好、成本低等特点，实用性强。

1. 电路原理图

MP3 电路原理图如图 7-5-14 所示。

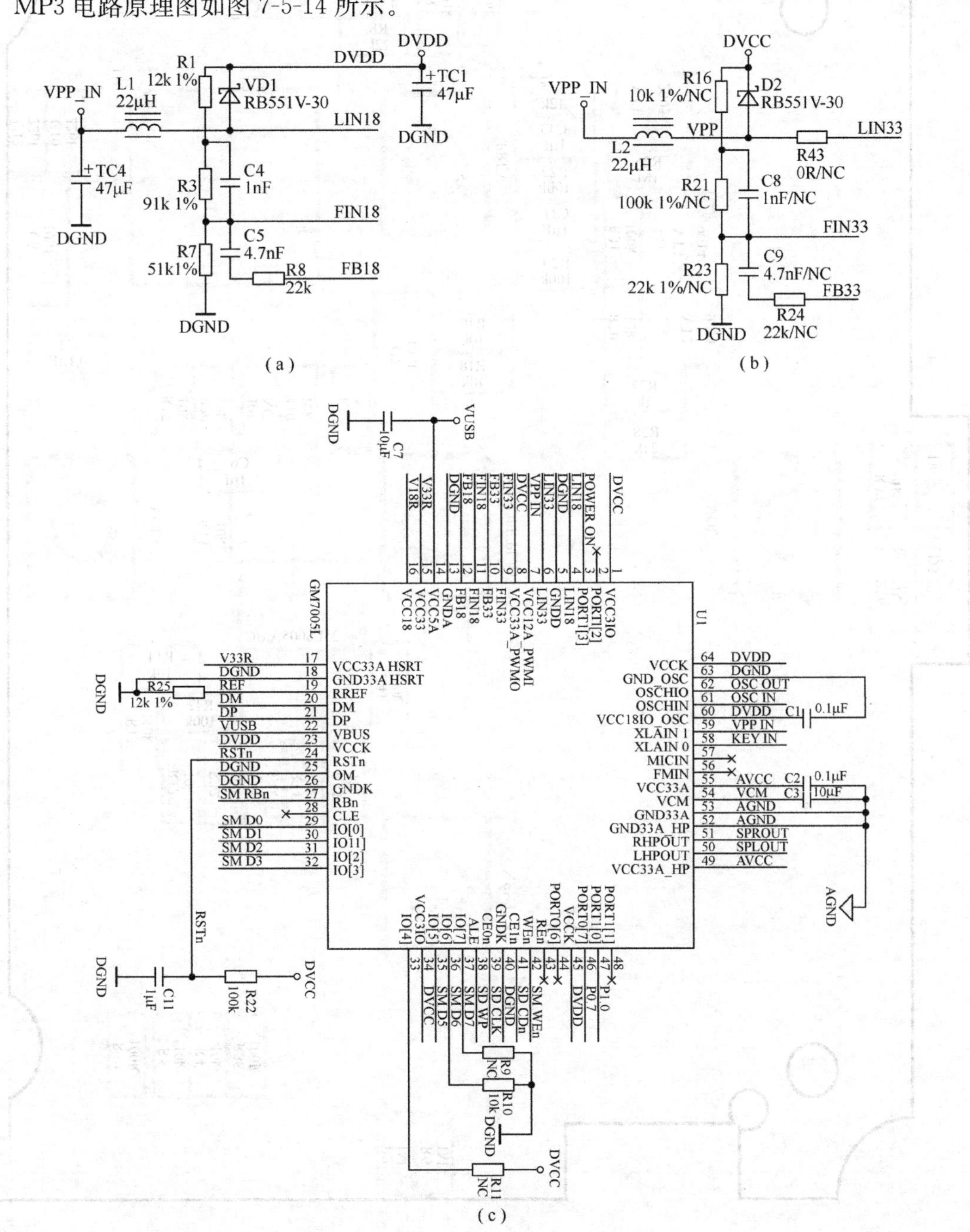

图 7-5-14　MP3 电路原理图

2. 底层 PCB 放大图、顶层 PCB 放大图、实物图

(1)底层 PCB 放大图如图 7-5-15 所示。

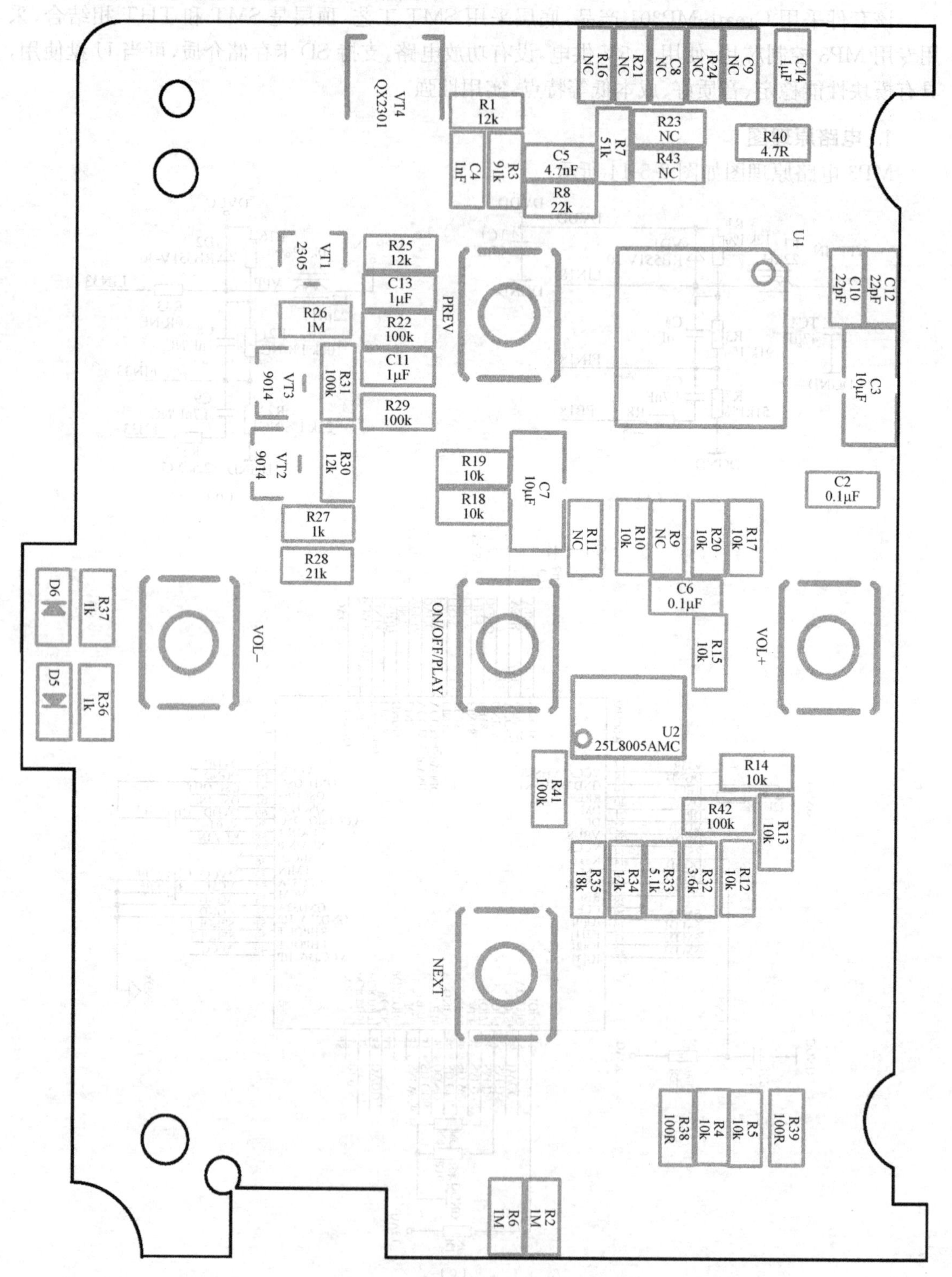

图 7-5-15　MP3 底层 PCB 放大图

(2)顶层 PCB 放大图如图 7-5-16 所示。

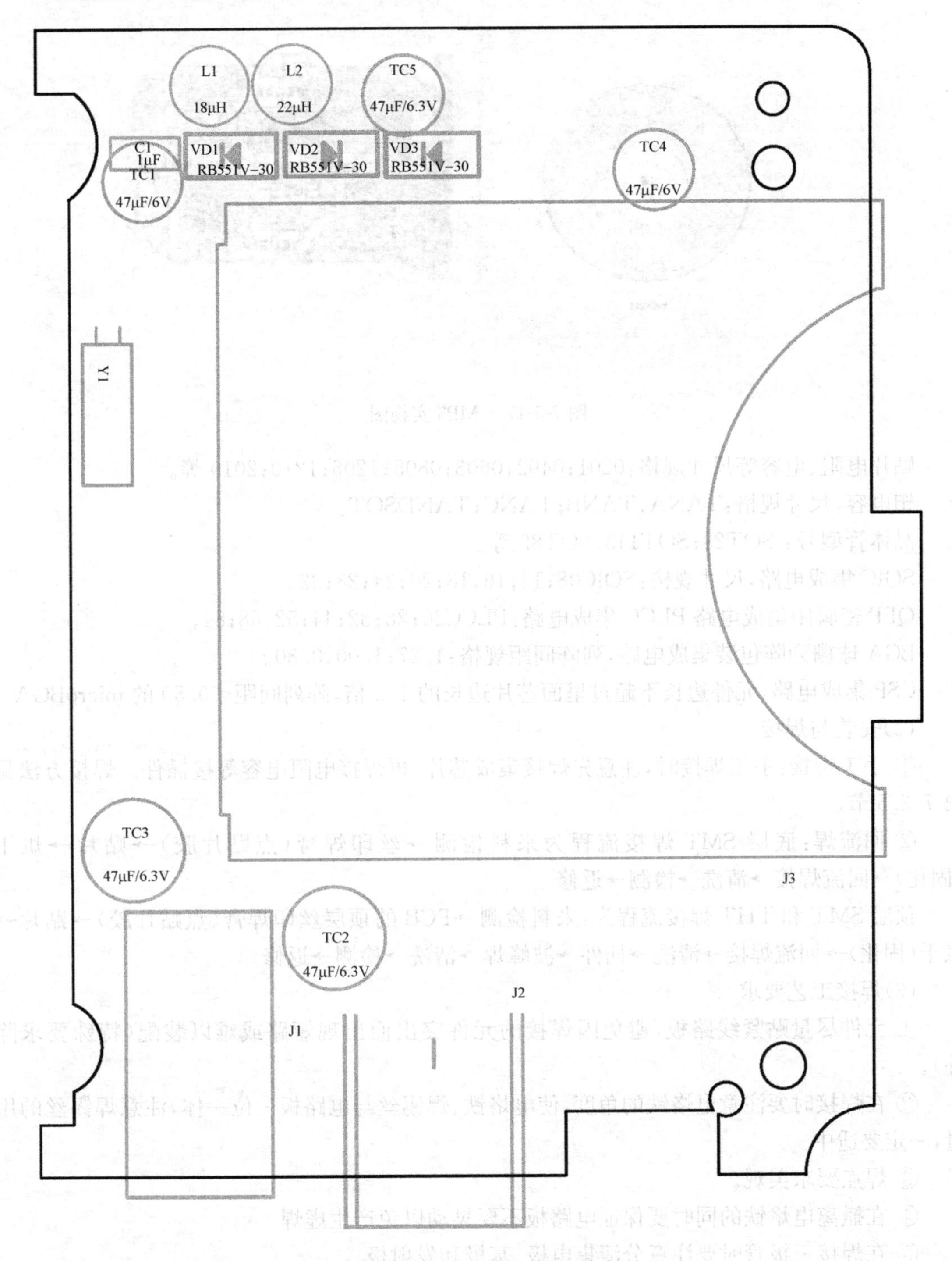

图 7-5-16　MP3 顶层 PCB 放大图

(3)实物图如图 7-5-17 所示。

3. 贴片元件

(1)尺寸规格

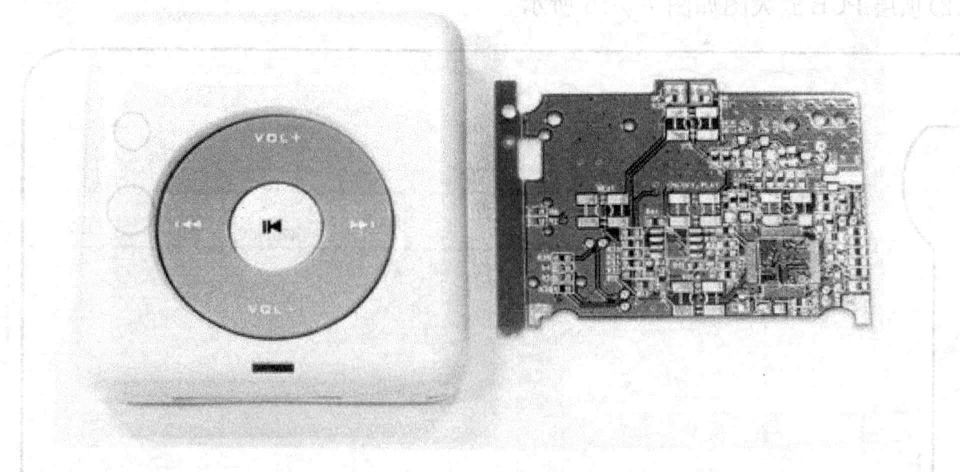

图 7-5-17　MP3 实物图

贴片电阻、电容等尺寸规格：0201；0402；0603；0805；1206；1210；2010 等。

钽电容，尺寸规格：TANA；TANB；TANC；TANDSOT。

晶体管型号：SOT23；SOT143；SOT89 等。

SOIC 集成电路，尺寸规格：SOIC08；14；16；18；20；24；28；32。

QFP 密脚距集成电路 PLCC 集成电路：PLCC20；28；32；44；52；68；84。

BGA 球栅列阵包装集成电路，列阵间距规格：1.27；1.00；0.80。

CSP 集成电路，元件边长不超过里面芯片边长的 1.2 倍，阵列间距<0.50 的 microBGA。

(2)安装与焊接

① 手工焊接：手工焊接时，注意先焊接集成芯片，再焊接电阻电容等接插件。焊接方法见第 7.3.5 节。

② 回流焊：底层 SMT 焊接流程为来料检测→丝印焊膏(点贴片胶)→贴片→烘干(固化)→回流焊接→清洗→检测→返修。

顶层 SMT 和 THT 焊接流程为：来料检测→PCB 的顶层丝印焊膏(点贴片胶)→贴片→烘干(固化)→回流焊接→清洗→插件→波峰焊→清洗→检测→返修。

(3)焊接工艺要求

① 元件尽量贴紧线路板，避免因焊接的元件突出而出现短路或难以装配(特殊要求除外)。

② 在焊接时要注意电烙铁的角度，使电烙铁、焊锡丝与电路板三位一体，注意焊锡丝的用量，一定要适中。

③ 焊点要求美观。

④ 在撤离电烙铁的同时要保证电路板不要晃动以免产生虚焊。

⑤ 在焊接三极管时要注意分清集电极、基极和发射极。

⑥ 在总体的焊接中要服从后级向前级安装，先小后大的原则。

4. 检查和调试

对照插卡机功能操作表(见表 7-5-3)进行检查，只要焊接元件无误，焊接质量可靠，安装产品合格，MP3 就能正常工作。

表 7-5-3　插卡机功能操作表

序号	功能对应	操作要素
1	播放/暂停	长按暂停/播放键,3 秒内进入开机状态,短按暂停/播放键可实现音乐的暂停播放或继续播放功能,暂停时长按可实现关机
2	音量加	播放时按音量“＋”键,可逐步进行音量加调节,耳机声音输出变大
3	音量减	播放时按音量“－”键,可逐步进行音量减调节,耳机声音输出变小
4	快退/上一曲	正常播放状态,按快退/上一曲键功能可返回上一曲目播放;长按可实现快退功能
5	快进/下一曲	正常播放状态,按快进/下一曲键功能可进行下一曲目播放;长按可实现快进功能
6	指示灯窗口	正常操作过程中的所有指示灯的显示窗口
7	电池界面	7＃AAA 电池界面(注意正负极)
8	存储卡插口	SD 或 MMC 等存储卡插口
9	耳机插口	耳机声音输出接口
10	USB 插口	连接 PC 界面

5. 元件清单

Create-MP301 套件的元件清单列于表 7-5-4 中。

表 7-5-4　MP3 元件清单

序号	名称及规格	封装	元件位号	用量
1	PCB 板	两层		1
2	主控 IC/ GM7006L	LQFP-64	U1	1
3	存储 IC/25L4008AMC	SOP-8	U2	1
4	DC-DC/QX2301L30E	SOP-89	VT4	1
5	贴片电阻/100R　1/10W±5%	0603	R38,R39	2
6	贴片电阻/4.7R　1/10W±5%	0603	R40	1
7	贴片电阻/1k　1/10W±5%	0603	R27,R37,R36	3
8	贴片电阻/3.6k　1/10W±5%	0603	R32	1
9	贴片电阻/18k　1/10W±5%	0603	R35	1
10	贴片电阻/100k　1/10W±5%	0603	R22,R29,R31,R41,R42	5
11	贴片电阻/1M　1/10W±5%	0603	R2,R6,R26	3
12	贴片电阻/5.1k　1/10W±5%	0603	R33	1
13	贴片电阻/21k　1/10W±5%	0603	R28	1
14	贴片电阻/12k　1/10W±1%	0603	R1,R25,R30,R34	4
15	贴片电阻/22k　1/10W±5%	0603	R8	1
16	贴片电阻/51k　1/10W±1%	0603	R7	1
17	贴片电阻/91k　1/10W±5%	0603	R3	1
18	贴片电阻/10k　1/10W±5%	0603	R4,R5,R10,R12,R13,R14,R15,R17,R18,R19,R20	11
19	贴片电容/22pF　10V±20%	0603	C10,C12	2
20	贴片电容/1nF　10V±20%	0603	C4	2

续表

序号	名称及规格	封装	元件位号	用量
21	贴片电容/4.7nF 10V±20%	0603	C5	2
22	贴片电容/0.1μF 10V±20%	0603	C2,C6	2
23	贴片电容/1μF 10V±20%	0603	C1,C11,C13,C14	4
24	贴片电容/10μF 10V±20%	0805	C3,C7	2
25	绕线电感/22μH	CD31	L1,L2	2
26	贴片二极管/RB551-30	SOD-123	D1,D2,D3	4
27	贴片三极管/9014	SOT-23	VT2,VT3	2
28	贴片 MOS 管/2305	SOT-23	VT1	1
29	LED/红 LED,蓝 LED	0603	D5(红灯),D6(蓝灯)	2
30	mini USB 接口/5pin 内黑阻燃防锈		J2	1
31	贴片耳机座/左 3P 右 1P 4PIN ϕ3.5 PHONE JACK EJ-2509 黑色阻燃防锈		J1	1
32	SD 卡座/耐高温/内黑阻燃防锈		J3	1
33	正面按键/四脚扁平开关	H=1.5mm	VOL+,VOL-,PLAY,PREV,NEXT	5
34	插件电解电容 47UF +80-20%(Z) 10V D4XH8X1.5mm/D4XH6X1.5mm	DIP	TC1,TC2,TC3,TC4,TC5	5
35	直插晶振/12MHz 负载电容 22pF±10ppm	3×8mm	Y1	1
36	正负极	DIP	BAT -	2
37	外壳	组件		1
38	usb 线+说明书			1
39	电池			1
40	耳机			1

附录　常用仪器的操作及使用

一、万用表

1.1　万用表功能简介

万用表是一种可以用来测量电阻、电流、电压、电容、二极管、三极管等参数的多功能仪表。并且不同型号的万用表所具备的测量功能各不一样，个别高档的万用表还具有频率测量、温度测量、功率测量、电感值测量等功能。本书以胜利牌 VC890D 型三用表为例，逐一介绍其各项功能的使用方法。VC890D 型万用表具有测量电阻、电容、二极管、三极管 β 值、通断测试、交流电压、交流电流、直流电压、直流电流等参数的功能，显示精度为三位半。

1.2　VC890D 型万用表功能面板介绍

万用表面板、量程开关面板、测试附件及表笔如图 1-1 至图 1-3 所示。

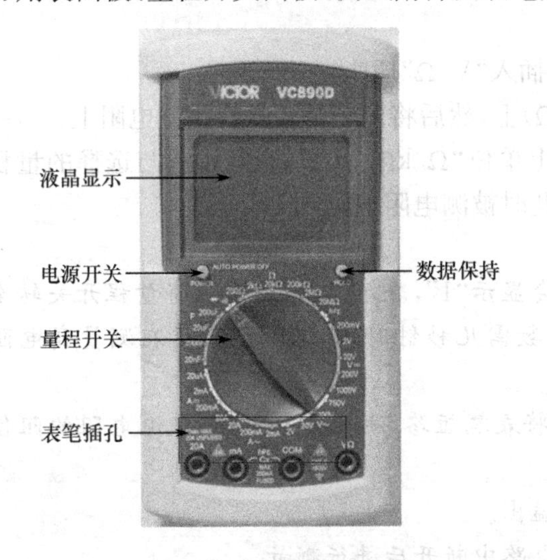

图 1-1　万用表面板图

图 1-2　万用表测试附件及表笔

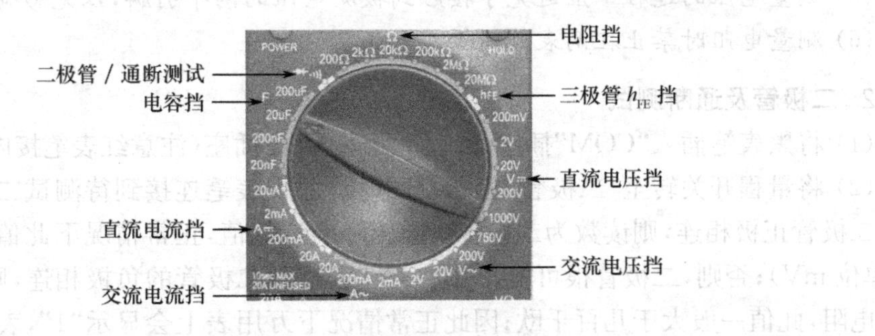

图 1-3　万用表量程开关面板图

1.3　VC890D 万用表基本性能指标

VC890D 万用表基本性能指标见表 1-1。

表 1-1　VC890D 万用表基本性能指标

测试项目	测量范围/显示值	分辨率/测试条件
电阻	0～20MΩ	量程×0.05%
电容	20nF～20μF	量程×0.05%
二极管及通断测试	显示二极管正向压降	正向直流电流约 1mA，反向电压约 3V
	蜂鸣器发声长响，测试两点间阻值小于约 70±20Ω	开路电压约 3V
三极管 h_{FE}	显示 h_{FE} 值 0～1000	基极电流约 10μA，V_{ce} 约 3V
直流电压	0～1000V	量程×0.05%
交流电压	0～750V	量程×0.05%
直流电流	0～20A	量程×0.05%
交流电流	0～20A	量程×0.05%

1.4　VC890D 万用表使用方法

1. 电阻测量

(1) 将黑表笔插入“COM”插座，红表笔插入“V/Ω”插座。

(2) 将量程开关转至相应的电阻量程(Ω)上，然后将两表笔跨接在被测电阻上。

(3) 待读数基本稳定后读出数值，并加上单位“Ω/kΩ/MΩ”，实际中应与选择的量程单位一致，如：选择 20k 量程，测得数值为 1.12，此时被测电阻值为 1.12kΩ。

注意：

(1) 如果电阻值超过所选的量程值，则会显示“1”，表示溢出，这时应将量程开关转至较高挡位上；当测量电阻值超过 1MΩ 以上时，读数需几秒钟时间才能稳定，这在测量高电阻时是正常的。

(2) 使用 200Ω 量程挡进行测量时应先将表笔短路，测出短路电阻；被测电阻的阻值为测量值减去该短路电阻值。

(3) 当输入端开路时，则显示“1”，表示溢出。

(4) 禁止在线测量电阻，必须将电阻从电路中断开后进行测量。

(5) 测量电阻的过程中应避免手接触到被测电阻的两个引脚，以免影响测量精度。

(6) 测量电阻时禁止在两表笔间输入电压。

2. 二极管及通断测试

(1) 将黑表笔插入“COM”插座，红表笔插入 V/Ω 插座(注意红表笔接内电池“+”极)。

(2) 将量程开关转至“二极管/通断测试”挡，并将表笔连接到待测试二极管，此时若红表笔与二极管正极相连，则读数为二极管正向压降的近似值，正常情况下此值应为 100～700 之间(单位 mV)；否则，二极管很可能损坏。若红表笔与二极管的负极相连，则读数为二极管的截止电阻，此值一般大于几百千欧；因此正常情况下万用表上会显示“1”，表示电阻很大，测量溢出；否则，二极管很可能被击穿。

(3) 将表笔连接到待测线路的两点，如果内置蜂鸣器发出“嘟……”的声音，则说明两点间电阻小于约(70±20)Ω。此时，如果测试的是导线则说明该导线基本没有断路现象。

3. 三极管 h_{FE}

(1) 将量程开关置于 h_{FE} 挡。

(2) 将测试附件的“+”极插入“COM”插座，“−”极插入“mA”插座。

(3) 判断所测晶体管型号(NPN 或 PNP 型)，认清 e、b、c 三极，并将发射极、基极、集电极分别插入测试附件上相应的插孔，万用表上显示值即为三极管的 β 值(h_{FE} 值)。

4. 电容测量

(1) 将红表笔插入“COM”插座，黑表笔插入“mACx”插座。

(2) 将量程开关转至相应的电容量程(F)上，表笔对应极性(注意红表笔极性为“+”极)接入被测电容，测得的数值应加上对应量程的单位，如 20nF 量程测得读数为 2.05，则该电容值为 2.05nF。

注意：

(1) 如果事先对被测电容范围没有概念，应将量程开关转到最高的挡位；然后根据显示值逐步转至相应挡位上。

(2) 如果屏幕显示“1”，表明已超过量程范围，需将量程开关转至较高挡位上。

(3) 在测试电容前，屏幕显示值可能尚未回到零，残留读数会逐渐减小，但可以不予理会，它不会影响测量的准确度。

(4) 大电容挡测量严重漏电的电容或被击穿的电容时，将显示一些数值且不稳定。

(5) 请在测试电容容量之前先对电容进行充分的放电，以防止损坏仪表。

(6) 单位换算：1μF = 1000nF，1nF = 1000pF。

5. 直流电压测量

(1) 将黑表笔插入“COM”插座，红表笔插入 V/Ω 插座。

(2) 将量程开关转至相应的直流电压量程上，然后将测试表笔跨接在被测电路上。待数值稳定后读数并加上量程对应的单位即为测量值。若屏幕上只显示数字，则表明实测电压与实际电压方向相同，即红表笔所接为电源“+”极，黑表笔所接为电源“−”极。若屏幕上最高位显示“−”，则表明实测电压与实际电压方向相反，即黑表笔所接为电源“+”极，红表笔所接为电源“−”极。如将量程旋至 20mV 直流电压挡，测得数值为−1.23，则表示被测两点间电压大小为 1.23mV，红表笔所接为电源“−”极，黑表笔所接为电源“+”极。

注意：

(1) 如果事先对被测电压范围没有概念，应将量程开关转到最高的挡位，然后根据显示值逐步转至相应挡位上。

(2) 如果屏幕显示“1”，表明已超过量程范围，需将量程开关转至较高挡位上。

(3) 禁止使用直流电压挡测量任何交流电压。

6. 交流电压测量

(1) 将黑表笔插入“COM”插座，红表笔插入 V/Ω 插座。

(2) 将量程开关转至相应的交流电压(V～)挡位上，然后将测试表笔跨接在被测电路上，此时测得的数值加上量程对应的单位即表示被测点的电压有效值。如 200V 量程测得读数为 38.6，则表示被测电压有效值为 38.6V。

注意：

(1) 如果事先对被测电压范围没有概念，应将量程开关转到最高的挡位，然后根据显示值转至相应挡位上。

(2) 如果屏幕显示"1"，表明已超过量程范围，需将量程开关转至较高挡位上。

(3) 交流电压挡测试的读数为交流电压的有效值，它一般用来测量工频电压，而不能用来测量频率超过几百赫兹的交流信号电压。

(4) 禁止使用交流电压挡测量直流电压。

7. 直流电流测量

(1) 将黑表笔插入"COM"插座，红表笔插入"mA"插座中(最大可测 200mA)，或红表笔插入"20A"插座中(最大可测 20A)。

(2) 将量程开关转至相应直流电流挡位上，然后将万用表的表笔串联接入被测电路中，被测电流值及红表笔点的电流极性将同时显示在屏幕上，此时将测得的数值加上量程对应的单位即为被测电流值。如，200mA 挡测得数值为 128，则表示被测点的电流为 128mA，电流方向为正，即红表笔处电流为正。

注意：

(1) 如果事先对被测电流范围没有概念，应将量程开关转到最高的挡位，然后根据显示值逐步转至相应挡位上。

(2) 如果屏幕显示"1"，表明已超过量程范围，需将量程开关转至较高挡位上。

(3) 最大输入电流为 200mA 或者 20A(视红表笔插入位置而定)，过大的电流会将保险丝熔断，在测量 20A 时要注意，该挡位未设保险，连续测量大电流将会使电路发热，影响测量精度甚至损坏仪表。

(4) 禁止使用直流电流挡测量交流电流。

(5) 禁止将表笔并联接入电路测量电流。

8. 交流电流测量

(1) 将黑表笔插入"COM"插座，红表笔插入"mA"插座中(最大可测 200mA)，或红表笔插入"20A"插座中(最大可测 20A)。

(2) 将量程开关转至相应交流电流(A～)挡位上，然后将万用表的表笔串联接入被测电路中。测得的数值加上量程对应的单位即为被测交流电流的平均值，如，200mA 挡测得读数为 180，则表示被测交流电流平均值为 180mA。

注意：

(1) 如果事先对被测电流范围没有概念，应将量程开关转到最高的挡位，然后根据显示值逐步转至相应挡位上。

(2) 如果屏幕显示"1"，表明已超过量程范围，须将量程开关转至较高挡位上。

(3) 最大输入电流为 200mA 或者 20A(视红表笔插入位置而定)，过大的电流会将保险丝熔断。在测量 20A 时要注意，该挡位未设保险，连续测量大电流将会使电路发热，影响测量精度甚至损坏仪表。

(4) 禁止使用直流电流挡测量交流电流。

(5) 禁止将表笔并联接入电路测量电流。

9. 数据保持

按下“数据保持(HOLD)”开关,当前数据便保持在屏幕上。如需继续测量,请将数据保持开关置于弹起状态,否则将无法进行测量。

10. 自动断电

当仪表停止使用约20分钟后,仪表便自动断电进入休眠状态;若要重新启动电源,再按两次“POWER”键,就可重新接通电源。

注意:

虽然仪表设有自动断电功能,但为节约用电,每次使用完仪表后应使“POWER”键处于弹起状态,切断仪表电源。

二、直流稳压电源

2.1　直流稳压电源功能简介

直流稳压电源是给电路提供多路稳定直流电压或恒定电流的设备。通常该设备采用220V市电输入,经过转换后可输出32V以内(安全电压),连续可调的稳定的直流电压。本书以EM1715A、YB1719、YB1732A、SS2323等直流电源为例,逐一介绍其各项功能的使用方法。

2.2　直流稳压电源基本性能参数

直流稳压电源基本性能参数见表2-1。

表2-1　直流稳压电源基本性能参数

型　号	基本功能	电压输出范围	电流输出范围
YB1732A	恒压输出 串联、并联输出 过流保护	0～32V(独立) 0～64V(串联) 固定+5V	0～3A(串联)/ 0～6A(并联)/ 2A(+5V)
SS2323	恒压输出 串联、并联输出 过流保护	0～32V(独立) 0～64V(串联)	0～3A(串联)/ 0～6A(并联)

2.3　YB1732A型直流稳压电源

1. YB1732A功能面板介绍(见图2-1)

① 主路(CH1)电压表头。

② 主路电流表头。

③ 主路电流【调节旋钮】。

④ 主路电压【调节旋钮】。

⑤ 电源开关【POWER】。

⑥ 固定“+5V”直流电压输出接线柱。

⑦ 主路电源输出接线柱。

⑧ 保护地接线柱(与机壳相连,一般接大地,不是电路的参考地)。

⑨ 跟踪模式设置开关。

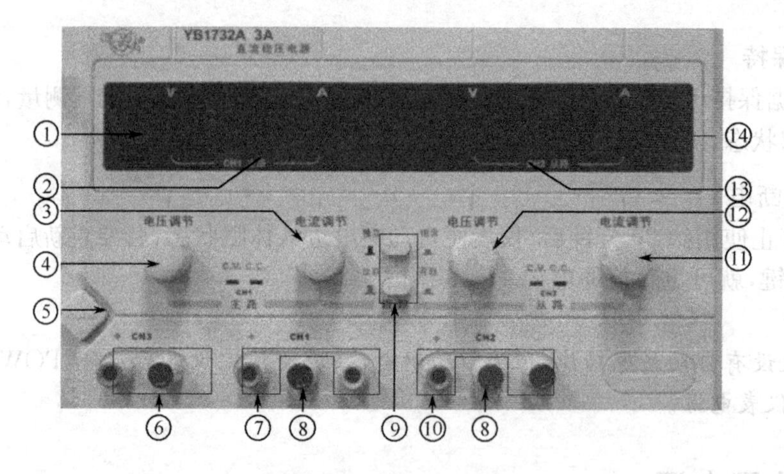

图 2-1　YB1732A 面板图

⑩ 从路电源输出接线柱。

⑪ 从路电流【调节旋钮】。

⑫ 从路电压【调节旋钮】。

⑬ 从路(CH2)电压表头。

⑭ 从路电流表头。

2. YB1732A 使用方法

(1) 独立模式恒压输出

① 按下【POWER】电源开关。

② 将【电流调节】旋钮逆时针旋到底后,再顺时针旋动约 1/4 圈。

③ 旋动【电压调节】旋钮调整输出电压至所需值(当前输出电压值显示在表头数码管上,显示电压仅供参考,要得到精确电压值请用万用表直流电压挡测量)。

④ 在电源对应的"+"、"−"输出接线柱上便能得到相应的电压。

注意:

① 遇到电路短路情况请首先关闭【POWER】电源开关,待问题解决后方可重新开启。

② 必须将电压值调整好后再用导线接入电路中,以免电压过高损坏电路中的元件。

③ 电流调节旋钮决定了电源最大输出电流,此旋钮的调节可根据外电路需要的电流值进行适当的调整(顺时针旋转为电流增大)。

④ 电源中黑色接线柱为机壳接大地的安全地线,使用时电路中的参考地应该接电源的"−"接线柱(负电源接法与此相反,电路中参考地应该接"+"接线柱)。

⑤ 上述操作中未提到的按钮应处于弹起状态。

(2) 两路串联输出

① 将跟踪模式设置的【独立/组合】按钮按下(选择组合)。

② 分别旋动主路和从路的【电流调节】旋钮,调整主路和从路的最大输出电流,一般先逆时针旋到底后再顺时针旋转约 1/4 圈。

③ 串联模式下主、从路的电压值自动变为相等,并且电压的调整只能通过主路【电压调节】旋钮进行调节。

④ 串联模式下,主路的"−"接线柱与从路的"+"接线柱内部已导通,实际连接时这两个

接线柱只需连接任意一个即可。

⑤ 在输出接线柱上以主路的"－"或从路的"＋"为参考地，在主路的"＋"接线柱和从路的"－"接线柱能分别得到正电压和负电压输出(如果只连接主路"＋"接线柱和从路"－"接线柱，则输出电压为两路电压之和)。

注意：

① 遇到电路短路情况请立即按"POWER"按钮关闭电源开关，待问题解决后方可恢复输出。

② 必须先调好输出电压再接入电路，以免电压过高损坏电路元件。

③ 电流的调节是对输出最大电流的限制，用户可根据需要进行适当的调整。

④ 注意输出电压的极性。

⑤ 电源中黑色接线柱为机壳接大地的安全地线，使用时电路中的参考地应该接电源的"－"接线柱(负电源接法与此相反，电路中参考地应该接"＋"接线柱)。

⑥ 上述操作中未提到的按钮应处于弹起状态。

(3) 两路并联输出

① 按下【POWER】电源开关。

② 将跟踪模式设置的【独立/组合】按钮按下(选择组合)，【串联/并联】按钮按下(选择并联)，此时输出电压和输出电流的调整只受主路控制，并且输出接线柱的主路(CH1)和从路(CH2)处于并联状态。

③ 将主路的【电流调节】旋钮左旋到底后右旋约 1/4 圈，调整主路【电压调节】旋钮到需要的电压值(此时主、从路的电压表头显示的电压值始终是相等的，输出电压即等于任意一路显示的电压值；显示电压仅供参考，要得到精确电压值请用万用表直流电压挡测量)。

④ 在主路(CH1)或从路(CH2)的输出"＋"、"－"极接线柱上都能得到设定好的电压值。

注意：

① 遇到电路短路情况请立即关闭【POWER】电源开关，待问题解决后方可恢复输出。

② 必须先调好输出电压再接入电路，以免电压过高损坏电路。

③ 电流的调节是对输出电流最大值的限制，用户可根据需要进行适当调整(顺时针旋动为增大)。

④ 并联后电源的最大输出电流为主路显示电流值的 2 倍。

⑤ 电源中黑色接线柱为机壳接大地的安全地线，使用时电路中的参考地应该接电源的"－"接线柱(负电源接法与此相反，电路中参考地应该接"＋"接线柱)。

⑥ 上述操作中未提到的按钮应处于弹起状态。

(4) 固定＋5V 直流电压输出

按下电源开关【POWER】，电源的第三路(CH3)即向外输出固定的＋5V 直流电源(注意接线柱"＋"、"－"极性)，此路电压输出与控制面板上的旋钮和按钮的设置无关。

注意：

如遇到电路短路情况，请立即关闭"POWER"电源开关，待问题解决后方可恢复输出。

2.4　SS2323 型直流稳压电源

1. SS2323 功能面板介绍(见图 2-2)

① 从路(SLAVE)CH2 电压表头。

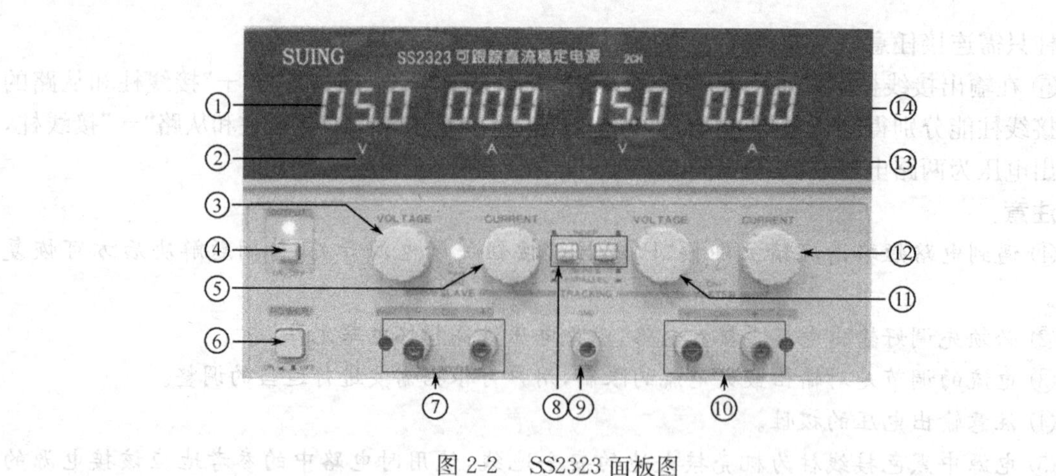

图 2-2　SS2323 面板图

② 从路(SLAVE)CH2 电流表头。

③ 从路电压调节【VOLTAGE】旋钮。

④ 电源输出允许开关【OUTPUT】。

⑤ 从路电流调节【CURRENT】旋钮。

⑥ 电源开关【POWER】。

⑦ 从路电源输出接线柱。

⑧ 跟踪模式设置按钮。

⑨ 保护地接线柱(与机壳相连,一般接大地,不是电路中的参考地)。

⑩ 主路电源输出接线柱。

⑪ 主路电压调节【VOLTAGE】旋钮。

⑫ 主路电流调节【CURRENT】旋钮。

⑬ 主路(MASTER)CH1 电压表头。

⑭ 主路(MASTER)CH1 电流表头。

2. SS2323 使用方法

(1) 独立模式恒压输出

① 按下【POWER】电源开关。

② 将【CURRENT】电流调节旋钮逆时针旋到底后,再顺时针旋动约 1/4 圈,此时数码管显示的电流值为电源输出的限制电流值。

③ 旋动【VOLTAGE】电压调节旋钮调整输出电压至所需值(当前输出电压值显示在表头数码管上,显示电压仅供参考,要得到精确电压值请用万用表直流电压挡测量)。

④ 轻按一次【OUTPUT】按钮,在电源对应的"+"、"−"输出接线柱上便能得到相应的电压[注意主路(CH1)和从路(CH2)输出及电源极性不要接错]。

注意:

① 遇到电路短路情况请立即按一次【OUTPUT】按钮,切断电源输出,待问题解决后方可重按【OUTPUT】恢复输出。

② 必须将电压值调整好后再用导线接入电路中,以免电压过高损坏电路中的元件。

③ 电流调节旋钮决定了电源最大输出电流,此旋钮的调节可根据外电路需要的电流值进行适当的调整(顺时针旋动为电流增大)。

④ 电源中标有GND的接线柱为机壳接大地的安全地线，使用时电路中的参考地应该接电源的“－”接线柱（负电源接法与此相反，电路中参考地应该接“＋”接线柱）。

⑤ 上述操作中未提到的按钮应处于弹起状态。

(2) 两路串联输出

① 将【TRACKING】跟踪模式设置的【SERIES】按钮按下（选择串联）。

② 分别旋动主路（MASTER）和从路（SLAVE）的电流调节【CURRENT】旋钮，调整主路和从路的最大输出电流，一般先逆时针旋到底后再顺时针旋动约1/4圈。

③ 串联模式下主、从路的电压值自动变为相等，并且电压的调整只能通过主路电压调节【VOLTAGE】旋钮进行调节。

④ 串联模式下，主路的“－”接线柱与从路的“＋”接线柱内部已导通，实际连接时这两个接线柱只需连接任意一个即可。

⑤ 按一下【OUTPUT】键，在输出接线柱上以主路的“－”或从路的“＋”为参考地，主路的“＋”接线柱和从路的“－”接线柱能分别得到正电压和负电压输出（如果只连接主路“＋”接线柱和从路“－”接线柱，则输出电压为两路电压之和）。

注意：

① 遇到电路短路情况请立即按【POWER】按钮关闭电源开关，待问题解决后方可恢复输出。

② 必须先调好输出电压再接入电路，以免电压过高损坏电路元件。

③ 电流的调节是对输出最大电流的限制，用户可根据需要进行适当的调整。

④ 注意输出电压的极性。

⑤ 电源中标有GND的接线柱为机壳接大地的安全地线，使用时电路中的参考地应该接电源的“－”接线柱（负电源接法与此相反，电路中参考地应该接“＋”接线柱）。

⑥ 上述操作中未提到的按钮应处于弹起状态。

(3) 两路并联输出

① 按下【POWER】电源开关。

② 将跟踪【TRACKING】模式设置的【SERIES】和【PARALLEL】按钮按下（选择并联），此时输出电压和输出电流的调整只受主路（MASTER）控制，并且输出接线柱的主路（CH1）和从路（CH2）处于并联状态。

③ 将主路的电流调节旋钮【CURRENT】逆时针旋到底后顺时针旋动约1/4圈，调整主路电压调节旋钮【VOLTAGE】到需要的电压值（此时主、从路的电压表头显示的电压值始终是相等的，输出电压即等于任意一路显示的电压值；显示电压仅供参考，要得到精确电压值请用万用表直流电压挡测量）。

④ 按一下【OUTPUT】按钮，在主路（CH1）或从路（CH2）的输出“＋”、“－”极接线柱上都能得到想要的电压值。

注意：

① 遇到电路短路情况请立即关闭【POWER】电源开关，待问题解决后方可恢复输出。

② 必须先调好输出电压再接入电路，以免电压过高损坏电路元件。

③ 电流的调节是对输出电流最大值的限制，用户可根据需要进行适当调整（顺时针旋动为增大）。

④ 并联后电源的最大输出电流为主路显示电流值的2倍。

⑤ 电源中标有GND的接线柱为机壳接大地的安全地线，使用时电路中的参考地应该接电源的“－”接线柱（负电源接法与此相反，电路中参考地应该接“＋”接线柱）。

⑥ 上述操作中未提到的按钮应处于弹起状态。

三、函数信号发生器

3.1 函数信号发生器功能简介

函数信号发生器主要是用来产生正弦波、方波、三角波等各种波形信号的仪器。一般来说，函数信号发生器根据其产生波形的频率等级可以分为高频信号发生器和低频信号发生器两大类。本书高频信号发生器以 YB1052B 为例，低频信号发生器以 YB1602、YB1615P、TFG1020 为例，逐一介绍其各项功能的使用方法。

3.2 YB1602 型低频函数信号发生器

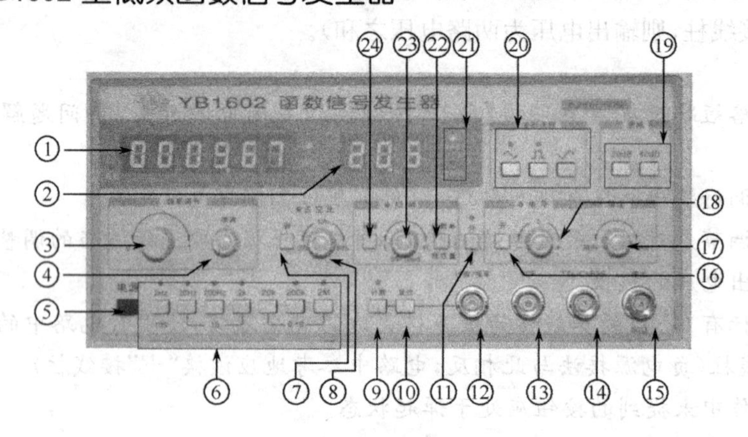

图 3-1 YB1602 面板图

1. **YB1602 函数信号发生器功能面板介绍(见图 3-1)**

① 频率显示区。

② 幅度显示区。

③【频率调节】旋钮。

④ 频率【微调】旋钮。

⑤【电源】开关。

⑥ 频段选择开关/闸门时间选择开关。

⑦ 调节占空比功能启用开关。

⑧占空比调节旋钮。

⑨ 计数功能启用开关。

⑩【复位】开关。

⑪【外】输入控制开关。

⑫ 计数/频率输入接口。

⑬ 功率输出接口。

⑭ TTL/CMOS 信号输出接口。

⑮ 电压信号输出接口。
⑯ 叠加电平功能启用开关。
⑰【幅度】调节旋钮。
⑱ 叠加电平大小调节旋钮。
⑲ 幅度【衰减】开关。
⑳ 输出【波形选择】开关。
㉑ 幅度单位指示灯(V/mV)。
㉒ 扫频方式(对数/线性)选择开关。
㉓ 扫频周期调节旋钮，
㉔ 扫频功能启用开关。

2. YB1602 函数信号发生器信号输出与调节

(1) 函数信号发生器 YB1602 产生的非 TTL 信号由标有“输出”的接口输出，而 TTL/CMOS 信号则由标有“TTL/CMOS”的接口输出，输出信号使用同轴电缆输出。

(2) 根据需要首先选择适当的频率范围、波形(方波、三角波、正弦波)，再通过【频率调节】旋钮(粗调和微调)调整到需要的频率值。

(3) 通过【幅度】调节旋钮调整波形的幅度(当选择 TTL/CMOS 输出时此功能无效)，如需要输出 mV 级小信号时可通过【衰减】开关衰减后再输出，按下【−20dB】键，衰减 10 倍；按下【−40dB】键，衰减 100 倍；两个键都按下，衰减 1000 倍。

(4) 如需对产生的信号叠加直流电平或改变其占空比，可以分别按下电平开关或占空比开关后再旋动相应的调节旋钮进行调整。

注意：

(1) 信号输出接口不要接错。
(2) 仪器上显示的输出信号的幅度为峰峰值(仅供参考，以示波器或毫伏表测量为准)。
(3) 禁止向信号源的输出口输入电压。
(4) 同轴电缆的黑夹子接电路的参考地，红夹子接信号端。
(5) 上述操作中未提到的按钮应处于弹起状态。

3. YB1602 函数信号发生器测频功能的使用

(1) 按下【计数】按钮和【外】按钮。
(2) 将被测信号利用同轴电缆从“计数/频率”口输入。
(3) 选择相应的闸门时间(0.1S/1S/10S)，按一下【复位】键，待显示稳定后频率显示区的数码管便能显示出被测信号的频率。
(4) 更换闸门时间后如需继续测量，重按一下【复位】按钮即可。

注意：

(1) 使用测频/计数功能时，输入信号的频率应小于 10MHz，幅度峰峰值应大于 100mV，小于 10V。
(2) 同轴电缆的黑夹子接被测信号的负端或地端，红夹子接信号端。
(3) 上述操作中未提到的按钮应处于弹起状态。

4. YB1602 函数信号发生器扫频功能的使用

(1) 按下【扫频】按钮。

(2) 扫频范围由【频段开关】、【频率调节】旋钮共同决定。

(3) 扫频一次的周期可通过扫频周期调节旋钮进行调整(从 10ms～5s),扫频的方式可通过按键进行选择(对数/线性)。

(4) 扫频信号由"输出"接口输出,扫频信号的幅度可通过【幅度】调节旋钮和幅度【衰减】开关调整,具体操作方法参见 3.2 节中的第 2 小节。

注意:

上述操作中未提到的按钮应处于弹起状态。

3.3 YB1615P 型低频函数信号发生器

1. YB1615P 函数信号发生器功能面板介绍(见图 3-2)

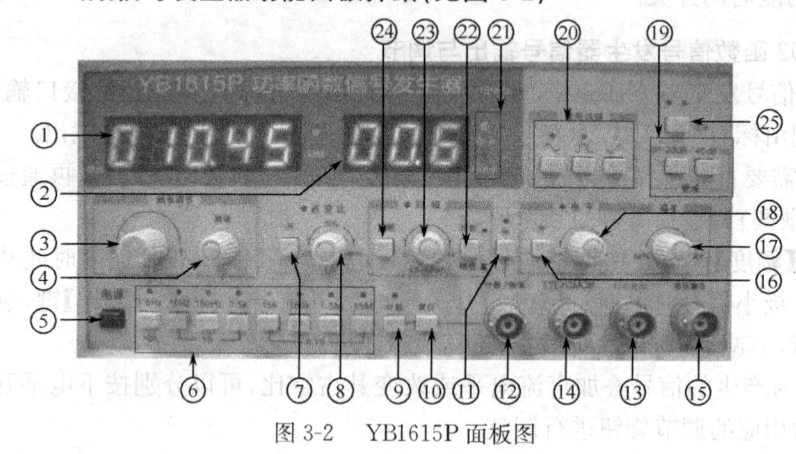

图 3-2 YB1615P 面板图

① 频率显示区。

② 幅度显示区。

③【频率调节】旋钮。

④ 频率【微调】旋钮。

⑤【电源】开关。

⑥ 频段选择开关/闸门时间选择开关。

⑦ 调节占空比功能启用开关。

⑧ 占空比调节旋钮。

⑨ 计数功能启用开关。

⑩【复位】开关。

⑪【外】输入控制开关。

⑫ 计数/频率输入接口。

⑬ TTL/CMOS 信号输出接口。

⑭ 功率输出接口。

⑮ 电压信号输出接口。

⑯ 叠加电平功能启用开关。

⑰【幅度】调节旋钮。

⑱ 叠加电平大小调节旋钮。

⑲ 幅度【衰减】开关。

⑳ 输出【波形选择】开关。

㉑ 幅度单位指示灯(V/mV)。

㉒ 扫频方式(对数/线性)选择开关。

㉓ 扫频周期调节旋钮。

㉔ 扫频功能启用开关。

㉕【功率】输出控制开关。

2. YB1615P 函数信号发生器使用方法

YB1615P 函数信号发生器的使用方法与 YB1602 相同,详细使用方法见 3.2 节。该函数信号发生器可输出高达 15M(YB1602 只能达 2M)的信号。

3.4 TFG1020 型 DDS 函数信号发生器

1. TFG1020 DDS 函数信号发生器功能面板介绍(图 3-3 及图 3-4)

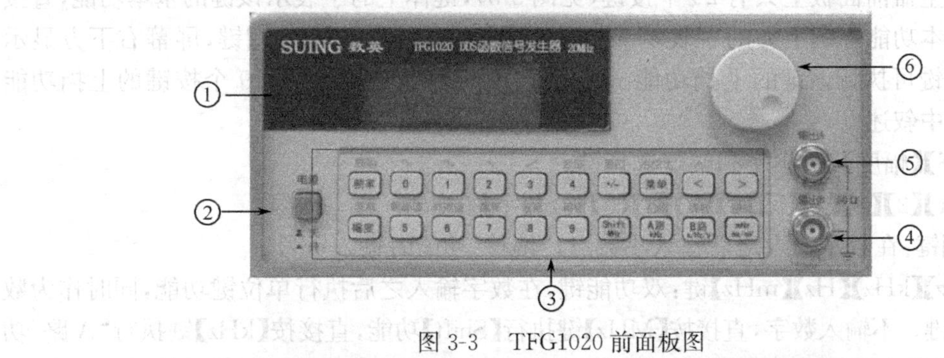

图 3-3 TFG1020 前面板图

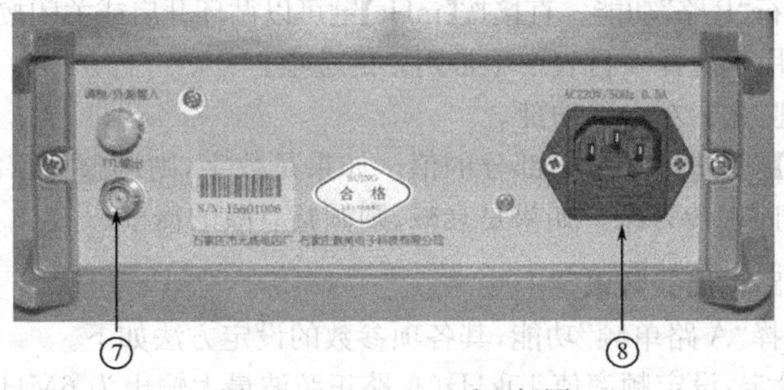

图 3-4 TFG1020 后面板图

① 液晶显示屏。

②【电源】开关。

③ 键盘。

④ B 路输出接口。

⑤ A 路输出接口。

⑥ 调节旋钮。

⑦ TTL 输出接口。

⑧ AC220V 电源插座。

2. TFG1020 DDS 函数信号发生器初始状态参数

断电后重新接通电源或开机状态下按【Shift】【复位】键后,仪器都会进入初始化状态,该状态下具体参数如下：

参数类型	值	参数类型	值
A、B路波形	正弦波	终点频率	5kHz
A、B路频率	1kHz	步进频率	10Hz
A、B路幅度(峰—峰值)	1V	间隔时间	10ms
A、B路占空比	50%	扫描方式	正向
A路衰减	AUTO	载波频率	50kHz
A路偏移	0V	载波幅度(峰—峰值)	1V
B路谐波	1.0	调制频率	1kHz
B路相移	90°	调频频偏	1.0%
始点频率	500Hz	调制波形	正弦波

3. TFG1020 DDS 函数信号发生器键盘说明

该信号发生器前面板上共有20个按键(见图3-3)，键体上的字表示该键的基本功能，直接按键可执行基本功能。键上方的字表示该键的上挡功能，首先按【Shift】键，屏幕右下方显示“S”，再按某一键可执行该键的上挡功能。20个按键的基本功能如下，19个按键的上挡功能在后面的章节中叙述。

(1)【频率】【幅度】键：频率和幅度选择键。

(2)【0】【1】【2】【3】【4】【5】【6】【7】【8】【9】键：数字输入键。

(3)【./-】键：在数字输入之后输入小数点，“偏移”功能时输入负号。

(4)【MHz】【kHz】【Hz】【mHz】键：双功能键，在数字输入之后执行单位键功能，同时作为数字输入的结束键。不输入数字，直接按【MHz】键执行【Shift】功能，直接按【kHz】键执行“A路”功能，直接按【Hz】键执行“B路”功能。直接按【mHz】键可以循环开启或关闭按键时的提示声响。

(5)【菜单】键：用于选择项目表中不带阴影的选项。

(6)【<】【>】键：光标左右移动键。

(7)【调节旋钮】：调整光标指示部分的值。如果是数字，则调整数字的大小，顺时针方向旋转为加，逆时针方向旋转为减。如果是衰减，则调整衰减的倍率。

4. TFG1020 A路输出参数设定

按【A路】键，选择“A路单频”功能，其各项参数的设定方法如下。

(1) A路频率设定：设定频率值10kHz(A路正弦波最大输出为6MHz)。

操作：【频率】【1】【0】【kHz】。

(2) A路周期设定：设定周期25ms。

操作：【Shift】【周期】【2】【5】【ms】。

(3) A路幅度格式：有效值或峰峰值。

操作：【Shift】【有效值】或【Shift】【峰峰值】。

(4) A路常用波形选择：正弦波、方波、三角波、锯齿波。

操作：【Shift】【0】、【Shift】【1】、【Shift】【2】、【Shift】【3】。

(5) A路占空比设定：设定占空比为40%。

操作：【Shift】【占空比】【4】【0】【Hz】。

(6) A路衰减设定：循环选择0dB，20dB，40dB，60dB，AUTO。

操作：【Shift】【衰减】启动衰减功能，再调节调整旋钮依次改变衰减的倍率。

(7) A 路偏移设定:循环加减偏移电压值。

操作:【Shift】【偏移】,按【<】或【>】调整光标位置,旋动调节旋钮改变偏移电压值。

(8) TTL 输出。

操作:用带 Q9 头的屏蔽电缆接入仪器背部标有"TTL 输出"的端口即可输出 TTL 信号。此时,信号的幅度大小不可调,频率大小由 A 路频率值决定。

(9) A 路扫频功能及参数设定。

操作:【Shift】【扫频】启动扫频功能。循环按【菜单】键可切换至扫频状态下不同的参数设置界面,如始点频率、终点频率、步进频率、扫描方式、间隔时间等。在不同的参数设置界面下,可旋动调整旋钮改变相应的参数值。

(10) A 路调频功能及参数设定。

操作:【Shift】【调频】启动调频功能,此时调频信号从 A 端口输出。循环按【菜单】键可切换至调频状态下不同参数的设置界面,如载波频率、载波幅度、调制频率、调频频偏、调制波形等。在不同的参数设置界面下,可旋动调整旋钮改变相应的参数值。

5. TFG1020 B 路输出参数设定

按【B 路】键,选择"B 路单频"功能,其基本参数设置方法同 A 路。个别特殊参数设置如下。

(1) B 路谐波设定:设定 B 路频率为 A 路频率的一次谐波。

操作:【Shift】【谐波】【1】【Hz】。

(2) B 路相移设定:设定 AB 两路的相位差为 90°。

操作:【Shift】【相移】【9】【0】【Hz】。

6. 其他

关于 TFG1020 DDS 函数信号发生器的其余特殊功能及用法请参考 TFG1000 系列 DDS 函数信号发生器的原厂使用说明书。

3.5　YB1052B 型高频信号发生器

1. YB1052B 高频信号发生器功能面板介绍(见图 3-5)

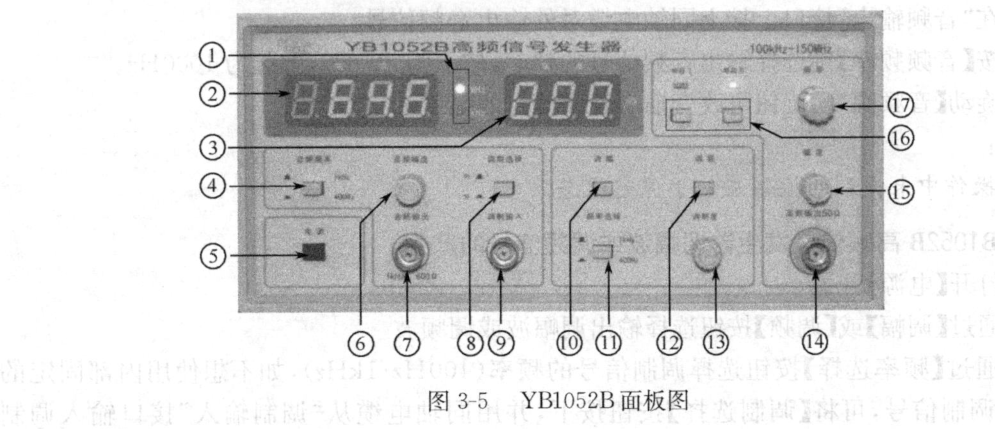

图 3-5　YB1052B 面板图

① 频率显示值的单位指示灯(MHz/kHz)。

② 频率显示区。

③ 幅度显示区。

④ 音频【频率选择】按钮。

⑤【电源】开关。

⑥【音频幅度】调节旋钮。

⑦ 音频信号输出接口。

⑧ 内/外调制切换按钮。

⑨ 外调制输入接口。

⑩【调幅】功能按钮。

⑪ 调制信号【频率选择】按钮。

⑫【调频】功能按钮。

⑬【调制度】调节旋钮。

⑭ 电压信号输出接口。

⑮【幅度】调节旋钮。

⑯ 频段开关,【频段Ⅰ】(10MHz)/【频段Ⅱ】(150MHz)。

⑰【频率】调节旋钮。

2. YB1052B 高频信号发生器普通信号的产生

(1) 按下【电源】开关。

(2) 选择输出信号频段,【频段Ⅰ】(100kHz～10MHz),【频段Ⅱ】(10MHz～150MHz)。

(3) 旋动【频率】旋钮调节输出频率,当前输出频率显示在频率显示区的数码管上。

(4) 旋动【幅度】旋钮调节输出幅度,数码管显示的输出幅度仅作为参考,输出信号的幅度以示波器或毫伏表测量值为准。

(5) 输出信号用同轴电缆接在“高频输出 50Ω”端口上输出。

注意:

(1) 进行频率调节时速度不宜太快,要等数码管上显示的频率值基本稳定后再慢慢调节。

(2) 上述操作中未提到的按钮应处于弹起状态。

3. YB1052B 高频信号发生器音频信号的产生

(1) 打开【电源】开关。

(2) 在“音频输出”接口上接上同轴电缆对外输出音频信号。

(3) 按【音频频率】键选择输出音频信号的频率,按下为 400Hz,弹起为 1000Hz。

(4) 旋动【音频幅度】旋钮可改变输出音频信号的幅度。

注意:

上述操作中未提到的按钮应处于弹起状态。

4. YB1052B 高频信号发生器调幅波或调频信号的产生

(1) 打开【电源】开关。

(2) 通过【调幅】或【调频】按钮选择输出调幅波或调频波。

(3) 通过【频率选择】按钮选择调制信号的频率(400Hz/1kHz),如不想使用内部固定的频率作为调制信号,可将【调制选择】按钮按下,并用同轴电缆从“调制输入”接口输入调制信号。

(4) 载波信号的频率可通过“频段开关”(【频段Ⅰ】/【频段Ⅱ】)和【频率】调节旋钮进行调节,当前频率值显示在频率显示区的数码管上。

(5) 载波信号的幅度可通过【幅度】调节旋钮调整。

(6) 通过【调制度】旋钮可改变调制深度。

(7) 调幅波信号或调频信号由“高频输出 50Ω”端口输出。

注意:

上述操作未提到的按钮应处于弹起状态。

四、示波器

4.1 示波器功能简介

示波器主要是用来捕捉显示并测量各种波形的周期、频率、幅值等参数的仪器。本书以 TDS1002(60MHz)、YB4325(20MHz)、DST1102(100MHz)型示波器为例,逐一介绍其使用方法。

4.2 YB4325 型示波器

1. YB4325 示波器功能面板介绍(见图 4-1)

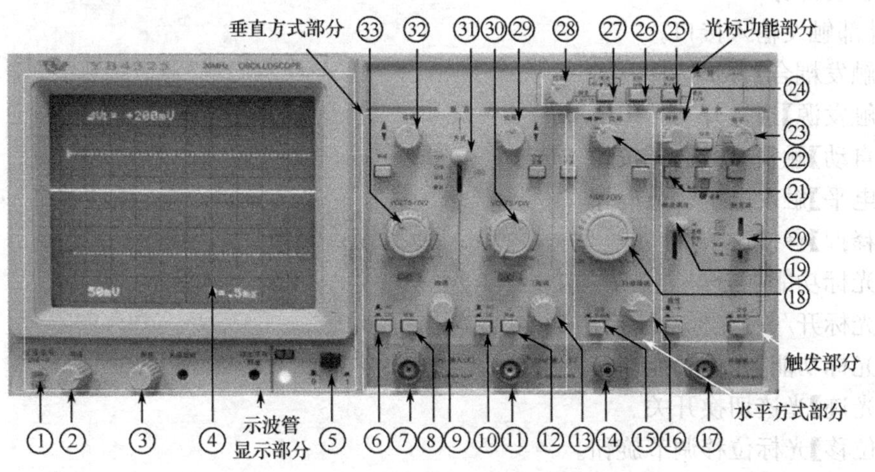

图 4-1 YB4325 面板图

(1) 示波管显示部分

① 校准信号($V_{p-p}=2V$,$f=1kHz$,方波)。

②【辉度】旋钮。

③【聚焦】旋钮。

④ 信号显示窗口。

⑤【电源】开关。

(2) 垂直方式部分

⑥【DC/AC】CH1 接口信号输入耦合方式选择按钮。

⑦ CH1 信号输入接口。

⑧【接地】CH1 接口按钮。

⑨【微调】CH1 垂直灵敏度微调旋钮。

⑩【DC/AC】CH2 接口信号输入耦合方式选择按钮。
⑪ CH2 信号输入接口。
⑫【接地】CH2 接口按钮。
⑬【微调】CH2 垂直灵敏度微调旋钮。
⑭ 保护地接线柱(与机壳相接,一般接大地,避免仪器漏电导致触电)。
㉙【位移】CH2 垂直位移调节旋钮。
㉚【VOLTS/DIV】CH2 垂直灵敏度调节旋钮。
㉛【垂直方式】选择开关。
㉜【位移】CH1 垂直位移调节旋钮。
㉝【VOLTS/DIV】CH1 垂直灵敏度调节旋钮。
(3) 水平方式部分
⑮【锁定】水平扫描锁定控制按钮。
⑯【微调】水平扫描微调旋钮。
⑱【TIME/DIV】水平灵敏度调节旋钮。
㉒【位移】水平位移调节旋钮。
(4) 触发部分
⑰ 外部触发输入接口。
⑲【触发耦合】方式选择开关。
⑳【触发源】选择开关。
㉑【自动】触发方式选择按钮。
㉓【电平】触发电平调节旋钮。
㉔【释抑】释抑调节旋钮。
(5) 光标功能部分
㉕【光标开/关】光标功能启用开关。
㉖【光标功能】光标功能切换开关。
㉗【光迹】光迹切换开关。
㉘【位移】光标位移调节旋钮。

2. YB4325 示波器基本功能的使用方法

(1) 示波器的基本操作

以 CH1 通道为例,讲述示波器的基本操作步骤。

① 打开【电源】开关,按下触发部分的【自动】按钮;调节【辉度】和【聚焦】旋钮,使显示屏上的图像亮度适中并且最清晰。

②【触发耦合】开关选择【AC】,【触发源】开关选择【CH1】。

③ 将示波器的【垂直方式】开关拨到【CH1】(与信号输入通道对应)。

④ 将示波器探头插入示波器的 CH1 输入接口,探针钩在校准信号端子上(探头上的倍乘开关选择【×1】挡)。

⑤ 调节 CH1 垂直灵敏度调节旋钮【VOLTS/DIV】和水平灵敏度调节旋钮【TIME/DIV】,并适当调节 CH1 垂直【位移】旋钮和水平【位移】旋钮。

⑥ 此时如能在显示屏上观察到 $f=1\text{kHz}$,$V_{\text{p-p}}=2\text{V}$ 的方波信号则说明示波器的该通道基本能正常测试。

注意：

① 如按以上方法不能在示波器上测出波形，请更换探头后测试。

② 上述操作中未提到的按钮应处于弹起状态。

(2) 直流电压测量

以 CH1 通道为例，说明直流电压测量的全过程。

① 打开【电源】开关，按下触发部分的【自动】按钮，调节【辉度】和【聚焦】旋钮，使屏幕上显示的直线亮度适中并且最清晰。

② 将【垂直方式】开关置于【CH1】，【触发耦合】开关选择【AC】，【触发源】开关选择【CH1】。

③ 将垂直方式的【微调】旋钮右旋到底，CH1 信号输入的耦合方式选择按钮【DC/AC】按下，选择直流耦合。

④ 按下【接地】按钮，使 CH1 端口短路，调节 CH1 垂直【位移】旋钮和水平【位移】旋钮，使屏幕上直线能完整的显示在屏幕上并且刚好与屏幕水平中线重合，此时显示的直线即为 0V 基准线。

⑤ 将【接地】按钮弹起，用示波器探头从 CH1 输入口接入被测信号(探头上的倍乘开关要拨到【×1】挡)。

⑥ 观察显示屏上的直流电压线的位置，从 0V 基准线开始数直线偏离基准线的格数，并用此格数乘以屏幕左下方显示的电压值即得到被测直流信号的电压值；如电压信号线偏离 0V 基准线格数为 3，屏幕左下方显示 CH1 通道垂直方向值为 1V/DIV，则被测信号的直流电压值为 3DIV×1V/DIV=3V。

注意：

上述操作中未提到的按钮应处于弹起状态。

(3) 交流电压测量

以 CH1 通道为例，说明交流电压测量的全过程。

① 打开【电源】开关。

② 将 CH1 通道【垂直方式】开关置于【CH1】，按下触发部分的【自动】按钮，【触发耦合】开关选择【AC】，【触发源】开关选择【CH1】。

③ 将垂直方式的【微调】旋钮右旋到底。

④ 用示波器探头从 CH1 输入口接入被测信号(探头上的倍乘开关拨到【×1】挡)。

⑤ 调节水平【位移】、CH1 通道垂直【位移】旋钮及水平灵敏度调节旋钮【TIME/DIV】和垂直灵敏度调节旋钮【VOLTS/DIV】，使被测信号波形显示在屏幕中心位置，并能显示 1～2 个完整的波形周期。

⑥ 观察显示屏上波形的峰与峰在垂直方向的格数 N_1 和相邻两峰在水平方向的格数 N_2，屏幕下方会显示 x V(即该通道每格代表的电压值)，$A=y$ ms(横向每格代表的时间)，则该信号的峰-峰值为 $V_{p-p}=N_1\times x$ V，周期 $T=N_2\times y$ ms。

注意：

① 上述操作中未提到的按钮应处于弹起状态。

② 探头黑夹子接地，探针接信号端。

③ 若波形无法在屏幕上静止显示，可适当调整【电平】和【释抑】旋钮，将波形调到最佳观察状态。

(4) 双通道同时观察信号

两路信号分别从 CH1 和 CH2 输入,【垂直方式】开关选则【双踪】,【触发源】开关选择【CH1】或【CH2】(应选择与输入信号较稳定的一路对应),其余操作与上述相同。

(5) 光标功能的使用

① 按下【光标开/关】则启动光标功能,此时在屏幕上会出现两条虚线(水平或垂直),屏幕上方也会相应的显示 $\Delta V_1 = x$ V(光标功能为测量电压)或 $\Delta T_1 = y$ ms(光标功能为测量时间)等。

② 当前光标测量的功能以屏幕左上方显示的为准,循环按动【光标功能】按钮可切换选择不同的功能。

③ 循环按动【光迹】按钮可激活不同的光标线,当前被激活的光标线的上方或左方会显示一个小箭头,此光标线即可通过【光迹】按钮左边的【位移】旋钮进行调整。

④ 移动两光标线到适当的位置,屏幕上方显示的值即通过光标测量得到的相应参数的值。如测量电压时,将两光标线分别移到波形的波峰与波谷处(图 4-2),屏幕左上方显示的 $\Delta V_1 = x$V 即该波形的峰峰值;测量周期时,将两光标线分别移到波形相邻的两个波峰或波谷处(图4-3),屏幕左上方显示的 $\Delta T_1 = x$ ms 即该波形的周期。

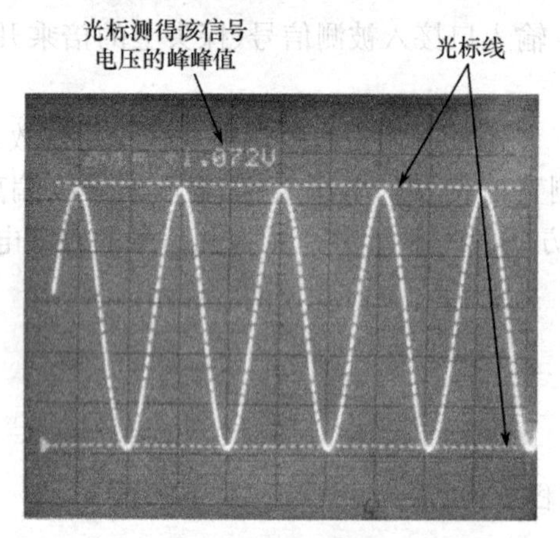

图 4-2 光标测电压

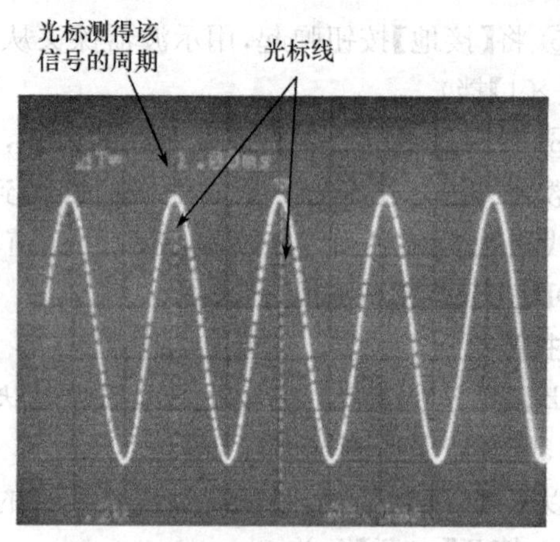

图 4-3 光标测周期

(6) 放大 10 倍后显示测量值

当需要使用放大 10 倍后显示测量值的功能时,可以按住【光迹】按钮不放,再向右旋动此按钮左边的【位移】旋钮,此时,屏幕下方会出现 $P_{10\times}$ 的字样。需要取消此功能时可按住【光迹】按钮,左旋【位移】旋钮。取消该功能后 $P_{10\times}$ 的字样也会消失。此功能主要用于对较小的测量信号进行较为精确的读数。

4.3 TDS1002 型数字示波器

1. TDS1002 数字示波器功能面板介绍(见图 4-4)

(1) 基本部分

① 信号显示区。

⑧ 校准信号:$V_{p-p}=5$V,$f=1$kHz,方波。

(2) 基本功能菜单

② 屏幕右侧菜单对应的功能按钮。

⑪【RUN/STOP】运行/停止控制按钮。

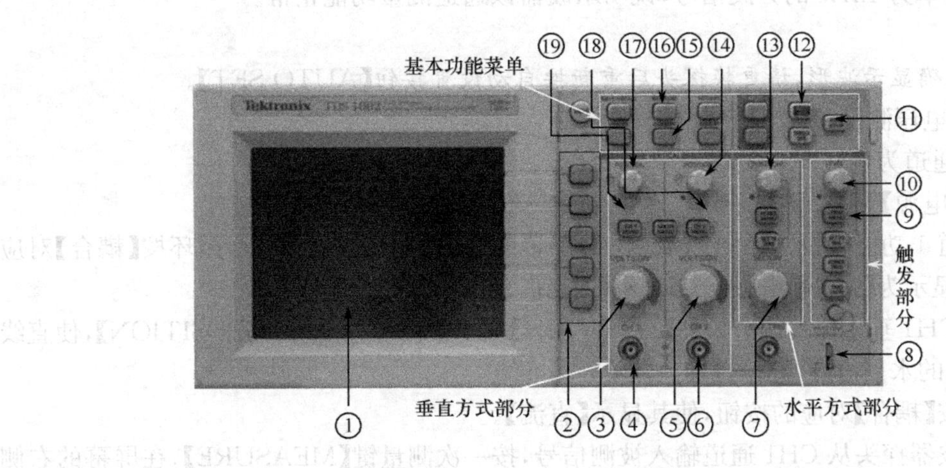

图 4-4　TDS1002 面板图

⑫【AUTO SET】自动设置按钮。

⑮【CURSOR】光标功能按钮。

⑯【MEASURE】测量功能按钮。

(3) 垂直方式部分

③【VOLTS/DIV】CH1 通道垂直灵敏度调节旋钮。

④ CH1 通道信号输入接口。

⑤【VOLTS/DIV】CH2 通道垂直灵敏度调节旋钮。

⑥ CH2 通道信号输入接口。

⑭【POSITION】CH2 通道垂直位移调节旋钮或光标位移调节旋钮。

⑰【POSITION】CH1 通道垂直位移调节旋钮或光标位移调节旋钮。

⑱【CH2 MENU】通道 2 功能表按钮。

⑲【CH1 MENU】通道 1 功能表按钮。

(4) 水平方式部分

⑦【SEC/DIV】水平灵敏度调节旋钮。

⑬【POSITION】水平位移调节旋钮。

(5) 触发部分

⑨【TRIG MENU】触发功能表按钮。

⑩【LEVEL】触发电平调节旋钮。

2. TDS1002 基本功能的使用方法

(1) 示波器通道检查

以 CH1 通道为例：

① 将仪器顶部的【电源】开关按下。

② 将探头接入示波器的 CH1 输入端(探头的倍乘开关拨到【×1】挡)，探头的探针钩住校准信号输出的金属片，黑夹子夹住校准信号接地的金属片。

③ 按通道 1 功能表按钮【CH1 MENU】，在屏幕右侧显示一列菜单，按【探头】对应的按钮，使其显示【1×】。

④ 按示波器上的自动设置按钮【AUTO SET】。待波形稳定后示波器屏幕上应该显示峰

峰值为5V,频率为1kHz的方波信号,说明示波器该通道测量功能正常。

注意:

若不能正确显示波形,请更换探头后重新按自动设置按钮【AUTO SET】。

(2) 直流电压测量

以CH1通道为例:

① 打开【电源】开关。

② 按通道1功能表按钮【CH1 MENU】,屏幕的右侧将显示一列菜单,循环按【耦合】对应的按钮,使其显示为【接地】,按【探头】对应的按钮,使其显示【1×】。

③ 调节CH1垂直位移调节旋钮【POSITION】和水平位移调节旋钮【POSITION】,使直线位于屏幕正中的水平位置,此位置即直流0V基准线。

④ 继续按【耦合】对应的按钮,使其显示【直流】。

⑤ 用示波器探头从CH1通道输入被测信号,按一次测量键【MEASURE】,在屏幕的右侧将显示出平均值,即为直流电压的电压值。

注意:

探头的黑夹子接电路的地,探针接信号端,探头上的倍乘开关拨到【×1】挡。

(3) 交流电压测量

以CH1通道为例:

① 打开【电源】开关。

② 按通道1功能表按钮【CH1 MENU】,在屏幕右侧将显示一列菜单,循环按【耦合】对应的按钮,使其显示为【交流】耦合,按【探头】对应的按钮,使其显示【1×】。

③ 用示波器探头(探头上倍乘开关拨到【×1】),从CH1通道接入被测信号后按一次自动设置按钮【AUTO SET】,待波形显示稳定后按测量按钮【MEASURE】,此时,在屏幕右侧的一列菜单中将显示出该交流电压的峰峰值、频率值、平均值等参数。

④ 如需要测量其他参数,请按屏幕右侧菜单中任意一个参数对应的按钮,此时,屏幕右侧显示的菜单中将显示出【信源】和【类型】两个选项。将【信源】选择【CH1】,循环按【类型】对应的按钮,下方的"值"将对应显示出不同测量参数的值。

注意:

探头的黑夹子接电路的地,探针接信号端,探头上的倍乘开关拨到【×1】挡。

(4) 光标测量功能

以CH1通道为例:

① 屏幕上显示出待测信号的波形后,按一次光标键【CURSOR】,屏幕右侧显示一列菜单,包括【类型】和【信源】两项。

② 按【信源】对应的按钮选择信源为【CH1】。

③ 按【类型】对应的按钮,类型下方将显示需要测量的参数名称(如电压、时间等),此列菜单的最后三项将显示【增量】,【光标1】和【光标2】,并且会显示对应的值,此时,屏幕中也会出现两条平行的虚线(横向或纵向),即光标。

④ 调节垂直方式区中对应的两个亮灯的旋钮【POSITION】(垂直位移/光标位移旋钮)可分别改变光标1和光标2在屏幕中的位置。

⑤ 将光标1和光标2调节到适当的位置,如测量正弦信号的峰峰值时,可将两光标线分别移至正弦波的波峰与波谷处,此时,光标1和光标2下方显示的值即光标1和光标2偏离

0V基准线的值，而【增量】下方显示的值则是该波形的峰峰值(见图4-5)，切换光标功能后使用类似的方法可测量信号的周期和频率(见图4-6)。

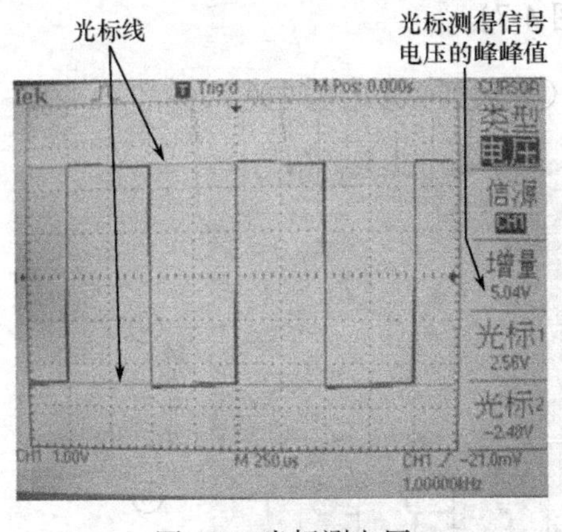

图4-5 光标测电压

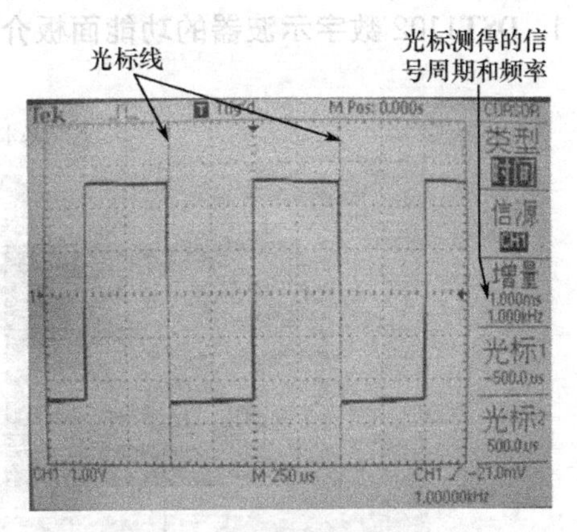

图4-6 光标测周期和频率

⑥ 重新按通道1功能表按钮【CH1 MENU】或自动设置按钮【AUTO SET】即可退出光标功能。

(5) 手动观测方法

以CH1通道为例：

特殊情况下(如观察调幅、调频信号等)，可用手动调节的方式调节波形在示波器上的显示效果，具体操作如下。

① 用探头从通道1输入被测信号(探头上的倍乘开关拨到【×1】)，按通道1功能表按钮【CH1 MENU】，在屏幕右侧弹出一列菜单，按菜单中【探头】对应的按钮，使其显示【1×】。

② 按下触发部分的触发功能表按钮【TRIG MENU】，屏幕右侧将显示一列触发功能参数。将【触发耦合】选择【自动】，【触发源】选择【CH1】。

③ 调节垂直方式区的通道1垂直灵敏度调节旋钮【VOLTS/DIV】、垂直位移调节旋钮【POSITION】，水平方式区的水平灵敏度调节旋钮【SEC/DIV】和水平位移调节旋钮【POSITION】，以及触发部分的电平调节旋钮【LEVEL】，使信号在屏幕上显示最清晰(如无法使波形稳定显示，可按【RUN/STOP】按钮使波形停止后再进行调节)。

④ 启动测量功能或光标功能进行参数测量。

注意：

探头的黑夹子接电路的地，探针接信号端，探头上的倍乘开关拨到【×1】挡。

(6) 运行/停止功能

如果被测信号在屏幕上的显示不太稳定，无法进行测量时，可按一次【RUN/STOP】键，屏幕上便会稳定的显示出当前捕捉到的波形。此时，可旋动水平灵敏度调节旋钮【SEC/DIV】和垂直灵敏度调节旋钮【VOLTS/DIV】将波形调到适当大小(在屏幕上能显示1～2个完整周期)，再按上述的光标测量功能进行相应参数的测量。

注意：

按下【RUN/STOP】按钮后，如需继续采集信号需再按一次该按钮，退出停止模式。

(7) 其他

若需要用到该示波器的其他功能，请参照厂家标配的仪器使用说明书操作。

4.4 DST1102 型数字示波器

1. DST1102 数字示波器的功能面板介绍(见图 4-7)

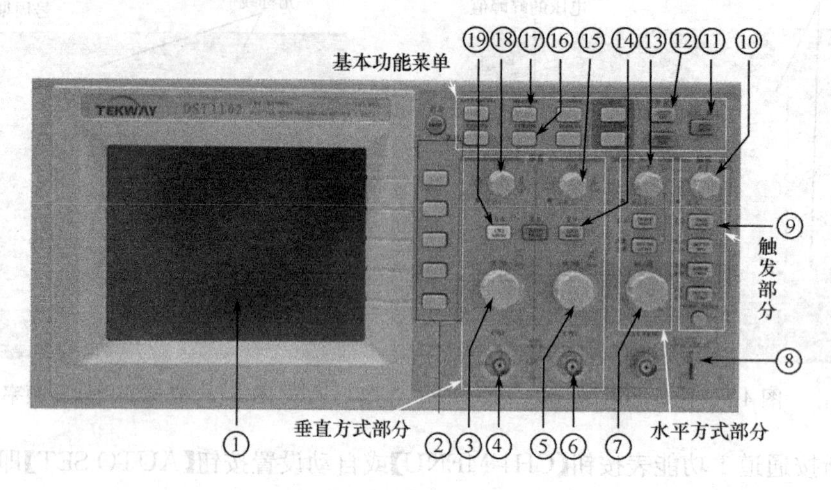

图 4-7 DST1102 面板图

(1) 基本部分

① 信号显示区。校准信号:$V_{p-p}=5V$,$f=1kHz$,方波。

(2) 基本功能菜单

⑧ 屏幕右侧显示菜单对应的功能按钮:

⑪【RUN/STOP】运行/停止控制按钮。

⑫【AUTO SET】自动设置按钮。

⑭【CH2 MENU】CH2 通道功能表按钮。

⑯【CURSOR】光标功能按钮。

⑰【MEASURE】测量功能按钮。

⑲【CH1 MENU】CH1 通道功能表按钮。

(3) 垂直方式部分

③【伏/格】CH1 通道垂直灵敏度调节旋钮(该旋钮平常为粗调模式,当轻按该旋钮后再旋动便可进行细调)。

④ CH1 通道输出端口。

⑤【伏/格】CH2 通道垂直灵敏度调节旋钮(该旋钮平常为粗调模式,当轻按该旋钮后再旋动便可进行细调)。

⑥ CH2 通道输出端口。

⑮【位置】或【光标 2】CH2 通道垂直位置调节旋钮或光标位置调节旋钮。

⑱【位置】或【光标 1】CH1 通道垂直位置调节旋钮或光标位置调节旋钮。

(4) 水平方式部分

⑦【秒/格】水平灵敏度调节旋钮。

⑬【位置】水平位置调节旋钮。

(5) 触发部分

⑨【TRIG MENU】触发功能表按钮。

⑩【电平】触发电平调节旋钮。

2. **DST1102 数字示波器使用方法简介**

该示波器使用方法与 TDS1002 完全一致，具体使用方法见 4.3 节。

五、交流毫伏表

5.1　交流毫伏表功能简介

交流毫伏表主要用来测量交流信号幅度的有效值。本书以 YB2172A 为例，逐一介绍其使用方法。

5.2　YB2172A 交流毫伏表功能面板介绍

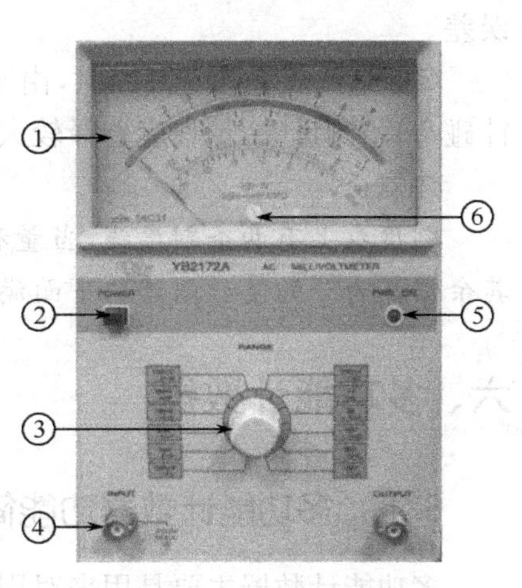

图 5-1　YB2172A 面板图

YB2172A 交流毫伏表的面板如图 5-1 所示，各键功能如下。

① 毫伏表表头。

② 电源开关【POWER】。

③ 量程开关。

④ 信号输入接口。

⑤ 电源指示灯。

⑥ 机械调零螺丝。

5.3　YB2172A 交流毫伏表主要性能指标

名　称	范　围
电压测量	100μV～300V
测量电压的频率	10Hz～2MHz
基准条件下电压误差	±3%(400Hz)
基准条件下频率响应误差(以 400Hz 为准)	20Hz～100kHz，误差≤±3% 10Hz～2MHz，误差≤±8%
输入电阻	≥2MΩ(1～300mV) ≥8MΩ(1～300V)
输入电容	≤50pF(1～300mV) ≤20pF(1～300V)
噪声电压	小于满刻度的 3%
输入电源	220V±10%，50Hz±4%
功率	约 5W

5.4　YB2172A 交流毫伏表使用方法

(1) 机械调零。在通电前，先调整机械调零螺丝，使表头指针指向刻度盘的零位置处。

(2) 接通电源。按下【POWER】电源开关，仪器开始工作，但是为保证其性能的稳定，请不要立即进行测量，而要加电后预热 10 分钟左右后再使用，被测信号由“INPUT”端口输入。

(3) 选择量程开关。将量程开关置于适当量程处,如事先对测量电压大小未知,应先将量程开关置于最大挡,然后根据测得的值逐渐减小量程(指针指向刻度盘中间位置时为佳)。

(4) 毫伏表是按正弦电压有效值刻度的,如果被测信号不是正弦波则会引起很大的误差。

(5) 毫伏表输入端开路时,由于外界感应信号的影响,指针可能超量程偏转。为了避免指针碰弯,不测量时,量程应选择较大挡位。

注意:

刻度盘上有两条刻度线,当量程为100mV、1V、10V等时,读取上排满偏为1.0的刻度表。其余倍数为3的量程则读取下面满偏为3.0的刻度表。

六、多功能计数器

6.1　多功能计数器功能简介

多功能计数器主要是用来对周期信号或脉冲信号计数或测量周期信号频率、周期等参数的仪器。本书以YB3371型多功能计数器为例,逐一介绍其使用方法。

6.2　YB3371型多功能计数器功能面板介绍

YB3371型多功能计数器的面板如图6-1所示,各键功能如下。

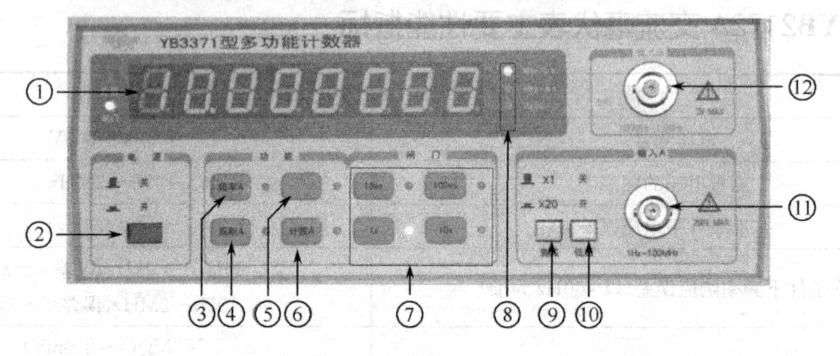

图6-1　YB3371面板图

① 频率/时间/次数显示区。

②【电源】开关。

③【频率A】选择按钮。

④【周期A】选择按钮。

⑤【频率B】选择按钮。

⑥【计数A】选择按钮。

⑦【闸门】时间选择区。

⑧ 频率/时间单位显示区。

⑨ 输入信号【衰减】控制开关。

⑩ 仪器内部【低通】滤波器开关。

⑪ A 输入接口。

⑫ B 输入接口。

6.3　YB3371 多功能计数器使用方法

1. YB3371 测量频率的方法

(1) 按下【电源】开关。

(2) 从输入 A(1Hz～100MHz)或输入 B(100MHz～1.5GHz)输入被测信号。

(3) 根据信号输入口在功能选择区选择频率 A 或频率 B。

(4) 选择【闸门】时间(10ms/100ms/1s/10s)。

(5) 信号幅度太小时可以按下【衰减】开关,有需要时还可按下【低通】开关对输入的信号进行低通滤波后再测量。

(6) 待读数稳定后,频率显示区即显示出被测信号的频率值。

注意:

上述操作中未提到的按钮应处于弹起状态。

2. YB3371 测量周期的方法

(1) 按下【电源】开关。

(2) 从输入 A(1Hz～100MHz)接口输入被测信号。

(3) 在功能选择区选择【周期 A】,选择闸门时间(10ms/100ms/1s/10s)。

(4) 信号幅度太小时可以按下【衰减】开关,有需要时还可按下【低通】开关对输入的信号进行低通滤波后再测量。

(5) 待读数稳定后,数码管显示区将显示被测信号的周期值。

注意:

上述操作未提到的按键应处于弹起状态。

3. YB3371 计数方法

(1) 按下【电源】开关。

(2) 从输入 A(1Hz～100MHz)端口输入被测信号。

(3) 在功能选择区选择【计数 A】。

(4) 信号幅度太小时可以按下【衰减】开关,有需要时还可按下【低通】开关对输入的信号进行低通滤波后再测量。

(5) 数码管显示区将显示当前对输入信号的脉冲计数值。

注意:

上述操作未提到的按键应处于弹起状态。

七、LCR 数字电桥

7.1　LCR 数字电桥功能简介

LCR 数字电桥主要是用来对电阻、电容及电感进行精确测量的仪器。本书以 YB2811 型 LCR 数字电桥为例,逐一介绍其使用方法。

7.2　YB2811型LCR数字电桥测量范围

参量	测量频率	测量范围
L	100Hz	1μH～9999H
	1kHz	0.1μH～999.9H
	10kHz	0.01μH～99.99H
C	100Hz	1pF～19999μF
	1kHz	0.1pF～1999.9μF
	10kHz	0.01pF～19.999μF
R	——	0.1mΩ～99.99MΩ
Q	——	0.01～999
D	——	0.01%～999%

7.3　YB2811型LCR数字电桥功能面板介绍

YB2811型LCR数字电桥的面板如图7-1所示。各键功能如下。

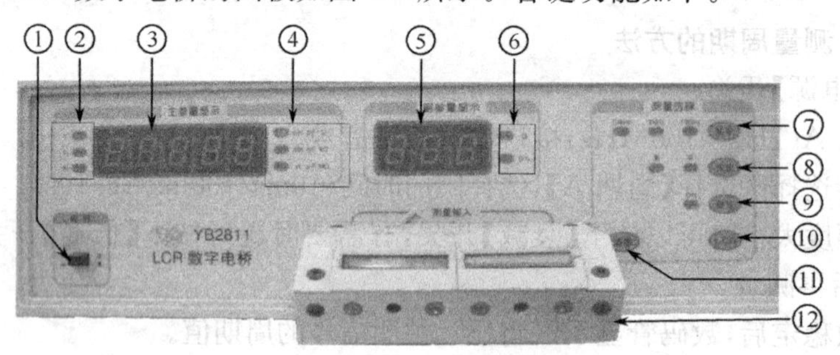

图7-1　YB2811面板图

①【电源】开关。
② 当前测量功能指示区。
③ 测量主参量显示区。
④ 当前测量参数单位显示区。
⑤ 副参量显示区。
⑥ 测量副参量类型显示区。
⑦【频率选择】按钮。
⑧ 测量方式选择按钮(串联/并联)。
⑨【锁定】按钮。
⑩ L/C/R参数测量切换按钮。
⑪【清零】功能按钮。
⑫ 测试盒。

7.4　YB2811型LCR数字电桥使用方法

1. LCR数字电桥清零功能的使用方法

清零即校准,主要是清除测试电缆或测试夹具上的杂散电抗或引线电阻,以提高测试精度。这些阻抗以串联或并联的形式叠加在被测元器件上，在执行清零功能时，仪器将测出这些参量并存储，在其后的元件测量时，自动从测量结果中减掉这些参量。

仪器清零包括两种状态清零，即短路清零和开路清零。仪器可同时存放这两种状态的清零参量，并且清零参量与选择的频率无关，即在一种频率下清零后转换至另一种频率时无需重新清零。仪器清零方法如下：

(1) 按【清零】键，主参量显示“CLEAR”，副参量显示“SH”，表示进入清零状态。

(2) 用仪器所配置的短路片或低阻导线将测试端可靠短路。

(3) 再按【清零】键，仪器短路清“0”，然后主参量显示“CLEAR”，副参量显示“OP”。

(4) 去掉仪器测试端的短路片或低阻导线，使其开路。

(5) 再按【清零】键，仪器执行开路清“0”后，自动退出清“0”状态。

注意：

若测试端短路不可靠，按了【清零】键后，则不进行清零，而直接返回测试状态。

2. LCR数字电桥测量功能的使用

(1) 按下【电源】开关，预热15分钟左右。

(2) 将测试盒接入仪器的测量输入端（高端、低端一一对应）。

(3) 循环按【LCR】按钮可选择测量电感、电容或电阻。

(4) 按【锁定】按钮使锁定指示灯熄灭（取消锁定）。

(5) 对仪器进行清零，方法见上面的介绍。

(6) 按【频率】按钮选择合适的测量频率。

(7) 按【方式】按钮选择测量方式（并或串）。

(8) 将待测元件的引脚插入测试盒的两个夹片内夹牢。

(9) 待数字显示稳定后主参量显示区即显示待测元件的主参量值（电感值、电容值或电阻值），副参量显示区显示被测元件的品质因数 Q 值或损耗角正切值 D（对应关系：$C \sim D$、$L \sim Q$、$R \sim Q$）。

3. 其他

YB2811型LCR数字电桥的批量测量功能可通过锁定键实现，具体操作请阅读仪器标配的使用说明书。

参考文献

[1] 高吉祥,库锡树主编．电子技术基础实验与课程设计(第三版)．北京:电子工业出版社,2011
[2] 黄继昌主编．电子元器件应用手册．北京:人民邮电出版社,2005
[3] 曹祥,张校铭等．电子元器件检修与应用．北京:电子工业出版社,2009
[4] 姚彬．电子元器件与电子实习实训教程．北京:机械工业出版社,2009
[5]《无线电》编辑部．无线电元器件精汇．北京:人民邮电出版社,2001
[6] 李长军主编．电子产品装配与检测技术．北京:中国劳动社会保障出版社,2009
[7] 王振红,张常年,张萌萌．电子产品工艺．北京:化学工业出版社,2008
[8] 刘慰平主编．电子技能实训．北京:北京理工大学出版社,2008
[9] 李桂安主编．电工电子实践初步．南京:东南大学出版社,1999
[10] 毕满清主编．电子工艺实习教程．北京:国防工业出版社,2009
[11] 杨圣,江兵．电子技术实践基础教程．北京:清华大学出版社,2006
[12] 朱卫东主编．电子技术实验教程．北京:清华大学出版社,2009